无锡市科丰自控设备有限公司，坐落在美丽的太湖之滨，是一家专业制造在线称重控制系统的高科技企业，公司拥有一支高素质的技术团队，公司产品主要集中在各类物料的拆包投料、气力输送进仓、配料混合、成品包装、自动码垛进库等一体化生产线的设备制造及研发，广泛应用于食品、化工、粮食、饲料、橡塑等行业的原料生产企业。

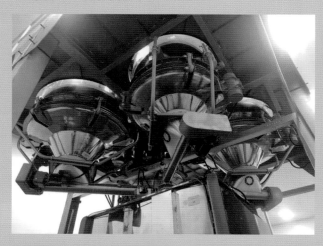

减量抽气包装秤

竖式抽气升降绞龙包装秤

绞龙压送阀口秤

双绞龙吨包装秤

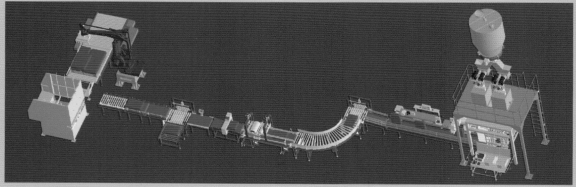

自动化生产码垛线，已经越来越适用于各大企业的标准化生产，具有生产稳定、可靠、降低人工作业强度等特点，科丰码垛生产线可以根据客户需求，搭配不同的运行部件，为用户制造合适自身需求的自动化码垛生产线。

标准化码垛线配置	包装设备	缝包输送机构	倒包输送机构	爬坡整平机构	封箱机组	检重机构	剔除机构	金属检测	喷码机构	缓冲供包机构	托盘系统	机器人	码垛能力
选择范围	自制	国产钮郎	自制	自制	自制	自制	自制	国产进口	国产进口	自制	自制	安川ABB等	≤1200包

www.kefeng.cn

无锡市科丰自控设备有限公司
WuXi KeFeng Automation Co.,Ltd

地址：无锡市滨湖区胡埭工业园张舍路11号
电话：0510—85874243　85166449
传真：0510—85810067
邮箱：kfwhq@kefeng.cn

Processing Technologies and Equipments for
Micro-nano powder

微纳粉体
加工技术与装备

俞建峰　宋明淦　主编

化学工业出版社

·北京·

本书以粉体微纳化技术以及相关设备使用为主线，详细介绍了微纳材料的性能与特性、微纳材料的表征与测试技术、微纳化工艺设计以及相关设备的选择，并给出了粉体设备的仿真设计计算案例。

本书适合材料和机械相关领域的技术人员参考。

图书在版编目（CIP）数据

微纳粉体加工技术与装备/俞建峰，宋明淦主编. —北京：
化学工业出版社，2019.8
ISBN 978-7-122-34422-9

Ⅰ.①微… Ⅱ.①俞… ②宋… Ⅲ.①纳米材料-加
工 Ⅳ.①TB383

中国版本图书馆 CIP 数据核字（2019）第 083723 号

责任编辑：邢　涛　　　　　　　　文字编辑：陈　喆
责任校对：王素芹　　　　　　　　装帧设计：韩　飞

出版发行：化学工业出版社（北京市东城区青年湖南街 13 号　邮政编码 100011）
印　　刷：三河市航远印刷有限公司
装　　订：三河市宇新装订厂
787mm×1092mm　1/16　印张 28　字数 704 千字　2019 年 8 月北京第 1 版第 1 次印刷

购书咨询：010-64518888　　　售后服务：010-64518899
网　　址：http://www.cip.com.cn
凡购买本书，如有缺损质量问题，本社销售中心负责调换。

定　　价：180.00 元
京化广临字 2019—08

前　言

粉体的微纳化在各领域得到蓬勃发展，产业规模空前扩大，微纳粉体在新材料、微电子、轻化工、生物医药、食品以及国防军事等诸多相关行业的应用越来越广泛。目前，发达国家粉体加工技术日新月异，以高新技术为特点的粉体加工与分级设备层出不穷，我国虽起步较晚，但近些年也取得了较快发展，在设备研发与应用方面取得了较大突破。为了进一步推动粉体技术的发展，我国专门成立了国家特种超细粉体工程技术研究中心，一些省份（如江苏省、山西省）也建设了超细粉体工程技术研究中心。

粉体微纳化技术包括制备、分级和输送等。目前，微纳粉体的制备仍然以机械粉碎法为主，制得的产品粒度可降低至亚微米级甚至纳米级、粒度分布也比较窄，但是仍不能直接满足工业应用的严格要求。粉体分级的意义在于将机械粉碎法制得的粉体分选得到满足工业要求的粒度范围产品，随着新设备和新技术的研发，分级粒径已可减小到亚微米级。气力输送是现代粉体领域不可或缺的重要环节，它以密封式输送管道代替传统的机械输送物料，是一种较为适合粉体物料输送的现代物流系统。此外，随着计算机技术的发展，现代仿真技术在粉体设备设计、分级效果评价等领域的应用越来越广泛。借助于仿真技术，可以详细分析设备内部的物理场分布、颗粒运动状态等，这对于粉体设备结构优化和开发具有重要意义。

本书编撰的目的是总结近年来粉体微纳化相关理论、技术与装备等方面的主要进展，以及现代仿真技术在微纳粉体领域的应用，为从事该领域科学研究、技术开发以及生产应用人员提供有价值的参考书籍。

本书以粉体微纳化技术及相关设备的应用为主线，系统总结了微纳粉体粉碎与分级技术的基础理论和应用实例以及粒度检测原理和方法。本书分为7章，第1章介绍微纳粉体的特点和应用、相关技术与装备以及未来发展趋势；第2章力求全面精炼地介绍国内外具有代表性的微纳粉体粉碎与分级技术的理论基础；第3章介绍粉体的表征与测试技术，通过实例介绍相关检测设备的使用方法；第4章详细介绍微纳粉体粉碎技术基本原理和典型设备及其应用；第5章介绍微纳粉体粉分级术和典型设备及应用；第6章主要介绍粉体气力输送方面相关理论和系统结构；第7章通过实际案例详细介绍现代仿真技术在粉体设备设计领域的应用。

本书由俞建峰和宋明淦主编，江南大学机械工程学院研究生傅剑、赵江、夏晓露、郑向阳、吴撼、楼琦、王智、唐永康、梁洁、程洋、石赛、谢耀聪、李治等参与了编写工作并付出了艰辛的努力，在此表示感谢。本书的编写还得到了相关微纳米粉体加工企业——无锡赫普轻工设备技术有限公司和无锡市科丰自控设备有限公司的大力支持，为本书提供了相关设备技术资料，在此一并致谢。编者还要感谢关心、支持、指导本书出版的专家学者，衷心感谢他们提出的宝贵建议。同时，对提供技术资料的相关企业和参考文献中涉及的国内外专家学者表示诚挚的谢意！

由于编者水平有限，书中难免存在不足之处，恳请广大专家和读者批评指正。

俞建峰于江南大学

2018 年 12 月 26 日

目　录

第 5 章　微纳粉体分级技术与装备　　　　　　　　　　238

第1章 绪 论

1.1 微纳粉体材料的特点及应用

一般来说，粉体是由大量固体颗粒所构成的聚集体或者堆积体，组成粉体的最小单元称为粉体颗粒，其粒径通常小于 $1000\mu m$。如图 1-1 所示的粉体颗粒粒径尺寸分布，微纳粉体一般指粒径小于 $10\mu m$ 的粉体物料，通常又可分为微米粉体、亚微米粉体和纳米粉体。粒径在 $1\sim10\mu m$ 范围的粉体称为微米粉体，粒径在 $0.1\sim1\mu m$ 范围的粉体称为亚微米粉体，粒径在 $1nm\sim0.1\mu m$ 范围的粉体称为纳米粉体。

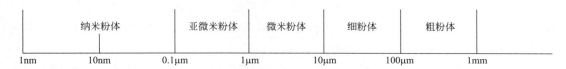

纳米粉体		亚微米粉体	微米粉体	细粉体	粗粉体
1nm	10nm	0.1μm	1μm	10μm	100μm	1mm

图 1-1　粉体颗粒的粒径尺寸分布

随着颗粒尺寸减小，颗粒表面结构及活性发生改变，比表面积增大，表面分子排列、电子分布结构及晶体结构均发生变化，使得微纳粉体颗粒具有表面效应、小尺寸效应、量子效应和宏观量子隧道效应，从而使微纳粉体具有一系列优异的光学性能、磁性能、力学性能、化学性能以及表面和界面性能。因此微纳粉体具有化学反应速率快、溶解度大、溶解速率快、吸附性强和填充性好的特点，还拥有独特的分散性与流变性能。

作为伴随现代高技术和新材料产业发展起来的新兴产业，微纳粉体工业是继 IT 和信息产业之后发展较快的行业。自 20 世纪 70 年代以来，微纳粉体已逐渐发展为许多国家的研究热点。随着对微纳粉体独特性质和加工技术研究的不断深入，微纳粉体在诸多现代工业和高新技术产业都获得了广泛应用，主要体现在新材料行业、微电子行业、轻化工行业、生物医药行业、食品行业以及国防军事工业等领域，大大推进了相关领域的发展。

（1）新材料行业

在新材料行业，纳米材料备受青睐。纳米新材料是指在三维空间中至少有一维处于纳米尺寸或由它们作为基本单元构成的新型材料，主要应用有纳米陶瓷材料、纳米半导体材料以及纳米催化材料等。

传统的陶瓷材料中晶粒不易滑动、材料质脆、烧结温度高，纳米陶瓷的晶粒尺寸小，晶粒容易在其他晶粒上运动。因此，纳米陶瓷材料具有高强度、高韧性以及良好的延展性，这些特性使纳米陶瓷材料可在常温或次高温下进行冷加工。如果在次高温下将纳米陶瓷颗粒加工成形，然后做表面退火处理，由此制成的高性能陶瓷材料其表面保持常规陶瓷材料的硬度和化学稳定性，而内部仍具有纳米材料高延展性的优点。

使用硅、砷化镓等半导体材料制成的纳米材料，具有许多优异性能。例如，纳米半导体中的量子隧道效应使某些半导体材料的电子输运反常、电导率降低，热导率也随颗粒尺寸的减小而下降，甚至出现负值。这些特性在大规模集成电路器件以及光电器件等领域发挥重要的作用。

纳米粒子是一种极好的催化剂，这是由于纳米粒子尺寸小、表面的体积分数较大、表面的化学键状态和电子态与颗粒内部不同以及表面原子配位不全，导致表面的活性位增加，使它具备了作为催化剂的基本条件。镍或铜锌化合物的纳米粒子对某些有机物的氢化反应是极好的催化剂，可替代昂贵的铂或钯催化剂。纳米铂黑催化剂可以使乙烯的氧化反应温度从600℃降低到室温。

（2）微电子行业

超细材料对外部环境的敏感性大大提高，被认为是传感元器件最理想的基础材料。在微电子行业，微纳粉体的典型应用主要体现在制备磁记录材料、电子浆料和电子陶瓷材料。

采用微纳粉体制备的磁记录材料具有稳定性好、图像清晰、信噪比高以及失真小等优点，其代表是超细针状 Fe_3O_4 磁粉。超细磁粉制作的录音带和录像带，其记录密度比普通磁带高 10 倍。目前，磁记录材料所用的磁性颗粒尺寸大致处于亚微米级与纳米级之间。

作为微电子领域不可或缺的电极材料，电子浆料是未来微纳粉体的重要应用之一。用于导电浆的导电性粉末有 Au、Pt、Pd、Ag、Cu、Ni 等，用于介电浆的粉末有 $BaTiO_3$、TiO_2 等，用于电阻浆的粉末有 RuO_2、MoO_3、LaB_6、C 等。

在电子陶瓷材料方面，通常是以 $BaTiO_3$ 作为 PTC 热敏电阻器和陶瓷电容器的主要原料。随着工艺设备的不断优化和 PTC 应用领域的不断扩大以及陶瓷电容器需求量的持续增长，$BaTiO_3$ 微粉的市场前景非常广阔。此外，在显像管器件中，显像管用的 Al_2O_3 微粉的平均粒径通常要求为 $1.5\sim5.5\mu m$；黑底石墨乳的粒径（G-72B）要求小于 $1\mu m$。

（3）轻化工行业

微纳粉体由于粒度细、比表面积大、表面活性高等特性，因而具有很高的化学活性，被广泛应用于精细化工产品、高效催化剂等领域。赤磷超细化后可制成高性能催化剂，利用其进行催化可使石油的裂解速度提高 $1\sim5$ 倍。油漆、涂料等化工产品的固体成分经超细化后可大大提高产品的附着力。

在化妆品领域，着色剂和填充粉料大量应用于化妆品中的粉底、眼影及粉饼类产品，为了使这些粉料能均匀地分散于乳化体系中，可以使用少量的悬浮剂，以实现粉体的稳定分散，并同时具有良好的基色表现力和细腻润滑的肤感。这要求粉体除了具备与乳化体系良好的亲和性外，还必须具有足够小的粒度。气流粉碎机与物料接触部分采用镜面设计，易于清洗、消毒，系统的全密封性对物料无污染。产品粒度均匀，粒度分布窄，非常适用于色料和粉体填充剂的生产过程。

随着化学工业的发展，超细非金属矿物材料在化学工业应用领域扮演越来越重要的角色。采用湿化学方法制造的超细高纯 Al_2O_3 粉体，因具有机械强度高、硬度大、高温绝缘电阻高、耐化学腐蚀性和导热性良好等优良性能，已被广泛应用在化工行业的各个生产环节之中。此外，将微纳粉体材料用于废气和废水的处理有望成为未来环境保护发展的趋势。

（4）生物医药行业

超细粉碎加工可显著提高药品的生物活性和有效成分的利用率，对中药材进行超细粉碎加工，可使其具有独特的小尺寸效应和表面效应，从而表现出许多优异性能。研究表明，难溶性药品经超细粉碎后，溶解性和溶解速率得到改善，从而大大提高了难溶性药物被人体吸收的效率。当药物粉碎至 $10nm \sim 1\mu m$ 时，药物作用时会有易吸收、特异性、靶向性等优点，更能充分发挥药物的作用，提高有效成分的吸收率和利用率，节省用药量，减轻患者的经济负担。据预测，随着微纳粉体技术在生物医药领域应用的逐步深化，超细粉碎技术将在一定程度上改变传统的制药工业，尤其是某些中药的传统制作工艺和使用方法。超细粉碎对于药品的意义还在于能生产更细粒径的药物，有利于固体药物的溶解和吸收，可以提高难溶性药物的生物利用度。

采用超细粉碎技术，可将传统工艺制得的 $75\mu m$ 以上粒径的药物粉末粉碎至 $5 \sim 10\mu m$ 以下，有效改善其均匀性和分散性。例如，利用超细粉碎技术对农药粉末进行处理，能够使得其性能得到较大提升。一方面，超细农药粉体由于具有比表面积大、吸附能力强的特性而耐雨水冲刷，保持农药长效；另一方面，由于表面活性强，农药在农副产品和环境中具有更快的分解速率，农药残留量降低，减少环境污染。

微纳粉体还可以作为治疗药物的载体，用于对药物表面进行包敷，在注入人体后对其进行外部磁场导航，使药物能够准确到达病变位置，达到高效治疗的目的。这一方案在癌症的早期诊断和治疗中都起到十分重要的作用。

（5）食品行业

随着粉体微纳米化技术的发展，纳米食品成为食品行业的研究热点。纳米食品是指利用食品高新技术，对食品成分进行纳米尺度的处理和加工改造而得到的纳米级食品。

采用超细粉碎技术制成的纳米食品，其成分的某些结构会发生改变，能显著提高吸收率，加快营养成分在人体内的运输，还可以降低保健食品的毒副作用。纳米食品具有高营养价值，在增强体质、预防疾病、恢复健康、调节身体机能以及延缓衰老等方面表现出独特优势。

大部分果蔬的皮与核均含有丰富的维生素和微量元素，具有很好的营养价值，然而常规粉碎产品的粒度大，严重影响食品口感，超细化后则可以显著改善食用口感和吸收。果蔬微纳粉体由于溶解性和分散性好，容易消化吸收，被用于食品原料添加到糕点、果酱、冰淇淋、乳制品等诸多种类的食品中，不仅丰富食品营养，而且能够增进食品的色、香、味等特性，增添食品品种。

食用菌富含人体所必需的氨基酸，是一种高蛋白低脂肪的有机食物，在改善膳食结构、促进营养平衡和提高人体免疫力方面有显著特效。然而，采用常规方法生产的食用菌，其保鲜期较短，无法长期储存。采用超细粉碎技术对食用菌进行超细加工后得到微纳米化产品，可以显著提高其生物活性和有效成分的利用率。此外，经超细粉碎后的食用菌含水量较低，这可以有效地抑制微生物繁殖，从而大大延长了产品的保鲜期。

此外，有研究表明：咖啡颗粒越细，味道就越浓，但如果太细则会导致苦味增加；巧克力颗粒太大，会使得口感粗糙，且需要较长时间方能品尝到美味，而过细则在生产中需要很长时间和更多能量，这会增加巧克力中可可脂的含量。因此，严格控制颗粒粒度对食品领域而言也是十分重要的。

（6）国防军事工业

国防军事和航空航天领域主要利用微纳粉体及其复合材料的高耐热性、强吸收性、致密性和其他特定属性，制成具有隔热、吸光吸波、吸收辐射等的特种材料。

将超细燃料加入火箭推进剂中，可以大大提高推进剂的燃烧速率，改善燃料中粉体的力学性能，从而提高火箭的命中精度和威力，对实现国防现代化极为重要。

利用超细粉体制造超硬塑性抗冲击材料来制备坦克等的复合板，不但可以减轻复合板的重量，还能提高复合板的抗冲击性能。

1.2 微纳粉体材料的制备与分级

对于微纳粉体制备而言，超细粉碎与精细分级技术是关键。

科学技术的发展为微纳粉体的制备提供了多种方法，从制备原理出发可分为化学合成法和物理粉碎法。化学合成法是通过化学反应或物相转换，由离子、原子或分子等经过晶核形成和晶体长大而制备得到粉体。化学合成法所制备的微纳粉体具有粒径小、粒度分布窄、粒形好及纯度高的优点，然而其生产工艺复杂、成本高且产量低，因而主要应用于实验室研究或高性能材料制备。物理粉碎法又称机械粉碎法，是通过机械力的作用使物料粉碎。相对于化学合成法而言，物理粉碎法工艺简单、成本低且产量高，适应于大批量工业生产，且粉碎过程中产生的机械化学效应使得粉体活性提高。因此，目前微纳粉体材料的主要制备方法为物理粉碎法。

另一方面，工业应用对微纳粉体的制备方法提出了一系列严格要求，主要有以下几点：产品粒度均匀，分布范围窄；产品纯度高，无污染；低成本，高产量；工艺简单连续，自动化程度高；生产过程安全可靠。

1.2.1 超细粉碎技术与装备

机械粉碎是制备微纳粉体比较常用的方法。近半个世纪以来，国内外对超细粉碎理论、方法、设备进行了大量的深入研究，微纳粉体行业已经取得了许多突破性进展。因此，机械粉碎法在金属、非金属、有机药材、无机药材、食品、农药、化工、材料、电子、军工以及航空航天等行业应用广泛。随着科学技术的发展以及工业应用对不同种类不同要求物料粉碎的需要，各种类型的粉碎设备不断推陈出新。目前，工业上普遍应用的超细粉碎设备的类型主要有气流磨、高速机械冲击磨、旋风自动磨、振动磨、搅拌磨、转筒式球磨机、行星式球磨机、研磨剥片机、砂磨机、高压辊磨机、高压水射流磨、高压均质机、胶体磨等。其中，气流磨、高速机械冲击磨、旋风自动磨和高压辊磨机等为干法超细粉碎设备，研磨剥片机、砂磨机、高压水射流磨和胶体磨等为湿法超细粉碎设备，振动磨、搅拌磨、旋转筒式球磨机和行星式球磨机等既可用于干法超细粉碎也可用于湿法超细粉碎。振动磨、搅拌磨、旋转筒式球磨机、行星式球磨机、研磨剥片机以及砂磨机等属于介质超细研磨机。不同类型的超细粉碎设备的粉碎原理、进料粒度、产品粒度和应用范围如表1-1所示。

表 1-1　超细粉碎设备类型及应用

设备类型	粉碎原理	进料粒度/mm	产品粒度 $d_{97}/\mu m$	应用范围
气流磨	冲击、碰撞	<2	1～30	化工原料、精细磨料、精细陶瓷原料、药品及保健品、金属及稀土金属粉等
高速机械冲击磨	冲击、碰撞、剪切、摩擦	<10	3～74	化工原料、中等硬度以下的非金属矿及陶瓷原料、药品及保健品等
振动磨	摩擦、碰撞、剪切	<5	1～74	化工原料、精细陶瓷原料、各种硬度的非金属矿、金属粉、水泥等
搅拌磨	冲击、碰撞、剪切、摩擦	<1	1～5	化工原料、精细陶瓷原料、各种硬度的非金属矿、金属粉、药品及保健品等
旋转筒式球磨机	摩擦、冲击	<5	5～74	化工原料、精细陶瓷原料、各种硬度的非金属矿、金属粉、水泥等
行星式球磨机	压缩、摩擦、冲击	<5	5～74	各种硬度的非金属矿、化工原料、精细陶瓷原料等
研磨剥片机	摩擦、碰撞、剪切	<0.2	2～20	化工原料、涂料和造纸原料、填料、陶瓷原料、各种非金属矿等
砂磨机	摩擦、碰撞、剪切	0.2	≤1～20	化工原料、涂料和造纸原料、填料、陶瓷原料、各种非金属矿等
旋风自动磨	冲击、碰撞、剪切、摩擦	<40	10～45	化工原料、中等硬度以下的非金属矿及陶瓷原料、药品及保健品等
高压辊（滚）磨机	挤压、摩擦	<30	5～45	各种非金属矿、化工原料、精细陶瓷原料等
高压水射流磨	冲击、碰撞	<0.5	10～45	涂料和造纸原料及填料、中等硬度以下的非金属矿和陶瓷原料等
高压均质机	空穴效应、湍流、剪切	<0.03	1～10	食品、药品、涂料、颜料、轻化工原料等
胶体磨	摩擦剪切	<0.2	1～20	化工原料、涂料、石墨、云母等非金属矿以及蔬菜、水果等食品和保健品等
超细剪切	剪切、冲击、摩擦	<20	1～10	主要适用于食品、药品中的纤维物料
低温粉碎	冲击、碰撞、剪切、摩擦	<10	1～25	食品、医药、化工、涂料、高分子材料、新材料及陶瓷原料等
超声粉碎	超声分散、空化效应	<10	<4	动植物细胞、病毒细胞以及脆度大且结构松散的材料

（1）高速机械冲击磨

高速机械冲击磨的工作原理是：物料在进入机体后，受到高速旋转的转子上安装的锤头、叶片、刀片、棒等冲击元件的猛烈冲击，在空气涡流和离心力的双重作用下发生相互碰撞，同时与转子发生强烈的剪切、研磨与碰撞，从而实现超细粉碎的目的。高速机械冲击磨在非金属矿行业应用较为普遍，适用于煤系高岭土、方解石、大理石、白垩、滑石等中等硬度以下非金属矿物的超细粉体生产，产品粒度一般可达 $d_{97}=10\mu m$。高速机械冲击磨的优点是粉碎比大、细粉粒度可调、产能高、效率高，并且结构简单、配套设备少、占地面积小。典型的国产高速机械冲击磨有山东省青岛派力德粉体工程设备有限公司生产的 PCJ 系列立式超细粉碎机、PWC 系列卧式超细粉碎机，上海世邦机器有限公司生产的 CM51、ACM53 等型号的超细粉磨机，上海细创粉体装备有限公司生产的 JCF 型机械粉碎机、JBL 系列棒式机械粉碎机。

（2）气流磨

气流磨即气流粉碎机，又称流能磨或喷射磨。其工作原理是：将干燥、无油的压缩空气通过喷嘴产生高压喷射气流，使粉体颗粒相互碰撞、剪切、摩擦而破碎。气流磨是比较常用的超细粉碎设备之一，广泛应用于滑石、大理石、高岭土等中等硬度以下的非金属矿、化工原料、保健食品、稀土等粉体的超细粉碎加工，产品粒度一般可达 $d_{97}=3\sim5\mu m$。除了产品粒度细，气流磨产品还具有粒度分布窄、颗粒表面光滑、颗粒形状规则、纯度高、活性大以及分散性好的优点。经过几十年的发展，气流磨结构不断更新、类型不断增多，目前气流磨主要有扁平（圆盘）式、循环管式、靶式、对喷式、流化床逆向喷射式、气旋式等几种机型。国产气流磨典型代表设备有江苏省昆山市密友装备制造有限责任公司生产的 QYF-600 型气流粉碎机、QBF 型惰性气体保护气流粉碎机等。

（3）振动磨

振动磨是一种以球或棒为介质的超细粉磨设备。其工作原理是：利用研磨介质在做高频振动的筒体内对物料进行冲击、研磨、剪切等作用，使物料在短时间内被粉碎。振动磨按操作方式不同可分为间歇式和连续式，按磨筒数量不同分为单筒式和多筒式，按振动特点不同分为惯性式和偏旋式等多种结构。振动磨被广泛应用于建材、冶金、化工、陶瓷、玻璃、耐火材料和非金属矿等行业的微纳粉体加工，产品粒度一般可达几微米。振动磨的优点是可直接与电动机相连、结构紧凑、体积小、质量轻、介质填充率和振动频率高、单位筒体容积产量高，产品粒度均匀且能耗低、节能效果好。代表设备有温州矿山机械厂生产的 MZ-200 型振动磨。

（4）球磨机

球磨机是最古老的研磨机，被称为粉碎机之王。其工作原理是：当球磨机按规定的转速运转时，研磨介质与物料一起在离心力和摩擦力的作用下被提升到一定高度，之后由于受重力作用而脱离筒壁沿抛物线轨迹下落，此过程周而复始，使处于研磨介质之间的物料受到冲击作用而被击碎；同时，由于研磨介质的滚动和滑动，颗粒受研磨、摩擦、剪切等作用而被磨碎。球磨机广泛应用于化工原料、陶瓷原料、涂料等产品的超细粉碎。其优点是对物料的适应性强，能连续生产，可满足现代工业大规模生产要求；粉碎比大，可达 300 以上，并易于调整研磨产品的粒度；结构简单，可靠性强，磨损部件易于检查和更换，维护方便；可适应多种工况，如粉碎与干燥或粉碎与混合同时进行，既可用于干法粉碎又可用于湿法粉碎。现如今，使用较多的有旋转筒式球磨机、行星式球磨机等。

行星式球磨机是一种内部无运动部件的球磨机。其工作原理是：由电动机带动传动轴旋转，固定齿轮带动传动齿轮轴转动，使球磨筒体既产生公转又产生自转，从而带动磨腔内的球磨介质产生强烈的冲击与摩擦力等作用，使球磨介质之间的物料被粉碎和超细化。行星式球磨机研磨产品的最小粒度可达 $0.1\mu m$，被广泛应用于建材、陶瓷、冶金、电子、化工、轻工、医药以及环保等行业。

（5）搅拌磨

搅拌磨又称砂磨机，是比较具有发展前景的超细粉碎设备，主要结构由一个研磨筒（内填小直径研磨介质）和一个旋转搅拌器构成。其工作原理是：搅拌器高速旋转搅动研磨介质产生强烈的冲击，使物料和研磨介质做自转运动和多维循环运动，在研磨介质自身重力和螺旋回转产生的挤压力作用下，对物料进行冲击、研磨和剪切，从而达到超细粉碎的目的。搅拌磨实质上是一种内部有运动部件的球磨机，它依靠内部运动部件运动带动研磨介质运动而实现对物料的超细粉碎。但是，搅拌磨磨腔内物料填充率更大，一般可达 75%～85%。搅拌磨具有结构简单、操作方便、振动小、噪声低、产品粒度可调节、粒度分布均匀、效率高、能耗低等优点，因而受到普遍重视，广泛应用于建材、涂料、化工、医药、食品、农药、电子、冶金、陶瓷以及颜料等领域。

（6）旋风自动磨

旋风自动磨是一种新型的干法细粉碎和超细粉碎设备。其工作原理是：利用独特的高速回转装置产生高频脉动旋转气流场，使粉碎机内的颗粒物料相互冲击、摩擦、剪切或切削以实现粉碎，主要适用于石灰石、大理石、高岭土等物料的粉碎，产品粒度一般在 $5\sim40\mu m$ 之间。

（7）高压均质机

高压均质机也称高压匀浆机，是液体物料均质细化和高压输送的专用设备和关键设备。其工作原理是：通过机械作业或流体力学效应产生高压、挤压冲击和失压等作用，使料液中的颗粒在高压下挤研、在强冲击下剪切和在失压下膨胀，从而实现细化和均质的目的。高压均质机的主要作用有：提高产品的均匀度和稳定性，增加保质期，改变食品黏稠度以改善产品口味和色泽等。高压均质机被广泛应用于食品、乳品、涂料、制药、精细化工和生物技术等领域。代表设备有上海申鹿均质机有限公司生产的 SRH 系列高压均质机，可将料液中的颗粒或油滴粉碎至 $0.01\sim2\mu m$ 之间。

（8）胶体磨

胶体磨又称分散磨，是一种超微湿法粉碎加工设备，主要由定子和高速转子组成。其工作原理是：物料在自身重力或螺旋冲击力的作用下通过定、转子之间的微小间隙时，受到强大的剪切、摩擦以及冲击等作用，同时在高频振动和高速旋涡的作用下，被有效地粉碎、分散、混合以及乳化。胶体磨设备适用于较高黏度以及较大颗粒的物料，产品粒度可达几微米甚至 $1\mu m$ 以下，广泛应用于食品、涂料、颜料、化工原料、医药以及农药等行业。胶体磨具有定转子磨体间隙可调、加工精度高、易于控制产品粒度、结构简单、操作维护方便、运转平衡以及噪声小等优点，是处理精细物料最理想的加工设备。按结构，胶体磨可分为立式、卧式、管道式等类型。代表设备有温州胶体磨机器制造厂生产的 JM 系列立式胶体磨和沈阳新旭光机械设备制造有限公司生产的 JT 系列卧式胶体磨。

（9）超声波粉碎机

超声粉碎主要利用超声波振能使固体物料破碎。其工作原理是：将待粉碎的固体物料分散在液体介质中，置于液体中的超声波发生器产生强烈的高频超声振动，其超声能传递给液体中的颗粒物料，当物料内部集聚的能量足以克服固体结构的束缚时，固体颗粒破碎，实现超声粉碎的目的。此外，超声波在液体中传播时产生剧烈的扰动作用使固体颗粒产生很大的速度，从而使固体颗粒相互碰撞或与容器碰撞而被击碎。超声粉碎后颗粒粒度在 $4\mu m$ 以下，而且粒度分布均匀。但是，由于超声技术的局限性，对于物料的撞击作用面小、频率高、动能大，因此超声粉碎主要适用于脆度较高的材料，如陶瓷、玻璃以及细矿石等非金属材料。

1.2.2 精细分级技术与装备

利用物理粉碎法生产的微纳粉体，其粒度分布往往较宽，很难达到工业应用的严格要求。另外，在使用粉碎设备进行超细粉碎时，不同颗粒所受到的作用力并不均匀，往往只有部分粉体达到了粒度要求，另一部分粉体尚未达到粒度要求。已达到要求的产品如果不能及时分离出去，而将它们与未达到要求的产品一起再粉碎，就会造成部分物料的过粉碎和能源浪费，而且这部分粉体还会因粒度过小而发生团聚，降低粉碎效率。因此，在微纳粉体生产过程中要对产品进行分级处理。粉体分级是根据不同粒度的颗粒在介质中受到离心力、重力以及惯性力大小的不同，产生不同的运动轨迹，从而实现不同粒度颗粒的分离，进入到各自收集装置中。然而，颗粒细化到一定程度后，会出现团聚的现象，使得分级技术的难度越来越高。粉体分级问题已成为制约粉体技术发展的关键，是粉体技术中比较重要的基础技术之一。

根据分级介质的不同，目前微纳粉体精细分级设备可以分为干法分级和湿法分级两大类。干法分级以空气为流体介质，成本较低且方便易行。随着高速机械冲击式粉碎机和气流式粉碎机的大量应用，干法分级得到大力发展。湿法分级以液体为流体介质，分级精度较高、均匀性好。根据分级力场的不同，微纳粉体分级方法又可分为重力场分级、离心力场分级、惯性力场分级以及电场力分级等。对微纳粉体的分级必须根据微纳粉体的不同特性，利用合适的力场对微纳粉体进行高效分级。

干法精细分级通常以干燥空气为流体介质。目前，工业领域实际应用的干法精细分级装置，几乎都是基于离心力场的分级原理，伴随高速机械冲击超细磨和气流磨而发展起来的。典型的方法是通过在各种分级设备内部引入特定的机械运动装置，以增大颗粒在分级机内所受的离心力，从而提高分级效率和分级精度。这类分级设备通常采用圆盘、叶轮或涡轮等作为分级机内的运动部件。目前，占市场主导地位的几种机型是 MS、MSS、ATP、LHB 型和 O-Sepa 分级机。

湿法精细分级可分为两种类型，即基于重力沉降分级原理的水力分级机和基于离心力沉降分级原理的旋流式分级机。旋流式分级机是目前主要的湿法分级设备，主要包括 GSDF 超细旋分机、小直径水力旋流器（组）、卧式螺旋离心分级机以及 FLWL 卧式离心分级机等。这些分级设备既可单独使用也可与湿法超细粉碎设备配套使用。

表 1-2 给出了主要微纳粉体精细分级机的性能及应用。

表 1-2 主要微纳粉体精细分级机的性能及应用

分级方式	设备名称	分级粒径 $d_{97}/\mu m$	处理能力 /(kg/h)	应用范围
干法分级	MS 型微细分级机	3～150	50～12000	矿物、金属粉、化工原料、颜料、填料、感光材料、粉剂农药等
	MSS 型微细分级机	2～45	30～8000	矿物、金属粉、化工原料、颜料、填料、感光材料等
	ATP 型微细分级机	3～180	50～35000	矿物、金属粉、化工原料、颜料、填料、磨料、稀土金属等
	LHB 型微细分级机	5～45	500～5000	矿物、金属粉、化工原料、颜料、填料、磨料、稀土金属等
	O-Sepa 分级机	<10	30～8000	主要应用于水泥等非金属矿产品
	射流式分级机	3～150	100～500	矿物、金属粉、化工原料、颜料、填料、稀土金属等

分级方式	设备名称	分级粒径 $d_{97}/\mu m$	处理能力 /(kg/h)	应用范围
湿法分级	GSDF 超细旋分机	3～10	1～25 (1m³ 浆料)	矿物、金属粉、化工原料、颜料、填料等
	小直径水力旋流器(组)	2～45	1～50 (1m³ 浆料)	矿物、金属粉、化工原料、颜料、填料等
	卧式螺旋离心分级机	1～10	1～20 (1m³ 浆料)	矿物、金属粉、化工原料、颜料、填料等
	FLWL 卧式离心分级机	3～10	3～16 (1m³ 浆料)	黏土矿物、金属粉、化工原料、颜料等

1.3　粉体微纳化技术与装备的发展趋势

随着现代科技的进步和工程技术的飞速发展，粉体超细化技术在微纳米食品、高新技术、新材料等领域的研究开发中扮演着越来越重要的角色，粉体超细化技术在很大程度上影响着现代工业技术的发展。一方面，得益于现代工业自动控制技术的发展，智能化和网络化将成为未来机械设备发展的必然趋势，粉体超细化加工设备也将朝着该方向发展。另一方面，随着工业应用对微纳粉体的粒径大小、粒度分布以及颗粒粒形的要求越来越严格，优化粉体超细化加工工艺，不可避免地成为粉体超细化技术发展的重要方向。

1.3.1　粉体微纳化装备的智能化和网络化

现代微纳粉体加工企业常常依据市场需求进行微纳粉体产品类型的生产调整，这要求粉体超细化加工设备具有一定的调控与适应性能，并且要求能够自动调节工作状况以规避人工调节的低精度与滞后性。现代工业控制技术的发展为新时代粉体超细化加工设备发展指明了方向，智能化和网络化成为粉体超细化加工设备发展的主要趋势，这主要体现在两个方面：粉体超细化加工设备的集成化操作与智能控制技术和智能监控、检测、远程故障诊断与维护技术。

（1）集成化操作与智能控制技术

粉体超细化加工设备的集成化操作与智能控制技术主要包括自动进料系统、粉体粒度在线监测与控制系统、自动出料与包装系统。对于连续化生产的粉体超细化加工设备，自动进料系统能根据生产项目要求，并结合在线监测技术自动调节进料流量，以保证生产效率的最大化。超细粉碎的粒度检测和控制技术，是实现微纳粉体工业化连续生产、确保微纳粉体性能可靠的重要保证。传统的粒度监测，需要在超细粉碎设备停止粉碎作业条件下，进行取样和粒度分析工作，耗时耗力并严重影响工业连续化生产。粉体粒度在线监测与控制系统能够在超细粉碎设备运行过程中自动采集粉碎样品，对其进行粒度测试并生成报告，既保证了连续化生产，又为操作工艺的调整提供了最新参考资料。自动出料与包装系统在粉碎完成后，对超细产品进行分装处理，这将大大提高微纳粉体产业的生产效率。

（2）智能监控、检测、远程故障诊断与维护技术

多数超细粉碎设备及精细分级设备的关键部件均存在不同程度的磨损问题，如气流磨机的内衬、球磨机的磨介、水力旋流器内壁以及离心分级机的高速旋转轴等。这些关键部件一般都要求具有很强的连续工作能力和较低的故障率。因此，在工业生产中，对这些关键而易磨损部件进行准确的监测和探伤，对于及时进行设备维护是十分重要的。应用电子监控与故障诊断技术对粉体超细化加工设备进行在线的智能监控、检测、远程故障诊断与维护，实现粉体超细化加工设备的监控与故障诊断数字化、自动化和智能化，是粉体超细化加工设备智能化发展的一个重要方面。采用多传感器融合技术，在粉体超细化加工设备内部设置多种类型传感器，可以通过探测设备内部关键部件的振动频率、温度、压力等物理特征值；结合基于网络的信息传输技术，供设备生产厂商与设备应用企业同时对设备进行远程监控，可以准确判断关键部件的磨损等使用状况，及时进行维护作业，将大大提高工作效率。

1.3.2 粉体微纳技术工艺的优化

工业应用对微纳粉体的要求不仅体现在粒径大小，还包括粒度分布和颗粒粒形等方面，通常要求粒度分布窄，粒形规则。因此，在粉体超细化加工工艺优化方面，粉体超细化技术发展趋势表现在三个方面：超细粉碎技术的工艺优化与新技术开发、精细分级工艺优化与新技术开发以及多功能一体化超细化设备的开发。

（1）超细粉碎技术的工艺优化与新技术开发

超细粉碎技术的工艺优化与新技术开发是粉体超细化加工工艺研究的重点。采用现有的超细粉碎设备及粉碎工艺，制得的微纳粉体产品往往粒度分布较宽，且颗粒形状不一。为得到满足工业应用要求的产品，还需要进行繁琐的精细分级等后续操作，这大大增加了劳动成本。进一步优化粉体超细粉碎技术，使得粉碎产品粒度分布在一个较窄范围，直接满足工业应用要求，将大大节约劳动力、降低生产成本。一方面，工业生产中应用的超细粉碎设备通常不是仅对一种物料进行超细粉碎加工，发展能适应不同性质物料、满足不同粒度和级配要求、具有不同生产能力的超细粉碎成套工艺设备生产线和生产技术是超细工业优化的重要方向。另一方面，从具体物料特性出发，针对某一类型物料开发特种设备实现超细粉碎设备的个性化，也是一个前景可观的方向。此外，研究非机械力超细粉碎技术也是一个重要思路，如当前已经在研的超声粉碎技术。这种非机械力超细粉碎技术往往具有工艺简单、能耗低、效率高以及便于实现工业生产等优点。

（2）精细分级工艺优化与新技术开发

精细分级是当前粉体超细化产业中不可缺少的操作单元。在现阶段，由于超细粉碎设备制得的产品还不能直接满足工业应用需求，精细分级工艺优化与新技术开发仍将是粉体超细化技术领域的重要部分。在现有超细粉碎设备的基础上，开发与其相配备的精细分级设备也是粉体超细化工业研究的重要方向之一。研究开发超细粉碎与分级设备相结合的闭路工艺，实现连续化生产，对于提高生产效率、降低能耗、保证合格产品粒度等方面具有积极促进作用。从整个工艺系统的角度出发，在现有粉碎设备的基础上改进、配套和完善分级设备、产品输送以及其他辅助工艺设备，优化超细粉碎设备和精细分级设备的配套组合工艺，从而大大提高生产效率、降低能耗、保证产品的精度要求。

（3）开发多功能一体化超细化设备

如将超细粉碎和干燥等工序结合、超细粉碎与表面改性相结合、机械力化学原理与超细

粉碎技术相结合，可以扩大超细粉碎技术的应用范围，也是粉体超细化的一个重要发展方向。借助于表面包覆、固态互溶现象，可制备一些具有独特性能的新材料。

◆ 参考文献 ◆

[1] 郑水林.超细粉碎工程 [M].北京：中国建材工业出版社，2006.

[2] 铁生年，李星，李昀珺.微纳粉体材料的制备技术及应用 [J].中国粉体技术，2009，15（3）：68-72.

[3] 应德标.微纳粉体技术 [M].北京：化学工业出版社，2006.

[4] Bernhardt C，Reinsch E，Husemann K. The influence of suspension properties on ultra-fine grinding in stirred ball mills [J]. Powder Technology，1999，105：357-361.

[5] 杨华明，邱冠周，王淀佐.超细粉碎过程粉体的机械化学变化 [J].金属矿山，2000（11）：24-26.

[6] Zhao X Y，Ao Q，Yang L W，et al. Application of superfine pulverization technology in Biomaterial Industry [J]. Journal of the Taiwan Institute of Chemical Engineers，2009，40（3）：337-343.

[7] Maaroufi C，Melcion J F，et al. Fractionation of pea flour with pilot scale sieving. Ⅰ. Physical and chemical characteristics of pea seed fractions [J]. Animal Feed Science and Technology，2000，85（5）：61-78.

[8] 付信涛.中国微纳粉体材料应用市场综述 [J].中国粉体工业，2006（3）：28-31.

[9] 周起，耿露露，张馨月，等.浅析无机微纳粉体生产与应用 [J].化工设计通讯，2017（4）：60.

[10] 张国旺.超细粉碎设备及其应用 [M].北京：冶金工业出版社，2005.

[11] 朱鹏.浅析球磨机的种类与工作原理 [J].价值工程，2015，34（2）：42-43.

[12] 林胜.我国超细粉碎设备的现状与展望 [J].中国粉体技术，2016（2）：78-81.

第 2 章 | 粉体微纳化技术理论基础

现今，微纳粉体在各个领域行业应用广泛，相关微纳粉体技术的重要性十分显著。粉体在粉碎机中粉碎具有随机性，会生成大小不一的细微粉体颗粒。随着颗粒粒度不断变小，其比表面积和比表面能都在不断增大，进而增加了细微颗粒间的团聚趋势。当颗粒达到粉碎极限（粉体粉碎与团聚为动态平衡状态）时，物料粉体中包含粗颗粒和细颗粒，但无法通过破碎的方法将其粒径再减小。为了解决粉碎极限问题、提高粉碎效率和降低能耗，其最重要的方法是将分级设备与粉碎设备相互配合，即在粉碎过程中及时分离出合格的细粒级产品，不仅可提高粉体产品质量，而且能避免粉碎过程中合格粒度的产品在磨机中过度粉碎。故制备超细粉体的工艺理论主要涉及两个方面：粉体破碎理论和粉体分级理论。

2.1 超细微纳米化破碎理论机理分析

2.1.1 超细粉碎理论基础

2.1.1.1 粉碎的基本概念

粉碎是指固体物料在外力（如人力、机械力、热核力等）作用下，克服颗粒内的内聚力使物料的粒度减小、比表面积增大的过程。根据原料粒度以及产品粒度大小的不同，将粉碎分为破碎和粉磨，大块物料破碎为小块物料的过程称为破碎，小块物料粉碎为细粉的过程称为粉磨，具体分类如表 2-1 所示。破碎和粉磨之间的界限并不明显，有时也将细磨称为超细粉碎。

表 2-1 粉碎的类型

粉碎类型		进料粒度/mm	出料粒度/mm
破碎	粗碎	1500～1000	350～200
	中碎	350～200	100～80
	细碎	100～80	10～3
	超细碎	15～8	0.08～0.06
粉磨	粗磨	—	0.3～0.1
	细磨	—	0.06 左右
	超细磨	—	0.005 或更小

2.1.1.2　粉碎比

定义原始物料的颗粒粒度为 D，粉碎后粒度为 d，将比值 $i = D/d$ 称为粉碎比，用于物料破碎时称为破碎比。粉碎比用来描述物料粉碎前后粒度变化的程度，比较各种粉碎机械的粉碎能力。一般来说，破碎机的破碎比为 $3 \sim 100$，粉磨机的粉碎比为 $500 \sim 1000$ 或更大。

粉碎通常为多段粉碎，即将多台粉碎设备串联使用，总粉碎比 i_0 与各级粉碎比 i_1，i_2，$\cdots$，i_n 之间有以下关系：

$$i_0 = i_1 i_2 \cdots i_n \tag{2-1}$$

粉碎段数增加会导致粉碎流程复杂化，同时增加设备的检修工作量。因此在满足生产要求的前提下，粉碎段数越少越好，粉碎或粉磨的段数不应超过 4 段。

2.1.1.3　与粉碎相关的参数

（1）强度

强度是指固体物料抵抗外力破坏的能力，表现为物料粉碎的难易程度。材料强度表示为物料单位面积上的受力大小，材料强度根据破坏方式的不同可分为抗压强度、抗拉强度、抗弯强度和剪切强度等。

材料的理论强度是指不含任何缺陷、完全均质材料的强度，相当于原子、离子或分子间的结合力。当材料所受应力达到其理论强度时，原子间或分子间的结合键将发生破坏。原子间相互作用的引力和斥力如图 2-1 所示，原子间作用力随原子间距发生变化并在 r_0 处保持平衡。理想强度即为破坏这一平衡的强度，其计算公式如下：

$$\sigma_{\mathrm{th}} = \left(\frac{\gamma E}{a} \right)^{\frac{1}{2}} \tag{2-2}$$

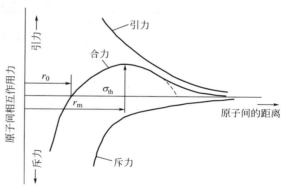

图 2-1　原子间的距离和原子间相互作用力

式中　σ_{th}——理论强度；

　　　γ——比表面能；

　　　E——弹性模量；

　　　a——晶格常数。

实际上材料被粉碎后颗粒的组成不均一，表明材料各质点间的结合力不一致，即存在局部结合相对薄弱的现象，导致材料受力还未达到理论强度时发生破坏，因此材料的实际强度要低于理论强度，一般为理论强度的千分之一到百分之一。即使是同一材料，因内部的裂纹大小不同，其测量的实际强度也不同。理想强度和实测强度之间的差异如表 2-2 所示。

表 2-2　理想强度和实测强度之间的差异

材料	理想强度/GPa	实测强度/MPa
金刚石	200	$\leqslant 1800$
石墨	1.4	$\leqslant 15$

材料	理想强度/GPa	实测强度/MPa
钨	86	3000（拉伸的硬丝）
铁	40	2000（高张力用钢丝）
氧化镁	37	100
氧化钠	4.3	≤10（多结晶状试料）
石英玻璃	16	50（普通试料）

（2）硬度

硬度是指材料抵抗外物压入其表面的能力，表现为材料的耐磨性。硬度的测试方法包括刻痕法、压入法、弹子回跳法和磨蚀法等。利用划痕法测出的硬度称为莫氏硬度，利用压入法测出的硬度称为布氏硬度、洛氏硬度或维氏硬度等，利用弹子回跳法测出的硬度称为肖氏硬度。

虽然硬度测定方式不同，但是都反映了物料抵抗变形及破坏的能力。因此利用各种方法测得的硬度可以互相换算，例如莫氏硬度约为维氏硬度的 1/3。典型矿物的莫氏硬度值如表 2-3 所示。

表 2-3 典型矿物的莫氏硬度值

矿物名称	莫氏硬度/级	晶格能/(kJ/mol)	比表面能/(J/m²)
滑石	1	—	—
石膏	2	2595	0.04
方解石	3	2713	0.08
萤石	4	2671	0.15
磷灰石	5	4396	0.19
长石	6	11304	0.36
石英	7	12519	0.78
黄晶	8	14377	1.08
刚玉	9	15659	1.55
金刚石	10	16747	—

晶体的硬度测试结果表明如下几点。

① 硬度不仅与晶体的种类有关，还与结构有关。

② 离子或原子越小、离子电荷或电价越大以及晶体的质点堆积越密集，都会造成平均刻划硬度和研磨硬度越大。

③ 同一晶体的不同晶面甚至同一晶面的不同方向的硬度都有差异。

（3）韧性和脆性

脆性材料因强度极限一般低于弹性极限，在粉碎过程中只出现极小的弹性变形而不出现塑性变形。脆性材料如陶瓷、玻璃等抵抗动载荷或冲击的能力差，抗拉能力远低于抗压能力，因此常采用冲击法将其粉碎。

韧性材料的抗拉性能和抗冲击性能较好，但抗压性能差，食品物料都属于韧性材料。例如谷物、麦麸、茶叶等在粉碎时，应采用剪切或快速打击的方法或者采用低温冷冻法降低物料的韧性。

（4）易碎性

易碎性物料颗粒破碎或磨碎的难易程度取决于在一定条件下，将物料从一定粒度粉碎至设定粒度所需要的比功耗大小，或使一定物料达到指定粉碎粒度所需要施加的能量大小。粉碎除了取决于材料物性外，还受到如粒度、粉碎方式（粉碎设备和粉碎工艺）等因素的影响。

易碎性的表示方法有很多，下面主要介绍 Bond 粉碎功指数。

采用有效内径 305mm、有效长度 305mm 的球磨机，内装各级别钢珠共 285 个，钢珠级配如表 2-4 所示。

表 2-4　Bond 磨钢珠级配

球径/mm	36.5	30.2	25.4	19.1	15.9
个数	43	67	10	71	94

试验方法如下。

① 取 $700cm^3$ 粒度小于 $3360\mu m$ 的原料装入球磨机中，球磨机转速为 $70r/min$。粉碎一定时间后，将粉碎产物按规定筛目 $D_{PI}(\mu m)$ 进行筛分，记录筛余量 $W(g)$ 和筛下量 $W_p - W$，求出球磨机每一转的筛下量 G_{bp}。

② 取与筛下量相等的新试料与筛余量 W 混合作为新物料加入球磨机中，球磨机转速按保持循环符合率的 250% 计算。反复上述试验过程直至 G_{bp} 达到稳定。

③ 取最后三次的 G_{bp} 并求平均值 $\overline{G}_{bp}$，且 G_{bp} 的最大值和最小值之差小于 $\overline{G}_{bp}$ 的 3%。$\overline{G}_{bp}$ 即为易碎性值。按式（2-3）计算 Bond 粉碎功指数。

$$W_i = \frac{44.5}{D_{PI}^{0.23} \times \overline{G}_{bp}^{0.82} \left(\dfrac{10}{\sqrt{D_{P80}}} - \dfrac{10}{\sqrt{D_{F80}}} \right)} \times 1.10 \tag{2-3}$$

式中　D_{F80} ——80% 的试料可以通过筛孔的孔径；

　　　D_{P80} ——80% 的产品可以通过筛孔的孔径。

很显然，W_i 值越小，物料的易碎性越好；反之物料越难粉碎。

2.1.2　超细粉体的特征

2.1.2.1　纳米颗粒和微米颗粒

超细粉碎是指将物料粉碎至微米级甚至亚微米级。相比于粗粉和细粉，超细粉碎产品的比表面积和比表面能显著增大，导致在超细粉碎中微细颗粒的团聚趋势也明显增强。因此在超细粉碎过程中，物料经一段时间的粉碎后将处于粉碎-团聚的状态，当这一状态达到平衡时，将此时物料的粒度称为"粉碎极限"。物料超细粉碎的过程伴随着粉碎物料晶体结构和物理化学性质的变化，这些变化明显地改变了超细粉体的一些性质，将这种变化称为粉碎过程机械化学效应。

对于粒度为微米级或亚微米级的超细粉体，虽然其物理化学性质与块状颗粒相差不大，但是随着颗粒尺寸的减小，造成颗粒的比表面积和比表面能增大以及表面活性提高，导致颗粒之间相互吸引发生团聚，又导致比表面积减小，表面活化性降低。因此在超细粉体的制备时必须考虑颗粒的分散。

对于纳米材料，其物理化学性质与块状材料相差很大。它既不同于原子，也不同于结晶体。对纳米材料而言，其特殊性质包括以下几个。

（1）小尺寸效应

随着颗粒粒度减小到纳米尺寸，其物理性质（如声、光、电、磁、热等力学特性）、化学性质发生显著改变，将这种变化称为小尺寸效应（体积效应），其特征包括以下几个。

① 纳米材料的熔点远低于块状本体。这是因为纳米颗粒中包含的原子数低，表面原子的热运动比内部原子激烈，这一特性有利于粉末冶金工业和陶瓷工业生产技术的改善，同时降低能源消耗和提高生产效率。

② 纳米材料的硬度和强度显著增大。纳米材料基本上是由微细的晶粒和大量的晶界组成的。普通粗晶粒材料的形变是位错运动，而纳米材料位错基本不存在，因此纳米材料的硬度要比传统粗晶材料高出 3～5 倍。

③ 纳米磁性材料的磁有序状态发生本质变化。纳米磁性材料和常规磁性材料在磁结构上差异很大。在纳米材料中，当晶粒尺寸减小到单磁畴临界尺寸时，因纳米材料中晶粒的无向性，各晶粒的磁矩也是混乱排序的，磁化方向不再是固定的易磁化方向，使得纳米磁性材料有超顺磁性。

（2）表面效应

随着颗粒尺寸的减小，纳米颗粒表面原子数与总原子数之比急剧增大，从而引起一些性质发生变化，称为表面效应。随着粒度的减小，粒子比表面积、比表面能和比界面结合能力迅速增大。表面原子受力不平衡而处于高能状态，其化学活性高，因此纳米颗粒极易发生团聚现象。利用纳米颗粒的表面效应可显著提高催化剂的催化效率，也可做成助剂改善某些制品的性能。

（3）量子尺寸效应

1963 年，日本科学家久保提出了量子尺寸效应。此效应表明，当纳米粒子的尺寸减小到一定值时，金属费米能级附近的电子能级由准连续变为离散能级的现象，并给出了能级间距 δ 和组成原子数 N 的关系：

$$\delta = \frac{1}{3} \times \frac{E_F}{N} \tag{2-4}$$

式中　E_F——费米能级。

对于宏观物体，其包含无限个原子，即 $N \to \infty$，可得能级间距 $\delta \to 0$；对于纳米颗粒，其包含的原子数有限，δ 有一定的值，即能级发生了分裂。当能级间距大于热能、磁能、光子能量或超导态的凝聚能时，量子尺寸效应必会导致纳米材料的声、光、电、磁、热能性能与常规材料不同，如特异的光催化性、高光学非线性及电学特征等。

（4）宏观量子隧道效应

把电子穿越壁垒参与导电过程的效应称为隧道效应。当微观粒子的总能量小于势垒高度时，粒子仍能穿越这一壁垒，一些宏观量如微颗粒的磁化强度等也具有隧道效应。

2.1.2.2　粉碎颗粒的表面能和表面活性

由于超细颗粒表面质点各方向作用力不平衡、表面分子作用力与内部分子之间的作用力不对称以及表面分子与介质间的作用力不平衡，使得颗粒表面聚集了表面能，在宏观上表现为吸附、极化、附着团聚、界面张力等。除了静电作用力、毛细管作用力和磁性作用力外，超细颗粒表面的范德华力也是重要作用力之一。

2.1.2.3　超细颗粒间的作用力

（1）颗粒间引力

分子间的引力又称为范德华力，是根据势能叠加原理近似计算出的相近两分子间的作用力，作用距离极短，约为 1nm，是典型的短程力。而颗粒间的范德华力是多个分子综合相互作用的结果，其有效距离大于分子间范德华力的作用范围，可达 50nm，属于长程力。半径分别为 d_1 和 d_2 的两个相近球形颗粒间的范德华力为

$$F_v = -\frac{A_{11}}{12a^2} \times \frac{d_1 d_2}{d_1 + d_2} \tag{2-5}$$

式中　a——颗粒间间距；

A_{11}——颗粒在真空中的 Hamaker 常数。

Hamaker 常数是物质固有的特征常数，与材料性质和环境有关。一些颗粒的 Hamaker 常数如表 2-5 所示。

表 2-5　一些颗粒的 Hamaker 常数

颗粒-颗粒	Hamaker 常数/eV	
	真空	水
Au-Au	3.414	2.352
Ag-Ag	2.793	1.153
Cu-Cu	1.917	1.117
C-C	2.053	0.943
Si-Si	1.614	0.833
MgO-MgO	0.723	0.112
KCl-KCl	1.117	0.277
合金-合金	1.872	—
Al_2O_3-Al_2O_3	0.936	—
H_2O-H_2O	0.341	—

对于等径颗粒以及颗粒与平面之间的情况，式（2-5）简化为

$$F_v = -\frac{A_{11}D}{24(D+s)^2} \tag{2-6}$$

式中　s——颗粒表面间的距离；

D——颗粒直径。

对于处于真空中的两个颗粒而言，Hamaker 常数取各自的几何平均值，其表达式为

$$A = \sqrt{A_{11}A_{12}} \tag{2-7}$$

式中　A_{11}，A_{12}——颗粒1、颗粒2在真空中的 Hamaker 常数。

对处于液体介质3的颗粒1而言，应考虑液体分子和组成颗粒的分子群的作用以及此作

用对颗粒间分子作用力的影响，使用有效 Hamaker 常数，其近似表达式为

$$A \approx (\sqrt{A_{11}} - \sqrt{A_{33}})^2 \qquad (2-8)$$

式中　A_{33}——液体颗粒在真空中的 Hamaker 常数。

由此可知，若固体颗粒和液体颗粒的性质相近，即 A_{11} 和 A_{33} 接近，A 值越小。

对处于液体介质 3 的颗粒 1 和颗粒 2 而言，其相互作用的 Hamaker 常数表达式为

$$A \approx (\sqrt{A_{11}} - \sqrt{A_{33}})(\sqrt{A_{22}} - \sqrt{A_{22}}) \qquad (2-9)$$

式中　A_{22}——固体颗粒 2 在真空中的 Hamaker 常数。

颗粒吸附气体后的范德华力 F_a 通常大于其在真空中的数值：

$$F_a = F_v = 1 + \frac{2B}{AZ}S \qquad (2-10)$$

式中　B——气体吸附常数，与气体和颗粒分子的本征特性有关。

（2）电荷引力

当颗粒间的介质为不良导体（如空气）时，流动的固体颗粒因互相撞击和摩擦等作用易产生净电荷。两等径球形颗粒所引起的静电引力为

$$F = \frac{Q_1 Q_2}{D^2} \left(1 - \frac{2a}{D}\right) \qquad (2-11)$$

式中　Q_1，Q_2——两颗粒的表面带电量。

（3）毛细管力

在超细粉末的过滤、干燥、造粒过程中，粉末间往往含有水分，超细颗粒空隙中均会形成毛细管现象，表现为两颗粒附近的水分因表面张力收缩作用引起颗粒间的牵引运动，称为毛细管力。

（4）磁性作用力

根据磁性材料磁化后去磁的难易程度可将它们分为硬磁性材料和软磁性材料。当磁性材料被粉碎至单磁畴（即临界尺寸以下的颗粒只含有一个磁畴）时，称为单畴颗粒。磁性材料的超细颗粒在磁场作用下更容易发生磁化，两个等体积的磁性颗粒之间的磁性吸引力与其中心距的四次方成反比：

$$F_m = -\frac{2M^2 V^2}{Z^4} \qquad (2-12)$$

式中　V——单个颗粒的体积；

　　　M——颗粒的磁化强度；

　　　Z——两个磁性颗粒的中心距。

2.1.2.4　粉碎产品的粒度特性

为鉴定粉碎机的粉碎效果及粉碎产品的质量，需确定产品粒度的组成和粒度特性曲线。通常采用筛分法来确定混合物中粒度的组成，根据筛分结果可以做出给料、破碎产品和粉末产品的粒度特性曲线。粒度特性曲线反映了产率和物料粒度之间的关系，其横坐标为产品粒度，纵坐标为筛余物累积产率或筛下物累积产率，如图 2-2 所示。通过该曲线可方便地了解某一产品的粒度分布情况、产品粒度大于某一粒度时对应的产率等。

图中，曲线 1 呈凹形，表明物料中细粒级物料占多数；曲线 2 近似直线，表明物料粒度

均匀分布；曲线3呈凸形，表明物料中粗粒级物料占多数。根据粒度特性曲线，可以比较各种物料的破碎难易程度，也可用于比较不同粉碎机械粉碎同一物料时的粉碎能力。

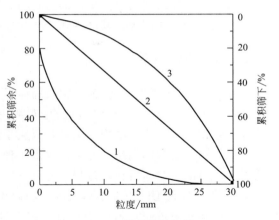

图 2-2　粒度特性曲线

2.1.3　物料粉碎方式

采用机械法对物料进行超细粉碎的过程中，物料在切割和粉碎过程中通常受到剪切力、冲击力和挤压力的联合作用。根据物料粉碎过程中工件对物料作用方式的不同可将物料粉碎方式分为以下几个。

① 挤压法。如图 2-3(a) 所示，物料在冲击力 P 的作用下被两个工作面挤压粉碎，挤压力大于物料的压碎强度。该方法适用于脆性、坚硬物料的粗碎。

② 劈裂法。如图 2-3(b) 所示，物料在两个楔形工件的作用下受到挤压，物料与楔尖接触面受到强烈的张应力，当张应力达到材料的抗劈强度时物料被劈裂。该方法适用于低腐蚀性、脆性材料的破碎。

③ 折断法。如图 2-3(c) 所示，物料受到弯曲作用，可视作承受集中载荷的二支点梁或多支点梁。当物料的抗弯强度达到极限时，物料被折断。

④ 磨削法。如图 2-3(d) 所示，工作面与物料之间或物料与物料之间发生相对运动时因摩擦引起的剪切作用使物料被磨削粉碎。该方法适用于小块物料的细磨。

⑤ 冲击法。如图 2-3(e) 所示，运动的工件作用于物料或运动的物料撞击到固定面上而使物料受到冲击粉碎。该方法适用于松脆性材料的破碎。

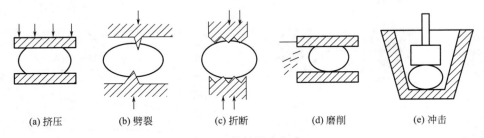

|(a) 挤压|(b) 劈裂|(c) 折断|(d) 磨削|(e) 冲击|

图 2-3　物料粉碎方式

物料在粉碎过程中，不是单纯地只受到一种作用力作用，往往在多种力的综合作用下发生粉碎。一般来说，较大或中等粒度的坚硬颗粒在破碎时主要采用挤压和冲击方式，粉碎工具表面带有不同形状的齿牙；较小粒度的坚硬物料主要通过挤压或冲击方式，粉碎工具表面光滑；粉末状物料主要通过研磨、冲击或挤压等；腐蚀性较弱的物料破碎时采用冲击、打击、劈碎、研磨等，粉碎工具表面带有尖利的齿牙；腐蚀性强的物料以挤压为主，粉碎工具表面光滑；强度大的物料粗碎时适宜采用挤压法；脆性物料宜采用冲击破碎或劈裂破碎；韧性大的物料宜采用磨削或挤压等。

一种粉碎机械的施力方式并不唯一，往往是多种粉碎方式的组合，如在球磨机中粉碎方式有：颗粒与颗粒之间的摩擦引起的剪切力、颗粒与衬板之间的摩擦引起的剪切力以及颗粒抛落时受到的冲击作用等，其区别在于机械粉碎时主导的作用力不同。

2.1.4 物料粉碎模型

Rosin-Rammler 等学者认为，物料粉碎后其粒度分布具有二成分性，即粒度合格的颗粒和粒度不合格的颗粒。不合格颗粒的分布取决于破碎机排料口间隙的大小，称之为过度成分；合格颗粒与破碎机的结构无关，只取决于原材料的物料，称之为稳定成分。由二成分性可推断出，颗粒的破坏和粉碎并不是仅由一种粉碎方式形成的，而是两种及以上不同破坏形式的组合。目前认为物料粉碎过程中有以下三种粉碎模型，如图 2-4 所示。

① 体积粉碎模型。颗粒整体破碎，粉碎生成的多为粒度大的中间物，并且随粉碎的进行，这些中间物被进一步粉碎为具有一定粒度分布的微粒，最后累积成细粉成分，即稳定成分。

② 表面粉碎模型。外力作用于颗粒时，仅在颗粒的表面发生破坏，且不断地从颗粒表面削下微细粉，只作用于颗粒表面。

③ 均一粉碎模型。颗粒在外力作用下产生分散性破坏，直接被粉碎成微细粉。

在以上三种模型中，均一粉碎模型适用于物料结合非常松散的情况（比如药片等），一般不考虑这种模型。因此，实际上物料的粉碎模型是前两种模型的叠加，第一种构成过度成分，第二种构成稳定成分，从而形成二成分分布。这两种粉碎模型对应的粒度分布随时间的变化情况如图 2-5 所示。从图中可以看出，在体积粉碎模型中，颗粒的粒度分布范围窄，但细颗粒占比小；在表面粉碎模型中，颗粒的粒度分布范围宽，粗颗粒占比大。

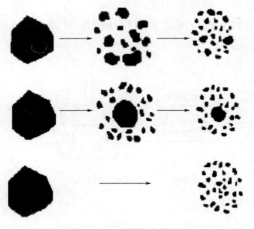

图 2-4　三种粉碎模型

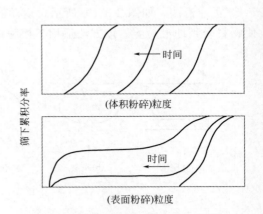

图 2-5　体积粉碎和表面粉碎的粒度分布

2.1.5 物料粉碎理论

2.1.5.1 粉碎能耗理论

粉碎能耗的研究一直是人们关注的重点。经典的粉碎理论主要从能耗角度研究粉碎过程。物料粉碎时沿最脆弱的断面裂开，因此在粉碎过程中，脆弱点和脆弱面先消失，随着物料粒度的减小，物料越来越坚固，需要更多的能量来进行粉碎。物料粉碎所消耗的功，一部分用于粉碎物料的变形，并以热能的形式散失；一部分用于形成新的表面，转化为表面自由能。

目前被普遍接受的三大能耗理论有雷廷格（P. R. Rittinger）的表面积假说、基克（F. Kick）的体积假说和邦德（F. C. Bond）的裂缝学说等。

（1）表面积假说

表面积假说是由德国学者 P. R. Rittinger 于 1867 年提出的。该假说认为，物料粉碎是外力所做的功用于产生新的表面，即粉碎能耗与粉碎后物料的新生表面积成正比，粉碎单位质量物料所消耗的功与物料破碎后表面积的增量成正比：

$$A \propto \Delta s \quad 或 \quad A / \Delta s = k_1 \qquad (2\text{-}13)$$

式中　A——粉碎能耗；

　　　Δs——粉碎后物料表面积增量；

　　　k_1——比例系数。

因为表面积假说只考虑了生成新表面所需的功，所以只能近似计算粉碎比很大时粉碎的总能耗。

（2）体积假说

体积假说是由德国学者 F. Kick 等人提出的。该假说认为，粉碎所消耗的能量与颗粒的体积成正比，粉碎能耗 W 与物料粉碎前后产品平均粒度之间的关系为

$$W = k \lg \frac{D}{d} \qquad (2\text{-}14)$$

式中　D——物料粉碎前的平均粒度；

　　　d——物料粉碎后的平均粒度；

　　　k——常数。

因为体积假说只考虑了变形功，所以只能近似计算粗碎和中碎时的粉碎总能耗。

（3）裂缝假说

裂缝假说是由 F. C. Bond 于 1952 年提出的一种介于表面积假说和体积假说之间的粉碎理论。该假说认为，物料在外力作用下粉碎时先发生变形，当外力超过其极限强度时，物料产生裂缝并被粉碎成许多小块，考虑了比表面能和变形能两项。该假说计算能耗的公式为

$$W = 10w \left(\frac{1}{\sqrt{d_{80}}} - \frac{1}{\sqrt{D_{80}}} \right) \qquad (2\text{-}15)$$

式中　W——将单位质量的物料从 D_{80} 粉碎至 d_{80} 所消耗的能量；

　　　w——功指数；

D_{80}，d_{80}——物料粉碎前后细粒累计含量为 80% 的粒度。

以上三种假说都有各自的局限性和适用范围。一般来说，表面积假说适用于产品粒度在 0.074～0.5mm 的细磨，裂缝假说适用于产品粒度为 0.5～50mm 的粗碎和细碎，体积假说适用于产品粒度大于 50mm 的破碎。

1957 年，R. I. Charles 提出了能耗微分式：

$$dW = -cx^{-n}dx \qquad (2\text{-}16)$$

式中　dW——颗粒粒度减小 dx 时的粉碎能耗；

x——颗粒粒度；

c，n——系数。

对式（2-16）积分得

$$W = \int_{D}^{d} -cx^n \, dx \tag{2-17}$$

式中　D，d——物料粉碎前后的平均粒度。

若把 $n=1$、1.5、2 代入式（2-17）中，分别可得上述的基克体积假说、邦德裂纹假说和雷廷格表面积假说。

当 $n>1$ 时，对式（2-17）积分可得

$$W = \frac{c\left(\dfrac{1}{d^{n-1}} - \dfrac{1}{D^{n-1}}\right)}{n-1} = k\left(\frac{1}{d^m} - \frac{1}{D^m}\right) \tag{2-18}$$

$$m = n-1$$

$$k = \frac{c}{n-1}$$

令 $\dfrac{D}{d} = i$（给料平均粒度与产物平均粒度之比），则式（2-18）可写为

$$W = \frac{k}{D}(i^m - 1) \tag{2-19}$$

式中　m——与物料性质、产物粒度及粉碎设备的类型有关。

（4）粉碎功耗新观点

① 田中达夫粉碎定律。1954 年，田中达夫提出了用比表面积表示功耗定律的通式：

$$\frac{dS}{dW} = k(S_\infty - S) \tag{2-20}$$

式中　S——比表面积；

W——粉碎能耗；

S_∞——粉碎平衡时的极限比表面积。

对式（2-20）积分，当 $S_\infty = S$ 时可得

$$S = S_\infty(1 - e^{-kW}) \quad (k \text{ 为系数}) \tag{2-21}$$

式中　e——自然对数。

这表明物料越细时，单位能量所产生的新比表面积越小，即越难粉碎。

② Hiorns 公式。英国学者 Hiorns 在粉碎 Rittinger 定律和粒度 Rosin-Rammler 分布的基础上，提出了如下公式：

$$W = \frac{C_R}{1 - k_r}\left(\frac{1}{x_2} - \frac{1}{x_1}\right) \tag{2-22}$$

式中　k_r——固体颗粒间的摩擦力；

C_R——粉磨时的系数（为常数）。

可见，k_r 值越大，粉碎能耗越大。

粉碎导致固体表面积增加，粉碎功耗计算公式可表示为固体比表面能和新生比表面积的乘积：

$$W = \frac{\sigma}{1-k_r}(S_2 - S_1) \tag{2-23}$$

③ Rebinder 公式。前苏联学者 Rebinder 和 Chodakow 认为，在粉碎过程中，固体粒度的变化伴随着晶体结构和表面物理化学性质等变化。他们在基克定律和田中达夫定律的基础上增加了表面能 σ、转化为热能的弹性能的储存及固体表面某些物理化学性质的变化，提出了能耗公式：

$$\eta_m W = \alpha \ln \frac{S}{S_0} + [\alpha + (\beta + \sigma)S_\infty] \ln \frac{S_\infty - S_0}{S_\infty - S} \tag{2-24}$$

式中　η_m——粉碎机粉碎效率；

$\quad\quad\alpha$——与弹性有关的系数；

$\quad\quad\beta$——与固体表面物理化学性质有关的常数；

$\quad\quad S_0$——粉碎前的比表面积。

2.1.5.2　粉碎过程动力学

粉碎过程动力学通过研究粉碎过程中速度及相关影响因素来控制粉碎过程。假设粗颗粒级别物料随粉碎时间的变化率为 $-\mathrm{d}Q/\mathrm{d}t$，且影响粉碎速度的因素及影响程度分别为 A、B、C、$\cdots$ 和 a、b、c、$\cdots$，粉碎速度公式表示为

$$-\frac{\mathrm{d}Q}{\mathrm{d}t} = KA^a B^b C^c \tag{2-25}$$

式中　K——比例系数。

$a+b+c$ 之和为动力学级数，和为 0、1、2 时分别称为零级粉碎动力学、一级粉碎动力学、二级粉碎动力学。

（1）零级粉碎动力学

假设粉碎原料都为粗颗粒，在粉碎条件不变的情况下，原料中粗颗粒的减少只与时间有关。零级粉碎动力学方程为

$$-\frac{\mathrm{d}Q}{\mathrm{d}t} = K_0 \tag{2-26}$$

式中　K_0——零级粉碎比例系数。

（2）一级粉碎动力学

一级粉碎动力学认为，粉碎速度与物料中不合格的粗颗粒的含量（R）成正比。E. W. Davis 等人提出了一级动力学方程为

$$-\frac{\mathrm{d}Q}{\mathrm{d}t} = K_1 R \tag{2-27}$$

式中　K_1——一级粉碎比例系数。

对式（2-27）积分得

$$\ln R = -K_1 t + C \tag{2-28}$$

当 $t=t_0$ 时，$R=R_0$，得出 $C=\ln R_0$，代入式（2-28）中得

$$\ln R = -K_1 t + \ln R_0 \tag{2-29}$$

$$\frac{R}{R_0} = e^{-K_1 t} \tag{2-30}$$

V. V. Aliavden 进一步提出：

$$\frac{R}{R_0} = e^{-K_1 m}$$
(2-31)

式中　m——随物料的均匀性、强度和粉磨条件变化。

（3）二级粉碎动力学

F. W. Bowdish 提出，应将研磨介质的尺寸分布特征作为影响粉末速度的主要因素。因此，在一级粉碎动力学基础上，增加研磨介质表面积的影响，得到二级粉碎动力学公式：

$$-\frac{dR}{dt} = K_2 AR$$
(2-32)

式中　K_2——二级粉碎比例系数。

介质表面积在一定时间内可视为常数，对式（2-32）积分得

$$\ln \frac{R_1}{R_2} = K_2 A(t_2 - t_1)$$
(2-33)

2.1.5.3　粉碎速度理论

粉碎速度论是指将粉碎过程看作速度变化的过程并用数学式进行表达。1948 年，Epstein 提出了粉碎过程中的数学模型的基本观点，认为如果一个重复粉碎过程可以用概率函数和分布函数描述，那么第 n 段粉碎之后的分布函数近似于对数正态分布。

（1）粉碎过程矩阵模型

① 破裂函数。用于表述颗粒粒度的对数正态分布的 Rosin-Rammler 公式的形式为

$$F = 100[1 - \exp(-bx^N)]$$
(2-34)

式中　F——颗粒的累积分布数；

b——与粒度有关的常数；

x——颗粒的粒度；

N——与被测颗粒系统物质特性有关的指数。

1956 年，Broadbent 和 Callcott 提出用 Rosin-Rammler 修正式来表示破碎函数：

$$B(x, y) = (1 - e^{-x/y})/(1 - e^{-1})$$
(2-35)

式中 $B(x, y)$ 表示原来粒度为 y 的颗粒经粉碎后粒度小于 x 的那部分颗粒的质量分数。式（2-35）表明，破碎物料的粒度分布与进料粒度无关。

Epstein 假设破碎函数可进行标准化，即 $B(x, y) = B(x/y)$，则破碎函数的取值范围：

$$B(x/y) \leqslant 1, \ x \leqslant y$$
$$B(x/y) = 1, \ x > y$$
(2-36)

Broadbent 和 Callcot 进一步定义参数 b_{ij} 来代替累积破碎分布函数 $B(x, y)$，b_{ij} 表示由第 j 粒级的物料破碎后产生的第 i 粒级的质量比率，则破碎函数用矩阵表达为

$$\boldsymbol{B} = \begin{bmatrix} b_{11} & 0 & \cdots & 0 \\ b_{21} & b_{22} & \cdots & \vdots \\ \vdots & \vdots & \ddots & \vdots \\ b_{i1} & b_{12} & \cdots & b_{ij} \end{bmatrix}$$
(2-37)

假设 $\boldsymbol{F}$ 和 $\boldsymbol{P}$ 分别表示物料粉碎前后的粒级元素，那么 $\boldsymbol{F}$ 和 $\boldsymbol{P}$ 可表示为

$$\boldsymbol{F} = [f_1 f_2 f_3 f_4 \cdots f_n]^T$$
(2-38)

$$\boldsymbol{P} = [p_1 p_2 p_3 p_4 \cdots p_n]^{\mathrm{T}} \tag{2-39}$$

则 $\boldsymbol{F}$ 和 $\boldsymbol{P}$ 之间有如下关系式：

$$\boldsymbol{P} = \boldsymbol{B} \cdot \boldsymbol{F} \tag{2-40}$$

用矩阵表达为

$$\begin{bmatrix} b_{11} & 0 & \cdots & 0 \\ b_{21} & b_{22} & \cdots & \vdots \\ \vdots & \vdots & \ddots & \vdots \\ b_{n1} & b_{n2} & \cdots & b_{nn} \end{bmatrix} \begin{bmatrix} f_1 \\ f_2 \\ \vdots \\ f_n \end{bmatrix} = \begin{bmatrix} b_{11} \cdot f_1 + 0 + \cdots + 0 \\ b_{21} \cdot f_1 + b_{22} \cdot f_2 + 0 + \cdots + 0 \\ \vdots \\ b_{n1} \cdot f_1 + b_{n2} \cdot f_2 + \cdots + b_{nn} f_n \end{bmatrix} = \begin{bmatrix} p_1 \\ p_2 \\ \vdots \\ p_n \end{bmatrix} \tag{2-41}$$

② 选择函数。在粉碎过程中，各粒级颗粒的破碎具有随机性，有的粒级破碎多，有的粒级破碎少，有的直接进入产品中，这就是"选择性"或"概率性"。

用 s_i 表示被选择破碎的第 i 粒级的一部分，那么选择函数 $\boldsymbol{S}$ 的对角矩阵形式为

$$\boldsymbol{S} = \begin{bmatrix} s_1 & & & 0 \\ & s_2 & & \\ & & \ddots & \\ 0 & & & s_n \end{bmatrix} \tag{2-42}$$

粉碎过程中被粉碎颗粒的质量分布表示为 $\boldsymbol{S} \cdot \boldsymbol{F}$，选择函数矩阵式为

$$\begin{bmatrix} s_1 & & & 0 \\ & s_2 & & \\ & & \ddots & \\ 0 & & & s_n \end{bmatrix} \begin{bmatrix} f_1 \\ f_1 \\ \vdots \\ f_1 \end{bmatrix} = \begin{bmatrix} s_1 \cdot f_1 \\ s_2 \cdot f_2 \\ \vdots \\ s_n \cdot f_n \end{bmatrix} \tag{2-43}$$

则未被粉碎的颗粒质量分布为 $(\boldsymbol{I} - \boldsymbol{S}) \cdot \boldsymbol{F}$，其中 $\boldsymbol{I}$ 为单位矩阵。

（2）粉碎过程的矩阵表达式

由上述分析可知，一次粉碎后产品的质量分布可表达为

$$\boldsymbol{P} = \boldsymbol{BSF} + (\boldsymbol{I} - \boldsymbol{S})\boldsymbol{F} \text{ 或 } \boldsymbol{P} = (\boldsymbol{BS} + \boldsymbol{I} - \boldsymbol{S})\boldsymbol{F} \tag{2-44}$$

对于 γ 次重复粉碎，第一次的 $\boldsymbol{P}$ 可以作为第二次的 $\boldsymbol{F}$，以此类推。于是可得 γ 次重复粉碎的产品质量分布为

$$\boldsymbol{P}_n = (\boldsymbol{BS} + \boldsymbol{I} - \boldsymbol{S})^n \boldsymbol{F} \tag{2-45}$$

2.1.5.4 粉碎过程力学

（1）晶体破碎与变形

宏观物体的粉碎机理较为复杂，难以通过一个理论进行精确描述，但可参照晶体的破碎理论和变形理论来研究固体的粉碎机理。构成晶体的基本单位——晶胞，是由离子、原子或分子在空间以某种规律做周期性排列构成的（一个周期构成一个晶胞）。晶体内部质点间存在吸引力和排斥力以维持平衡。但有时质点会产生热振动致使质点逃离平衡位置。质点间的吸引力源于异性电荷和库仑力，与质点间距离的平方成反比；但当两质点充分接近时，质点间又存在排斥力，且随着距离的减小而急剧增大，如图 2-6 所示。这两种力的综合作用形成了质点间的相互作用力，作用力用 P 表示，其值为结合能对距离的微分。

结合能 u 表示为

$$u = -\frac{Ae^2}{r} + \frac{B}{r^n} \tag{2-46}$$

式中　B/r^n——斥力产生的能量；

　　　r——质点间的距离；

　　　n——和晶体类型有关；

　　　B——和晶体结构有关的常数；

　　Ae^2/r——引力产生的能量；

　　　e——质点所带的电荷量；

　　　A——麦德隆常数。

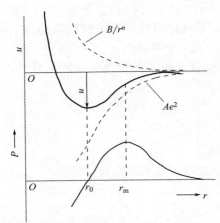

图 2-6　晶体间质点间距和作用力及
结合能的关系

u—结合能；P—相互作用力；r_0—平衡时质点间距；
r_m—断裂时质点间距；B/r^n—斥力产生的能量；
Ae^2/r—引力产生的能量

则作用力 P 表示为

$$P = \frac{\mathrm{d}u}{\mathrm{d}r} = \frac{Ae^2}{r^2} - \frac{nB}{r^{n+1}} \tag{2-47}$$

当 $r = r_0$ 时，质点处于平衡位置，则 $P = 0$，u 有最小值 u_0，代入到式（2-47）中得

$$B = \frac{Ae^2}{n} r_0^{n-1} \tag{2-48}$$

将式（2-48）代入式（2-46）中得

$$u = \frac{Ae^2}{r} \left[\frac{1}{n} \left(\frac{r_0}{r} \right)^{n-1} - 1 \right] \tag{2-49}$$

当 $r = r_0$ 时有

$$u_0 = \frac{Ae^2}{r_0} \left(\frac{1-n}{n} \right) \tag{2-50}$$

将式（2-48）代入式（2-47）中得

$$P = \frac{Ae^2}{r^2} \left[1 - \left(\frac{r_0}{r} \right)^{n-1} \right] \tag{2-51}$$

当晶体受到压缩时，$r < r_0$，质点间斥力增大程度大于引力增大程度，多余的斥力用于抵抗外界压力；当 $r > r_0$ 时，引力减小低于斥力减小，多余的引力用于抵抗外界拉力。随着质点间距离不断增加，质点间相互作用力不足以抵抗外界的拉伸时，晶体发生破碎或永久变形。

晶体只有在足够的能量作用下才会发生破碎，这个能量用 Δu 表示。晶体破碎后表面积增量用 ΔS 表示。物料表面晶胞的结合能高于其内部，表面晶胞只有吸收足够的能量后才会形成新的表面，这个能量就是比表面能 σ，又称表面张力或表面自由能。

$$\sigma = \frac{\Delta u}{\Delta S} \tag{2-52}$$

比表面能是由物质表面分子和体内分子作用力不均衡引起的，是物质的本质属性。晶体在外力作用下发生变形或断裂后，其热力学性质也会发生变化。当没有外力作用时，晶体的自由能最低；当存在外力作用时，其自由能发生变化，这一变化可表示为

$$d_f = d_A = P\mathrm{d}l = \mathrm{d}u - T\mathrm{d}s \tag{2-53}$$

并有

$$P = \left(\frac{\partial u}{\partial l} \right)_T - T \left(\frac{\partial s}{\partial l} \right)_T \tag{2-54}$$

式中　d_f——自由能的变化；

　　　d_A——使晶体变形所做的功；

P——使晶体变形所施加的外力；

l——变形尺寸；

u——内能；

T——绝对温度；

s——系统熵值。

晶体发生变形会导致其自由能增大，且在外力作用下晶体内能增加、熵值减小。当晶体在外力作用下发生断裂时，部分内能会转化为新生面的表面能。

（2）裂纹及其扩展

1920 年格里菲斯（Griffith）提出了微裂纹理论。该理论认为，材料内部存在很多微裂纹。在理想条件下，如果施加的外力未达到物体的应变极限，那么物体被压缩发生弹性变形，去除外力后物体恢复原状。但是由于微裂纹的存在，即使上述过程中没有产生新的表面，物体内部的裂纹也会发生扩展并产生新的微裂纹，从而导致应力集中现象。当应力达到一定程度时，裂纹发生扩展导致材料断裂，这一理论适用于脆性材料的断裂。对于延性材料的塑性变形，Orowan 在格里菲斯理论的基础上，引入了延性材料的塑性功来描述延性材料的断裂。

理论指出裂纹在外力作用下的形成和扩展是固体物料（尤其是脆性物料）粉碎的主要过程之一。

（3）裂纹的产生和扩展需要满足两个条件：力和能量

① 力的条件。裂纹尖端处的局部拉应力必须大于裂纹尖端处分子间的黏合力，通过拉伸-断裂试验得到的抗拉强度通常比分子之间的黏合力小 2～3 个数量级，因此裂纹尖端处的集中拉应力比实际抗拉强度大 2～3 个数量级。

分子间结合力为

$$\sigma_{th} = \sqrt{\frac{E\gamma}{a}} \tag{2-55}$$

实际抗拉强度为

$$\sigma_{t} = \sqrt{\frac{E\gamma}{l}} \tag{2-56}$$

式中　E——材料的弹性模量；

γ——比表面能；

a——裂纹尖端半径；

l——裂纹长度。

因此 $\dfrac{\sigma_{th}}{\sigma_{t}} = \sqrt{\dfrac{l}{a}} = 10^{2}$，可得出 $l = 10^{4}a$。

裂纹尖端半径 a 等于原子之间的间距，假如 $a = 1nm$，则裂纹长度 $l = 10\mu m$。即为了克服裂纹尖端的结合力，裂纹长度至少应有数微米。

② 能量条件。材料破碎时，所提供的能量主要用于两个方面：一是裂纹扩展产生新表面时所需的表面能 S；二是因弹性变形而储存在固体中的能量 u。如果载荷施加的能量或因物体断裂而释放的弹性可以满足产生新表面所需的表面能，则裂纹就可能扩展。裂纹扩展条件可表示为

$$\frac{\mathrm{d}u}{\mathrm{d}l} \geqslant \frac{\mathrm{d}S}{\mathrm{d}l} \tag{2-57}$$

$$S = 2l\gamma$$

$$u = \frac{\pi\sigma_t^2 l^2}{4E}$$

式中 σ_t——拉应力。

因此，式(2-57)可表达为

$$\frac{\pi\sigma_t^2 l}{2E} \geqslant 2\gamma \tag{2-58}$$

由此可得裂纹扩展的临界应力为

$$\sigma_c = \sqrt{\frac{4E\gamma}{\pi l}} \tag{2-59}$$

因此，只要施加的外力大于 σ_c，便会引起裂纹扩展。

$$\frac{\mathrm{d}u}{\mathrm{d}l} = \frac{\pi\sigma_t^2 l}{2E} = G \tag{2-60}$$

根据式(2-58)可知，$G \geqslant 2\gamma$，称 G 为裂纹扩展力，可用弹性变形理论进行近似计算。在对数坐标中，函数 $G = f(l)$ 是一条斜率为 1 的直线，其大小取决于 σ_t 和 E，如图 2-7 所示。其中 $2\gamma_t$ 表示破碎所需的比表面能，且最小值 $2\gamma_{min}$ 表示裂纹开始产生时的比表面能，最大值 $2\gamma_{max}$ 表示裂纹开始扩展时的比表面能。格里菲斯长度 $l_{(griff)}$ 是比表面能曲线 2γ 和 G 曲线的交点，临界裂纹扩展力 G_c 对应于临界裂纹长度 l_c。一般来说，对于脆性材料，产生新表面时，$\gamma_{min} \approx \gamma$；对于塑性材料，$\gamma_{min} > \gamma$。

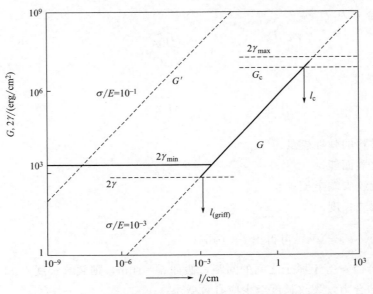

图 2-7　裂纹扩展 G、比表面能 2γ 与裂纹长度 l 的关系

（4）裂纹扩展速度及物料粉碎速度

如果提供给裂纹尖端的能量大于裂纹断裂和扩展所需的能量，那么多余的能量将转化为动能促使裂纹扩展，扩展速度 V 可表示为

$$V \approx 0.38 v_{\mathrm{c}} \sqrt{1 - l_{\mathrm{c}}/l} \tag{2-61}$$

$$v_{\mathrm{c}} = \sqrt{\frac{E}{\rho}}$$

$$l_{\mathrm{c}}/l = (S + Z)/u$$

式中　v_{c}——固体中的声速；

l_{c}——裂纹的长度；

ρ——物料密度；

S——裂纹尖端处的表面能；

Z——裂纹尖端处的塑性变形能；

u——裂纹尖端处的弹性能。

假设物料粉碎后产生的新面积为 F，则物料的粉碎速度为

$$v = \frac{\mathrm{d}F}{\mathrm{d}t} \tag{2-62}$$

它与物料中的声速 v_{c} 之间的关系可表示为

$$v = k/\rho v_{\mathrm{c}}^2 \tag{2-63}$$

式中　k——与粉碎条件和粉碎设备相关的常数。

（5）裂纹尖端的能量平衡

在外力作用下，裂纹尖端的能量平衡可表示为

$$\sum G_i = G + G_{\mathrm{h}} + G_{\mathrm{t}} + G_{\mathrm{k}} \tag{2-64}$$

式中　G——单位长度裂纹的外应力（能）；

G_{h}——因晶格缺陷产生的单位长度的内应力（能）；

G_{t}——裂纹尖端热性质变化所产生的单位长度裂纹的内应力（能）；

G_{k}——裂纹尖端因承受外应力和内应力作用而引起的化学能的变化。

其中，G_{h} 和 G_{t} 被称为弹性能。

当前，粉体微纳化破碎理论主要包括气流冲击粉碎理论、剪切粉碎理论和研磨粉碎理论。

2.2　气流冲击粉碎理论

根据气流粉碎原理，其基础理论研究主要包括高速气流的形成、颗粒在高速气流中的加速规律、粉碎冲击颗粒表面应力分析、颗粒粉碎能分析和冲击粉碎临界速度的研究。

2.2.1　喷嘴高速气流的形成

2.2.1.1　喷嘴

高压气流磨或喷射磨的粉碎主要依靠高速气流（300～500m/s，1～3 倍声速）或过热蒸汽（130～400℃）带动物料进行运动，通过物料间的碰撞对物料进行粉碎，其中高速气流通过喷嘴后将高压空气（0.3～1.4MPa）或高压热气流（0.7～4MPa）的内能转化成动能，因此喷嘴对于气流粉碎起到至关重要的作用。蒸汽气流磨以过热蒸汽为介质，在降低能耗和加

强粉碎强度方面效果非常显著。在相同的压力、温度条件下，过热蒸汽的黏度比空气低得多，用小分子量的过热蒸汽粉碎物料，可以得到较采用压缩空气更细的产品。

目前喷嘴可分成直孔型的亚声速喷嘴、渐缩型的等声速喷嘴和缩扩型的超声速喷嘴，目前缩扩型喷嘴应用较为广泛。喷嘴常采用的工作介质有压缩空气、过热蒸汽和惰性气体三种，工业应用中常采用空气作为介质。

2.2.1.2　高速气流的加速运动方程

目前公认的理论指出，气流经喷嘴加速后射流轴心的衰减速度在 $10d_e \sim 20d_e$，可以确定气流粉碎最佳中心点的位置。

喷嘴出口的速度与工作介质有关，两种介质的出口速度如下。

① 压缩空气的出口速度为

$$v_1 = \left\{ \frac{2k}{k-1} p_0 v_0 \left[1 - \left(\frac{p_1}{p_0} \right)^{\frac{k-1}{k}} \right] \right\}^{1/2} \tag{2-65}$$

式中　p_0，p_1——喷嘴进口、出口的压力；

　　　　v_0——工质在进口处的比容；

　　　　k——定熵指数，空气的 k 值为 1.4。

② 过热蒸汽的出口速度为

$$v_1 = \left[2(i_0 - i_1) \right]^{0.5} \tag{2-66}$$

式中　i——比焓，J/kg。

2.2.1.3　工质流量的计算

喷嘴的设计需要根据工质流量对喷嘴的临界截面面积 S 进行限定。喷嘴截面面积 S 与工质质量流量之间的方程，可以利用流体力学的连续性方程推导出：

$$G = \frac{Su}{\nu_s} \tag{2-67}$$

式中　S——喷嘴内某一截面处的面积；

　　　　u——工质在截面处的流速；

　　　　ν_s——工质在截面处的比容。

通过式（2-66）和式（2-67）可得

$$G = S \sqrt{2g \frac{k p_0}{(k-1) \nu_s} \left[\left(\frac{p_1}{p_0} \right)^{\frac{2}{k}} - \left(\frac{p_1}{p_0} \right)^{\frac{k-1}{k}} \right]} \tag{2-68}$$

2.2.1.4　碰嘴的设计

喷嘴的合理设计是提高气流粉碎机粉碎效率的关键，喷嘴的作用是将气体的压强能转化为速度能，喷嘴设计的关键是选择喷嘴型式和喷嘴几何尺寸。缩扩型喷嘴的组成如图 2-8 所示，包括稳定段 l_0、亚声速渐缩段 l_1、喉部临界截面面积 S^*、超声速扩张段 l_2。

由式（2-68）推导出：

$$S = \frac{G}{\sqrt{2g \frac{k p_0}{(k-1) \nu_s} \left[\left(\frac{p_1}{p_0} \right)^{\frac{2}{k}} - \left(\frac{p_1}{p_0} \right)^{\frac{k-1}{k}} \right]}} \tag{2-69}$$

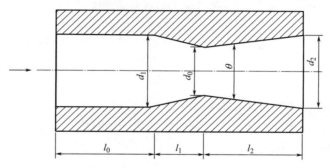

图 2-8　缩扩型喷嘴内部结构图

各截面面积 S 与喉部临界截面面积 S^* 的比值为

$$\frac{S}{S^*} = \sqrt{\left(\frac{2}{k+1}\right)^{\frac{k+1}{k-1}} \frac{k-1}{2\varepsilon^{2/k}\left(1-\varepsilon^{\frac{k-1}{k}}\right)}} \tag{2-70}$$

已知气流在喷嘴内部的压强变化规律就可以用式（2-70）推导出喷嘴内腔的截面面积，根据截面面积方程定出理想的内腔面积。实际设计需要采用更大的扩大度 f（喷嘴出口截面面积 S_2 与喉部临界截面面积 S^* 的比值）的喷嘴来进行设计：

$$f = \frac{S_2}{S^*} = \frac{1}{M_2}\sqrt{\left(\frac{1+\dfrac{k-1}{2}M_2^2}{1+\dfrac{k-1}{2}}\right)^{\frac{k+1}{k-1}}} \tag{2-71}$$

$$S^* = \frac{GV^*}{u^*}$$

喷嘴从喉部临界截面 S^* 到出口截面 S_2 一段为超声速喷嘴的扩散段。由式（2-69）和式（2-71）所知，扩散段的母线不是直线。据学者对喷嘴的研究，其扩散段存在三种类型，包括直母线型、一般曲线母线型和气动力特性曲线母线型。对于一般不太精确的工程设计，可采用直母线圆锥体腔型的扩散段，如图 2-8 所示。锥角 θ 常取 $10°\sim12°$，扩散段长度 l_2 可以通过式（2-72）计算出：

$$l_2 = \frac{d_2 - d^*}{2\tan\dfrac{q}{2}} \tag{2-72}$$

2.2.2　颗粒的加速规律

在气流粉碎时，物料颗粒的加速过程包括两个方面：气固混合时对物料的加速和气固混合后在喷嘴中的加速。目前，对物料和压缩气体混合后进入喷嘴的加速规律方面的研究比较透彻。

气流加速的公式中忽略了颗粒对气流流速的影响，也未考虑颗粒在气流中加速运动的情况，因此在实际气流粉碎计算中需要对公式进行修正。目前几种颗粒在高速气流中的加速理论如下。

G. Rudinger 以单个粉体颗粒为对象，建立了颗粒速度与时间之间的一次函数关系方程，并从理论上推导了单个粉体颗粒与喷嘴气流出口速度之间的方程：

$$u_s = u(t) - b\tau_v + u_e\left(\frac{b\tau_v}{u_e} - 1\right)\exp\left(-\frac{t}{\tau_v}\right) \tag{2-73}$$

$$\tau_v = \frac{\rho_s d_s^2}{18\mu_g}$$

式中　　u_s——颗粒速度随时间变化的数值；

u_e，$u(t)$——气流出口速度和气流速度随时间变化的函数值；

　　　　τ_v——运动的速度松弛时间；

　　　　t——时间；

　　　　b——常数；

ρ_s，d_s——颗粒密度和粒径；

　　　　μ_g——气流的黏性系数。

随着 t 增大，$\exp(-t/\tau_v)$ 趋向于 u，因此当 $b=0$ 时，式(2-73) 可简化为

$$u_s = u(t) - u_e\exp\left(-\frac{t}{\tau_v}\right) \tag{2-74}$$

喷嘴的气流速度会和颗粒的运动速度趋于相同，最后保持恒定。

当 $b>0$ 时，颗粒的速度比气流速度小 $b\tau_v$。

$$u_s = u(t) - b\tau_v \tag{2-75}$$

随着 t 增大，$\exp(-t/\tau_v)$ 趋向于 0。

当 $b<0$ 时，颗粒的速度比气流速度小 $b\tau_v$。

$$u_s = u(t) - b\tau_v \tag{2-76}$$

随着 t 增大，$\exp(-t/\tau_v)$ 趋向于 0，颗粒的速度比气流速度大 $b\tau_v$。

G. Rudinger 通过七个方程对喷嘴中气固运动情况进行分析，方程包括连续性方程、固体颗粒的连续性方程、气固混合物的动量方程、由于气体与固体的速度差而产生的曳力方程、热传递方程、状态方程和能量方程。由于可压缩流体密度会发生变化，在上述七个方程的前提下补充了压力方程、温度方程和密度方程。结果表明物料颗粒越密集，加速时损耗的动量就越小；只有当喷嘴的速度足够大时，颗粒才可以更好地进行粉碎；喷嘴压力存在一个临界值，超过临界值后压缩机能耗会急剧增大，降低粉碎的能源利用率。

Voropayev 指出，压入混合区的气体和物料充分混合后，由于压力差（混合室的压力稍低于喷射气流）导致混合时速度较低，减少了气流能量的损失。经过气流和物料间的动量传递和能量转换，使物料和气流形成气固均质两相流。

具体方程如下，令 u 为 x 方向的气流速度，v 为 y 方向气流速度，v_p 为颗粒速度，τ_v 为速度的松弛时间。假设初始时刻颗粒以 x 方向的速度分量 $u_{p,0}$，y 方向的速度 $v_{p,0}$ 进入气流，拖拽力系数为标准拖拽力系数，则有

$$\frac{\mathrm{d}v_p}{\mathrm{d}y} = -\frac{1 + a\left(\dfrac{v_p}{v_{p,0}}\right)^{2/3}}{\tau_v} \tag{2-77}$$

$$a = \frac{1}{6}\left(\frac{\rho D v_{p,0}}{\mu}\right)^{2/3}\left[1 + \left(\frac{u - u_{p,0}}{v_{p,0}}\right)^2\right]^{2/3}$$

式中　ρ——气体密度。

此式中前一项参数代表与颗粒初速度相关的雷诺数。

令 $Z = \left(\dfrac{v_p}{v_{p,0}} \right)^{1/3}$，对式（2-77）积分得

$$y = \tau_v v_{p,0} \frac{3}{a} \left[1 - \frac{\cot a^{\frac{1}{2}} Z}{a^{\frac{1}{2}}} - \frac{\cot a^{\frac{1}{2}}}{a^{\frac{1}{2}}} \right] \tag{2-78}$$

所以当 $Z = 0$ 时，获得颗粒的最大渗透量 y_{max}：

$$y_{max} = t_v v_{p,0} \frac{3}{a} \left[1 - \frac{\cot a^{\frac{1}{2}} Z}{a^{\frac{1}{2}}} \right] \tag{2-79}$$

同理，可得

$$x_{max} = t_v u \frac{3}{2} \ln \frac{1 + a Z^2}{Z^2 (1 + a)} - \frac{u}{v_{p,0}} \left(1 - \frac{v_{p,0}}{u} \right) y \tag{2-80}$$

D. Eskin 建立了气流粉碎气固混合流的动力学模型，在不同颗粒浓度下对颗粒的冲击粉碎性能进行分析和设计。模拟分析的结果表明：固体颗粒的质量流量和颗粒尺寸对气流能量的损失有很大的影响，间接影响了物料颗粒的加速。其中决定流动过程中颗粒速度的重要参数之一是气固流量比 μ。论文中还指出，颗粒与喷嘴内壁的摩擦还需要更深入的研究，但是动能损失的范围可以通过方程粗略地估算出来。根据能量守恒和动量守恒方程，假设气固喷嘴中的流动损失为等压过程，当进料速度为 0 时，气体动能经过估算后损失为

$$DE_{loss} = E_{kin} \left(1 - \frac{1}{1 + \mu} \right) \tag{2-81}$$

式中　E_{loss}——气体的动能损失；

　　　E_{kin}——气体流过喷嘴的动能。

式（2-81）表明，对于高 μ 值的气固流，喷嘴加速效率不高，能量损失大。因此喷嘴气流粉碎机效率的降低主要是由颗粒的加速过程引起的。

Eskin 还提出了一维单分散模型，它考虑了流体的多分散性与喷嘴壁的摩擦，推导出一般方程，研究提出气固流的黏性是引起喷嘴能量损失的主要原因。能量损失的流动模型的方程为

$$\frac{d l_{dis}}{d x} = \frac{0.75}{\mu u (1 - \varepsilon)} \sum_{i=1}^{n} \frac{\varepsilon_i C_{Di}}{d_i} | u - u_{si} | \tag{2-82}$$

D. Eski 和 H. Kalman 提出了简单颗粒与喷嘴壁摩擦能损失的估算模型，认为摩擦时的动能损失是由于颗粒与喷嘴壁碰撞引起的。D. Eskin 对颗粒在喷嘴中的加速研究做了大量的工作，颗粒影响因素的研究只停留在定性分析，对于具体的方程没有明确定义。

O. triesch 和 M. Bohnet 通过 CFD 程序（FLUENT，v. 4.4.8）模拟计算了管道和扩散段中的上游气固流动，在软件中加入计算颗粒相互干扰，颗粒与管壁的碰撞以及颗粒角速度的子程序后，模拟计算管道中的轴向颗粒速度和气固浓度，结果与采用激光测速技术测试的结果吻合。

2.2.3　冲击粉碎理论

颗粒的碰撞概率是颗粒碰撞时比较复杂的问题，颗粒加速后相互碰撞及碰撞概率对气流粉碎的能量利用率起着至关重要的作用。

2.2.3.1　气流冲击粉碎应力分析

冲击力和摩擦力是气流粉碎对粉体材料进行粉碎的主要作用力，并且这种颗粒粉碎现象是瞬间完成的。瞬间冲击力作用在物体上，将会以应力波的形式在物体中传播，输入是冲击压应力波，背面反射产生拉应力波，并在物体内传播。由于材料的抗拉强度远远低于其抗压强度，只要拉应力大于材料的抗拉强度，物体就会发生粉碎破坏。因此，物体的破碎首先发生在材料结合强度的薄弱处。

1959 年，RumPf 应用 Hertz 理论分析了颗粒碰撞的应力分布与冲击速度的关系，得出在一定速度下碰撞时两颗粒间最大应力方程为

$$S_{max} = 0.0098^{\frac{1}{5}} \left(\frac{m_1 m_2}{m_1 + m_2} \right)^{\frac{1}{5}} u_s^{\frac{2}{5}} \left(\frac{1}{r_1} + \frac{1}{r_2} \right)^{\frac{3}{5}} \left(\frac{1-m_1^2}{Y_1} - \frac{1-m_2^2}{Y_2} \right)^{-4/5} \tag{2-83}$$

式中　m_1，m_2——两颗粒的质量，kg；

$\quad\quad\ \ r_1$，r_2——两颗粒的泊松比；

$\quad\quad\ \ Y_1$，Y_2——两颗粒的弹性模量；

$\quad\quad\ \ u_s$——颗粒的相对速度，m/s。

在一些特殊情况下，有

$$\frac{\sigma_{max}}{Z} = 0.382 \left(\frac{\overline{u_s}}{\partial} \right)^{2/5} \tag{2-84}$$

式中，$\partial = \sqrt{Z/\rho}$，∂ 为声音在介质中的速度。研究发现，颗粒在应力强度超过 σ_{max} 时会发生破损。根据上述原理，Rumpf 计算了球体与球体之间、球体和板相互碰撞时的 σ_{max}/Z 的数值。由式(2-84) 可知，较大的冲击速度有利于粉体颗粒具有更大的撞击动能。

2.2.3.2　气流冲击粉碎撞击能量分析

在撞击过程中，由于粉体颗粒是不规则的球体，导致颗粒与颗粒之间撞击时，颗粒的变形和能量不能很好地进行计算，因此研究气流粉碎撞击时可以将粉体颗粒接触时近似看成球体接触，这时就可以采用赫兹（Hertz）理论对撞击粉碎的问题进行理论上的研究。赫兹理论认为：半径为 R_1 和 R_2 的球体碰撞接触时，如果粉体颗粒间没有压力，那么它们只会在一个点上进行接触，没有发生局部变形。如果粉体颗粒间存在压力 P，那么在接触点附近会发生局部变形，变形后粉体颗粒间的接触面是一个圆形面，这个圆形面就是压力面。

赫兹理论忽略了在实际粉体碰撞时会有弹性状态和小变形量的限制，但是其理论可以将球体颗粒的颗粒变形、作用力和撞击能量相互联系，进而推算出粉体颗粒间作用力随时间变化的作用力方程、碰撞时间的长短和最大变形量等。因此，赫兹理论对颗粒撞击理论、单颗粒之间的碰撞破碎仍有重要的意义。

粉体颗粒间发生气流冲击粉碎时，撞击作用在一瞬间使粉体颗粒承受很大的冲击，颗粒间的应力急剧增大，造成裂纹快速延伸，材料的应变速率过大引起脆性破坏。理论指出两颗粒间的撞击能量方程如下：

$$\frac{1}{2} m_1 v_1^2 + \frac{1}{2} m_2 v_2^2 = U + \frac{1}{2}(m_1 + m_2) v^2 \tag{2-85}$$

式中　v_1——第一个粉体颗粒的速度；

$\quad\quad\ \ v_2$——第二个粉体颗粒的速度；

m_1——第一个粉体颗粒的质量；

m_2——第二个粉体颗粒的质量；

v——撞击后两粉体的速度；

U——系统的弹性形变能。

根据动量守恒方程，由 $(m_1 + m_2)v = m_1 v_1 + m_2 v_2$ 与式（2-85）得出弹性形变能为

$$U = \frac{1}{2}\left(\frac{m_1 m_2}{m_1 + m_2}\right)(v_1 - v_2)^2 \tag{2-86}$$

因此弹性形变能 U 的大小取决于两粉体颗粒质量的大小和颗粒间的速度差。弹性形变能在碰撞的瞬间存在于两个颗粒粉体上，分别为 U_1 和 U_2，两颗粒间弹性形变能的比值的方程如下：

$$\frac{U_1}{U_2} \approx \frac{E_2}{E_1} \times \frac{1 - \mu_1^2}{1 - \mu_2^2} \tag{2-87}$$

式中　E_1，E_2——两粉体颗粒的弹性模量；

　　　μ_1，μ_2——两粉体颗粒的泊松比。

由式（2-87）可知，粉体颗粒间发生冲击碰撞时，每个颗粒都会受到一半能量的冲击。但是当颗粒与靶板进行冲击粉碎时，由于它们之间的泊松比很小，因此主要由弹性模量 E 决定。但是靶板的弹性模量 E 比颗粒要大很多，因此根据式（2-87）可以得出，粉体颗粒会得到更多的弹性形变能而发生粉碎。因此为了粉体颗粒更好地进行粉碎，需要对粉体颗粒的弹性模量进行分析。有研究从过原位纳米测试技术测定灵芝孢子的弹性模量方程为

$$E_s = \frac{E_i E_r (1 - \mu_s^x)}{E_i - E_r(1 - \mu_i^2)} \tag{2-88}$$

式中　E_r——约合模量，可根据载荷-压痕曲线和弹性接触理论计算出；

　　　E_i——压针的弹性模量；

　　　μ_i——压针的泊松比；

　　　E_s——试样的弹性模量；

　　　μ_s——试样的泊松比。

对于大多数材料，弹性模量值对泊松比的变化不敏感。当泊松比在 0.25 ± 0.1 间变动时，E 仅会产生 5% 的误差。

研究指出，粉体颗粒间的对心碰撞适用于上述方程，也适用于偏心不太大的碰撞。

Yashima S. 等对一些天然材料进行破碎实验，实验表明当材料的尺寸小于 $500\mu m$ 时，粉碎所需的能量迅速增加。研究发现特定的断裂能随着尺寸的减小而增加。

Janet L. Green 等在选择性研磨 PET 和 PVC 混合物的基础上，对加工窗口内的工作条件进行改进，发现冲击研磨将确保一种聚合物在延性模式下失效而另一种在脆性模式下失效，这会造成在研磨的聚合物之间产生尺寸和形状的差异。研究开发了 PET 和 PVC 切屑冲击研磨的尺寸分布模型，分配系数可与研磨条件和聚合物的失效机理有关，这对选择性研磨过程操作和控制有着重大意义。

M. Mebtoul 的研究证明，在冲击粉碎的设备中，碎裂通过两种机制进行：喷嘴中的磨损和真实破裂的分裂。其中磨损随固体颗粒容积浓度和速度而增加，在高固体颗粒容积浓度下由于颗粒速度较低，粒子-粒子之间相互作用与磨损减少。在颗粒与目标发生碰撞时，真正的断裂才会发生，因此为了获得更细的粒子，需要对粉体颗粒进行重复冲击。

2.2.3.3　颗粒碰撞概率

颗粒间的碰撞概率大小是研究冲击粉碎的难点，颗粒加速后能否进行有效碰撞直接决定了冲击粉碎的效率。因此为了探究粉碎概率对气流粉碎的能耗比的影响，国外科学家对此进行了研究。

Rumpf 提出了颗粒间平均距离的方程：

$$\lambda = \frac{d_s}{10(1-\varepsilon)} \tag{2-89}$$

式中　λ——颗粒间的平均距离；

$1-\varepsilon$——固体容积浓度。

Rumpf 指出，λ 越小，颗粒间碰撞的可能性越大。λ 的大小决定了颗粒需要加速的速度大小，因为如果颗粒速度太小，在到达碰撞的临界点前无法达到碰撞的能量要求，就无法实现有效碰撞。从另一方面来说，颗粒间固体容积浓度增大，有利于增大颗粒之间的碰撞概率，提高粉碎效率，但是固体颗粒容积溶度过大则会干扰颗粒间正常的流动，降低粉碎效率。

Eskin 等对对流喷射铣削过程进行了简单的数值分析。考虑喷嘴和喷射中的粒子加速以及相对的气体-粒子射流的相互作用。同时估计了喷射研磨系统中颗粒加速的效率，还确定了对置喷射磨机有效操作的原始粒度范围。

研究时提出了 I_{95} 的概念，即 95% 的颗粒与其相反方向运动的颗粒在喷嘴轴向方向的碰撞位置，具体公式如下所示：

$$I_{95} = \frac{0.45\rho_s d_s u_s}{\mu\rho_a u_a} \tag{2-90}$$

分析式（2-90）并结合实验，I_{95} 的数值很小，因此碰撞区内粒子碰撞频率将非常高。这种强烈的碰撞过程必然会导致粒子快速减速。反过来，这将导致碰撞区内固体颗粒容积浓度和液压阻力急剧增加。与自由喷射中的值相比，碰撞区内的 μ 值也将非常大。

其中的重要问题是估计气体对碰撞区内碰撞过程的影响。因此为了方便研究，对于所使用的模型做出以下假设。

① 有两种相互作用的气固介质。具体地说，将有一个快速的气体-固体射流和一个流入停滞的研磨区。

② 由强烈的气固流减速引起的高固体颗粒容积浓度区域形成在研磨区的中心。此外，在研磨区中假设气体和颗粒速度均为零。

③ 在喷射区入口处，假设喷射器内的气体和粒子速度均相等，$u=u_s$。

④ 铣削区域内的值等于喷射器内的值。有意地将该值设定为远低于实际（未知）比率的值，以确保获得可靠的最低估计影响。

⑤ 粒子碰撞模型与用于计算喷嘴内气体-固体流的模型相同。

研究假设射流内的粒子在没有改变方向的情况下穿透到研磨区域，然后通过与研磨区域内的停滞粒子的碰撞而减速，比如通过停滞气体的运动引起的黏性摩擦减速。根据该方法，粒子与粒子碰撞的过程可以被视为作用在粒子上的形成力。该力可以进一步被认为沿着其他粒子介质内的自由路径是恒定的，并且可以计算为

$$f_{coll}^* = (1+k)\frac{\pi d_s^2}{4}\rho_s \varepsilon u_s^2 \tag{2-91}$$

式中　k——粒子与粒子间碰撞的恢复系数。

在这里，我们假设粉碎区内的粒子碰撞是完全塑性的，即 $k=0$。这是因为碰撞通常伴随着碎裂，所以假设弹性是合理的。颗粒的能量要么损耗在颗粒破坏上，要么变形完全是塑性的。在粉碎区入口处碰撞的形状力 f_{coll}^{*} 与黏性力 f_{g}^{*} 的比值可以计算为

$$\psi = \frac{f_{\text{coll}}^{*}}{f_{\text{g}}^{*}} = \frac{\left[m_{\text{s}} \dfrac{du_{\text{s}}}{dt} \right]_{\text{coll}}}{\left[m_{\text{s}} \dfrac{du_{\text{s}}}{dt} \right]_{\text{g}}} = 2\frac{\mu}{c_{\text{D}}} = \frac{2\mu}{0.386 \times 1.325^{(\lg Re-3.87)^2}} \tag{2-92}$$

式中，Re 是雷诺数，基于快速移动的粒子的速度，因为粒子在停滞的气体内移动。公式的适用范围在 $0.5 \leqslant Re \leqslant 10000$ 有效。其中值得注意的是，如果假设碰撞区内的碰撞是完全弹性的，那么在式(2-92) 中不是乘数"2"，而是必须使用乘数"4"。

上述研究没有从微观角度和颗粒间的相互作用方向进行研究，因此颗粒碰撞时的裂纹研究、颗粒具体的运动和能量传递没有设计，因此后续理论会向颗粒断裂本质研究。

2.2.3.4　粉体冲击粉碎临界碰撞速度

Kanda Y. 通过碰撞实验的探究，考虑颗粒强度的尺寸效应，推导出破碎能与颗粒粒径的关系，得出造成颗粒出现破损时破碎能与冲击速度之间的方程：

$$W_{\text{s}} = \left[0.15(6)^{5/3m} p^{(5m-5)/3m} \left(\frac{1-\mu^2}{Y} \right)^{2/3} (S_0 V_0)^{5/3} d_{\text{s}}^{3m-5/m} \right] \tag{2-93}$$

$$U_{\text{s}} = \left[1.79(6)^{5/3m} \rho_{\text{s}}^{-1} \pi^{(5m-5)/3m} \left(\frac{1-\mu^2}{Y} \right)^{2/3} (S_0 V_0)^{5/3} d_{\text{s}}^{-5/2m} \right] \tag{2-94}$$

式中　W_{s}——颗粒粉碎能；

$\quad\quad U_{\text{s}}$——颗粒碰撞速度；

$\quad\quad Y$——颗粒的弹性模量；

$\quad\quad \mu$——泊松比；

$\quad\quad S_0$——单位体积颗粒的抗压强度；

$\quad\quad V_0$——单位体积；

$\quad\quad m$——威布尔（Weibull）均质系数。

Kanda Y. 等还研究了一种基于断裂力学的研磨方法，以生产超细颗粒。将尺寸减小能量定义为弹性应变能量，该能量储存在试样中直至断裂瞬间。Kanda Y. 假设研磨介质或颗粒的动能完全转化为破裂能，计算破裂所需的冲击速度与颗粒尺寸之间的关系，或者是颗粒破碎所需研磨介质的冲击速度与介质质量之间的关系。结果发现对于超细研磨，研磨介质与颗粒碰撞的假设比颗粒碰撞介质更合理可行。因为产生的颗粒数量与颗粒尺寸的立方数成反比，所以有必要增加碰撞概率。最后通过球磨机对上述结论的实验验证，发现基本符合理论情况。

2.3　剪切粉碎理论

2.3.1　剪切粉碎模型

建立合适的粉碎动力学模型是进行粉碎过程分析的关键步骤，模型可以更合理地对颗粒

的粉碎过程进行分析，这种方法已经在很多领域获得良好的效果。建立良好、正确的剪切粉碎模型，有助于更好地对粉碎过程和粉碎机理进行研究，并与材料学、机械学、统计学等学科紧密相关。目前对高速切割粉碎的建模主要包括以下几种。

（1）基于单颗粒的粉碎模型

粉碎可以看成一种能量的转化过程，因此模型先前从粉碎和能耗的角度进行分析，对消耗的有效粉碎能和粉体破碎之间的联系进行了分析。其中 Lewis 公式如下：

$$-\mathrm{d}W = C\frac{\mathrm{d}x}{x^m} \tag{2-95}$$

式中　$\mathrm{d}W$——消耗功变化；

　　　$\mathrm{d}x$——颗粒粒度的微分；

　　　m——常数。

分析式（2-95）可以发现，粒度的变化直接影响了消耗功的大小，粒度的变化和颗粒粉碎消耗的能量成正比。

在以上研究的基础上，不少科学家对其进行深入研究，公式不断具体化。这些公式包括雷廷格、邦德、基克提出了面积学说、裂缝学说和体积学说，它们的具体方程为

$$W = C_\mathrm{R}\left(\frac{1}{x_2} - \frac{1}{x_1}\right) \tag{2-96}$$

$$W = C_\mathrm{B}\left(\frac{1}{\sqrt{x_2}} - \frac{1}{\sqrt{x_1}}\right) \tag{2-97}$$

$$W = C_\mathrm{K}\lg\frac{x_1}{x_2} \tag{2-98}$$

式中　x_1，x_2——粉碎前后物料的粒度；

C_R，C_B，C_K——常数。

体积学说适用于颗粒中粗颗粒和细颗粒之间的粉碎，面积学说适用于细粒粉碎，而裂缝学说则同时考虑了变形能和表面能两项，其适用范围介于粗粒与细粒之间的粉碎。单颗粒的粉碎模型揭示了物料强度、粒度与产品粒度及功耗等重要因素之间的关系，在一定程度上反映了粉碎过程的实质，上述公式为粉碎模型的研究提供了理论指导和依据。

（2）粒群粉碎模型

随着人们对粉体生产量和质量的提高，单位时间内颗粒粒径的减小或者单位时间颗粒表征的技术不能满足人们的需要，因此需要建立整体的粉体（即粒群）粉碎的模型。建立模型的目的是将粉碎效率和消耗能量建立一个桥梁，并认为粉碎颗粒粒群在分布上满足连续或不连续的函数方程规律，从而模拟整个粉碎过程，并和实际粉碎相比较，力求保持相似或一致。粒群粉碎模型主要包括动力学模型和输送模型。

① 动力学模型。该模型把粉碎看作一种粒径不断减小的速率过程。颗粒破碎速率的简单一级动力学模型最早由 Laveday 提出：

$$\frac{\mathrm{d}w(D)}{\mathrm{d}t} = -k(D)\cdot w(D) \tag{2-99}$$

式中　$w(D)$——粒径为 D 的颗粒的质量分数；

　　　$k(D)$——粒径为 D 的颗粒粉碎速率常数。

② 输送模型。一些特殊的粉体颗粒在粉碎时出现特殊的现象，由于分子间密度不同，

出现扩散现象；由于分子间能量不同，出现热传导现象；由于分子的动量不同，出现与黏性有关的分子运动现象，这些现象都属于输送现象。其中，当粉体中能量高颗粒与能量低颗粒混合时，粉碎过程和机理可采用一种流体输送模型，这种模型基于物理、化学等基本理论，结合能量守恒与动量守恒方程，又称为总体平衡模型。粉碎腔内颗粒质量遵循收支平衡规律，即输入减输出的值等于累积的生成物质量。

这类模型的建立需要各种流型及速度的分布情况，考虑粉碎腔内固体颗粒容积浓度对粉体输送的影响下进行综合分析。但是由于模型中采用了一些部分实验的测试数据，分析粒群的运动特性，因此对其他粉碎机的应用是否合理还需要进一步研究。

③ 其他模型。除了上述单颗粒模型和粒群模型外，为了对粉碎时颗粒的破碎机理进行深入研究与分析，还有随机模型、基于粒群理论的力学模型等。

2.3.2　剪切粉碎理论

2.3.2.1　送料分析

粉体颗粒的破碎形式主要依靠转子刀片和定子刀片间相互运动，粉体颗粒受到压力和剪切力形成粉碎，而剪切力和压力作用的具体流体效应分别为湍流效应和空穴效应。

大气层中空气密度的无规则起伏称为大气湍流，湍流对光束传输的影响称为湍流效应。此处是由于剪切粉碎场中部件和空气流动造成气流分布不均引起气体形成湍流，气流发生湍流现象而造成粉体物料分布不均就是湍流效应。

空穴效应指当混合的粉体颗粒和空气系统中出现大量的细微粉体时，会破坏液流的连续性。当大量粉体颗粒随着气流运动到转子刀片和定子刀片间压力较高的部位时，较大的粉体颗粒在高压和强大的剪切力作用下迅速粉碎，并又由于压力作用迅速合成一个整体，使颗粒所占的体积突然减小而形成真空，周围高压气体迅速回流进行补充的结果。

研究流体力学的学者得出以下结论：颗粒的变形与破碎主要由无因次韦伯数 We 和分散相黏度与连续相黏度之比 R 决定。在高速剪切机内部，电动机带动转子刀片快速旋转，高速粉碎腔内的流体处于湍流状态，此时剪切作用由腔体内湍流强度决定。由文献可知，此时的韦伯数为

$$We = \frac{\rho \overline{u'^2} d}{\sigma} \tag{2-100}$$

式中　$\overline{u'}$——脉动速度均方值；

　　　d——粒径；

　　　σ——界面张力；

　　　$\rho \overline{u'^2}$——湍流张力（又称为雷诺力），其大小代表湍流强度的大小。

切割过程中可以认为，转动转子顶部任一点空间上的粉体颗粒在各个方向的速度统计学特征没有很大的差别，即高速粉碎腔内的湍流为各向同性湍流。湍流场中的脉动速度二重相关量 $\overline{u'^2}$ 可由 Kolmogoroff 公式进行计算：

$$\overline{u'^2} = K_1 \varepsilon_r^{2/3} x^{2/3} \tag{2-101}$$

式中　ε_r——耗散能量。

其中耗散能量为

$$\varepsilon_r = n^3 d_e^2 \qquad (2\text{-}102)$$

式中　n——转动转子转速；

　　　d_e——转动转子顶部的等效直径。

d_e 与切割头直径 d 的关系为

$$d_e = K_e d \qquad (2\text{-}103)$$

式中　K_e——等效系数，是由转子刀片顶部的等效直径进行实验确定的。

将式（2-100）、式（2-102）代入式（2-103）可得

$$\mathrm{We} = \frac{K_1 \rho n^2 d_e^{4/3} x^{2/3}}{\sigma} \qquad (2\text{-}104)$$

Hinze 研究指出，对颗粒进行切割粉碎时存在一个临界韦伯数，该临界韦伯数是关于 R 的函数。当在湍流应力作用下的韦伯数大于临界韦伯数时，颗粒破碎。

2.3.2.2　断裂力学

切割粉碎和断裂力学密不可分，因此需要对断裂力学进行研究。根据上、下裂纹表面的相对位移不同，目前较为常见的裂纹力学特征分为三种基本形式，如图 2-9 所示。

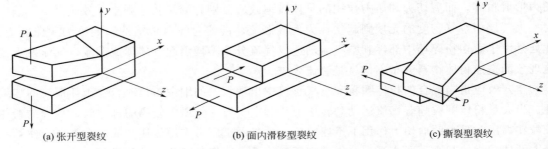

(a) 张开型裂纹　　　　　(b) 面内滑移型裂纹　　　　　(c) 撕裂型裂纹

图 2-9　不同类型的裂纹力学特征

研究发现，在高速剪切时物料和机构间处于紧压夹紧状态时，即满足轴向方向上的间距接近于零，同时剪切力等于物料的临界破碎应力，那么这时物料的破碎形式主要和图（b）相似，满足面内滑移的高速剪切又称为规则剪切。

为了进一步研究断裂时裂纹的形成，对于断裂力学的研究指出，对于任意的裂纹形式，根据应变能密度因子理论可知裂纹体的应变密度因子为

$$S = a_{11}K_a^2 + 2a_{12}K_a K_b + a_{22}K_b^2 + a_{33}K_c^2 \qquad (2\text{-}105)$$

$$a_{11} = \frac{1}{16\pi\mu}\left[(3 - 4\nu - \cos\theta_k)(1 + \cos\theta_k)\right]$$

$$a_{12} = \frac{1}{16\pi\mu}2\sin q_k(\cos\theta_k - 1 + 2g)$$

$$a_{22} = \frac{1}{16\pi\mu}\left[4(1 - \nu)(1 - \cos\theta_k) + (1 + \cos\theta_k)(3\cos\theta_k - 1)\right]$$

$$a_{33} = \frac{1}{4\pi\mu}$$

式中　　　ν——剪切弹性模量；

　　　　　θ_k——极角；

K_a，K_b，K_c——（a）、（b）、（c）型裂纹的应力强度因子。

高速剪切在规则剪切时，裂纹体的应变密度因子可以简化为

$$S = a_{22} K_b^2 \tag{2-106}$$

对于规定物料，裂纹体的应变密度因子和临界开裂能相同，即

$$S = S_c = \frac{1}{4\pi\mu} K_b^2 \tag{2-107}$$

其中，夹紧状态下的高速剪切可以将图（b）所示面内滑移型裂纹看作裂纹在均匀垂直作用力下的理想状态方程。

因此，将式（2-105）代入式（2-106）中可得

$$S = \frac{1}{16\pi\mu} \left[4(1-\nu)(1-\cos\theta_R) + (1+\cos\theta_R)(3\cos\theta_R - 1) \right] K_b^2 \tag{2-108}$$

根据应变能密度因子理论，可以从以下两个方程控制裂纹的延伸方向：

$$\frac{\partial S}{\partial \theta} = 0 \tag{2-109}$$

$$\frac{\partial S}{\partial \theta^2} > 0 \tag{2-110}$$

对式（2-108）求导得

$$\frac{\partial S}{\partial \theta} = \frac{K_b^2}{16\pi\mu} \left[2\sin\theta_R (1 - 2\nu - 3\cos\theta_R) \right] \tag{2-111}$$

令 $\partial S / \partial \theta = 0$，则 $\theta_1 = 0$，$\theta_2 = \arccos\dfrac{1-2\nu}{3}$。

经验证 θ_2 在满足 $\partial S / \partial \theta^2 > 0$ 时，高速剪切的裂纹扩展方向的 θ_2 的计算方程为

$$\theta_2 = \arccos\frac{1-2\nu}{3} \tag{2-112}$$

对上式公式进行分析，规则剪切会产生横向的粉体。裂纹产生后，泊松比是控制扩展方向的主要因素。研究表明，一般食品物料的裂纹扩展方向接近 90°。

2.3.2.3　剪切裂纹的形成

传统的粉碎机由于电动机转速较低，转子和粉体发生剪切时，粉体在接触面的塑性流动比较差。每个切割板在切割边缘处具有多个连续的碎屑切割刀片，这些切割刀片间隔设置，并且夹在头部中的相邻切割板中的碎屑相对于切割刀片的切割边缘可横向移位，将材料研磨成粉末。剪切面与作用力作用点的距离会逐渐增大，从而在剪切面上作用更大的弯矩，会对剪切面作用局部的拉应力，甚至影响裂纹裂口的延伸方向。

在裂纹产生时，裂纹断裂会出现极大面积的扩展。对于弹塑性较好的食品颗粒，剪切塑性变形带来的应力集中现象会逐渐减小，断裂形成的颗粒出现尖端现象的情况会大大减小，但是可能物料充分剪切的概率增大，会造成物料粉碎不完全。综上所述，物料最终粉碎断裂的原因不是由最先产生的裂纹决定的，而是由后期形成的裂缝延伸走向决定的；同时裂纹延伸的方向不是沿一维方向延伸，而是由剪切应力的松弛程度不同决定的，造成物料撕裂或者剪碎。

高速剪切时，粉体间的塑韧性对剪切粉碎的影响会逐渐变小，断裂韧度会下降。由于物料在高速剪切时，在大的离心力作用下在转子边缘压紧，压紧后剪切面上的局部拉应力减小

甚至完全消除，塑性变形量也随之减小，使侧向挤压力进一步减小。

断裂韧度的增大会造成材料的脆性断裂概率增大，这会造成剪应力无需达到材料的临界断裂使材料粉碎。裂缝刚刚出现时，刀刃挤入粉体颗粒的深度较浅，塑性变形和侧向剪切力的减小会造成位于刀片较近出现的切割深度方向与粉体颗粒间的挤压力方向更为接近，从而确定裂纹的初始方向实际上是由切割面的形状决定的，这为裂纹是由刀具结构所预定规划的方向决定的理论提供了一定的保证和依据。

剪切裂纹是断裂的前奏，从初始裂纹慢慢延伸形成初始的裂纹根源。由于粉体颗粒的塑性较差，会造成刀片边缘的塑性变形量极小。裂纹在物料表面形成后，物料在出现裂纹的尖端处存在应力集中现象。粉体颗粒由于塑性变形量小无法及时变形造成应力松弛现象，因此塑性区会大大减小，剪切速度的增大会使剪切面上应力的差异性越大。裂纹源在达到一定大小时，由于应力集中现象，裂纹会沿着初始裂纹切口的方向不断延伸，甚至发生脆性断裂。

2.3.2.4 受力分析

剪切粉碎腔是剪切粉碎的核心，它主要由安装在粉碎腔上的定子和转动的转子组成，其结构如图 2-10 所示。

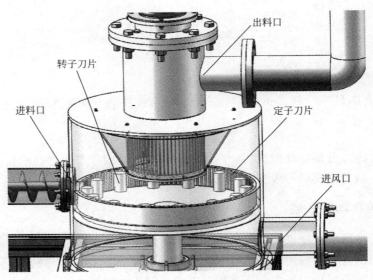

图 2-10 高速剪切粉碎设备的结构

高速剪切设备运行时，鼓风机将空气吹入粉碎腔，粉体颗粒从进料口在螺旋输送机作用下进入剪切粉碎腔，空气带动粉体颗粒进行分散处理。粉体颗粒充分分散后，由于转子刀片在电动机作用下进行旋转，粉体颗粒在离心力作用下运动到转子外围，与转子外围的转子刀片进行碰撞，部分颗粒较大的粉体在冲击中发生破碎，但其中大部分粉体会运动到转子底部，在转子刀片和定子刀片之间发生剪切作用。由于转子刀片相对于定子刀片存在很大的切向速度，因此物料在转子刀片和定子刀片之间会受到很大的剪切力而发生粉碎。

如图 2-11 所示为粉体切割粉碎受力分析图，图中 α 表示刀片的偏转角度，ω 表示转子刀片的角速度，v 表示物料的运动速度（其方向与刀片的后刀面平行），F 表示物料受到的离心力，P 表示粉体物料发生切割时受到的剪切力。它的原理是：当粉体物料（随转子刀片运动）在离心力 F 作用下运动到转子刀片的外端时，颗粒与定子刀片相接触，物料在定子刀片和动子刀片之间受到剪切力的作用下产生裂纹；同时随着转子刀片向前推进，剪切力 P 不断增大，裂缝开始不断延伸，粉体颗粒的内部也产生裂缝。在高速剪切条件下，裂尖的塑性小范围屈服近似于弹性屈服，裂纹沿横向扩展比较充分，所以以裂纹产生后将以脆断形式在物料内部沿达到裂纹应变值的方向扩展。重复上述过程直至粉体物料被切碎到预期尺寸，颗粒的大小可以通过改变定子刀片和转子刀片之间的距离进行调整。

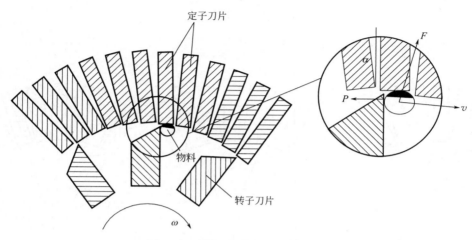

图 2-11　粉体切割粉碎受力分析图

高速切割粉碎设备的粉碎腔上的定子刀片的安装形式、数量和形状会大大影响粉体颗粒的粉碎效果。在刀片排列半径不变的前提下，定子刀片的高度、间隙、安装形式决定切割深度 h_1 和刀片间隙 h_2。根据转子刀片和定子刀片之间的距离和安装位置不同，定子刀片主要有以下 6 种不同的安装形式，如图 2-12 所示。

以图 2-12(c) 为例，对切割深度 h_1 和刀片间隙 h_2 分析定子刀片的排列方式。

定子刀片安装在半径为 r 的圆周上，每把定子刀片的宽度为 b，定子刀片安装的角度偏转为 α，安装的定子刀片数量为 n，通过计算得到两个刀片之间的夹角 γ 方程为

$$\gamma = 2\pi/n \tag{2-113}$$

切割深度 h_1 可表示为

$$h_1 = r\gamma \sin\left(\frac{\gamma}{2} + \alpha\right) \tag{2-114}$$

将式（2-113）代入式（2-114）中，可以得到切割深度 h_1 方程为

$$h_1 = r\frac{2\pi}{n}\sin\left(\frac{\pi}{n} + \alpha\right) \tag{2-115}$$

刀片间隙 h_2 方程可以表示为

$$h_2 = r\gamma\cos(\gamma + \alpha) - b\cos\alpha \tag{2-116}$$

将式子（2-113）代入（2-116）中，可以得到刀片间隙 h_2 方程可以表示为

$$h_2 = r\frac{2\pi}{n}\cos\left(\frac{2\pi}{n} + \alpha\right) - b\cos\alpha \tag{2-117}$$

由式（2-115）和式（2-117）可知，当排列刀片安装的圆半径 r 保持不变时，随着定子刀片的安装数量 n 增加，切割深度 h_1 和刀片间隙 h_2 逐渐减小，定子刀片的偏转角度 α 逐渐增

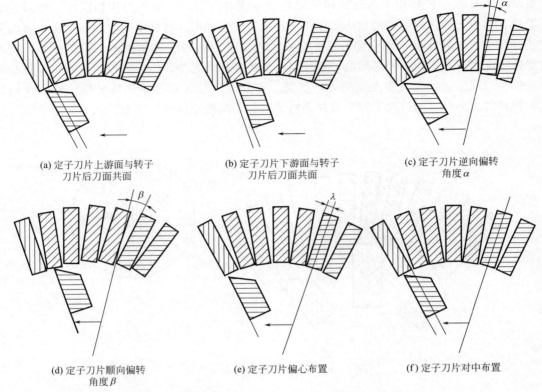

(a) 定子刀片上游面与转子
刀片后刀面共面

(b) 定子刀片下游面与转子
刀片后刀面共面

(c) 定子刀片逆向偏转
角度 α

(d) 定子刀片顺向偏转
角度 β

(e) 定子刀片偏心布置

(f) 定子刀片对中布置

图 2-12　高速粉碎设备的定子刀片 6 种不同安装形式

大；随着定子刀片的宽度 b 的增大，定子刀片的间隙 h_2 逐渐减小。

切割深度 h_1 可以对粉体的颗粒粒径大小进行限制，直接决定了切割粉碎机的粉体颗粒大小。刀片间隙 h_2 会对剪切粉碎后粉体颗粒的顺利排出起到决定作用，当刀片间隙 h_2 偏大时，粉体物料可能会没有充分剪切粉碎而影响剪切粉碎效率；当刀片间隙 h_2 偏小时，就会使粉碎后的粉体颗粒排料不畅通，造成转子刀片和定子刀片之间发生堵塞。因此，切割间隙 h_1 和刀片间隙 h_2 的作用相反，一个因素的变好会造成另一个因素变差（彼此矛盾）。因此，为了提高高速剪切粉碎机的粉碎效率，减小粉碎粉体颗粒的粒度，需要根据不同的进料粒度、物料性质和产品的粒度要求，确定切割间隙 h_1 和刀片间隙 h_2。

表 2-6　不同排列形式的切割深度和刀片间隙

定子刀片数量/个	刀片偏转角度/(°)	切割深度/mm	刀片间隙/mm
180	0	0.0463	0.5513
180	2	0.1388	0.5477
180	5	0.2773	0.5411
200	0	0.0375	0.2764
200	2	0.0792	0.2851
200	5	0.1208	0.2836
206	0	0.0354	0.2170
206	1	0.0758	0.2157

续表

定子刀片数量/个	刀片偏转角度/(°)	切割深度/mm	刀片间隙/mm
212	0	0.0334	0.1515
212	1	0.0727	0.1503
216	0	0.0322	0.1098
216	1	0.0707	0.1087

由表 2-6 所示，随着刀片间隙的减小，就需要增加刀片的刚度，导致粉碎的粉体物料需要经过一个较长的通道，所以需要出料通道具有很大的长径比（l/d），如图 2-12 所示。剪切粉碎时为了保持排料顺畅，需要对出料通道的长径比进行减小，在高速粉碎设备的定子刀片的长度 l 及刀片开口间隙 h_2 无法进行更改的情况下，需要对转子刀片进行形状改变来提高高速剪切粉碎机的粉碎效率。其中一种改变的方式是，通过在定子刀片上切削面上开斜槽，增大锥形出料口的斜度来保持排料的顺畅，提高高速剪切粉碎机的粉碎效率。开斜槽的方式如图 2-13 所示。

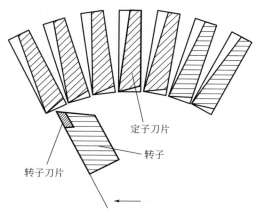

图 2-13　定子刀片上开槽的示意图

为了提高高速剪切粉碎机的粉碎效率，需要对动定刀片之间的间距 δ 进行调整，动定刀片之间的间距 δ 指的是定子刀片的切割边缘与转子刀片的切割边缘之间的径向距离。为了减小粉碎后的粉体颗粒粒度，转子刀片的顶端在转子刀片和定子刀片间隙的剪切面上，即转子刀片顶端和粉体物料进行正面相交。同时，由于转子旋转时会发生偏心、变形和振动，为防止转子刀片和定子刀片发生碰撞，对高速剪切粉碎机造成破坏，因此需要对动定刀片之间的间隙 δ 进行合适的取值，一般间隙 δ 取 $0.1\sim0.2\text{mm}$。

2.3.2.5　应力方程

在剪切过程中，物料在一种自然状态下受到剪切力的作用，剪切时物料会受到弯曲力矩，剪切区的粉体物料会由此受到侧向挤压力的作用，剪切力和挤压力的合力方向就是裂纹的延伸方向，弯曲力矩会影响粉碎的效率。传统剪切粉碎的裂纹尖端应力方程如下所示：

$$\sigma_x = -\frac{K_b}{\sqrt{2\pi r}}\sin\frac{\theta}{2}\left(2+\cos\frac{\theta}{2}\cos\frac{3\theta}{2}\right) \tag{2-118}$$

$$\sigma_y = -\frac{K_b}{\sqrt{2\pi r}}\cos\frac{\theta}{2}\sin\frac{\theta}{2}\cos\frac{3\theta}{2} \tag{2-119}$$

$$\tau_{xy} = \frac{K_b}{\sqrt{2\pi r}}\cos\frac{\theta}{2}\left(1-\sin\frac{\theta}{2}\sin\frac{3\theta}{2}\right) \tag{2-120}$$

式中　σ_x、σ_y——颗粒受到的挤压应力；

τ_{xy}——物料受到的剪切应力；

θ——裂纹延伸方向和原裂纹面的夹角。

粉体物料采用高速粉碎机粉碎时，物料在离心力的作用下在定子上进行压紧，产生的反向压力与剪切力在压力方向上的分力平衡，引起侧向挤压力减小，σ_x、σ_y 趋向于零。颗粒切割粉碎时刀具结构对颗粒裂缝的延伸起到决定性作用，纯剪切过程由此形成，从而每个定子刀片按照刀片的深度进行切割，最后达到指定的粒径大小。

2.3.2.6　切割速度

（1）从力学分析切割

从物料粉碎裂纹的延伸方向的角度出发，分析切割速度对切割粉碎的影响进行分析。研究发现，材料的应变率随着切割速度的增大而逐渐增大，剪切速度达到脆性临界速度时，裂纹的延伸范围就会大大减小，此时线弹性力学关于切缝前段位移场的理论仍适应于此剪切过程。根据断裂力学观点，裂纹尖端附近区域位移场的表达式为

$$x = \frac{(1+\nu)K_b}{G}\sqrt{\frac{r}{2\pi}}\sin\frac{\theta}{2}\left(k+1+2\cos^2\frac{\theta}{2}\right) \tag{2-121}$$

$$y = \frac{(1+\nu)K_b}{G}\sqrt{\frac{r}{2\pi}}\cos\frac{\theta}{2}\left(-k+1+2\sin^2\frac{\theta}{2}\right) \tag{2-122}$$

式中　G——物料的剪切弹性模量。

对式（2-121）和式（2-122）进行分析，当 θ 趋向于零时 y 远远大于 x，说明高速剪切粉碎时，剪切方向决定了裂纹延伸的方向，切割深度由刀片切割深度为准。因此可以控制粉碎粉体的粒度，减小粉体粒度的粒度分布范围，提高粉碎机的粉碎效率。

（2）切割临界速度

在进行切割粉碎时，在转子旋转产生的离心力作用下将物料压在定子的表面，在切割时粉体物料会被压在定子上无法运动，以此对物料进行切割粉碎。粉碎过程中由于转子旋转与粉体物料接触，转子上的机械能转化成撕裂粉体颗粒的剪切能。因此，为了防止物料的移动造成剪切效率下降，需要增大转速来提供足够的挤压力。

如图 2-14 所示，水平分力与垂直分力的合力 N 的方程如下，即

$$N = P_y\sin\theta + P_x\cos\theta \tag{2-123}$$

切向力 T 在法向方向上的方程为

$$T = \mu N \tag{2-124}$$

式中　μ——剪切弹性模量。

T' 为 T 的垂直分力，其方程如下：

$$T' = T\cos\theta \tag{2-125}$$

将式（2-123）、式（2-124）代入式（2-125）中，T 方程演化成：

$$T = \mu N\cos\theta = \mu(P_y\sin\theta\cos\theta + P_x\cos^2\theta) \tag{2-126}$$

在切割物料的瞬间，刀刃上产生的力 P_e 可以如下所示：

$$P_e = tL\sigma_B \tag{2-127}$$

式中　t——刀刃厚度；

　　　L——刀刃单位强度；

　　　σ_B——刀刃作用下粉体的屈服强度。

垂直方向上的平衡方程如下：

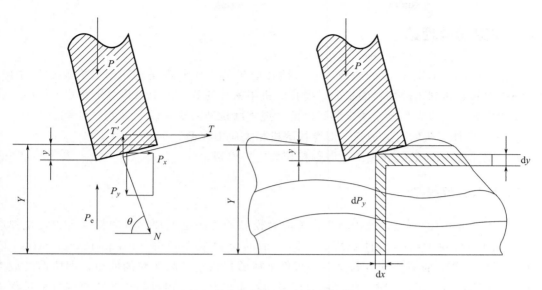

图 2-14　切割时刀片上的受力分析

$$P = P_e + P_y + T \tag{2-128}$$

对 dP_y 进行积分，垂直分力 P_y 的方程可以表示为

$$P_y = \overline{E} y^2 \tan\theta / 2Y_0 \tag{2-129}$$

$$P_x = \nu E y^2 / 2Y_0 \tag{2-130}$$

式中　$\overline{E}$——平均形变模量；

　　　y——物料初始被切割厚度；

　　　Y_0——物料总厚度。

假设物料为弹性体，切割物料的原理可以用胡克定律解释。有文献指出刀片单位长度的平衡力 E_p 可以表示为

$$E_p = t\sigma_B + E y^2 (\tan\theta + \mu \sin^2\theta + \nu \cos^2\theta) / 2Y \tag{2-131}$$

在式（2-131）中，其中第一项 $t\sigma_B$ 表示有效切割力，影响 $t\sigma_B$ 的因素为屈服强度 σ_B 和刀片厚度。第二项表示用于克服其他阻力的额外作用力，它的大小由切割开始的初始被切割厚度 y 的平方决定，与物料的总厚度 Y 成反比；另外，它的大小还与角度 θ、物料的泊松比 ν 所决定。

刀片单位宽度用于挤压及切割物料所需合力 F_T 的方程可以表示为

$$F_T = [t\sigma_B + E y^2 (\tan\theta + \mu \sin^2\theta + \nu \cos^2\theta)] / 2Y \tag{2-132}$$

其中由于分级体力所受离心力大小为

$$F = \frac{mv^2}{r} \tag{2-133}$$

当物料受到剪切时，根据二力平衡，$F_T = F$，即方程为

$$\frac{mv^2}{r} = [t\sigma_B + E y^2 (\tan\theta + \mu \sin^2\theta + \nu \cos^2\theta)] / 2Y \tag{2-134}$$

对式（2-134）进行推导可以得到临界速度的方程为

$$v = \sqrt{[t\sigma_B + E y^2 (\tan\theta + \mu \sin^2\theta + \nu \cos^2\theta)] r / 2my} \tag{2-135}$$

2.4　研磨粉碎理论

根据德国学者 Kwade 等的研究工作，搅拌磨机的工作原理是利用研磨介质通过摩擦、冲击和压力研磨达到粉碎物料的目的。搅拌磨机中粉碎的效率，主要是由研磨腔中作用于物料颗粒的次数以及应力的大小决定的。因此，搅拌磨机理需要从以下两个方面考虑。

① 基于搅拌磨机的研磨理论，即搅拌磨机相关应力模型。

② 基于物料颗粒的破碎理论，即颗粒相关应力模型。

2.4.1　研磨粉碎模型

根据 Kwade 等的研究，搅拌磨机相关应力模型的思路是搅拌磨机的粉碎行为由搅拌磨机单位时间内提供的应力事件数决定，即所谓的应力事件频率（Frequency of Stress E-vents，FSE）；以及搅拌磨机在每个应力事件下能够提供给产品颗粒的能量，即所谓的应力能（Stress Energy，SE）。颗粒相关应力模型的基本思路是，物料颗粒在粉碎或分散过程中可以达到的产品质量和粒度由每个物料颗粒被冲击和摩擦的频率［即进料颗粒受到的应力数量（Stress Number，SN）］与每个应力事件的强度［即每个应力事件的应力强度（Stress Intensity，SI）］两个因素决定。应力事件数量对产品质量或粒度的影响是显而易见的：随着每个进料颗粒的应力事件数量不断增加，产品质量或粒度增加。应力强度决定了转移到产品的能量，也决定了产品所能达到的质量（粒度）。

（1）应力事件中应力强度

在搅拌磨机中，研磨发生的有效区域位于搅拌器附近和研磨腔壁面附近速度梯度较大的位置。Kwade 等研究分析得出，产品物料颗粒受到应力作用而产生破碎方式主要有以下三种。

① 研磨介质与研磨室壁碰撞破碎。

② 颗粒受到离心加速度与研磨腔壁冲击碰撞破碎。

③ 研磨介质互相碰撞破碎。Kwade 和 Schwedes 在研究湿法搅拌介质研磨时，发现当进料材料的弹性远小于研磨介质的弹性时，转移到颗粒上的能量正比于研磨介质获得的动能，应力强度与研磨介质的应力强度成正比：

$$SE \propto SE_{GM} = d_{GM}^3 (\rho_{GM} - \rho) v_t^2 \tag{2-136}$$

式中　　d_{GM}——研磨介质的直径；

ρ_{GM}——研磨介质的密度；

v_t^2——搅拌器的圆周速度；

ρ——溶液的密度。

只要研磨腔的几何形状是恒定的，其应力能量分布不会改变，SE_{GM} 是研磨腔内平均应力能的一种量度。当产品悬浮液黏度较低时，研磨介质的杨氏模量与产品颗粒相比显著更高。在研磨腔几何形状不变情况下，研磨介质的应力能为

$$SE_{GM} = d_{GM}^3 \rho_{GM} v_t^2 \tag{2-137}$$

（2）应力数的计算

Kwade 等发现，在研磨过程中每个进料颗粒或由其产生的碎片受到的平均应力事件

的数量，即所谓的应力数量（Stress Number，SN），由研磨介质接触的数量 N_C、颗粒在研磨介质接触处被捕获并且受到足够应力的概率 P_S 以及搅拌磨机内进料颗粒的数量 N_P 确定：

$$SN = \frac{N_C P_S}{N_P} \tag{2-138}$$

其中假定研磨介质接触的数量 N_C 与搅拌器转数 n、研磨时间 t 和研磨室中的研磨介质的数量 N_{GM} 成正比：

$$N_C \propto nt N_{GM} \propto nt \, \frac{V_{GC} \varphi_{GM}(1-\varepsilon)}{\frac{\pi}{6} d_{GM}^3} \tag{2-139}$$

式中　n——单位时间内搅拌器的转数，s^{-1}；

　　　t——粉碎时间，s；

　V_{GC}——研磨室的体积，m^3；

　φ_{GM}——研磨介质的填充率，%；

　　　ε——大量研磨介质的孔隙率；

关于粉碎材料的破损行为，原则上可以区分为以下两大类粉碎过程。

① 团聚体的解聚和材料的分解。

② 研磨晶体材料（单晶或晶体聚集体）。

颗粒在研磨介质接触处被捕获并受到应力的概率取决于粉碎过程的类型，即取决于材料的破损行为。在分散解聚和破碎材料时，颗粒在研磨介质接触处被捕获的概率 P_S 与研磨介质表面成正比，因为在研磨介质表面之间作用的剪切应力已经足以分别破坏附聚物或材料。小部分附聚物或细胞在有效体积中也受到应力。然而，由于这些团聚体数量与其他团聚体数量相比较小，有效体积是研磨介质表面的一部分，因此有

$$P_S \propto d_{GM}^2 \tag{2-140}$$

在研磨晶体材料（例如矿物质和陶瓷材料）的情况下，颗粒被捕获概率与两种研磨介质之间的有效体积成正比。颗粒主要受法向应力。该有效体积与研磨介质的直径成正比。因此有

$$P_S \propto d_{GM} \tag{2-141}$$

进料颗粒的数量与进料颗粒的总体积 $V_{P,tot}$ 成正比，其公式为

$$NP \propto V_{P,\,tot} = V_{GC}[1 - \varphi_{GM}(1-\varepsilon)]C_v \tag{2-142}$$

其中 C_v 是颗粒悬浮液的体积固体浓度。结合式（2-138）和式（2-142），可以得到分散解聚和破碎材料以及研磨晶体材料时的应力数的比例关系为

$$SN \propto \frac{\varphi_{GM}(1-\varepsilon)}{[1-\varphi_{GM}(1-\varepsilon)]C_v} \cdot \frac{nt}{d_{GM}} \propto C \cdot SN_D \tag{2-143}$$

研磨晶体材料有

$$SN \propto \frac{\varphi_{GM}(1-\varepsilon)}{[1-\varphi_{GM}(1-\varepsilon)]C_v} \cdot \frac{nt}{d_{GM}^2} \propto C \cdot SN_D \tag{2-144}$$

$$C = \frac{\varphi_{GM}(1-\varepsilon)}{[1-\varphi_{GM}(1-\varepsilon)]C_v}$$

以上的计算都是基于湿法研磨而言的。针对干法研磨的应力模型与湿法类似，Rácz 和

Csöke 开展了针对干法研磨实验的研究，并且提出了相关的应力模型及其应用的细节。根据他们的发现，干法研磨中应力数计算如下：

$$SN_D = \frac{(1-\varepsilon)x^3}{\varepsilon_{GM}(1-\varepsilon)\varphi_m} \times \frac{nt}{d_{GM}^2} \tag{2-145}$$

式中　　n——转数；

　　　　t——停留时间；

　　　　ε_{GM}——研磨介质的孔隙率；

　　　　φ_m——材料填充率。

其中

$$\varphi_m = \frac{V_m}{V_{P,GM}} \tag{2-146}$$

材料填充率 φ_m 是材料体积 V_m 和研磨介质体积 $V_{P,GM}$ 之间孔隙体积的商。

应力数目 SN 和应力强度 SI 的值与搅拌介质研磨机无关，难以确定搅拌介质研磨机的研磨效率。搅拌介质研磨机的粉碎行为由单位时间内研磨机提供的应力事件的数量（即所谓的应力事件频率 SF）和在每个应力事件下研磨机可以供应给产品颗粒的能量（即所谓的应力能量 SE）两个因素决定。

应力事件频率 SF 和平均粉碎时间 t_c 的乘积称为应力事件总数 SN_M。应力事件频率 SF 完全是搅拌介质研磨机的特征，与颗粒无关。

$$SN_M = SF \cdot t_c \tag{2-147}$$

应力能量 SE 定义为在一次应力事件中转移到一个或多个产品颗粒的能量。

2.4.2　理论的应用

研磨介质和产品颗粒的运动是一个动态过程，描述应力事件数量和应力强度应使用分布函数。到目前为止还没有一个能够确切描述这两个因素的数值，因此我们使用特征参数来表述。特征参数取决于研磨材料的破损行为，Kwade 等推导出描述应力事件的相对数量和应力强度的特征参数。

（1）解聚和材料分解

在解聚和材料分解时，研磨的目的是分解团块或分解材料。一旦团聚体被破坏或细胞被分解，继续研磨并不会导致产品质量（粒度）的进一步改善。破碎聚集体或分解材料的应力强度相对较小，研磨介质之间的剪切应力足以破裂聚集体或材料。在材料分解的应力事件中，细胞组织会很快被分解成单个细胞或者直接被破壁；在解聚应力事件中，除了团聚物保持其原始形式或团聚物的初级粒子完全分解之外，在研磨腔中，团聚物会很快分解成少量较小的初级粒子组成的团聚物或初级粒子。

在理想的应力强度下，团聚体可以被解聚或者材料可以被分解，进一步加大应力强度并不会进一步提高产品质量（粒度）。因此，在理想应力强度范围内，产品质量只是应力数量的函数，而不是应力强度的函数。此外，产生某种产品质量（粒度）所需的具体能量应与使用的应力强度成正比，这意味着如果应力强度是最佳应力强度的两倍（即团聚体或单元刚刚破裂的应力强度），能量要求也是最小特定值的两倍。尽管最终产品质量相同，但是使用大的应力强度造成了能量的浪费。

以 Bunge 使用搅拌磨机来分解酵母细胞为例，图 2-15 是酵母细胞分解速率作为应力数量的函数表达（Bunge 在计算应力数量时采用的是角速度而不是转速，但只需要乘以一个常数因子即可换算），实验中研磨介质填充率为 80%，搅拌器尖端速度为 8m/s，研磨介质直径在 0.5～4mm 范围内。

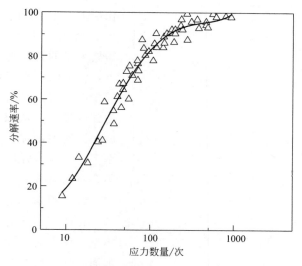

图 2-15　酵母细胞的分解速率与应力数量之间的关系

图 2-15 中的拟合曲线是在应力强度（研磨介质直径和搅拌器尖端速度）足以破坏细胞壁的情况下，分解速率 A 相对于应力数量 SN 的一级近似描述。当应力强度不足以破坏细胞壁时，在相同应力数量下分解速率要低于拟合曲线的速率。为了寻找分解速率和输入能量之间的关系，在不同直径的研磨介质下，对分解速率和比能量之间拟合，得到如图 2-16 所示的关系。

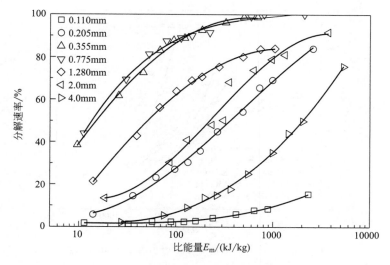

图 2-16　分解速率与比能量之间的关系

在恒定比能量时，分解速率与研磨介质尺寸之间并没有确定关系，而是在研磨介质尺寸为 0.355mm 和 0.775mm 时获得的最佳应力强度曲线，此时产生的分解速率最大。过大的研磨介质尺寸以及由此导致的过高应力强度，会使得分解速率下降。在最佳应力强度（研磨介质尺寸）以外情况下，只能通过改变应力数量（而不是通过增加应力强度）来提高分解速率。

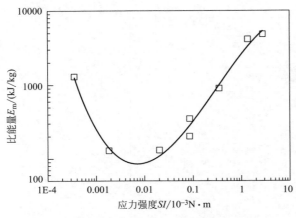

图 2-17　分解速率为 60% 所需的比能量与应力强度之间的关系

将分解速率为 60% 所需的比能量看作应力强度 SI 的函数，可以得到图 2-17 中所示的关系。在小的应力强度下，需要大量的特定能量，在最佳应力强度下，应力强度恰好足以分解细胞，需要较少的应力数量就可以分解细胞。当应力强度进一步增加时，比能量与应力强度成比例地增加，因为在恒定的崩解速率下，大应力强度所需要的应力数量并不会有明显减少。

（2）研磨晶体材料

在研磨相同的晶体材料（单晶或晶体聚集体）时，产品粒度随应力强度增加而增加，研磨介质之间必须通过相对较高的正应力来捕获颗粒并对其施加应力。随着应力强度的增加，晶体进料颗粒碎片的尺寸稳定下降，直到达到最小粒径。不同晶体材料的断裂行为的差异只是物料颗粒（晶体的单晶或聚集体）在一定的应力强度下断裂时产生碎片数目和碎片尺寸的不同。

以 Kwade 等利用搅拌磨机研磨石灰石为例，由于石灰石是一种中等硬度的材料，石灰石的中值粒径与应力数量之间的关系如图 2-18 所示。实验中研磨介质密度为 2894kg/m³，搅拌器尖端速度为 9.6m/s，研磨介质填充率为 80%。

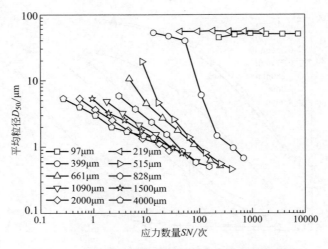

图 2-18　石灰石的中值粒径与应力数量之间的关系

随着研磨介质直径的减小，生产相同产品所需的应力数量增加，生产粒径为 $2\mu m$ 的石灰石颗粒，当研磨介质直径为 $4000\mu m$ 时，应力数量大约为 400；当研磨介质直径为 $399\mu m$ 时，应力数量要增长 200 倍。当研磨介质直径（$97\mu m$ 和 $219\mu m$）非常小时应力强度也很小，尽管应力数量非常高，但是粉碎几乎没有取得进展（主要是因为此时应力强度太小，不能达到破坏晶体颗粒所需要的能量）。

图 2-19 显示了中值粒径与比能量之间的关系，对于不同的研磨介质尺寸（应力强度），产品粒度和比能量之间存在不同关系。实验中研磨介质密度为 $2894kg/m^3$，搅拌器尖端速度为 9.6m/s，研磨介质填充率为 80%。

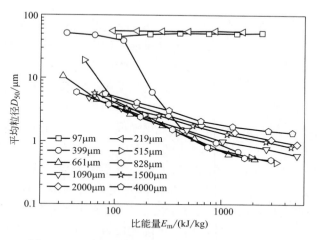

图 2-19　石灰石的中值粒径与比能量之间的关系

图 2-19 中最低曲线不属于最高应力强度（最大研磨介质尺寸），研磨介质尺寸为 $661\mu m$ 和 $828\mu m$ 时，可获得给定比能量下的最高产品粒度。最佳研磨介质尺寸以及由此最佳应力强度位于这两个研磨介质尺寸的范围内。对于尺寸大于 $828\mu m$ 的研磨介质，相同的比能量输入产生的产品粒度较大。这是由于随着应力强度的增加，能量利用率下降。对于较小的研磨介质（$399\sim661\mu m$），由于比能量输入较低，较大的研磨介质会产生更精细的产品。在研磨过程开始时，尺寸在 $399\sim661\mu m$ 之间的研磨介质的应力强度不足以快速研磨物料颗粒，因此需要更大的应力强度。初步破碎之后，中等尺寸的研磨介质足以提供破碎物料的能量，以达到最佳状态。研磨介质尺寸为 $97\mu m$ 和 $219\mu m$ 时，应力强度非常低，产品粒度几乎没有变化。

图 2-20 为中值尺寸 x_{50} 为 $2\mu m$ 的颗粒研磨所需的比能量作为应力强度 SI 的函数表达，比能量在最佳应力强度下具有最小值，最佳应力强度下的能量利用率最高，应力数量、应力强度和比能量与产品质量（例如产品粒度或分解速率）之间的关系取决于粉碎材料的破损特性。如果在高于最佳应力强度下进行团聚体解聚或细胞分解过程，则产品质量只是应力数量的函数，而不是应力强度的函数。与此相反，在研磨晶体材料时，晶体材料比较坚韧，其中在应力事件下碎片的粒度与应力强度成比例（即能量利用率恒定），操作参数对产品粒

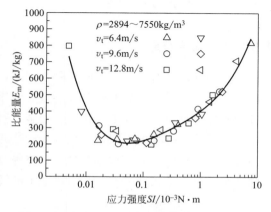

图 2-20　产生 $2\mu m$ 石灰石中值粒径所需比能量与应力强度之间的关系

度的影响只能通过比能量来描述。

2.5 微纳粉体分级理论

2.5.1 粉体分级概述

超细粉体在各个生产行业领域（如电子元件、材料、化工、生物医药及涂料、中医药保健食品和日用化工等行业）快速发展，使得对超细粉体颗粒的细微性和粒度均匀性有着更高的要求。目前获得超细粉体的方法中有机械法和化学合成制备法，但是采用上述方法获得的粉体都存在粒度分布不均匀的问题，并不能达到工业生产要求。分级技术便成为获得某一稳定范围粒度粉体的关键技术之一。

粉体分级是根据粉体颗粒的密度、颜色、化学成分、形状和放射性等特性的差异，从而分离出不同粒径组分的方法。

按照分级标准的不同，超细粉体的分级方法也有很多分类。从广义上，粉体分级可分为有网分级和无网分级。对于较大的粉体颗粒，采用有网分级（即筛分）；对于粒径小于 $100\mu m$ 的颗粒，则采用无网分级（即流体系统分级）。流体系统分级是利用粒度不同的颗粒在流体介质中所受力不同，导致形成不同的沉降速度或运动轨迹，以达到将合格产品分离出分级设备的目的，其基本原理是遵循了层流状态下的斯托克斯定律。

根据物料分级时所处介质的差异，粉体分级可分为干法分级和湿法分级。干法分级又可根据内部是否具有动件，分为动态分级和静态分级，内部有运动部件的设备包括叶轮分级机和涡轮式分级机等，该类设备内设有叶片、回转腔等，结构复杂，耗能大，适用于较高精度分级；内部无运动部件的设备包括有效碰撞分级器和射流分级器等，该类设备结构简单，成本低，但不适用于精密分级。值得注意的是，近些年来研究出一种超临界分级，该方法介于湿法和干法之间；根据分级设备中对分级物料所施加的力场不同，分为重力场分级、离心力场分级和惯性力分级等，同时也出现了一些新型分级方法如热梯度力分级、色谱力分级和磁场力分级等，对于此类分级方法的研究也在不断深入中。

2.5.2 主要粉体分级理论

2.5.2.1 网筛分级

筛分是利用带有不同直径筛孔的筛面上，将松散的物料分为不同粒径组分的操作。筛分方法按颗粒粒径筛分出的顺序不同，可分为序列法、重叠法和混合法。它可以处理较大粒度的各种各样的物料，在环境、化工、冶金、医药、建材、粮食加工和矿业等领域有着广泛的应用。按照筛分方式的不同，可以分为干法筛分和湿法筛分；按照筛分的任务不同，可以分为准备筛分、预先筛分、检查筛分、最终筛分、脱水筛分、脱泥筛分和脱介筛分。目前一般的筛网筛孔可以达到 $20\mu m$ 左右，而采用电气成形制作而成的筛网筛孔已经达到 $3\mu m$，采用激光技术可制成 $1\mu m$ 的筛孔。

随着微纳粉体的重要性日益突出，筛分设备上的新研究、新技术也在不断发展。如近年，已有研究人员将超声波技术运用到筛分作业上，解决了筛分过程中筛孔堵塞问题，使得以往一些只能使用流体分级的物料颗粒也可采用筛分作业分级，增加了筛分作业的应用领域；马晓东对旋流分级筛的分级原理进行研究，推出柱段分级模型下的分级粒径公式和边壁层筛分过程的粒度分级公式，并且做试验对其得出的理论进行验证。中联重科在 2015 年自主研制了筛宽为 2.5m、处理量为 25t/h 的概率筛，处理量为国内最大。

在一些领域如选煤、选矿行业中，筛分较之其他分级方法分级效率最高。目前较为成熟的筛分原理包括概率筛分原理、等厚筛分原理、概率等厚筛分原理、弹性筛分原理、张弛筛分原理和强化筛分原理等。其中概率筛分原理是以颗粒透筛原理和颗粒运动相结合的方法得出的；等厚筛分原理是将物料沿筛长厚度和物料分层相结合得出的一种筛分方法；概率等厚筛分方法是将概率筛分方法和等厚筛分方法相结合得出的一种筛分原理。弹性筛分原理、松弛筛分原理和强化筛分原理都是针对难筛分物料堵孔提出的。在上述筛分原理的研究基础上发展了一批筛分机并取得了良好的效果。物料筛分理论在大量实验研究下逐渐完善，主要包括物料在筛面上的运动理论和透筛概率理论。

（1）筛分运动规律理论

物料颗粒群在筛面上的组成和运动都十分复杂，直接模拟物料群的运动规律较难实现，故大多研究者通常先模拟单颗粒物料运动，并以此建立数学和物理模型，根据不同的因素引入相关的修正系数。

① 单颗粒运动理论。混沌运动理论和定常运动理论是单颗粒运动的两个主要理论。根据上述两个理论，粉体颗粒在筛面的运动会受到筛分机的抛射强度 K_p 的影响，其在筛面上的运动轨迹会发生改变。定常运动理论是忽略了粉体颗粒在筛网上的滚动，即假设粉体颗粒间与筛网间的碰撞视为完全塑性碰撞，在此假设基础上推导出颗粒在筛面上的线性运动方程。当 $K_p=3.3$ 时，物料颗粒从筛面离开到再接触筛面刚好为筛面的一个运动周期。李耀明等通过研究发现，筛面的法向加速度和重力加速度是影响抛射强度的主要因素。定常运动理论所展现的运动规律可以很好地对颗粒进行预测和解释。

在定常运动理论假设的基础上，对混沌运动理论进行修正。假设颗粒与筛面之间为弹塑性碰撞，并考虑了粉体颗粒在筛面上的碰撞冲击效应，指出了颗粒在筛面上运动的众多影响因素，运动状态十分复杂。刘初升等学者利用混沌运动理论分析了筛面上的单个颗粒运动状态，得到了颗粒在筛面上的非线性运动，并进一步地研究发现颗粒在筛面上的运动并非周期性运动。此后，更有许多学者建立了遵循有关物理学的运动学微分参数方程，并借助计算机的方式进行模拟验证。

② 物料群运动理论。单颗粒运动理论是研究筛分物料运动的基础，但这种理论存在着将复杂问题过于简单化的问题。在实际的筛分工作中，颗粒不可能理想化地单个存在，物料层存在着一定的厚度，它们之间相互干扰、相互影响。物料群运动理论主要是在碰撞模型理论的基础上，模拟了物料群在筛面上运动，并得出了物料群的运动学参数关系。在筛分技术的发展中，通过不少学者的研究发现使得物料群运动理论不断完善，如在单个颗粒运动模型上得出料层线型振动模型，建立碰撞速度传递公式。随后相关学者通过引入概率学理论来分析物料群运动，从统计学和概率学理论上建立了概率运动学模型，如 Monica Soldinger 推导出了在圆形振动筛上物料运动的计算公式，以反映筛面上物料随机运动的过程。

对于物料群的运动分层理论，Williams 研究了在筛分过程中垂直方向上的振动频率对大颗粒物料上浮的影响。Ahmad 和 Smallwy 试验研究了影响粗颗粒上浮过程的因素。有学者研究指出颗粒群运动分层时，不仅颗粒粒径起着很大的作用，而且颗粒密度也会影响粗颗粒的分层行为。试验中出现大密度的大颗粒下沉而小密度的小颗粒上升的现象，这种现象称为反分层现象。

（2）筛分透筛概率理论

研究运动理论的思路可以运用到研究物料在筛面上的透筛概率，也可以先从单颗粒的透筛概率出发，由此得出物料群透筛概率理论。单颗粒和物料群的透筛概率理论均是在统计学和概率论的基础上研究的。

① 单颗粒透筛概率理论。对于振动筛在物料筛分过程中的研究是在概率论基础上进行的，所以其筛分过程的工作原理实际上就是透筛概率。在球形物料颗粒运动方向与筛面垂直情况（图 2-21）的研究中，1939 年 Gaudin 和 Taggart 最先提出了相关透筛概率理论的计算公式：

$$P = \frac{(a-d)^2}{(a+b)^2} = \frac{a^2}{(a+b)^2}\left(1 - \frac{d}{a}\right)^2 \tag{2-148}$$

式中　P——颗粒透筛概率；

a——筛孔的边长；

b、d——颗粒和筛丝的直径。

式中 d/a 为相对粒度，$a^2/(a+b)^2$ 为筛孔的开孔率。由式（2-148）可以得出，当其他条件不变时，粉体颗粒的相对粒度越大，颗粒透筛概率越小；筛面上的开孔率越小，物料颗粒的透筛概率越小。

随后，在 20 世纪 60 年代瑞典学者 Mogensen 对球形颗粒与筛面倾斜方向之间的关系进行了研究（图 2-22）。通过研究筛分时难筛颗粒的阻碍作用，提出了透筛概率理论的计算公式：

$$P_t = \frac{(a - \beta_r d - d)\left[(a+b)\cos(\alpha+\delta) - (1-\beta_r)b - d\right]}{(a+b)^2\cos(\alpha+\delta)} \tag{2-149}$$

式中　β_r——可以透过筛孔系数；

α——筛面的倾角；

δ——物料颗粒的运动速度和垂直方向的夹角。

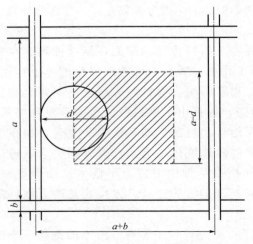

图 2-21　水平筛面上单颗粒垂直透筛原理

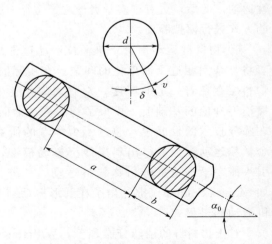

图 2-22　倾斜筛面透筛概率原理

式(2-149)较为全面地考虑了在筛分过程中影响透筛概率的各种因素。由式(2-149)知,当透筛概率为零时,可得该相对粒径透过筛孔的临界筛面倾角为

$$\alpha_0 = \arccos\left[\frac{d + (1-\beta)b}{a+b}\right] - \delta \tag{2-150}$$

由式(2-150)可知,物料相对粒径和颗粒运动速度方向与垂直方向的夹角都会影响临界筛面倾角,故概率筛使用筛孔尺寸较大的筛网去分级粒度较小的颗粒,这样不仅透筛的概率高,而且减缓了堵塞情况。Mogensen同时对物料透过多层筛面过程的概率进行了研究,得出了当存在 n 层筛面时颗粒的透筛概率的计算公式。之后学者 Brereton 总结出透筛概率,并提出两个评定筛分效果的指标:分离力度和可能偏差。这些公式均是在理想情况下成立的,但实际中物料颗粒是不规则形状,并非是规则球形,颗粒中包含的含泥量与水分也会对透筛概率造成影响。因此对单颗粒透筛概率进行计算时,必须对物料颗粒分配方程进行修正,以符合实际情况。

② 物料群透筛概率理论。单颗粒透筛概率理论得出后,吸引了许多学者对颗粒群的透筛概率做进一步的研究。在 20 世纪 60 年代,瑞典学者调整筛面倾角来控制分级粒度的筛分概率。到 70 年代,法国学者 E·布尔斯特莱因通过实验研究提出了等厚筛分理论,其原理是通过调节筛面的倾角和筛分机的抛射加速度,使得物料获得足够的抛射强度和运动速度而分级;同时控制出口速度,以提高细颗粒的透筛概率并保证筛面上厚度一致。W. Schuhz 和 B. Tippin 试验得出物料群颗粒在沿筛面方向运动的分配方程。陈清如等对摩根森著名的透筛概率公式进行深入的研究,引入平均触网概率概念,建立了网筛分级时筛分效果与筛分机各参数之间定量关系的数学模型,给出了建立数学模型的新思路,并进行筛分模拟实验,得出在概率筛分中,各段筛分长度物料的透筛概率基本不变的结果。Viasberg 等建立了筛分概率模型;Beeckmans 采用 Monte Carlo 方法研究了在直线振动筛上物料颗粒的透筛概率,闻邦椿研究出粒径相同的物料群颗粒在倾斜筛面上的透筛概率规律,并得到公式:

$$\eta_x = \left[1 - (1 - w_x)^n\right] \times 100\% \tag{2-151}$$

式中 η_x——物料透过筛孔的百分比;

w_x——每一次做抛掷运动时物料颗粒的透筛概率。

王跃民等在统计学原理的基础上,对物料群颗粒的分层透筛过程进行研究。他们把同一粒径的颗粒在筛面上的停留时间作为一个随机变量,建立了物料颗粒群沿筛面方向的透筛概率分布模型,得出的筛分概率的公式如下:

$$P = 1 - e^{-AL^B} \tag{2-152}$$

式中 P——透筛概率;

L——筛面长度;

A、B——参数,且均大于0。

经过实验证明,多种筛分机械的颗粒透筛概率符合上述公式,模型能更好地贴合实际筛分作业的情况。

(3) 潮湿物料干法深度筛分理论

Norgate 和 Weller 等针对潮湿物料颗粒中黏性较大的颗粒的情况提出筛分模型,发现铁矿石的含水量对干法筛分效率和筛分产品质量会产生影响。学者们还发现在大量潮湿物料干法深度筛分的设备中,容易出现堵孔问题,为了解决此类问题研制了电热振动筛。陈清如等在研究潮湿物料中黏附力对干法筛分效率的影响时,发现在物料分配曲线上的细粒区间会出

现 "鱼钩效应"，据此现象提出了反常上翘理论并建立筛分概率模型。

近年来各国学者开始从筛面研究转向对物料颗粒表面物理特性以及化学特性对筛分的影响，并设计了弹性振杆筛、强化筛和立式圆筒等筛分机械。

2.5.2.2 流体力学分级

流体力学分级是根据悬浮颗粒在不同的力场下产生不同运动轨迹来分离分散物质的过程。流体通常是水或空气，力场一般为重力场或离心力场，还有颗粒与流体介质之间相对流动产生的阻力，以及颗粒因运动加速的惯性力。

在对超细粉体分级机理论研究方面，得出的分级机的流场理论是基于斯托克斯方程数学模型之上，研究层流状态下，分级流场中的颗粒所受压力和速度分布。但使用斯托克斯公式有两个重要条件：一是分级介质处于层流状态；二是粉体颗粒在流体介质中的运动为自由沉降，即颗粒在沉降过程中不受附近其他颗粒的阻碍。

假设尺寸小于 $100\mu m$ 的细微粉体颗粒为规则球形，在介质中做自由沉降运动，忽略颗粒间的相互作用力。在受重力（离心力）的作用时，颗粒在最初时受到的合加速度最大，其运动速度逐渐增大，随之而来的是所受反向介质阻力（主要指阻力和浮力）也增大，颗粒受到的合力随之减小，沉降加速度也在降低。最后，当物料颗粒受到的重力（或离心力）与反向介质阻力相平衡时，颗粒沉降速度达到最大，颗粒将以此时的速度继续沉降，该速度称之为沉降末速 V_0。

在重力场中，微细球形颗粒在介质中沉降时所受的介质阻力为

$$F_s = 3\pi\eta dV \tag{2-153}$$

式中　η——介质黏度，$Pa \cdot s$；

　　　V——颗粒的沉降速度，m/s。

颗粒所受的重力为

$$F_g = \frac{\pi}{6}d^3(\delta - \rho)g \tag{2-154}$$

式中　δ、ρ——颗粒物料及介质的密度，kg/m^3；

　　　g——重力加速度，m/s^2。

由 $F_s = F_g$，即得沉降末速为

$$V_0 = \frac{\delta - \rho}{18\eta}gd^2 \tag{2-155}$$

式中　V_0——颗粒沉降末速，m/s。

即为微细颗粒的沉降末速公式，称之为斯托克斯公式。

由上式可知，在某一介质（空气或者水）中，温度一定下，同一密度的颗粒，颗粒的直径决定了其沉降末速。由此，可以根据颗粒沉降末速的不同进行分级。在实际分级作业中，物料颗粒的形状并非是规则的球形，则需要对式(2-155)的沉降末速引入形状系数加以修正，可得

$$V_{or} = P_s\frac{\delta - \rho}{18\eta}gd^2 \tag{2-156}$$

式中　P_s——形状修正系数；

　　　V_{or}——颗粒形状不规则的沉降末速，m/s。

由于式(2-156)是在颗粒自由沉降的条件下进行推导的，但实际分级作业中并不能达到

这种条件，最终颗粒沉降速度需要调整以获得实际速度，即滑移速度。颗粒若具有与水上流速度相等的滑移速度，故需加以修正化简为

$$V_{sh} = P_s V_{oh} = P_s V_0 (1-\lambda)^6 \tag{2-157}$$

式中　V_{oh}——颗粒的干涉速度，m/s；

　　　λ——物料浓度（单位物料悬浮液体积中物料颗粒占有的体积）。

在离心力场中，微粒在介质中所受阻力与离心力相反，可使用斯托克斯阻力公式为

$$F_d = 3\pi \eta d V_r \tag{2-158}$$

式中　V_r——颗粒的干涉速度，m/s；

　　　密度为 δ 的颗粒所受到的离心力为

$$F_c = \frac{\pi d^3 V_t^2}{6r} = \pi d^3 (\delta - \rho) \omega^2 r / 6 \tag{2-159}$$

式中　r——颗粒的回转半径，m；

　　　ω——颗粒的回转角速度，r/min；

　　　V_t——颗粒的切向速度，m/s。

若 $F_d > F_c$，即颗粒受到的阻力大于离心力，故颗粒会飞向分级设备壁面，并排出被收集成粗颗粒；若 $F_d < F_c$，即颗粒受到的离心力大于阻力，颗粒便会随着气流排出被收集成细颗粒；若 $F_d = F_c$，理论上该颗粒群将会一直做圆周运动。这时，可得到离心沉降末速和分级粒径分别为

$$V_{or} = \frac{d^2 (\delta - \rho) \omega^2 r}{18\eta} \tag{2-160}$$

$$d_r = \frac{1}{v_t} \sqrt{\frac{18\eta r v_r}{\delta - \rho}} \tag{2-161}$$

式中　d_r——分级粒径，m；

　　　v_t——叶轮平均圆周速度，m/s；

　　　v_r——介质流速，m/s；

　　　V_{or}——沉降末速，m/s。

由式(2-161)可知：在某一介质（空气或者水）中，温度一定下，其他条件（如颗粒的密度、所受到的离心加速度）均相同时，颗粒的离心沉降末速只与颗粒的直径有关。由此，可以根据颗粒沉降末速不同进行分级。与重力分级一样，实际情况中颗粒形状多样，需对式(2-160)、式(2-161)的沉降末速和分级粒径引入形状修正参数加以修正或者换算成球体的当量直径 d_e：

$$d_e = \sqrt{\frac{6V}{\sqrt{\pi A}}} \tag{2-162}$$

式中　V、A——颗粒的体积和表面积。

对于细微颗粒，球体当量直径一般可以取 $(0.7\sim0.8)d$。而当被分级物料达到一定的浓度时，颗粒的沉降速度相比自由沉降更小，并且随着颗粒容积浓度的增大，沉降速度越小。故需引入颗粒容积浓度影响因素，一般取值 $(1-\lambda)^{5.5}$，λ 为悬浮液中颗粒容积浓度。

当粉体颗粒粒径在 $100\sim2000\mu m$ 之间时，斯托克斯定律已经不再适用，在这个区域的颗粒所受到的阻力由表面阻力（由于表面粗糙度引起的阻力）变成了黏性压力阻力，需要考虑阻力系数和雷诺数来建立方程。

利用重力场和离心力场进行分级，无论是湿法还是干法都有着广泛的应用，且都是利用不同粒径颗粒在力场中的沉降末速不同进行分级。上升流分级原理、淘洗分级原理和错流分级原理等都是利用了重力场分级理论，利用离心力场分级的设备有卧式螺旋离心分级机、转子式分级机和静态涡流式分级机等。下面对干法分级和湿法分级分别进行阐述。

（1）干法分级

干法分级是以空气为介质进行粉体分级的工艺，如空气旋流式分级、转子式气流分级等分别采用离心力场和惯性力场对粉体颗粒进行分级，气流分级是典型的干法分级方法。

干法分级的优点是分级后的产品不需要进行再干燥和分散等后处理操作，成本低；其不足是分级精度不高，随着工业生产对颗粒粒度的要求越来越高，干法分级无法满足产品要求。许多学者提出干法分级理论，使干法分级设备得到广泛使用。其分级理论总结出来后，主要有以下几种。

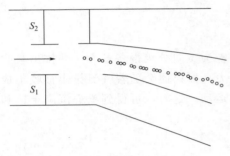

图 2-23　附壁效应原理

① 附壁效应理论。附壁效应理论是利用细微粉体可以随气流沿着弯管壁面运动的特点，由 Leschonski 和 Rumft 提出的，如图 2-23 所示。具体理论内容为：设物料到上下壁面的距离分别为 S_2、S_1，高速物料从一侧设置有弯曲壁面的喷嘴中喷出。由于 S_1 大于 S_2，下壁面对流体的卷吸速度明显小于上壁面，故物料在两侧的卷吸速度不一样而形成压力差，气流路径便会向下偏转，细颗粒会因惯性小而沿器壁做附壁运动、粗颗粒会因惯性力大而被抛出，从而将粗细颗粒进行分级。

德国人提出射流式分级机的分级原理，并在日本制造出实用机械。射流式分级机利用了沿半圆柱面射流流动时旋转产生的离心力，具有诸多优点，如分级效率高、可获得多级产品、工作可靠等，如图 2-24 所示。

② 惯性分级理论。惯性分级理论分为一般惯性分级理论和特殊惯性分级理论，如图 2-25 所示。利用不同质量的物料颗粒以相同的速度运动，若颗粒运动方向上的作用力发生改变，颗粒因惯性力不同产生不同的运动路径，其中粗颗粒所受惯性力大于细颗粒所受惯性力，所以运动方向发生较小的偏转，达到分级效果。有两种运用惯性分级理论的特殊惯性分级器，分别是有效碰撞分级机和叉流弯管式分级机。运用惯性分级理论的分级设备，分级粒径可达到 $1\mu m$，处理量达 $1800kg/h$；有效碰撞分级机的分级原理如图 2-26 所示，分级粒径可达到 $0.3\mu m$，处理量高达 $1800kg/h$。

③ 新型超细分级原理。迅速分级原理、减压分级原理和高压静电分级原理均是近些年来研究发现的新型超细分级原理。迅速分级原理如图 2-27 所示，由于细微粉体表面具有强大的比表面能，粉体颗粒之间有强烈的吸引力，特别是那些粒径与分级粒径接近的颗粒在分级室的停留时间越长，越容易发生团聚。故在分级空间中，采用适当的流场将接近分级粒度的粉体从分级设备中分离出去，缩短该粒度大小的颗粒停留时间，即快速高效地进行分级。

减压分级理论是利用当颗粒粒度与介质气体分子运动的平均自由行程相近时，因颗粒四周产生分子滑动而导致所受阻力减小。所以在重力场或离心力场中进行分级时，颗粒的沉降速度都会增加，这使得分级设备可分离出更小粒度的颗粒。在常压下，压力影响颗粒沉降速度的程度与颗粒粒度有关，粒度越大，影响程度越小，而减压会使得分级粒径减小到 10%

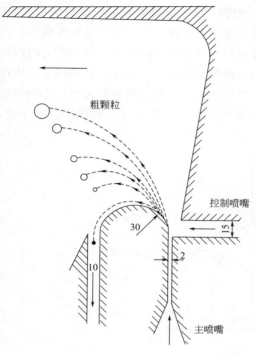

图 2-24　射流式分级机原理

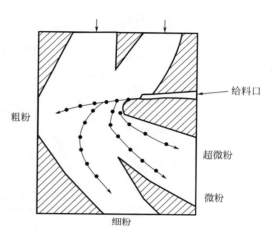

图 2-25　惯性分级原理

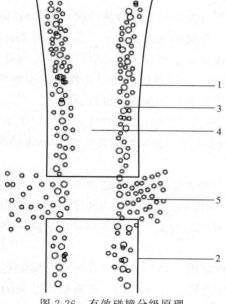

图 2-26　有效碰撞分级原理

1—加速圆筒；2—直圆筒；3—清净空气流；
4—颗粒流；5—侧向出口

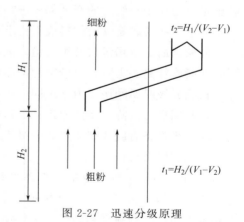

图 2-27　迅速分级原理

以下。即总的来讲，颗粒受到的气体阻力与 Cunningham 效应系数有关，气体分子的平均自由行程与压力有关，压力越小，分子的自由行程越大，Cunningham 效应系数越大，分级粒径越小。

如图 2-28 所示为高压静电分级原理，预处理是先将空气和粉体颗粒混合形成溶胶状态，混合溶胶从入口处均匀进入分级区，颗粒经过放电极板带上正负电荷。当带电粉体在加有高压静电场的设备上进行分级时，带电粉体会受到静电力和重力的共同作用。因为带电物料颗粒重力加速度不变，所以颗粒的合成加速度受电场力的作用效果十分明显，颗粒的运动轨迹会因颗粒自身质量而有所不同，较粗颗粒的偏离中心距离较小，较细颗粒的偏离中心距离较大。由此，粗细颗粒分别进入不同的收集区，达到分级效果。但该原理一般在实验室使用，且要求施加的电压较高。

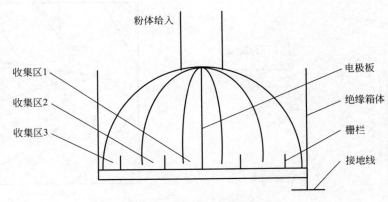

图 2-28　高压静电分级原理

（2）湿法分级

湿法分级是指粉体颗粒液体作为分级时的介质。当分级物料处于液体中时，因为液体本身具有分散作用，粉体颗粒在分级时几乎可以达到完全分散的状态，这是干法分级所不具备的。湿法分级较之干法分级的优点在于当物料处于液体介质中时，介质可以产生很好的分散度，获得更细的粒度产品，并控制粒度在很窄的范围内，而且适用于易爆炸性的粉尘颗粒；其不足之处在于分级后的产品需要进行复杂的脱水、干燥和防团聚等后处理。

对于一些易燃易爆的物料或不要求产品为干燥状态时，应选择湿法分级。李凤生等学者做了硅酸锆的静电场湿法分级实验，证明在湿法分级的基础上施加静电场可提高分级效率，同时间断施加离心力可获得较窄的产品粒度。

根据分级时所利用的力场不同，超细粉体的湿法分级大体上可分为两种类型：一是水力分级，利用重力沉降末速的原理；二是旋流式分级，利用离心力沉降末速的原理。湿法分级的主要分级设备有卧式螺旋离心分级机、蝶式分级机和水力旋流器等。下面介绍这两种类型的分级原理以及设备。

① 重力沉降原理及设备。图 2-29 是错流式分级机原理。物料的进料方向和介质的运动方向成一定的夹角（通常是两者垂直），进料方向与重力场的方向平行，即物料所受到的阻力和重力相反。物料受到的重力决定物料颗粒的下落时间，流体黏滞阻力影响颗粒的运动速度。在重力方向上，可得颗粒的运动距离 $h(t)$ 为

$$h(t) = \frac{d^2(\delta - \rho)gt}{18\mu} \tag{2-163}$$

式中　μ——介质动力黏性系数；

ρ——介质密度，kg/m^3；

t——运动时间，s。

在介质的运动方向上，可以将介质的运动速度当作颗粒的运动速度，那么运动时间 t 为

$$t = \frac{L}{v_r} \tag{2-164}$$

式中　L——颗粒的水平运动距离，m；

　　　v_r——颗粒的水平运动速度。

由式(2-163) 和式(2-164) 可得

$$d = \sqrt{\frac{18\mu v_t H}{(\delta - \rho)gL}} \tag{2-165}$$

式中　H——流道平板的高度，m。

由式(2-165) 可知，分级粒径和介质速度以及分级机的几何结构有关。当其他条件一定时，颗粒的水平运动距离 L 越大，颗粒粒径 d 越小。当被分级物料颗粒的浓度较低时，颗粒之间相互作用很小，可以忽略不计。故不同粒度的颗粒形成不同的运动轨迹，在分级设备的水平方向上从左至右形成了粒度谱线，可获得多级不同粒度的物料产物。

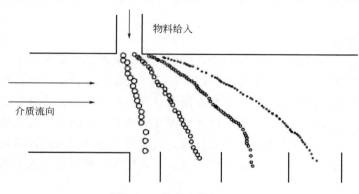

图 2-29　错流式分级机原理

② 离心沉降原理及设备。由于细微颗粒所受重力小，在重力场下进行分级的效果不明显，分级时间长，故应用离心力场对细微颗粒进行分级能显著缩短分级时间。

水力旋流器是一种利用离心力场进行分级的设备。它由圆筒和圆锥组成，内部无回转运动部件，分级效果较好，分级粒径一般在 $3 \sim 25\mu m$。该设备的分级原理为：通过切向加入物料，由于物料带有初速度可在设备内部高速旋转，产生较大的离心力，粉体颗粒在离心力和重力作用下，粗颗粒会甩向器壁沿器壁做螺旋向下运动从底流口排出进行收集；细颗粒会随大部分介质向上运动，形成旋流从溢流管排出。同时在旋流器内部，由于不同高度方向上物料粉体的速度梯度大，颗粒间会产生较大的剪切力，防止物料发生团聚。

因为旋流器设备的分级精度不高，引起了国内外的学者进行研究，其中国外典型模型有 Lynch-Rao 和 Plitt 模型。

卧式螺旋离心分级机是在离心沉淀机的基础上发展而来的，主要由机座、机壳、推料器、差速器和转鼓等组成，分级粒径可达到 $1 \sim 10\mu m$，分级特点是可连续出料和进料。由于分级平衡度是由轴向位移和径向位移决定的，造成物料无法完全分级。具体的分级原理为：待分级的悬浮液物料由进料管进入推料器的料仓，并在转鼓内与转鼓一起旋转，物料在离心力场的作用下快速分层，较粗颗粒向器壁移动并在内壁上沉淀形成渣层，之后在螺旋推

料器的作用下推送到排渣口排出，而较细颗粒的液相在溢流环处随分离液层溢出。

2.5.2.3 其他特殊分级原理

（1）毛细管色谱力分级

毛细管色谱力分级（CHDC）是在液相流动色谱（HDC）原理的基础上延伸发展而来的。其基本原理是物料颗粒流在圆柱形管中传输时发生径向位移，在轴线和器壁之间的固定距离处沿平行于管轴线的轨迹运动。物料颗粒运动时的速度呈抛物线分布，中间流体速度大，靠近壁面流体速度小。由于粗颗粒占据中心位置，故它们比细颗粒的速度大而先排出管外；小颗粒在器壁边上较后排出。这样便达到了分级的效果。

（2）毛细管区带电泳分级

毛细管区带电泳（CZE）可分离出多种带电物料颗粒，在CZE中使用弹性石英或玻璃毛细管作为分离介质通道。带电粒子在毛细管缓冲液中的迁移速度等于电泳和电渗流的矢量和，解决了在常规平板凝胶电泳中需要使用半刚性凝胶的问题。非常窄的毛细管允许使用非常高的电压（30kV），其结果是小电流产生的焦耳热从狭窄的毛细管中迅速消散，同时允许粒子快速分级。

（3）超临界分级

超临界分级是以二氧化碳为分级介质，利用二氧化碳在超临界条件下的性质对粉体颗粒进行分级的。二氧化碳在超临界条件下，以一种介于气体和液体的状态存在。从微观分子上看，由于二氧化碳是直链型分子，分子间作用力只存在范德华力，故被分级物料颗粒既具有在液体介质中的高分散性，也具有在气体介质中受到的低黏度阻力。当介质二氧化碳在临界条件下时，施加离心力场对物料粉体进行分级，只需调节离心设备的转速在低速时便可实现不同粒径的分级。该方法的缺点是分级设备复杂，费用大，只适用于无机物料粉体的分级。

（4）热梯度力分级

当上下板面存在温度差时，粉体颗粒经过两板之间时会受到热梯度力，且不同粒径颗粒受到的热梯度力不同，导致了粒径不同的颗粒运动轨迹不一样，从而达到分级的效果。

（5）微空隙分级及膜分级

在近期发展起来的众多分级方法中，微空隙分级是一种高效且可工业化应用的分级方法。其分级原理是利用激光、微孔技术等一些特殊技术将分级所用的板、片和膜等制造成孔径为亚微米级甚至纳米级的分级板、片或膜。该方法主要应用于悬浮浆料或者气溶胶的分离和分级。

2.5.3 评价参数

2.5.3.1 分级指数

（1）分级粒度

在分级作业中，根据沉降末速或介质的上流速度得出在同一颗粒级的临界粒度为分级粒度，也有采用分级后颗粒群的中值粒径作为分级粒度。由于颗粒密度不同，故在得到的同一级中包含密度大的小颗粒和密度小的大颗粒，这将会对分级效率产生影响。

（2）分级效率

① 分级效率的定义。分级效率的实质是分离后获得的某一成分的质量与分离前粉体中所含该成分的质量之比。其中，设 η 为分级效率，m_0、m_1 分别为分级前后某种粒径的质量，用式（2-166）可表示为

$$\eta = \frac{m_1}{m_0} \tag{2-166}$$

设 F、A、B 分别为原料、粗粒物料和细粒物料中的合格粗粒级物料的含量，X_f、X_a、X_b 分别为相应的合格细颗粒含量，假设分级过程中物料无损耗，可由物料平衡推导出：

$$F = A + B \tag{2-167}$$

$$x_f = x_a A + x_b B \tag{2-168}$$

$$\eta = \frac{x_a(x_f - x_b)}{x_f(x_a - x_b)} \times 100\% \tag{2-169}$$

式（2-169）表明，分级效率与三种粉体颗粒群中含合格颗粒的百分比有关系，其中减小 x_b 和增大 x_a 有助于分级效率的提高。

将物料颗粒分成不同的组分后，可以从两个方面对分级效果作定量分析评价：一是分析不同颗粒粒度分级效果的部分分级效率，二是分析粗细颗粒整体分级结果的综合分级效率。

② 牛顿分级效率（综合分级效率）。计算分级效率在实际中并不好操作，因为工厂的处理量很大，不易称重，并且不能完全地得到某一成分，其中会掺杂着些许其他颗粒。表示分级效率的方法有很多，如分配误差法、使用分配曲线等，常用的方法是牛顿分级效率公式，可综合性地体现分级设备的分级性能和分级产品的合格率，也即综合分级效率，其可表示为

$$h_N = \frac{A}{C} - \frac{B}{D} \tag{2-170}$$

式中　A——粗粒中实有的粗料量；

　　　　B——粗料中实有的细料量；

　　　　C——原料中实有的粗料量；

　　　　D——原料中实有的细料量。

设 a、b、c 分别为原料、粗粒物料和细粒物料中实有的合格粗粒级物料的含量，由物料平衡推导出：

$$\eta_N = \frac{(a-c)(b-a)}{a(1-a)(b-c)} \times 100\% \tag{2-171}$$

式（2-171）表明，综合分级效率的物理意义是在粉体分级时颗粒能实现完全分级的质量比。

③ 部分分级效率。分级前后颗粒粒度频率分布如图 2-30 所示，a、b 和 f 分别为分级后细粉、粗粉以及分级前原料的粒度分布频率。将连续的粒径颗粒分成了一个个小的区间，分别来计算不同区间粒径的分级效率。当粒度区间在 d 和 $d + \Delta d$ 之间，物料粉体颗粒的部分分级效率 η_N 可表示为

$$\eta_N = \frac{w_b}{w_f} \times 100\% \tag{2-172}$$

式中　w_b——粗粒级中粗粉所含质量；

　　　　w_f——原物料所含质量。

由式(2-172)便可算出颗粒粒度不同时的部分分级效率,以部分分级效率为纵坐标、颗粒粒径为横坐标,便绘制出了部分分级效率曲线如图 2-31 所示。由图中可知,分级效率随着指定粒径的不同而随之改变。η_N 是通过分级颗粒的合格率,综合考察了分级程度。在实际的分级作业中,可根据综合分级效率和部分分级效率看分级产品是否达到质量要求。

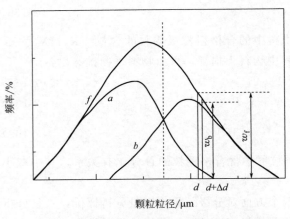

图 2-30 原料、细粉和粗粉的频率分布曲线   图 2-31 部分分级效率曲线

(3) 分级粒径

衡量分级技术的一个重要指标是分级粒径,又称为切割粒径。图 2-31 所示为部分分级效率曲线,曲线 c 在粒径 d_{50} 处的斜率发生突变,这表示着分级后粒径 $d > d_{50}$ 的粗颗粒主要位于粗粉中,故在粗产品颗粒中的分配率大于 50%;粒径小于 d_{50} 的细颗粒主要集中于细粉中,故在粗产品颗粒中的分配率小于 50%。粒径在 50% 附近的颗粒在粗产品和细产品各占一半,故把颗粒粒度 d_{50} 称为切割粒径,d_{50} 越小则细产品颗粒越细。

(4) 分级精度指数

分级精度指数表示在分级过程中分级机的灵敏程度,也称作分级清晰度。图 2-32 表示三种不同情况的部分分级效率曲线,其中曲线 1 是理想状态下的分级效率曲线,曲线 2、3 均为实际作业的部分分级效率曲线,但因实际条件不一样导致分级效率曲线有所差别。评定部分分级效率曲线的分级效率的参数是分级精度指数 K,即 $K = d_{75}/d_{25}$(或 $K = d_{25}/d_{75}$)表示分级设备的分级效果,d_{75}、d_{25} 分别指部分分级效率为 75% 和 25% 所对应的颗粒粒径。理想状况下的分级特性曲线如曲线 1,其分级精度指数为 1,K 越接近 1,分级效率越高,故图中三种曲线的分级效率由大到小为 1、2、3。在实际进行分级作业时,分级精度指数 K 一般处于 1.4~2.0 之间;当 K 大于 2 时,分级效果可以认为较差了;当 K 小于 1.4 且越接近 1 时,部分分级效率曲线越陡峭,分级精度指数越高,分级效果越好,分级后所得到的产品粒度分布就越窄。若分级后颗粒有较宽的粒度分布范围,分级精度指数也可以用 $K = d_{90}/d_{10}$(或 $K = d_{10}/d_{90}$)来表示,评定方式一致。

除用分级精度指数来表示分级效率外,还可以用 Terra 指数 E_p 和不完全度 I 来表示分级效率。其中 $E_p = (d_{p75} - d_{p25})/2$,在某一分级粒径下分级精度指数越好,指数 E_p 值越小;不完全度则对指数 E_p 进行了修正,即 $I = \dfrac{E_p}{d_{p50}}$。

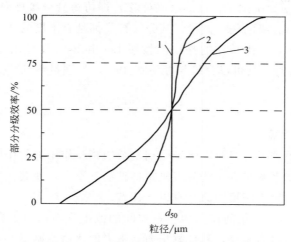

图 2-32　三种不同情况的部分分级效率曲线

1—理想分级效率曲线；2,3—实际分级效率曲线

（5）分级效果的综合评价

单一地根据某个分级效率指标来评判分级设备的分级效果往往是不够全面和准确的，因为分级效果会受多个因素的综合作用，所以分级效果的综合评价需要从分级粒径分布、多种分级效率和分级精度指数等对分级设备进行考察。例如，当 η_N 和 d_{50} 不变时，K 值越大，也即部分分级效率曲线越平缓，分级效果越差；当 K 和 d_{50} 不变时，η_N 越大，分级效果越好。若分级后的产品颗粒粒度为二级及以上，则需要考察多种级别的分级效率。

（6）分级极限

在一定的力场（如离心力或重力场）作用下，分级的颗粒粒度已经不能再小时，称为达到了沉降分级极限。当颗粒粒度达到分级极限时，物料颗粒处于一种高浓度、细微粒团聚成假的大颗粒状态，无法再进行分级。

高度分散的超细粉体颗粒具有在重力场或者离心力场作用下悬浮于液体介质而不发生沉降的特性，这种现象在胶体化学原理下，可以理解为细微颗粒分子必然存在无规律的布朗运动，表现为扩散运动，即细微颗粒分子会自发地从高浓度处向低浓度处做扩散运动。当细微颗粒受到的离心力或者重力与颗粒自身的布朗运动产生的压力差相平衡时，因为浓度梯度的存在，单位时间单位面积所沉降的颗粒质量为做反向扩散运动的质量。故分子的布朗运动规律和分级施加的力场都会影响沉降极限的颗粒直径。

在细微颗粒扩散的过程中，扩散系数为 $D=\dfrac{kT}{6\pi d\eta}$。设在时间 t 内，在离心力场中，颗粒以沉降速度 V 所沉降的距离为 $h=vt$，由于颗粒直径很小，沉降速度 V 按斯托克斯公式计算，于是可得

$$h=\frac{6kT}{\pi d^3(\delta-\rho)\omega^2 r}=\frac{6kT}{\pi d^3\Delta\rho\omega^2 r} \tag{2-173}$$

式中　k——波耳兹曼常数，$k=1.38\times10^{-16}$ J/K；

　　　r——回转半径，cm；

　　　ω——转鼓回转角速度，s^{-1}；

　　　$\Delta\rho$——固体颗粒与液体的密度差，g/cm^3。

由式（12-173）可知，确定了扩散的水平位移 h 即可得到分级极限粒径。

对于工业上对物料分级的任一设备，其分级粒径都是有限度的，人们对于降低分级粒径的研究做了很多的努力。值得关注的是德国教授 Leschonski 设计出一台涡轮分级机，当设备线速度达到 100m/s 时，其可以分级粒径为 $0.3\mu m$，处理量达到 5kg/h。

2.5.3.2　分散性

（1）颗粒团聚的因素

颗粒粉体在流体中进行分级时，由于受到复杂的相互作用力的作用，粉体在流体介质中处于团聚和分散的动态平衡状态。若分级机想打破动态平衡，使其往分散的方向进行，需先了解发生团聚的原因。发生团聚的原因有以下几点。

① 团聚的根本原因是分子间作用力。颗粒间的范德华力远小于自身重力，随着粉体颗粒的不断细化，颗粒间距离减小，其范德华力与重力的比值急剧增大，此时范德华力表现为分子间引力。

② 分子间的氢键及其他化学键也会使粉体发生团聚。

③ 在粉体粉碎的过程中，颗粒与颗粒之间的碰撞和摩擦发生电荷转移且形成的新细粒形状非常不规则，分别在凹凸处带上了正负电荷，微粒极易在库仑力的作用下团聚。

④ 因粉碎过程中，粉碎设备给粉体颗粒施加压力、剪切力等，使得细微粒获得大量的热能，比表面积和比表面能都增大，粉体颗粒因能量高而不稳定，颗粒需要能量互补而发生团聚。

⑤ 若粉体颗粒在相对湿度超过 60% 的空气中粉碎时，空气中的水蒸气便会在颗粒表面凝结形成液桥，导致颗粒间黏连。

从以上几点可以得出，团聚与颗粒的粒度、孔隙率、颗粒表面粗糙度、流场作用力以及阻碍的冲突力等因素有关。

（2）分散理论

粉体分级的前提是分散。要想获得较高精度的粒径产品，必须使得超细粉体的分散状态良好。粉体颗粒在流体中的分散机理就是控制流体介质与粉体颗粒、颗粒与颗粒之间的相互作用力。按颗粒间的排斥力产生机理可分为空间位阻机制和静电稳定机制。处于流体中的颗粒主要受到库仑力、分子间作用力、双电层的静电排斥力等。若介质是液体，则还会有憎水力、溶剂化力等；当分级介质是气体时，粉体颗粒会另外受到气体曳力和黏性力等。在制备粉体时，粉体分散性会直接影响分级产品粒度分布及均匀性。

李化建通过实验研究了碳化硅等颗粒在介质中的分散度与分散剂、pH 值以及表面活性剂的关系，发现 pH 会改变颗粒间双电层的静电排斥力；适当添加分散剂会增加水中颗粒的分散性；分散剂对于高分子的分散机制可增加颗粒的位阻排斥能和水化膜排斥能，而分散剂对于无机电解质可增加粉体颗粒表面间的双层静电排斥能。

物料颗粒分散的充分性与否决定着颗粒分级的效果，不少研究人员对颗粒在流体介质的分散体系进行了实验研究。其中 DLVO 理论是较为成熟且被研究学者广泛认可的理论。该理论的具体内容为双电层静电排斥能和范德华作用能作用于颗粒时，分别能体现出颗粒分散和团聚的状态，即两种作用能中较大地决定颗粒的表现形态。但是颗粒在流体介质中受力复杂，故需要在 DLVO 理论的基础上将颗粒的总势能调整为所受作用能的总和。其他描述分散机理较为成熟的理论有空缺稳定理论和空间稳定理论。

（3）粉体分散的措施

由 DLVO 以及经调整后的理论可知，增大颗粒间的相互排斥作用力会使得粉体颗粒在介质中的分散度变高；由粉碎极限机理可知，阻止粉体颗粒的团聚趋势会促使颗粒向分散的方向进行，提高分散度。根据物料所处介质的不同，使用提高分散度的方法也有所差别：在液体介质中，可使用介质调控和药剂调控；在气体介质中，可以使用静电分散、干燥分散、表面调控和机械分散等。

在气体中提高分散度的方法有以下几个。

① 静电分散。若粉体颗粒带上相同电荷，颗粒之间的静电力作用为排斥反力。当排斥作用力大于分子间范德华力时，颗粒在团聚和分散相互转化的过程中向着分散方向进行，所以当 Zeta 电位绝对值越大时，颗粒间的静电斥力越大，分散度越高。常用感应带电和接触带电等方法使颗粒带电。

② 干燥分散。即对气体介质进行干燥处理，避免气体中的水蒸气附着在物料颗粒的表面，进而形成水桥。在干燥分散中经常使用加温干燥的方法。超临界干燥技术和冷冻干燥技术是在对介质干燥后进一步研究得出来的。其中冷冻干燥技术基于假设颗粒表面的水蒸气不存在，避免形成水桥产生团聚；超临界干燥技术则是控制颗粒的运动轨迹，阻碍相互靠近团聚。

③ 表面调控。即通过物理和化学方法（一般是添加表面活性剂），有目的地使颗粒表面发生改性。其作用有两点：一是当颗粒粉碎时产生裂纹，分子自身会通过分子间作用力愈合，而活性剂会渗透到裂缝中并附着在颗粒表面形成薄膜，从而阻止颗粒间的团聚；二是活性剂对于易潮颗粒可以作为防潮剂，这样颗粒表面形成的水膜不完整，颗粒间的水桥无法形成。

④ 机械分散。即使用机械力将团聚颗粒打碎，这是一种强制性的方法，使用此方法时要求机械力大于颗粒之间的吸引力，这较为容易实现。该方法主要运用在干法分级中撒料盘的使用。撒料盘对粉体颗粒产生机械力，使得粉体分散均匀且带有一定初速度进入分级设备，产生的分级效果良好。

在液体介质中抗团聚提高分散度的方法主要有以下几个。

a. 介质调控。因为物料在液体介质中具有极性相同原则，非极性物料颗粒在非极性液体介质中易分散，极性物料颗粒在极性液体介质也易分散。故需要了解物料颗粒和液体介质的物料化学性质，合理选择液相介质，颗粒可以呈现良好的分散状态。

b. 药剂调控。在分级过程中加入分散剂，有目的地对超细粉体表面进行改性处理。其作用在于降低粉体表面电势和比表面能，减弱分子间的范德华力，增大颗粒间的相互排斥力。

其他的分散方法还有超声分散、电磁分散和撞击流法等。

2.5.3.3　力场

粉体分级的关键是有可设计的、稳定的力场：在对超微粉体进行分级时，颗粒的质量和体积相差细微，只有稳定强大、可设计的力场能保证分级的顺利进行。在分级过程中，颗粒之间的作用力是瞬间产生的，而分级设备给分级区域上所施加的作用力是持续的。粉体颗粒会因自身的物理和化学性质不同，在相同的力场和介质中表现出不同的性质，故设计分级力场时需要对粉体颗粒和介质有深入的了解。

粉体在分级设备的分散程度和施加的力场对分级效果会产生很大影响，无论采用哪种设备对粉体颗粒进行分级，粉体事先均要处于良好的分散状态并且分级过程中需要稳定的力场。总的来讲就是在粉碎过程中，颗粒重力的减小趋势远远大于分子间的相互作用力和受到的力场，且颗粒的比表面积和比表面能不断增大，如果形成的超细粉体不能得到充分的分散，便会形成粉碎团聚的一个逆过程。

◆ 参考文献 ◆

[1] Zhi H L, Samanta A K, Heng P W S. Overview of milling techniques for improving the solubility of poorly water-soluble drugs [J]. Asian Journal of Pharmaceutical Sciences, 2015, 10（4）: 255-274.

[2] 铁生年, 李星, 李昀珺. 超细粉体材料的制备技术及应用 [J]. 中国粉体技术, 2009, 15（3）: 68-72.

[3] Zhao X Y, Ao Q, Yang L W, et al. Application of superfine pulverization technology in Biomaterial Industry [J]. Journal of the Taiwan Institute of Chemical Engineers, 2009, 40（3）: 337-343.

[4] 韩跃新. 粉体工程 [M]. 长沙: 中南大学出版社, 2011.

[5] 郑水林. 超细粉碎工程 [M]. 北京: 中国建材工业出版社, 2006.

[6] 李凤生. 超细粉体技术 [M]. 北京: 国防工业出版社, 2000.

[7] 郑水林. 超细粉碎原理、工艺设备及应用 [M]. 北京: 中国建材工业出版社, 1993.

[8] 许珂敬. 粉体工程学 [M]. 东营: 中国石油大学出版社, 2010.

[9] 霍洪媛. 纳米材料 [M]. 北京: 中国水利水电出版社, 2010.

[10] 施利毅. 纳米材料 [M]. 上海: 华东理工大学出版社, 2007.

[11] 郑水林. 超细粉碎 [M]. 北京: 中国建材工业出版社, 1999.

[12] 吴秋芳. 超细粉末工程基础 [M]. 北京: 中国建材工业出版社, 2016.

[13] 戴少生. 粉碎工程与设备 [M]. 北京: 中国建材工业出版社, 1994.

[14] 陶珍东. 粉体工程与设备 [M]. 北京: 化学工业出版社, 2010.

[15] 武文璇, 孔凡祝, 李寒松, 赵峰, 李青. 食用菌超细粉体技术及发展趋势 [J]. 食品工业, 2018, 39（8）.

[16] 陈成. 秸秆螺旋筛分理论分析与筛分性能研究 [D]. 镇江: 江苏大学, 2016.

[17] 马晓东. 三产品旋流分级筛器壁筛网透筛规律研究 [D]. 徐州: 中国矿业大学, 2016.

[18] 任文静. 涡流空气分级机流场分析及结构优化 [D]. 北京: 北京化工大学, 2016.

[19] 党栋. 超细粉体的涡轮分级研究 [D]. 北京: 北京化工大学, 2015.

[20] 贾高原, 王可. 浅谈筛分理论与筛分机械的发展 [J]. 中国新技术新产品, 2013（16）.

[21] 鲁林平, 叶京生, 李占勇, 等. 超细粉体分级技术研究进展 [J]. 化工装备技术, 2005（3）.

[22] 彭景光, 房永广, 梁志诚. 超细粉体干法分级理论的研究现状及其展望 [J]. 化工矿物与加工, 2005（4）.

[23] 李化建. 超细粉体的湿法精密分级研究 [D]. 重庆: 重庆大学, 2002.

[24] 盖国胜. 超细粉碎与分级技术进展 [J]. 中国粉体技术, 1999（1）.

[25] 吴其胜, 张少明, 马振华. 湿法分级超细粉过程初探 [J]. 硅酸盐通报, 1995（6）.

[26] 裴重华, 李凤生, 宋洪昌, 等. 超细粉体分级技术现状及进展 [J]. 化工进展, 1994（5）.

[27] 焦红光, 布占文, 赵继芬, 等. 筛分技术的研究现状及发展趋势 [J]. 煤矿机械, 2006（10）.

[28] 王瑾昭, 田长安, 赵娣芳, 等. 超细粉体的应用与分级 [J]. 中国非金属矿工业导刊, 2009（2）.

[29] 韦鲁滨, 陈清如. 煤用概率分级筛数学模型的研究 [J]. 煤炭学报, 1995（1）.

[30] 许建蓉, 王怀法. 分级技术和设备的发展与展望 [J]. 洁净煤技术, 2009, 15（2）.

[31] 阮久行, 马少健, 覃祥敏. 干法分级理论与分级设备研究现状 [J]. 有色矿冶, 2006（s1）.

[32] 孙成林. 近年我国超细粉碎与超细分级发展及问题 [J]. 中国非金属矿工业导刊, 2003（1）.

[33] 刘宏英, 李春俊, 白华萍, 李凤生. 超细粉体的应用及制备 [J]. 江苏化工, 2001（1）.

[34] 李凤生, 白华萍, 张兴明, 裴重华. 超细粉体湿法分级技术研究 [J]. 化工进展, 1997（6）.

［35］龚翠平，杨威，刘静. 涡流空气分级机的分级效率与分级精度［J］. 中国粉体技术，2014，20（4）.

［36］刁雄. 超细分级机颗粒预分散及应用研究［D］. 绵阳：西南科技大学，2013.

［37］康娅娟. 大型概率筛筛箱动态特性分析及筛分性能评价［D］. 湘潭：湘潭大学，2016.

［38］张亚南. SCX 超细选粉机分级机理研究及装备设计［D］. 绵阳：西南科技大学，2010.

［39］江津河. 多级多尺度散式流态化精密分级塔的研究［D］. 青岛：青岛科技大学，2008.

［40］禹松涛. 羰基镍粉的分级技术研究［D］. 西安：西安建筑科技大学，2015.

［41］Arthur H. Powder Sampling and Particle Size Determination［J］. Journal of Colloid And Interface Science, 2004, 277（2）.

［42］Zhao Q Q, Schurr G. Effect of motive gases on fine grinding in a fluid energy mill［J］. Powder Technology, 2002, 122（2）: 129-135.

［43］蔡相涌，王洪斌，束雯，等. 气流粉碎机用气力加料器设计参数研究［J］. 华东理工大学学报，2002，28（6）: 654-656.

［44］张林. 超微气流粉碎喷嘴设计关键参数的研究［J］. 煤炭技术，2009，28（2）: 47-47.

［45］Triesch O, Bohnet M. Measurement and CFD prediction of velocity and concentration profiles in a decelerated gas-solids flow［J］. Powder Technology, 2001, 115（2）: 101-113.

［46］沈志刚，麻树林，邢玉山，等. 气流粉碎对粉体颗粒形状的影响［J］. 中国粉体技术，2000，6（s1）.

［47］Su H, Xu Y, Hu X, et al. Quantitative relation between particle size distribution and ultrafine grinding process of ground calcium carbonate［J］. Inorganic Chemicals Industry, 2007.

［48］Yashima S, Kanda Y, Sano S. Relationships between particle size and fracture energy or impact velocity required to fracture as estimated from single particle crushing［J］. Powder Technology, 1987, 51（3）: 277-282.

［49］Green J L, Petty C A, Grulke E A. Impact grinding of thermoplastics: A size distribution function model［J］. Polymer Engineering & Science, 1997, 37（5）: 888-895.

［50］Mebtoul M, Large J F, Guigon P. High velocity impact of particles on a target—an experimental study［J］. International Journal of Mineral Processing, 1996, s 44-45（95）: 77-91.

［51］Eskin D, Voropayev S, Voropayev S. Engineering estimations of opposed jet milling efficiency［J］. Minerals Engineering, 2001, 14（10）: 1161-1175.

［52］Kanda Y, Sano S, Yashima S. A consideration of grinding limit based on fracture mechanics［J］. Powder Technology, 1986, 48（3）: 263-267.

［53］Kanda Y, Abe Y, Hosoya T, et al. A consideration of ultrafine grinding based on experimental result of single particle crushing［J］. Powder Technology, 1989, 58（2）: 137-143.

［54］陆厚根. 粉体工程导论［M］. 上海：同济大学出版社，1993.

［55］Austin L G. Introduction to the mathematical description of grinding as a rate process［J］. Powder Technology, 1971, 5（1）: 1-17.

［56］范天佑. 断裂理论基础［M］. 北京：科学出版社，2003.

［57］赵浩. 高速切割粉碎技术及其应用的研究［D］. 无锡：江南大学，2008.

［58］张茂龙，陈锡春，高青令，等. 高速切割技术及其在鲜湿豆渣超细粉碎中的应用［J］. 食品与机械，2010，26（5）: 105-108.

［59］刘志超. 物料粉碎设备设计理论及应用［M］. 徐州：中国矿业大学出版社，2006.

［60］李耀辉，雷步芳，张文杰，等. 棒料高速精密剪切机理和断面质量的研究［J］. 机械管理开发，2002（2）: 4-5.

［61］O' Dogherty M J. Chop length distributions from forage harvesters and a simulation model of chopping［J］. Journal of Agricultural Engineering Research, 1984, 30（2）: 165-173.

［62］高强. 基于离散元法的搅拌球磨机磨矿分析与研究［D］. 昆明：昆明理工大学，2016.

［63］邹伟东. 转速和填充率对球磨机粉磨效果的影响［D］. 广州：华南理工大学，2016.

［64］Kwade A. Wet comminution in stirred media mills research and its practical application［J］. Powder Technol, 1999, 105（1）: 14-20.

［65］Kwade A, Schwedes J. Breaking characteristics of different materials and their effect on stress intensity and stress number in stirred media mills［J］. Powder Technology, 2002, 122（2）: 109-121.

第3章 微纳粉体表征与测试方法

3.1 粒度分布及其测试

微纳粉体的粒度特性会显著影响粉体及其产品的性质和用途，同时也是粉体加工装备性能评价的重要指标。粉体粒度大小及粒度分布可以直观反映微纳粉体的粒度特性，因此人们对粉体粒度测试也越来越重视。

3.1.1 粒度

颗粒是指在一特定尺寸范围内具有特定形状的几何体，其大小一般在毫米到纳米之间。通常用粒度来表示颗粒的大小和粗细程度，也可用颗粒的粒径来表示，两者含义相近。颗粒的大小是颗粒的基本几何参数，用其在空间范围所占据的线性尺寸表示，规则的球形颗粒和正方体颗粒可以用一个尺寸进行描述，但其他形状的颗粒则无法用单一尺寸进行说明。通常，球体颗粒的粒度用直径表示，即粒径；而不规则颗粒的粒度也近似用球体的直径表示，称为当量粒径。

现实中的粉体颗粒，其形状基本上都是不规则的。目前所有粒度测试仪器，都是将现实的某种颗粒与规则球体颗粒进行比较，从而得到某种意义上的近似粒径。当被测颗粒的某种物理特性或物理行为与某一直径的同质球体相接近时，就把该球体的直径作为被测颗粒的等效直径。

表 3-1 中分别从几何学和物理学的角度对几种颗粒的粒径进行了定义。

表 3-1 当量粒径的定义

序号	名称	定义	符号	计算公式
1	投影面积当量粒径	与颗粒的投影面积相等的圆的直径	D_c	$D_c = \sqrt{\dfrac{4A}{\pi}}$
2	表面积当量粒径	与颗粒的外表面积相等的球的直径	D_s	$D_s = \sqrt{\dfrac{S}{\pi}}$
3	体积当量粒径	与颗粒的体积相等的球的直径	D_v	$D_v = \sqrt[3]{\dfrac{6V}{\pi}}$
4	比表面积当量粒径	与颗粒的比表面积相等的球的直径	D_{sc}	$D_{sc} = \dfrac{6}{S_v}$

序号	名称	定义	符号	计算公式
5	等沉降速度当量粒径	与颗粒在流体中的沉降速度相等的球的直径	D_{ut}	$D_{ut} = \dfrac{3\rho C_D u_t^2}{4(\rho_p - \rho)g}$
6	斯托克斯当量粒径	层流区的等沉降速度当量直径	D_{st}	$D_{st} = \sqrt{\dfrac{18\mu u_t}{(\rho_p - \rho)g}}$

综上所述，粒径所代表的含义较多，因此如果粒径的测试原理和方法不同，那么即使是同一个颗粒，由于采用的表征方法不同，所得到的颗粒粒径也不会相同。因此在进行两种颗粒粒径比较时，需注意粒径的表征方法是否一致，否则粒径仅是无可比性的数值而已。

3.1.2　粒度分布

若颗粒系统的粒度相等（如标准粒度），则可用单一的粒径表示其大小，这类颗粒称为单粒度体系。然而在生产实践中，颗粒系统大都由粒度不等的颗粒组成，这类颗粒称为多粒度体系。整个颗粒系统的粒度分布又称为粒径分布，粒度分布指用特定的仪器和方法反映出的不同粒径颗粒占粉体总量的百分数。粒度分布有区间分布和累积分布两种形式。区间分布又称为微分分布或频率分布，它表示一系列粒径区间中颗粒的百分含量。累积分布也称积分分布，它表示小于或大于某粒径颗粒的百分含量。

在进行粒度分布描述时，应首先取粉体数量、长度、面积、体积或质量等参数中的某一个作为测量基准，也就是测量方法和测量原理决定所测得粒度分布的基准。若测量方法所涉及的基准是质量，即质量基准的粒度分布，则表示某一粒径或某一粒径范围的颗粒的质量在粉体总质量中所占的比例。在实际应用中，体积基准和质量基准应用得最多，而长度基准和面积基准使用较少。

粉体的粒度分布通常用实测的方法获得，测得的粒度数据可采用以下不同的表示方法。

① 表格法，指用表格的方法将粒径区间分布、累积分布一一列出的方法。

② 图形法，指在直角坐标系中用直方图和曲线等形式表示粒度分布的方法。

③ 函数法，指用数学函数表示粒度分布的方法。

（1）频率分布

当用数量基数表示粉体的粒度分布时，将被测粉体样品中某一粒径或某粒径范围内的颗粒的数目称为频数 n，而将 n 与样品的颗粒总数 N 之比称为该粒径范围的频率 f，如式（3-1）所示：

$$f = \frac{n}{N} \times 100\% \tag{3-1}$$

频数 n 或频率 f 随粒径变化的关系，称为频数分布或频率分布。

（2）累积分布

频率分布是表示某一粒径或某粒径范围内的颗粒在全部颗粒中所占的比例（即百分含量），而累积分布则表示小于（或大于）某一粒径的颗粒在全部颗粒中所占的比例。按照频率或频数累积方式的不同，累积分布可以分为两种：一种是将频率或频数按粒径从小到大进行累积，另一种是将频率或频数按粒径从大到小进行累积。

3.1.3 平均粒径

对于一个由大小和形状不相同的颗粒组成的实际颗粒群，将其与一个由均一的球体颗粒组成的假想颗粒群相比，如果两者的粒径全长相同，则称此均一球体颗粒的直径为实际颗粒群的平均粒径。

设颗粒群的粒径分别为 $d_1, d_2, d_3, \cdots, d_i, \cdots, d_n$；粒径为 d_i 的颗粒数量为 n_i，即总个数 $N = \sum n_i$；颗粒粒径为 d_i 的颗粒质量为 w_i，即总质量 $W = \sum w_i$。以颗粒数量或质量为基准的平均粒径定义如表 3-2 所示。

表 3-2　平均粒径相关定义

序号	名称	符号	数量基平均粒径	质量基平均粒径
1	个数长度平均粒径	D_{nL}	$D_{nL} = \dfrac{\sum (n_i d_i)}{\sum n_i}$	$D_{nL} = \dfrac{\sum (w_i/d_i^2)}{\sum (w_i/d_i^3)}$
2	长度表面积平均粒径	D_{LS}	$D_{LS} = \dfrac{\sum (n_i d_i^2)}{\sum n_i d_i}$	$D_{LS} = \dfrac{\sum (w_i/d_i)}{\sum (w_i/d_i^2)}$
3	表面积体积平均粒径	D_{SV}	$D_{SV} = \dfrac{\sum (n_i d_i^3)}{\sum (n_i d_i^2)}$	$D_{SV} = \dfrac{\sum w_i}{\sum (w_i/d_i)}$
4	体积四次矩平均粒径	D_{Vm}	$D_{Vm} = \dfrac{\sum (n_i d_i^4)}{\sum (n_i d_i^3)}$	$D_{Vm} = \dfrac{\sum w_i d_i}{\sum w_i}$
5	个数表面积平均粒径	D_{nS}	$D_{nS} = \sqrt{\dfrac{\sum (n_i d_i^2)}{\sum n_i}}$	$D_{nS} = \dfrac{\sum (w_i/d_i)}{\sum (w_i/d_i^3)}$
6	个数体积平均粒径	D_{nV}	$D_{nV} = \sqrt{\dfrac{\sum (n_i d_i^3)}{\sum n_i}}$	$D_{nV} = \sqrt[3]{\dfrac{\sum w_i}{\sum (w_i/d_i^3)}}$
7	长度体积平均粒径	D_{LV}	$D_{LV} = \sqrt{\dfrac{\sum (n_i d_i^3)}{\sum (n_i d_i)}}$	$D_{LV} = \sqrt[3]{\dfrac{\sum w_i}{\sum (w_i/d_i^2)}}$
8	调和平均粒径	D_h	$D_h = \dfrac{\sum n_i}{\sum (n_i d_i)}$	$D_h = \dfrac{\sum (w_i/d_i^3)}{\sum (w_i/d_i^4)}$
9	几何平均粒径	D_g	$D_g = \left(\prod\limits_{i=1}^{n} d_i^{n_i} \right)^{\frac{1}{N}} = \prod\limits_{i=1}^{n} d_i^{f_i}$	

以上平均粒径的定义均有一定的意义。例如，表面积体积平均粒径对颗粒群中的小颗粒敏感程度更高，而体积四次矩平均粒径对颗粒群中的大颗粒敏感程度更高。

对粒度群颗粒及颗粒分布进行表征时，应注意平均粒径与中值粒径的区别。平均粒径有多种形式加权平均的定义，用来表征颗粒群的某种粒度特性；而中值粒径则意味着样品中有一半颗粒的粒径低于该值，而另一半颗粒的粒径大于该值。

3.1.4 粒度测试

测定物料粒度和粒度分布的方法有很多，每种方法的测试原理都大不相同，其所测得的粒径的代表含义也不相同。常用粒度及粒度分布测试方法如表 3-3 所示，包含显微镜法、激光法、沉降法、筛分法等。

表 3-3　常用粒度及粒度分布测试方法

测试方法	测试装置	测试原理	粒度分布	测试范围/μm
显微镜法	电子显微镜	计数	个数分布	0.001～100
筛分法	标准筛	筛分	个数分布	＞5
沉降法	比重计	Stokes 沉降原理	质量分布	1～100
激光法	激光粒度分析仪	光的散射现象	个数分布、质量分布	0.02～2000
小孔通过法	Coulter 计数器	小孔电阻原理	个数分布	0.5～1000

3.1.4.1　显微镜法

显微镜法采用光学或者电子显微镜直接对粉体颗粒的形状和大小进行观测，是测量颗粒粒度的基本方法。因此，显微镜法除了可以测定颗粒的大小、形状与粒度分布之外，还可以与其他测量方法所测结果进行对比分析。

光学显微镜测量的粒度范围为 0.3～200μm，透射电子显微镜测量的粒度范围为 1nm～5μm，扫描电子显微镜测量的粒度范围在 10nm 以下。

用光学显微镜测定粒度时，可利用十字刻度尺、网络刻度尺或花样刻度尺直接读数。用电子显微镜时常常先将颗粒拍照，然后进行测量。为了提高测量的精度，需要注意以下几点。

① 严格按照规定制备试样，确保将试样粉体分散为单个颗粒。由于微粉的分散比较困难，因此需要根据粉体颗粒的表面性质，选择合适的分散剂，并采用超声波等方法进行强制分散。

② 为了得到粉体的粒度分布，并减小测量误差，需要保证测量的颗粒数量足够多，至少要有数百个。

③ 即使测量的颗粒数足够多，试样的质量还是很小，因此采样时应使试样具有代表性。对于粒度分布范围较广的粉体，需要先用筛分法对试样进行分级，测出各粒级的数量基准分布，经换算为质量基准后，再按试样各个粒级的质量比分别进行计算。

④ 要选择适当的放大倍数，在能够清楚地分辨最小颗粒的前提下，选择较小的放大倍数。对于粒径在 1μm 以上的颗粒，优先选用光学显微镜；当粒径小于 0.8μm 时，为避免二次成像所引起的误差，可选用电子显微镜。

⑤ 用显微镜法测得的粒径是统计粒径或投影面积的当量粒径，粒度分布是数量基准分布，但也可换算成质量基准分布。

显微镜法测试方法比较直观，结果可靠，操作比较简便，能自动进行扫描和计算，也可将测试结果以拍照的形式记录下来，以此观测颗粒的形状。随着光学显微技术和图像处理技术的不断进步，显微镜法在粒度测试领域的应用将会更加广泛。

3.1.4.2　激光法

3.1.4.2.1　激光衍射粒度分析仪简介

激光法测试粒度及粒度分布的常用仪器为 Mastersizer 激光衍射粒度分析仪系列仪器，典型产品为 Mastersizer 2000，如图 3-1 所示。

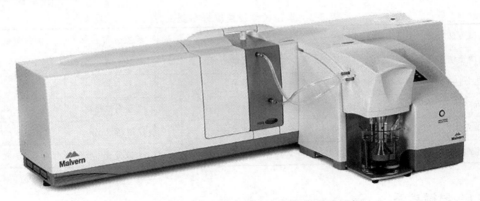

图 3-1　Mastersizer 2000 激光衍射粒度分析仪

激光衍射粒度分析仪的测试原理如图 3-2 所示。由激光发射出的平行光束照射到比光波长大得多的颗粒上产生衍射，大颗粒的光衍射角度较小，小颗粒的光衍射角度较大。这些光线通过透镜在衍射屏上得到衍射图像，其发光强度与颗粒的大小有关，利用环形排列的检测器，经过计算就可测得颗粒粒度。

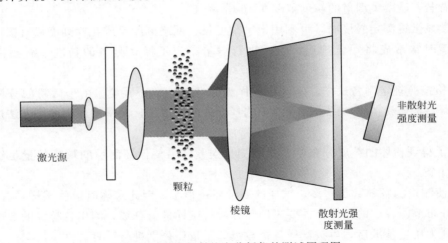

图 3-2　激光衍射粒度分析仪的测试原理图

3.1.4.2.2　Mastersizer 2000 使用说明

Mastersizer 2000 激光衍射粒度分析仪的操作步骤较简单，但其中一些关键步骤会严重影响测试结果的准确性。以下以测量大米淀粉颗粒的粒度为例，阐述 Mastersizer 2000 使用方法。

（1）基本使用流程

① 准备步骤。

a. 确认仪器使用正常并清洗完毕。一般为保证仪器清洗干净，每次实验前需再次清洗。

b. 依次开启计算机、Mastersizer 2000 主机和分散机（若实验室不是恒温恒湿条件，则整个仪器需预热 30min 左右才能进行下一步测试）。硬件设备准备就绪，进入计算机桌面，启动 Mastersizer 2000 检测软件。

首次使用时，单击"文件"→"新建"，在任意盘符下建立测试数据保存文件（.mea 格式）。若不是首次测量，则默认打开上一次测试文件。

② 参数设置步骤。

a. 在烧杯中装入约 400mL 自来水（条件允许可使用纯净水或矿泉水，注意水的温度应与室温一致，避免产生气泡干扰粒度测量），然后启动泵（泵的转速一般设置为 1000～2000r/min。测试颗粒较大的样品时，尽量使用高转速，有利于样品更好的分散），根据测量需要选择超声功能。

b. 在软件界面，单击"测量"→"手动"。进入测量显示窗体，单击"选项"按钮，进行软件和探测器参数设置（一般情况选择默认设置即可）。

c. 单击测量显示窗体中的"文档"按钮，为本次测量设置相应的测量名称。

③ 测定步骤。

a. 观察检测器激光强度信号，当激光强度信号随检测器编号从小到大递减，最大信号低于 100（图 3-3），且激光强度达到 75% 以上时，可以开始测量。在某些情况下，若最大信号强度高于 100，但满足递减趋势，也可正常测量。

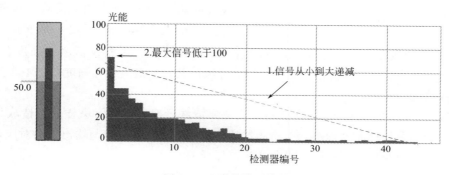

图 3-3 正常的检测信号

b. 单击测量显示窗体中的"开始"按钮，等待背景测量完毕。

c. 背景测量完毕后，测量显示窗体中增加了"加入样品"选项卡和"测量样品"选项卡。这时向烧杯中缓缓加入待测量样品，如本例中使用大米淀粉颗粒或已配好的大米淀粉悬浮液作为样品，直至窗体中激光遮光度显示稳定在设定范围内（一般在 10%～20%，达到后左侧条状图示中的遮光度条进入绿色部分）。注意 Mastersizer 2000 检测范围为 0.02～2000μm，请不要使用超过测量范围的样品，否则测试结果不可信，甚至会损坏设备。

d. 单击"测量样品"选项卡，进行样品粒度分布测量。测量时应保证样品均匀分散，且超声功能处于关闭状态。

e. 检测完成后，在 Mastersizer 2000 主窗体中会弹出检测结果。

f. 如果继续测量下一个样品，单击测量界面的"背景测量"选项卡，进入"背景测量"选项卡。清洗样品分散单元，看到背景被洗至合格即可进行下次测量（激光强度达到 75% 以上即认为合格）。

g. 如果不需要再次测量，应将测量界面最小化，进入分析主界面进行测试结果分析即可。

④ 完成步骤。按照操作规程清洗设备，依次关闭 Mastersizer 2000 软件、分散机、主机，最后关闭计算机电源即可结束实验。

（2）仪器系统的清洗

仪器清洗的对象主要为分散机，如图 3-4 所示。

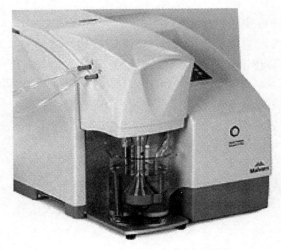

图3-4　Mastersizer 2000 分散机

① 仪器清洗方法。

a. 仪器使用或清洗循环完毕后，关闭分散机的泵 off 键和超声 off 键，将分散机的罩子稍稍抬起至规定位置（见左测标线）。待分散机连通管道内液体排尽后，再将罩子完全抬起。

b. 将烧杯内的液体和样品倒掉，彻底清洗烧杯。

c. 将烧杯内盛满水，将罩子浸没其中，打开泵 30～60s，泵速可适当提高，清洗进样-检测系统。

d. 重复以上步骤循环（一般循环 3 次），使用自来水清洗 2 次，纯净水清洗 1 次（注意观察背景，清洗次数与背景是否合格有关）。

e. 清洗完毕，将罩子浸入纯净水。

② 清洗效果判定。清洗过程中保持测量显示窗体打开，观察仪器激光强度分布情况。清洗完成后，应当满足检测器信号呈从小到大递减趋势，且最大信号强度低于 100（图3-3），否则应继续清洗。

③ 注意事项。可以自行清洗样品室，注意要清洗干净，以免污染样品室造成设备测量出现误差。如需更换样品处理单元与检测器的连接管，注意输入口与输出口的对应，并注意更换的管道长度应与原长度相同，以免产生仪器误差。

（3）分散机设置

分散机面板包含泵、超声等功能按钮。

① 调节参数。

a. 泵转速调节：调节范围为 0～2000r/min，一般工作范围为 1000～2000r/min，调节步长为 50r/min。当样品颗粒较大、检测器遮光度不稳定时，可适当增大泵转速。

b. 超声能量调节：调节范围为 0～20，一般工作范围为 10～15，调节步长为 0.5。一般情况下不需要打开超声；当样品颗粒较小或易于团聚时，可使用超声。一般连续使用超声不得超过 5min，否则易损坏超声探头。

c. 超声定时调节：可调节超声工作时间的定时长度。

② 制动开关。按下制动开关后，开关绿色灯熄灭，此时分散机的泵和超声（包括计时）停止，样品分散系统水排空。重新按下开关，泵和超声重新被打开，计时继续。制动开关用于临时清洗、调试等，也可用于紧急情况下的停机。

（4）软件设置

在 Mastersizer 2000 主窗体单击"测量"→"手动"，进入测量显示界面，如图3-5所示。

单击"选项"按钮，进入"测量选项"界面，如图3-6所示。

① 测量选项卡 1："物质"选项卡中的选项说明。

"光学特性"中"样品物质名称"：选择所需测量的样品名称，不同的名称对应不同的样品光学特性（红光和蓝光的折射、吸收率），单击右侧的"物质"按钮，可以增加或删减下

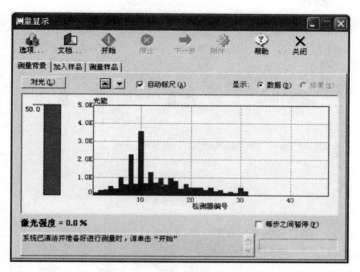

图 3-5　手动测量显示界面

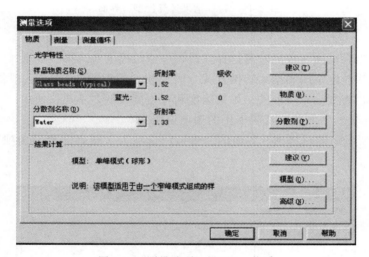

图 3-6　"测量选项"界面 1：物质

拉菜单中的物质名称和类型，并可自行添加物质。在不确定物质类型的情况下，可使用 Default（默认）物质。

　　"光学特性"中"分散剂名称"：选择分散剂及其相应参数，一般为水（有机分散剂如果用在非有机分散系统中，会损坏管道密封系统，慎用）。单击"分散剂"按钮可以增加或删减下拉菜单中的分散剂类型，并可自行添加。

　　单击"建议"按钮，可查看到相关帮助信息。

　　在"结果计算"窗口中单击"模型"按钮，弹出"选择结果计算模型"界面，如图 3-7 所示。

　　通用模式：适用于大多数情况下的样品检测。多重窄峰模式：适用于样品中有需要区分的几个峰分布区间的测量。单峰模式：适用于对测量精度要求较高的测量模式。

　　计算敏感度：有常规和增强两个模式。当选择多重窄峰模式和单峰模式时，系统将强制

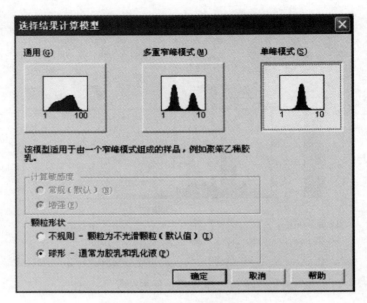

图 3-7 "选择结果计算模型"界面

改为增强模式。

颗粒形状：当颗粒圆度较高时可选择球形，一般情况下应选择不规则。

高级：可选择粒度范围和结果转换方式（表面积、长度或数量）。一般情况下，除非待测颗粒为正圆形，否则结果转换的结果精确度和可信度较低，不建议使用。

② 测量选项卡 2："测量"选项卡中的选项说明。

单击图 3-6 所示"测量选项"界面的"测量"选项卡，得到"测量选项"界面如图 3-8 所示。

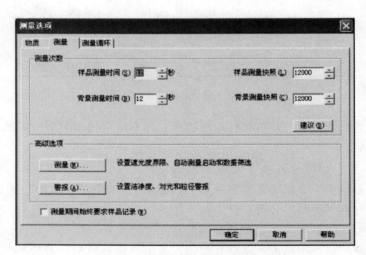

图 3-8 "测量选项"界面 2：测量

"测量次数"中"样品测量时间"和"背景测量时间"：仪器检测样品和背景值所需要的时间，一般建议在 10～20s。"样品测量时间"和"背景测量快照"：仪器检测样品和背景值时的测试频率，一般建议在 12000 左右（无特殊要求使用默认值即可）。

单击"高级选项"中"测量"按钮，得到"高级-测量"界面，如图 3-9 所示。

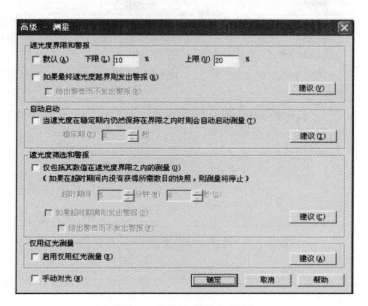

图 3-9　"高级-测量"界面

"遮光度界限和警报"选项：选择合适的遮光度检测界限，一般情况下可选择 10％～20％。当颗粒较大时，应适当增大遮光度，反之可减小（大约 0.5μm 时，遮光度范围可在 10％左右；大约 50μm 时，可选择遮光度 15％左右）。同时可选择在遮光度越界情况下是否警报。

"自动启动"选项：选择是否在遮光度达到要求后自动进行测量。

"遮光度筛选警报"选项：选择在遮光度越界时是否进行测量或发出警报。

"仅用红光测量"选项：在长期进行颗粒较大（≥10μm）的样品检测时，可选择此项以延长蓝光激光器的使用寿命。

"手动对光"选项：当检测曲线异常（即空白曲线不满足图 3-3 要求），且自动对光无法调节至正常状态时，可选择手动对光。选择手动对光后，检测界面上会出现相关选项，选择传感器设置和调节步长后可以进行手动对光。手动对光难度较大，一般不推荐使用。

"警报"选项：用于设置洁净度、对光和粒径的警报，一般推荐使用默认设置。

③ 测量选项卡 3：测量循环。

单击"测量循环"按钮，弹出界面如图 3-10 所示。

"重复测量"选项：测量循环次数建议为 3 次（可在生成报告中对比 3 次检测结果是否存在差异），测量之间延迟时间建议为 5～10s。

"平均结果"选项：建议选择为创建平均记录，此时将会把测量得到的几组数据取平均值后保存为一个虚拟的检测结果，并按设定的"样品名"进行保存。

（5）检测报告的获取和分析

① 报告的获取。检测完成后，在 Mastersizer 2000 软件主界面上将出现各次检测后的检测结果，如图 3-11 所示。

在图 3-11 中，第 1～3 行和第 5～7 行为实验测定的结果，第 4 行和第 8 行分别为系统

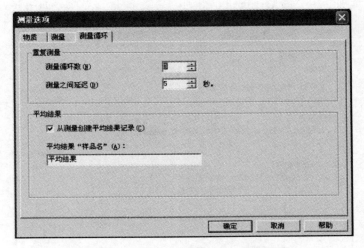

图 3-10 “测量选项”界面 3：测量循环

Record nu...	Sample name	Particle ...	Particle absorption index	d (0.5)	Concentrati...	Residual	Residual - weigh...	Obscu
1	dianfen0.01duizhao	1.500	0.01	11.804	0.0113	0.688	1.001	11.30
2	dianfen0.01duizhao	1.500	0.01	11.078	0.0113	0.765	1.078	11.67
3	dianfen0.01duizhao	1.500	0.01	10.296	0.0111	0.690	1.008	11.97
4	dianfen0.01duizhao - Average	1.500	0.01	11.023	0.0113	0.714	1.029	11.65
5	dianfen0.01duizhao	1.500	0.01	8.458	0.0104	0.914	1.246	12.69
6	dianfen0.01duizhao	1.500	0.01	8.509	0.0107	0.826	1.139	12.97
7	dianfen0.01duizhao	1.500	0.01	8.173	0.0106	0.842	1.165	13.15
8	dianfen0.01duizhao - Average	1.500	0.01	8.376	0.0106	0.861	1.183	12.93
9	dianfen0.01duizhao	1.500	0.01	7.810	0.0104	0.896	1.222	13.40
10	dianfen0.01duizhao	1.500	0.01	7.854	0.0115	1.196	1.178	13.53
11	dianfen0.01duizhao	1.500	0.01	7.809	0.0116	1.240	1.242	13.70
12	dianfen0.01duizhao - Average	1.500	0.01	7.825	0.0112	1.111	1.214	13.55
13	dianfen0.01duizhao	1.500	0.01	7.299	0.0104	0.912	1.224	14.01
14	dianfen0.01duizhao	1.500	0.01	7.046	0.0107	1.184	1.377	14.09
15	dianfen0.01duizhao	1.500	0.01	7.058	0.0102	0.993	1.308	14.22
16	dianfen0.01duizhao - Average	1.500	0.01	7.128	0.0105	1.030	1.303	14.11
17	dianfen0.01duizhao	1.500	0.01	6.503	0.0107	1.157	1.342	15.00
18	dianfen0.01duizhao	1.500	0.01	6.462	0.0101	1.122	1.441	15.05
19	dianfen0.01duizhao	1.500	0.01	6.436	0.0106	1.147	1.392	15.11
20	dianfen0.01duizhao - Average	1.500	0.01	6.467	0.0105	1.142	1.392	15.05
21	dianfen0.01duizhao	1.500	0.01	6.348	0.0106	1.160	1.382	15.28

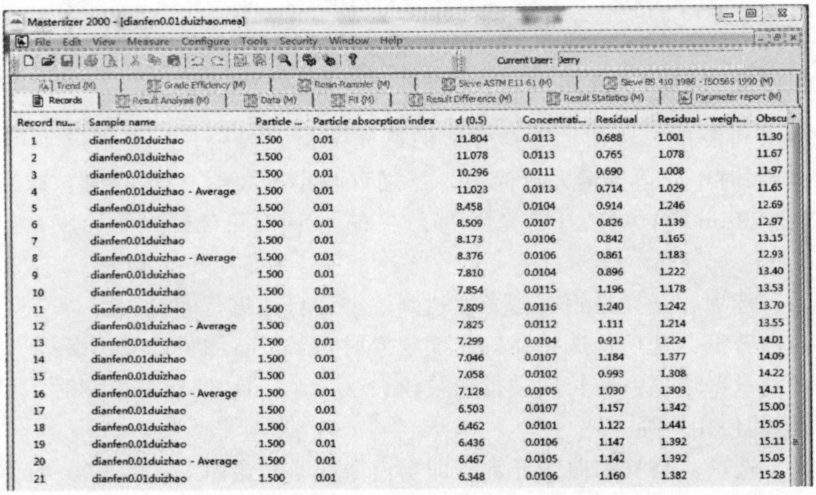

图 3-11 检测结果显示列表

对第 1～3 行和第 5～7 行进行平均后得到的虚拟结果。实验结果可以分别单独分析，也可以选定多个实验结果同时分析。

② 报告的分析。选定某一次或多次的检测结果，单击“Result Analysis（分析结果）”图标按钮，可获得检测结果，如图 3-12 所示。

报告第一栏为测定相关的参数，第二栏为粒度分布曲线，第三栏为粒度分布的具体数据。第一栏又可分为三个部分：第一部分为实验环境的相关参数，第二部分为实验设定的主要条件，第三部分为实验结果的相关参数。

在报告结果图上单击鼠标右键会出现结果图属性窗体，可设置结果图的显示参数。用鼠标左键在结果图上选取一片区域，可将此区域放大观察。在放大图上双击，可恢复全图浏览模式。

在报告中，需要重点指出以下几个参数。

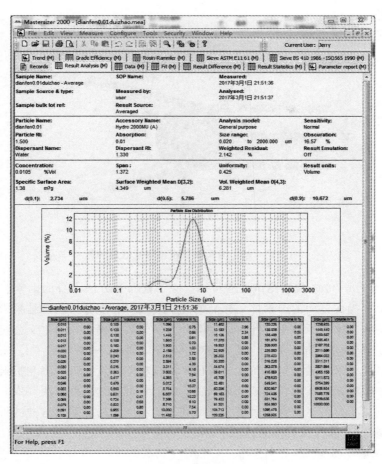

图 3-12　检测结果分析报告

　　a.残差表示检测结果经模型的可逆性。当残差≤3 时，得到的数据才具有足够的可信度。

　　b. $D[3，2]$ 和 $D[4，3]$ 分别表示表面积平均粒径和体积平均粒径。

　　c. $D(0.1)$、$D(0.5)$ 和 $D(0.9)$ 分别为体积分数积分达到 10%、50% 和 90% 所获得的颗粒直径。其中 $D(0.5)$ 可被认为是体积平均粒径，即中值粒径。

3.1.4.3　激光法测试粒度影响因素分析

　　激光衍射仪器采用激光衍射技术测量粒度。当激光束穿过分散的颗粒样品时，通过测量散射光的强度来完成粒度测量，然后分析计算形成该散射光谱图的颗粒粒度分布。通常使用的散射模型是米氏理论，这是激光衍射国际标准 ISO 13320-1 推荐的散射模型，特别适用于测量尺寸小于 $50\mu m$ 的颗粒。

　　米氏理论是麦克斯韦方程的一般解决方案，用于描述光与物质的相互作用。当应用于激光衍射测量时，它预测从粒子表面散射的光的强度，以及通过粒子透射和折射的光的行为，如图 3-13 所示。为了正确地使用该理论，需要测量材料的复数折射率，该复数折射率包括实部和虚部。折射率的实部用于预测粒子表面的衍射，可以通过折射计测量、显微镜观察确定或者可以使用经验方法进行估算。通常认为折射率是光在通过粒子时衰减的原因，通常被称为材料的吸收。

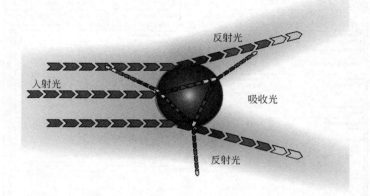

图 3-13　基于米氏散射模型的光散射预测

根据 Mastersizer 2000 粒度测试说明可知，除了仪器和方法本身的因素、样品制备方面的因素以及环境和操作方面的因素外，样品的光学参数对粒度分布测试结果影响较大，主要包含样品颗粒的吸收率和折射率。针对以上两种光学参数的确定，马尔文公司提供了多种参考方法。但由于测试样品的多样性，至今还难以确定一种统一的方法。

注意事项：对于采用激光衍射粒度分析仪来测试粉体粒度，吸收率和折射率的确定尤为重要。吸收率一般根据粉体颗粒的颜色来判别。折射率可通过多种方法获取，包括文献查阅和实验测试。其中实验测试一般通过折光仪得到不同浓度下粉体颗粒溶液的折射率，然后拟合浓度-折射率曲线，进行折射率的近似求解。

（1）吸收率确定方法

材料的吸收率取决于其分子组成，以及分子结构中是否存在发色团，发色团会导致光在测量所用光源的波长范围内被吸收，影响吸收率的确定。颜料是含有强发色团的材料，因为是在特定波长下吸收光而产生它们的颜色。通常，激光衍射系统会在红色（600～700nm）和蓝色（400～500nm）波长相结合的情况下进行测量。如果材料含有发色团，导致光在波长范围内被吸收，则米氏模型中使用的吸收率需要设置为 0.1 以上。

材料的分子特性对于定义激光衍射分析中使用的吸收率很重要，同时 ISO 13320-1 强调了还需要考虑颗粒的物理性质。特别地，如果颗粒具有粗糙的表面结构或具有复杂的内部结构，则物理结构对光的吸收将高于基于材料的光谱分析预测的吸收。由于这个原因，材料吸收率的光谱测量通常无法得到可用于激光衍射分析的准确吸收率。

① 显微镜观察法。出于激光衍射测量的目的，材料的吸收率通常仅需要被指定为一个数量级的精度，例如 1 或 0.1。如果可以在显微镜下观察颗粒，那么它们的外观通常可用于估计吸收率，如表 3-4 所示。

表 3-4　颗粒的形貌

形貌	吸收率	例子
	0	乳胶

形貌	吸收率	例子
	0.001	乳液
	0.01	研磨晶体粉末
	0.1	浅色粉末
	1.0+	深色粉末

② 体积分数法。用于样品吸收率确定的另一种方法是依据激光衍射测量，属于实验法范畴。基于 Beer-Lambert 定律，利用 Mastersizer 得到的激光遮光度来计算被测颗粒悬浮液的体积分数，这样可以通过已知颗粒悬浮液的体积浓度与计算得到体积分数进行对比，从而验证样品吸收率的正确性。

Beer-Lambert 定律描述了光通过材料时材料对光的吸收与该材料性质之间的关系，它指出透过材料的发光强度取决于材料的吸收率和光穿过材料的距离。吸收系数本身取决于光的波长和折射率的虚部。正是这种依赖性使我们能够使用 Mastersizer 对质量分数的测量来确定吸收率的正确值。

（2）折射率确定方法

目前，普遍认可基于采用米氏理论的激光衍射法来精确测量微细颗粒粒度。国际标准中规定激光衍射"对尺寸小于 $50\mu m$ 的颗粒，米氏理论提供了最佳的通用解决方案"。然而，这是难以满足的要求，因为米氏理论要求用户指定所研究材料的折射率。如果用户测量无机化合物，则可以在标准文本中找到大量数据，例如 CRC 手册或网络。而新型材料的粒度测量存在许多问题，因为这些材料的折射率大多是未知的。在这种情况下默认使用 Fraunhofer 近似值，虽然存在一定误差，但是普遍认为比凭空猜测折射率值更好。然而，这可能导致微小颗粒的测量存在较大误差，影响颗粒的性能评估。

测量液体和固体的折射率有许多方法。使用阿贝折射仪可以轻松快速地实现液体测量，从而提供精确到 4 位小数的折射率值。这远远超出了激光衍射所需的精度，其中通常认为小数点后 2 位的规格足以获得准确的结果。

对固体粉末材料的折射率测定则较为复杂。传统方法依赖于单晶的形成或复杂的显微镜观察，然而对于实验室中处理的各种未知新型材料，这一方法略显不足。使用简单的折光仪测量，可以在不到 30min 的时间内计算出新型材料的折射率。Saveyn 等证明，将颗粒分散在适当的溶剂中形成溶液，测定并记录已知质量分数溶液的折射率，外推至 100% 的质量分数，可以计算颗粒的折射率。在此种情况下，假设溶液处于理想状态，即没有发生强溶剂-溶质或溶质-溶质相互作用。该假设通常对溶质质量分数小于 1% 的溶液比较有效，其中折射率随浓度呈线性变化。

现今学术界和工程界仍未提出一套标准的检测方法来确定颗粒物料的折射率和吸收率，本节仅仅从现有技术方法的角度进行了论述。下面简单介绍通过实验确定折射率和吸收率的方法。

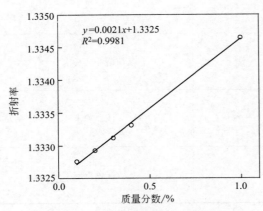

图 3-14　马来酸依那普利溶液质量
分数-折射率回归曲线

（3）米氏理论所需光学参数的确定

① 实验外推法确定折射率。采用折光仪测定马来酸依那普利（EnalaprilMaleate）溶液在质量分数为 0.1%～1% 范围内的折射率，并回归拟合得到折射率-质量分数标准曲线，如图 3-14 所示。折射率与所研究的区域中的质量分数具有线性相关性，外推到质量分数为 100% 的折射率为 1.54。

② 质量分数实验法确定吸收率。质量分数法是基于 Beer-Lambert 定律进行测量的，描述了光通过材料时光的吸收率与该材料性质之间的关系。

可以通过测量已知的样品质量分数，并将该已知值与 Mastersizer 分析计算值进行比较，以评估吸收率的正确性。因此，将质量为 6.1mg、13.3mg 和 20.7mg 的碳酸钙分别加入 Mastersizer 分散装置中的已知质量液体中，以构成三种已知质量分数的悬浮液。然后使用一系列吸收率分析每种悬浮液收集的散射数据。根据可靠数据，碳酸钙的折射率为 1.57，吸收率分别设为为 1、0.1、0.01 和 0.001。

通过 Mastersizer 分析计算的质量分数可用于验证样品吸收率的正确性，具体方法是将测量样品得到的计算质量分数与已知的质量分数进行比较。通过使用 1、0.1、0.01 和 0.001 的吸收率得到相应的浓度，将这些已知浓度与计算浓度进行比较（图 3-15），发现一致性较好时的吸收率约为 0.1 和 0.01（梯度接近 1）。然后，通过使用这两个吸收率所拟合的曲线（图 3-16 和图 3-17）进一步判断最优值，最终确定最优吸收率为 0.01。

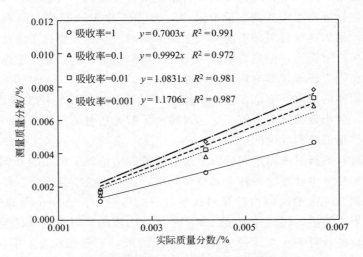

图 3-15　测量质量分数和已知质量分数的关系

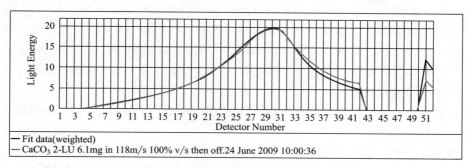

图 3-16 吸收率为 0.1 时 Mastersizer 拟合曲线

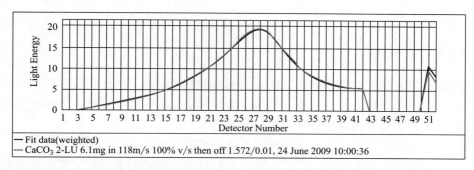

图 3-17 吸收率为 0.01 时 Mastersizer 拟合曲线

3.2 比表面积测试

比表面积简称比表面，是指单位质量物质所具有的总表面积，其单位为 m^2/g。比表面积是固体多孔材料或粉体材料（尤其是超细粉和纳米粉体材料）的重要特征之一。粉体的颗粒越细，其比表面积越大，表面效应（如表面活性、表面吸附能力和催化能力等）越强。

比表面积测试方法主要有连续流动法（即动态法）和静态法。动态法是将待测粉体样品装在 U 形样品管内，使含有一定比例的吸附质（N_2）的混合气体流过样品，根据吸附前后气体浓度变化来确定被测样品对吸附质气体（N_2）的吸附量。

静态法根据吸附量方法的不同可分为重量法和容量法。重量法是根据吸附前后样品重量变化来确定被测样品对吸附质气体（N_2）的吸附量，由于具有分辨率低、准确度差、对设备要求很高等缺陷已很少使用。容量法是将待测粉体样品装在一定体积的一段封闭试管状样品管内，向样品管内注入一定压力的吸附质气体，根据吸附前后的压力或质量变化来确定被测样品对吸附质气体（N_2）的吸附量。

比较而言，动态法适用于快速比表面积测试和中小吸附量的小比表面积样品测试；静态容量法比适用于孔径测试和比表面积测试。对于中大吸附量样品，静态法和动态法都可以实现准确定量测定。静态法虽然具有比表面积测试和孔径测试的功能，但是由于样品真空处理耗时较长、吸附平衡过程较慢、易受外界环境影响等原因，使得其测试效率相对动态法的快速直读而言较低，对小比表面积样品测试结果的稳定性与动态法相比也较低。因此，静态法在比表面积测试的效率、分辨率和稳定性方面，相对动态法并没有优势。在多点 BET 法比表面积分析方面，静态法无需液氮杯升降来吸附脱附，所以相对动态法快捷；静态法相对于动态法由于氮气分压可以很容易地控制到接近 1，所以比较适合作孔径分析。而动态法由于是通过吸附质气体体积浓度变化来测试吸附量，当体积浓度为 1 时吸附前后体积浓度并不发生变化，使得孔径测试受限。

动态法和静态法的目的都是确定吸附质气体的吸附量。吸附质气体的吸附量确定后，就可以计算待测粉体的比表面积。

由吸附量来计算比表面积的理论很多，如朗格缪尔吸附理论、BET 吸附理论和统计吸附层厚度法等。其中 BET 理论在比表面积计算方面与实际值吻合较好，被广泛应用于比表面积测试，通过 BET 理论计算得到的比表面积又称 BET 比表面积。统计吸附层厚度法主要用于计算外比表面积。

3.2.1 BET 比表面积

由于粉体材料的颗粒很细、颗粒形状及表面形貌错综复杂，因此直接测量它的表面积是不可能的，只能采用间接方法。多年来出现了诸多测量方法，其中氮吸附法被公认为是最成熟的方法，已被列入世界各国的标准。

固体的表面分子存在剩余力场，使得物质表面可以对接近它的气体或液体分子产生吸附作用。根据吸附剂和被吸附物质之间的作用力，可以分为物理吸附和化学吸附。多数物质表面对氮分子的吸附属于物理吸附，即被吸附的气体很容易解脱出来，而不发生性质上的变化，这是一种可逆过程。对于一定量的吸附剂，在吸附质的体积浓度和压强一定时，温度越高，吸附能力越弱。因此，低温对吸附作用有利，氮吸附法测定固体比表面积及孔径分布就是根据这一原理。利用液氮提供低温环境，将被测物质浸在液氮中，并冲入氮气，氮分子在材料表面发生吸附作用，然后依照一定的模型假设，得到单层饱和吸附量以计算材料的比表面积。

假定在粉体的表面吸附了一层氮分子，则粉体的比表面积（S_g）可用吸附的氮分子数和每个分子所占的面积求出：

$$S_g = \frac{V_m N A_m}{22400 W} \times 10^{-18} \tag{3-2}$$

式中　S_g——粉体的比表面积，m^2/g；

　　　V_m——氮气的单分子层吸附量容积，mL；

　　　A_m——每个氮分子所占的面积，通过理论计算 $A_m = 0.162 nm^2$；

　　　W——粉体样品的质量，g；

　　　N——阿伏伽德罗常数，$N = 6.02 \times 10^{23}$。

把上述具体数据代入式（3-2），得到氮吸附法计算比表面积的基本公式：

$$S_g = \frac{4.36 A_m}{W} \tag{3-3}$$

式（3-2）中 V_m 是单分子层吸附量，然而实际样品表面吸附的氮气并不一定是单分子层。为了解决这个问题，布朗诺尔（Brunauer）、埃米特（Emmett）和泰勒（Teller）三人提出了多分子层吸附理论，并建立起相应的吸附等温方程，称为 BET 方程。BET 方程解决了由实际的氮气吸附量求得单分子层吸附量的实验方法和计算方法。

这里再引入一个吸附等温曲线的概念：在恒定温度下，固体表面上吸附的气体量是随被吸附气体的压力变化而变化的，将平衡吸附量随相对压力的变化曲线称为吸附等温曲线。理论分析指出，在液氮温度下，当氮的相对压力在 0.05～0.35 的范围内时，固体粉末表面的氮气吸附量 V，相对于氮气分压 p/p_0 符合下述 BET 方程：

$$\frac{p}{V(p_0-p)} = \frac{1}{V_mC} + \frac{C-1}{V_mC}(p/p) \tag{3-4}$$

式中　p——氮气分压；

p_0——液氮温度下氮气的饱和蒸气压，一般较大气压高出 1300Pa；

V——样品表面氮气的实际吸附量；

V_m——形成单分子吸附层所对应的氮气量；

C——与样品吸附能力相关的常数。

由 BET 方程可知：$p/[V(p_0-p)]$ 相对于 p/p_0 的变化是一条直线，该直线的截距为 $1/(V_mC)$，斜率为 $(C-1)/(V_mC)$，而截距与斜率之和的倒数正好是 V_m。也就是说，V_m 可以通过试验求得，即在相对压力 $p/p_0=0.05～0.35$ 的范围内选择 3～5 个点。在每一个相对压力下，通过实验求出实际的氮吸附量 V，以 $p/[V(p_0-p)]$ 对 p/p_0 作图得到一条直线，并从直线的截距和斜率求得形成单分子吸附层所对应的氮气量 V_m。BET 多分子层吸附理论成功地解决了单分子层吸附量的计算方法，从理论和实验方法上解决了氮吸附法求得比表面积的关键问题。

3.2.2　BJH 中孔分析模型

3.2.2.1　吸附等温线

在介绍 BJH 模型之前，我们先介绍吸附等温线的类型。吸附等温线大致分为六种，如图 3-18 所示。前五种已有指定的类型编号，而第六种是近些年补充的。吸附等温曲线的形状直接与孔的大小和多少有关。

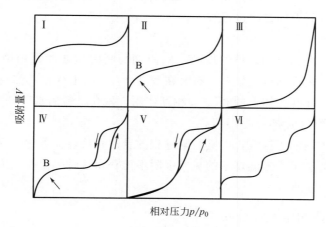

图 3-18　吸附等温线的基本类型

（1）Ⅰ型等温线（Langmuir 等温线）

相应于朗格缪（Langmuir）单层可逆吸附过程，是窄孔进行吸附；而对于微孔来说，可以认为体积充填的结果。样品的外表面积比孔内表面积小很多，吸附容量受孔体积控制。平台转折点对应吸附剂的小孔完全被凝聚液充满。微孔硅胶、沸石、碳分子筛等材料常出现这类等温线。这类等温线在接近饱和蒸气压时，由于微粒之间存在缝隙，会发生类似于大孔的吸附，等温线会迅速上升。

（2）Ⅱ型等温线（S形等温线）

相应于发生在非多孔性固体表面或大孔固体上自由的单-多层可逆吸附过程。在低 p/p_0 处有拐点 B，是等温线的第一个陡峭部，它表示单分子层的饱和吸附量，相当于单分子层吸附的完成。随着相对压力的增加，开始形成第二层，在饱和蒸气压时吸附层数无限大。这种类型的等温线，在吸附剂孔径大于 20nm 时常遇到。它的固体孔径尺寸无上限。在低 p/p_0 区，曲线向上凸或向下凸，反映了吸附质与吸附剂相互作用的强或弱。

（3）Ⅲ型等温线（在整个压力范围内向下凸，曲线没有拐点 B）

在憎液性表面发生多分子层，或固体和吸附质之间吸附作用小于吸附质之间的相互作用时，呈现这种类型。如水蒸气在石墨表面上吸附或在进行过憎水处理的非多孔性金属氧化物上的吸附。在低压区的吸附量少，且不出现 B 点，表明吸附剂和吸附质之间的作用力相当弱。相对压力越高，吸附量越多，表现出有孔充填。有一些物系（例如氮在各种聚合物上的吸附）出现逐渐弯曲的等温线，没有可识别的 B 点，在这种情况下吸附剂和吸附质的相互作用较弱。

（4）Ⅳ型等温线

低 p/p_0 区曲线向上凸起，与Ⅱ型等温线类似。在较高 p/p_0 区，吸附质发生毛细凝聚，等温线迅速上升。当所有孔均发生凝聚后，吸附只在远小于内表面积的外表面上发生，曲线平坦。在相对压力接近 1 时，在大孔上吸附，曲线上升。由于发生毛细凝聚，在这个区内可观察到滞后现象，即在脱附时得到的等温线与吸附时得到的等温线不重合，脱附等温线在吸附等温曲线的上方，产生吸附滞后，呈现滞后环。这种吸附滞后现象与孔的形状及其大小有关，因此通过分析吸脱附等温线可以知道孔的大小及其分布。

Ⅳ型等温线是中孔固体最普遍出现的吸附行为，多数工业催化剂都呈现Ⅳ型等温吸附线，其滞后环与毛细凝聚的二次过程有关。

（5）Ⅴ型等温线

特征是向相对压力轴凸起。虽然反映了吸附剂与吸附质之间作用微弱的Ⅲ型等温线特点，但是在高压区又表现出有孔填充。有时在较高 p/p_0 区也存在毛细凝聚和滞后环。Ⅴ型等温线来源于微孔和介孔固体上的弱气-固相互作用，微孔材料的水蒸气吸附常见此类线型。

（6）Ⅵ型等温线（阶梯形等温线）

这是一种特殊类型的等温线，以其吸附过程的台阶状特性而著称，反映的是固体均匀表面上依次多层吸附的结果。氮温度下的氮气吸附不能获得这种等温线的完整形式，而液氩温度下的氩吸附则可以实现。

3.2.2.2 氮吸附法测定孔径分布

等温线的形状与吸附剂和吸附质的特性联系密切，对于吸附等温曲线的研究可以获取有关吸附质和吸附剂的重要信息。例如，由Ⅱ或Ⅳ型等温线可以计算固体的比表面积；Ⅳ型等温线是中等孔（2～50nm）的特征表现，同时具有拐点 B 和滞后环，因而被用于中等范围孔的孔径分布计算。

许多超细粉体材料的表面是不光滑的，甚至专门设计成多孔的，而且孔的尺寸大小、形状、数量与它的某些性质有密切相关，如催化剂与吸附剂。因此，测定粉体材料表面的孔容与孔径分布具有重要的意义。国际上，一般把这些微孔按尺寸大小分为三类：孔径在 2nm 以下为微孔，孔径在 2～50nm 之间为中孔，孔径大于 50nm 为大孔，其中中孔具有最普遍的意义。

用氮吸附法测定孔径分布是比较成熟而普遍的方法，它是用氮吸附法测定 BET 比表面积的一种延伸。两者都是利用氮气的等温吸附特性曲线：在液氮温度下，氮气在固体表面的吸附量取决于氮气的相对压力 p/p_0；当 p/p_0 在 0.05～0.35 范围内时，吸附量与 p/p_0 符合 BET 方程，这是氮吸附法测定粉体材料比表面积的依据；当 $p/p_0 \geqslant 0.4$ 时，由于产生毛细凝聚现象（即氮气开始在微孔中凝聚），通过实验和理论分析，可以测定孔容和孔径分布。所谓孔容和孔径分布是指不同孔径孔的容积随孔径尺寸的变化率。

所谓毛细凝聚现象是指：在一个毛细孔中，若能因吸附作用形成一个凹形的液面，与该液面平衡的蒸气压力 p 必小于同一温度下平液面的饱和蒸气压力 p_0；当毛细孔直径越小时，凹液面的曲率半径越小，与其相平衡的蒸气压力越低，即可在较低的 p/p_0 压力下，在孔中形成凝聚液。但随着孔尺寸增加，只有在高一些的 p/p_0 压力下形成凝聚液。由于毛细凝聚现象的发生，将使得样品表面的吸附量急剧增加。一部分气体被吸附进入微孔中并呈液态，当固体表面全部孔中都被液态吸附质充满时，吸附量达到最大，而且相对压力 p/p_0 也达到最大值 1。相反的过程也是一样的，当吸附量达到最大（饱和）的固体样品，降低其相对压力时，首先大孔中的凝聚液被脱附出来，随着相对压力的逐渐降低，由大到小的孔中的凝聚液分别被脱附出来。

假设粉体表面的毛细孔是圆柱形管状，把所有微孔按直径大小分为若干孔区。将这些孔区按从大到小的顺序排列，不同直径的孔产生毛细凝聚的压力条件不同。在脱附过程中相对压力从最高值 p_0 降低时，首先是大孔中的凝聚液脱附出来，然后是小孔中的凝聚液脱附出来。显然，可以产生凝聚现象或从凝聚态脱附出来的孔的尺寸和吸附质的压力存在一个对应关系。凯尔文方程给出了这个关系：

$$r_k = -0.414 \lg(p/p_0) \tag{3-5}$$

r_k 称为凯尔文半径，它完全取决于相对压力 p/p_0，即在某一 p/p_0 下，开始产生凝聚现象的孔的半径，同时可以理解为当压力低于这一值时，半径为 r_k 的孔中的凝聚液将汽化并脱附出来。

进一步地分析表明，在发生凝聚现象之前，在毛细管壁上已经有了一层氮的吸附膜，其厚度 t 也与相对压力 p/p_0 相关，赫尔赛方程给出了这种关系：

$$t = 0.354 \left[-5/\ln(p/p_0) \right]^{1/3} \tag{3-6}$$

与 p/p_0 相对应的开始产生凝聚现象的孔的实际尺寸 r_p 应修正为

$$r_p = r_k + t \tag{3-7}$$

显然，由凯尔文半径决定的凝聚液的体积，不包括原表面 t 厚度吸附层的孔心体积；r_k 不包括 t 厚度吸附层的孔心半径。为便于表示，以下把 r_k 表示为 r_c。

下面分析不同直径的孔中脱附出的氮气量，最终目的是从脱附氮气量反推出这种尺寸孔的容积。

（1）第一步

氮气压力从 p_0 开始下降到 p_1，这时尺寸从 r_{c0} 到 r_{c1} 孔的孔心凝聚液被脱附出来。设这一孔区的平均孔径为 r_{c1}，那么该孔区的孔心容积（V_{c1}）、实际孔容积（V_{p1}）及孔的表面积（S_{p1}）可分别由式（3-8）～式（3-10）求得

$$V_{c1} = \pi \overline{r_{c1}}^2 L_1 \tag{3-8}$$

$$V_{p1} = \pi \overline{r_{p1}}^2 L_1 \tag{3-9}$$

$$S_{p1} = 2\pi^2 \overline{r_{c1}}^2 L_1 \tag{3-10}$$

上三式中 L_1 为孔的总长度，r_{c1}、r_{p1} 可通过凯尔文方程（3-5）和赫尔赛方程（3-6）计算出。分别用式（3-9）除以式（3-8）、式（3-10）除以式（3-9），得到第一孔区的孔容积和表面积为

$$V_{p1} = (\overline{r_{p1}}/\overline{r_{c1}}) V_{c1} \tag{3-11}$$

$$S_{p1} = 2\pi V_{c1} \overline{r_{p1}} \tag{3-12}$$

式（3-11）和式（3-12）表明，只要通过实验求得压力从 p_0 降至 p_1 时样品脱附的氮气量，再把这个气体氮换算为液态氮的体积 V_{c1}，便可求得尺寸为 r_0 到 r_1 的孔的容积和表面积。

（2）第二步

把氮气分压由 p_1 降至 p_2，这时脱附出来的氮气包括两个部分：第一部分是 $r_{p1} \sim r_{p2}$ 孔区的孔心中脱附出来的氮气，第二部分是上一孔区（$r_{p0} \sim r_{p1}$）吸附层中残留的氮气由于层厚减少（$\Delta t_2 = t_1 - t_2$）所脱附出来的部分。因此，第二孔区中脱附的氮气体积 V_{c2}、孔容积（V_{p2}）和孔比面积（S_{p2}）为

$$V_{c2} = \pi \overline{r_{c2}}^2 L_2 + S_{p1} \Delta t_2 \tag{3-13}$$

$$V_{p2} = \pi \overline{r_{p2}}^2 L_2 \tag{3-14}$$

$$S_{p2} = 2\pi \overline{r_{c2}}^2 L_1 \tag{3-15}$$

同样经过简单处理后，第二孔区的孔容积和比表面积为

$$V_{p2} = (\overline{r_{p2}}^2/\overline{r_{c2}}^2)^2 (V_{c2} - S_{p1} \Delta t_2) \tag{3-16}$$

$$S_{p2} = 2V_{p2}/^2 \overline{r_{c2}}^2 \tag{3-17}$$

式（3-16）中的 V_{c2} 是压力由 p_1 变为 p_2 后，固体表面脱附出的氮气折算成液体的体积。

（3）第三步

以此类推，第 i 个孔区即 $r_{p(i-1)} \sim r_{pi}$ 时，该孔区的孔容积 ΔV_{pi} 及表面积 ΔS_{pi} 为

$$\Delta V_{p1} = (\overline{r_{p1}}^2/\overline{r_{c1}}^2)^2 \left[\Delta V_{c1} - 2\Delta t_1 \sum_{j=1}^{i-1} \Delta V_{pj}/\overline{r_{pj}} \right] \tag{3-18}$$

$$\Delta S_{pi} = 2\Delta V_{pj}/\overline{r_{pj}} \tag{3-19}$$

式（3-18）的物理意义是很清楚的，ΔV_{pi} 是第 i 个孔区，即孔半径从 $r_{p(i-1)}$ 到 r_{pi} 之间的孔的容积；V_{ci} 是相对压力从 $p_{(i-1)}$ 降至 p_i 时固体表面脱附出来的氮气量折算成液氮的体积。因此，从气体氮折算为液体氮的公式如下：

$$V_{液} = 1.547 \times 10^{-3} V_{气} \tag{3-20}$$

最后一项是大于 r_{pi} 的孔中由 Δt_i 引起的脱附氮气，它不属于第 i 孔区中脱出来的氮气，需从 V_{ci} 中扣除；$(r_{pi}/r_{ci})^2$ 是一个系数，它把半径为 r_c 的孔体积转换成半径为 r_p 的孔体积。当孔径很小时，由 Δt 引起的气体脱附量不能近似成一个平面，应对此项加以适当校正，这就是常用的 DJH 方法。

3.2.3　V-Sorb X800 比表面积及孔径测试仪使用方法

图 3-19 所示为 V-Sorb X800 比表面积及孔径测试仪，主要包括真空泵接口、加热装置、样品预处理区、样品测试区、样品管以及液氮杯六个部分。

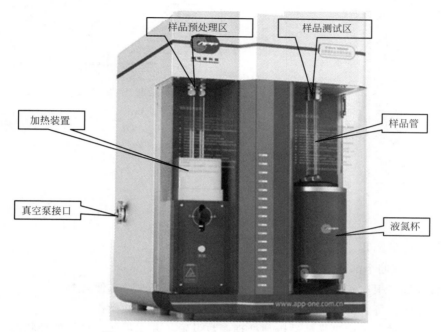

图 3-19　V-Sorb X800 比表面积及孔径测试仪

3.2.3.1　软件设置及功能简介

打开软件，选择相应的语言，弹出图 3-20 所示界面。

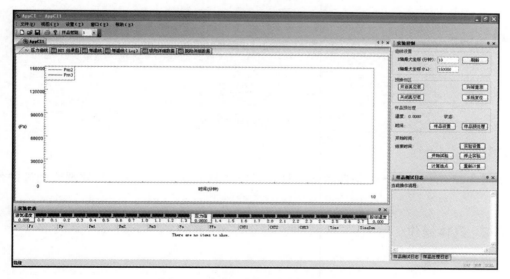

图 3-20　V-Sorb X800 操作软件视图

（1）实验工作区Ⅰ

该区显示实验进行过程以及最终结果（图 3-21），包括压力曲线、等温线、BET 曲线以及吸脱附详细数据等。

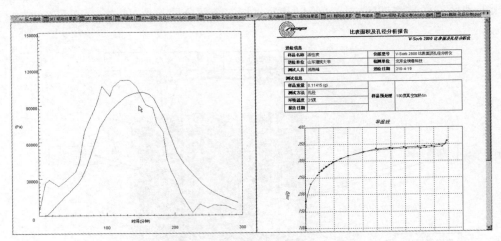

图 3-21 实验工作区Ⅰ

（2）实验控制区Ⅱ

该区分为以下四个部分。

① 曲线设置：根据实验者的需求可对横纵坐标进行修改，方便观察。

② 预操作区：可对真空泵和升降台进行实验前或实验后的操作。

③ 样品预处理：对待测样品进行预处理参数设置，并在界面上显示处理状态。

④ 样品测试：对待测样品进行测试设置以及记录样品简要的信息，如测试开始时间和结束时间。

（3）实验状态区Ⅲ

如图 3-22 所示，该区主要记录实验过程中的主要参数值，如压力值、温度值、时间值等。

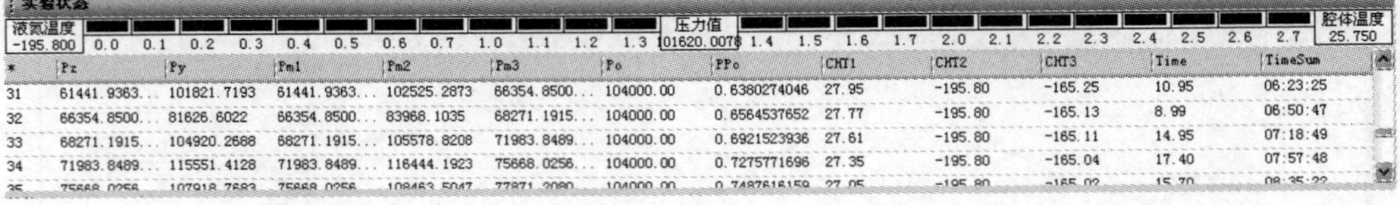

图 3-22 实验状态区Ⅲ

（4）日志区Ⅳ

如图 3-23 所示，该区包括样品处理日志和样品测试日志，记录样品处理或测试的详细信息。

3.2.3.2 具体操作

（1）样品称量

① 取一个 100mL 烧杯，将天平归零（图 3-24），将样品管立于烧杯中，防止样品倒出，

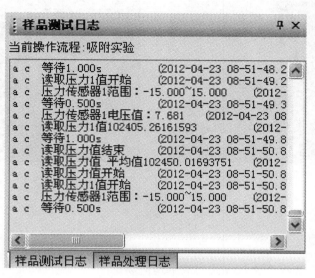

图 3-23　操作日志区Ⅳ

称量样品管质量 M_1。

② 将漏斗插入样品管底部，不要让样品粘在两端细管壁上。

③ 对于大颗粒样品，可不用漏斗直接将样品装入，但管壁上残留的粉末需要擦去。

④ 称量样品与样品管的总质量 M_2。

图 3-24　样品称量

（2）样品管安装与拆卸

① 将螺母套在样品管上，再套上密封圈，密封圈距管口大约 10mm。

② 安装样品管 ［图 3-25(a)］。将样品管插进接头中，用内螺母将密封圈顶置接头上端面，用手将螺母旋紧。一般拧紧的样品管接头裸露外面约 5 个螺纹左右。

③ 拆卸样品管 ［图 3-25(b)］。将螺母拧松，同时拧下时切记用手扶住螺母，以免螺母突然掉落磕坏样品管。

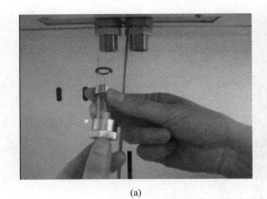
(a)

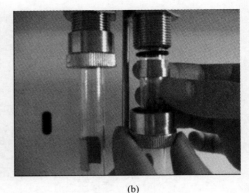
(b)

图 3-25 样品管安装与拆卸

3.2.3.3 实验步骤

① 将样品管放在烧杯中称量 3 次，取平均值 m_1。

② 按样品质量（g）＝20/比表面积为依据，取一定量样品，但最少为 0.1g，最多不超过样品管下端圆球体的 3/4，称量样品与样品管的总质量为 m_2。

③ 放置好样品，打开仪器电源，调节氮气、氦气减压阀的分压值分别为 0.1MPa（TP 管路为 0.5MPa）和 0.1MPa。

④ 将样品装到仪器左边的样品处理区域，打开软件，进行样品预处理。样品预处理操作如下。

a. 单击"样品设置"按钮，选择对应的样品管路，第一阶段（样品体积、质量不填写）可不填写，在第二阶段应设置处理温度（与样品有关，建议值 100～300℃）和处理时间（120～300min）；选择回填充气选项（温度设置时在不破坏样品情况下尽量选择高温）。

b. 检查无误后单击"保存"按钮，单击"样品预处理"按钮。

c. 充气结束表示预处理完成，取下样品管（充气时间不会很长，如果长时间显示充气开始，检查氮气氦气瓶是否开启）。

⑤ 样品测试如下。

a. 预处理结束，再次称量样品与空管总质量 m_3，计算样品质量 $m＝m_3-m_2$。

b. 称量完成后，在样品管中加入填充棒和海绵塞，将其装到测试区域（见仪器标志管Ⅰ、管Ⅱ和管Ⅲ）。

c. 打开实验设置

• 在"测试"区选择"BET 比表面积测试"选项（图 3-26），一次可以测试两个式样；设置气体模式为"N_2+He"选项；在"样品参数"区输入样品名称和样品质量；"修正参数"取默认值。

在"测试参数"区，依次推荐选取模式分别为"p/po 选点"（推荐取点）、"po 值测定"（固定预值）、"充抽气方式"（智能计算）、"液氮面控制"（启用），选择"仅吸附试验"选项，选择"自动回填充气"选项。

在"实验信息"区填写信息，便于文件名形成及后期实验数据查阅。

• "测试"区选择"孔径分布测定"选项（图 3-27），一次只能测试一个试样。

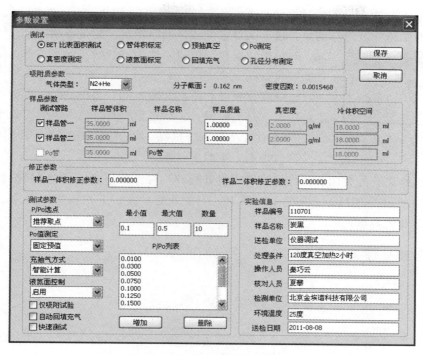

图 3-26　比表面积测试参数设置

图 3-27　孔径分布测定参数设置

p_0 管路（管Ⅲ）必须安装洁净的含填充棒的 p_0；气体模式选择"N_2+He"选项；在"样品参数"区输入样品名称、样品质量；"修正参数"取默认值。

在"测试参数"区依次推荐选取模式分别为"p/po 选点"（推荐取点）、"po 值测定"（实际测定)、"充抽气方式"(智能计算)、"液氮面控制"(启用),选择"自动回填充气"选项。

在"实验信息"区填写信息,便于文件名形成以及后期实验数据查阅。

图 3-28 放置液氮对话框

d.单击"保存"按钮,单击"开始实验"按钮,检查无误后开始实验。

e.待放置液氮对话框(图 3-28)出现后,放好液氮杯、保温盖,单击"是"按钮,实验过程将自行完成,无需人工干预。

⑥ 实验完毕后取下液氮,倒扣放置在桌上,关闭电源。

测试结束,不要关气瓶。

孔径测试结束,先关闭软件,然后再次打开软件,打开软件时注意勾选 BET、等温线、详细数据、BJ 孔径、BJH 空面积、HK 孔径、HK 详细数据、T 图报告以及汇总报告等项目,即可查看相关数据。

3.2.3.4 数据处理

(1) BET 法

图 3-29 所示为 BET 比表面积测试结果。

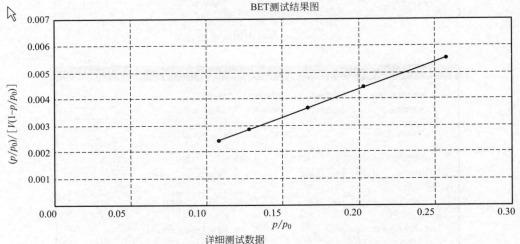

详细测试数据

p/p_0	实际吸附量/(mL/g)	$(p/p_0)/[V(1-p/p_0)]$	单点BET比表面积
0.257634	62.624043	0.005542	202.324334
0.203789	58.437470	0.004380	202.492366
0.166395	55.304749	0.003609	200.637277
0.128186	52.216045	0.002816	198.114672
0.108139	50.413141	0.002405	195.672401
斜率	截距	单层饱和吸附量V_m/mL	吸附常数C
0.020951	0.000129	47.437903	162.793106
线性拟合度	BET比表面积/(m²/g)	碳黑外比表面积	Langmuir比表面积
0.999943	206.449754		312.424515

图 3-29 BET 比表面积测试结果

通常所说的 BET 比表面积是指多点 BET 比表面积，即通过 3～5 个点拟合成直线计算得出的结果。单点 BET 指对应 p/p_0 点的纵坐标值与原点连接成的直线计算得出的结果，只有当吸附常数 $C>100$ 时才有参考价值。

BET 理论假设样品表面的物理吸附是多层吸附，这比较符合实际情况；而 Langmuir 理论认为样品表面的物理吸附是单层吸附，即将样品实际的多层吸附当作单层吸附进行数据处理，所以测试结果一般 Langmuir 比表面积大于 BET 比表面积。

测试结果的准确性可以通过线性拟合度进行判断，0.9999 最为常见。当拟合度小于 0.99 时需进行数据筛选，将偏离直线较远的 p/p_0 点去掉。

（2）BJH 孔径分析

BJH-脱附-孔径分布曲线表示不同直径范围孔的体积随着孔直径的变化率；曲线图中变化率越大（即纵坐标值越大）表示在该直径范围的孔数量相对越多；累计-脱附孔体积曲线表示孔直径小于该值的所有孔的体积之和，最高点对应的累积吸附量就是该样品的总孔体积。BJH 比表面积结果如图 3-30 所示。

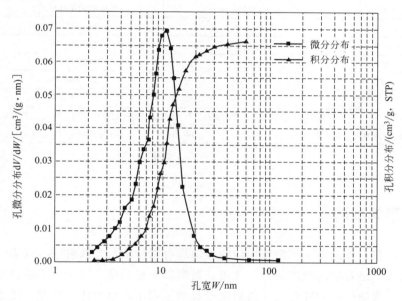

图 3-30　BJH 比表面积结果

（3）T-Plot 图

若被测样品中含有微孔，利用 T-Plot 法可以推算出样品中微孔的体积及微孔内表面积。

德·博尔（De Boer）等通过实验证明，当以吸附量与固体比表面积的比率对相对压力作图时，大量无孔固体的氮吸附等温曲线能够近似地用单一曲线（t-p/p_0）来表示，这种曲线称为共同曲线（或 t 曲线）。共同曲线对于大多数物质都是适用的，这些物质主要是氧化物，如 SiO_2、Al_2O_3、ZrO_2、MgO、TiO_2、$BaSO_4$ 等。此外，共同曲线对于活性炭也同样适用。人们通常把这类具有共同曲线的物质叫做 t 物质，并且已经计算出这些物质表面 N_2 在不同相对压力下的吸附层厚值。

多孔固体的 V_a-t 图常常与直线偏离，特别是在较高的相对压力下，曲线向上翘，表示发生了毛细凝聚现象。利用样品的 t 图曲线可以得出样品中的微孔体积、微孔内表面积及样品外表面积值，如图 3-31 所示。

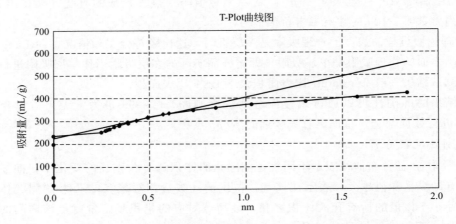

详细测试数据

p/p_0	吸附层厚度n/nm	实际吸附量/(mL/g)
0.704019	0.602846	331.772309
0.674924	0.572290	327.136476
0.583926	0.494559	315.326816
0.497739	0.437269	303.488046
0.405738	0.386598	292.243659

斜率	截距	线性拟合度	微孔体积/(mL/g)	微孔面积/(m²/g)	外表面积/(m²/g)
180.775194	223.838645	0.996258	0.346234	649.363393	279.623070

图 3-31 T-Plot 结果

3.3 颗粒形貌测试

目前，对颗粒粒度的分析依据不同的物理原理有筛分法、光散射法、沉降法、显微镜法以及电感应法等。随着检测技术的不断改进，对颗粒形貌的研究水平也不断提高，如扫描电子显微镜用于观察粉体的颗粒外貌；透射电子显微镜用来观察粉体颗粒超微结构；偏振光显微镜可用于观察粉体颗粒外貌以及确定粉体结构的变化；激光共聚焦显微镜用来测定粉体颗粒内部结构；原子力显微镜更加精细，用于观察粉体颗粒的纳米结构等。

3.3.1 高分辨率电子显微镜

在众多粒度分析方法中，显微镜法是一种比较古老的方法，它可以观察和测量单个颗粒的大小和形貌。近年来，计算机图像分析技术的迅速发展使得利用显微镜法进行颗粒大小及其分布的分析技术获得了更为广泛的应用。

颗粒图像分析仪将传统的显微测量方法与现代的图像技术相结合，采用图像法进行颗粒形貌分析和颗粒测量，仪器主要由光学显微镜、数字 CCD 摄像机和颗粒图像处理分析软件组成。该系统通过专用的数字摄像机将图像传输给计算机，再通过专用的颗粒图像处理分析软件对图像进行分析处理，测试结果更直观、准确，测量范围更宽。普通光学显微镜物镜放大倍数一般有 4 倍、10 倍、40 倍和 100 倍，目镜放大倍数一般有 10 倍、16 倍和 20 倍，总放大倍数在 1000～2000 倍。颗粒图像分析仪操作方便、图像清晰、测量直观，分辨率可达到 0.1μm/pix。

高分辨率电子显微镜具有以下性能特点。

① 图像多种处理方法有影像增强、图像叠加、局部提取、定倍放大、对比度、亮度调节、颗粒定位、自动分割等几十种功能。

② 具有圆度、曲线、周长、面积、直径等几十种几何参数的基本测量。

③ 可直接按颗粒的粒径、面积以及形状等多类参数，以线性或非线性统计方式绘出分布图。

杨瑛采用 Winner99 显微颗粒图像分析仪对黄芪微粉的粒度进行测定（图 3-32），Winner99 采用了最新的高速 CMOS 摄像头，拥有高达 2048×1536 的分辨率，实验中测量的黄芪微粉粒度为 1～75μm。

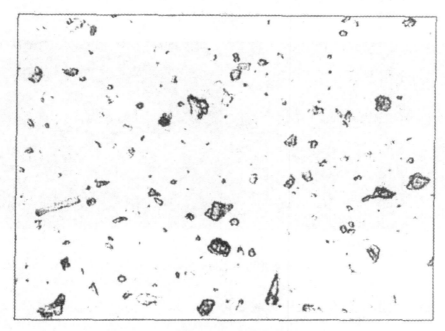

图 3-32　黄芪微粉在正辛醇中的分散图像

3.3.2　扫描电子显微镜（SEM）

电子显微镜可分为扫描电子显微镜和透射电子显微镜两大类。扫描透射电子显微技术是目前应用比较广泛的电子显微表征手段之一，具有分辨率高、对化学成分敏感以及图像直观易解释等优点。

扫描电子显微镜是基于电子与物质的相互作用，从原理上讲，就是利用聚焦的极细的高能电子束在试样上扫描，激发出各种物理信息，通过对这些物理信息的接收、放大和显示成像，获得试样表面形貌。

电子束和固体样品表面作用时存在以下物理现象：当一束极细的高能入射电子轰击扫描

样品表面时，被激发的区域将产生二次电子、俄歇电子、特征 X 射线、连续谱 X 射线、背散射电子、透射电子，以及在可见光、紫外光、红外光区域产生的电磁辐射；同时可产生电子-空穴对、晶格振动（声子）以及电子振荡（等离子体）。

由电子枪发射的电子，以其交叉斑作为电子源，经二级聚光镜及物镜的缩小形成能谱仪，可以获得具有一定能量、一定束流强度和束斑直径的微细电子束。在扫描线圈驱动下，电子束在试样表面做栅网式扫描。聚焦电子束与试样相互作用产生二次电子发射或其他物理信号。二次电子信号被探测器收集转换成电讯号，经视频放大后输入到显像管栅极，调制与入射电子束同步扫描的显像管亮度，可以得到反映试样表面形貌的二次电子像。

3.3.2.1 葡萄籽渣粉体形貌

Mucsi 使用搅拌磨机作为高能量密度的研磨机，对葡萄籽进行研磨，研究应力强度和应力次数对葡萄籽粉粒度分布的影响。采用扫描电镜对不同研磨时间后得到的葡萄籽粉进行颗粒形貌观察。与研磨 1min 相比，研磨 10min 之后，可以看到颗粒粒度明显减小，颗粒粒度分布变窄，如图 3-33 所示。

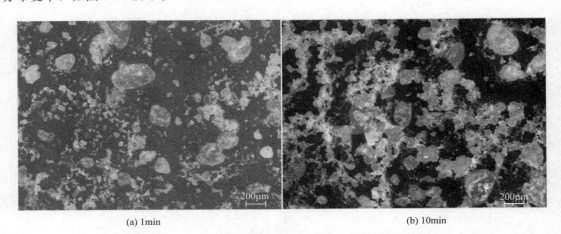

(a) 1min　　　　　　　　　　　　　(b) 10min

图 3-33　不同研磨时间制备的葡萄籽粉 SEM 照片

3.3.2.2 荷叶粉湿法研磨过程中形貌变化

利用搅拌磨机进行荷叶粉湿法研磨实验，研磨介质直径为 1.4mm，搅拌器尖端速度为 8.4m/s，研磨 20min 和 30min 时的荷叶粉 SEM 图如图 3-34 所示。从图中可以明显观察到超细研磨使荷叶粉的植物细胞和纤维结构被破坏，荷叶粉颗粒产生各种形状。在图 3-34(a) 中，可以发现多个不同尺寸的荷叶粉末颗粒，并且观察到大颗粒表面具有微细裂纹，表明此时发生了强烈的荷叶粉颗粒破碎行为。研磨 30min 后，发现几乎所有颗粒都低于 $20\mu m$，并且大颗粒已经被小颗粒代替，颗粒尺寸之间的差异减小，如图 3-34(b) 所示。

对比在 20min 和 30min 研磨时间下的 SEM 图，30min 时刻获得的荷叶粉粒度更小。如果定义荷叶粉粒度跨度为 $SP = (D_{90} - D_{10})/(2 \times D_{50})$。20min 时 SP 是 4.13，30min 时 SP 变为 3.60。结果表明，超细粉碎可以改变荷叶粉的原始结构，从而引起物理化学性质的变化。研磨时间的延长使得粒度分布范围更窄，较小的粒径可以改善荷叶粉在溶解相中的溶解度，提高了荷叶粉的利用率。

(a) 20min   (b) 30min

图 3-34　不同研磨时间的荷叶粉粒度和形态的 SEM 图像

3.3.3　透射电子显微镜

透射电子显微镜（Transmission Electron Microscope，TEM）简称透射电镜，它是把经加速和聚集的电子束投射到非常薄的样品上，电子与样品中的原子发生碰撞而改变方向，从而产生立体角散射。散射角的大小与样品的密度和厚度相关，进而可以形成明暗不同的影像，影像经放大、聚焦后在成像器件（如荧光屏、胶片以及感光耦合组件）上显示出来。

由于电子的德布罗意波长非常短，透射电子显微镜的分辨率比光学显微镜高很多，可以达到 0.1～0.2nm，放大倍数为几万倍到几百万倍。因此，使用透射电子显微镜可以观察样品的精细结构，甚至可以用于观察一列原子的结构，这比光学显微镜所能观察到的最小结构小数万倍。透射电子显微镜在物理学和生物学相关的许多科学领域都是重要的分析方法，如癌症研究、病毒学、材料科学、纳米技术及半导体研究等。

在放大倍数较低时，透射电子显微镜成像的对比度主要是由于不同厚度和成分的材料对电子的吸收不同而造成的。当放大倍数较高时，复杂的波动作用会造成成像的亮度不同，因此需要专业知识来对所得成像进行分析。通过使用透射电子显微镜不同的模式，可以利用物质的化学特性、晶体方向、电子结构、样品造成的电子相移以及通常的对电子吸收对样品成像。

透射电子显微镜的成像原理可分为三种情况。

（1）吸收像

当电子射到质量、密度大的样品时，主要的成像作用是散射作用。样品上质量、厚度大的地方对电子的散射角大，通过的电子较少，成像的亮度较暗。早期的透射电子显微镜都是基于这种原理。

（2）衍射像

电子束被样品衍射后，样品不同位置的衍射波振幅分布对应于样品中晶体各部分不同的衍射能力。当出现晶体缺陷时，缺陷部分的衍射能力与完整区域不同，从而使衍射波的振幅分布不均匀，反映出晶体缺陷的分布。

（3）相位像

当样品薄至 $100\mathring{A}$（$1\mathring{A}=0.1nm$）以下时，电子可以穿过样品，波的振幅变化可以忽略，成像来自于相位的变化。

乔栩采用硼氢化钠（NaBH₄）水溶液对一阶 $FeCl_3$ 插层石墨层间化合物（graphite intercalation compound）进行膨胀剥离制备了高质量石墨烯。通过气体膨胀剥离法制备的石墨烯保留着完整干净的结构，石墨烯片边缘有卷曲和褶皱现象，保留着完整六边形晶格结构，如图 3-35 所示。

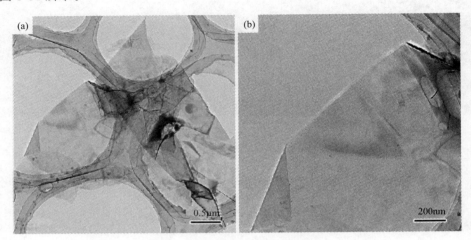

图 3-35　石墨烯的 TEM 图

　　曹雪晓制备氨基表面修饰磁性纳米粒子，将其作为吸附剂，用于吸附黄酮类及有机酸类成分。制备的 $MNP\text{-}NH_2$ 磁性纳米粒子透射电镜图如图 3-36 所示。

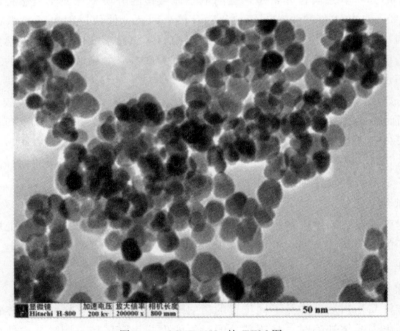

图 3-36　$MNP\text{-}NH_2$ 的 TEM 图

3.3.4　原子力显微镜

　　原子力显微镜（AFM）是一种可用来研究包括绝缘体在内的固体材料表面结构的分析

仪器。它通过检测待测样品表面和微型力敏感元件之间极微弱的原子间相互作用力来研究物质的表面结构及性质。将对微弱力极端敏感的微悬臂一端固定，另一端的微小针尖接近样品，这时它将与其相互作用，作用力使得微悬臂发生形变或运动状态发生变化。扫描样品时，利用传感器检测这些变化，就可获得作用力分布信息，从而以纳米级分辨率获得表面形貌结构信息以及表面粗糙度信息。

原子力显微镜的优点是在大气条件下，以高倍率观察样品表面，可用于几乎所有样品（对表面粗糙度有一定要求），而不需要进行其他制样处理，就可以得到样品表面的三维形貌图像。

图 3-37 所示为经 Hummers 改进法制备的氧化石墨烯原子力显微镜图，从图 3-37 中可以看到氧化石墨烯片层呈现单片层平整舒展的状态，测得氧化石墨烯片层边缘厚度为 1nm 左右。

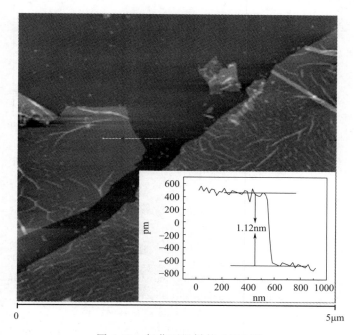

图 3-37　氧化石墨烯的 AFM 图

3.3.5　X 射线衍射

通过对材料进行 X 射线衍射（XRD），分析其衍射图谱，获得材料成分、材料内部原子或分子的结构和形态等信息。

X 射线衍射分析法是研究物质的物相和晶体结构的主要方法。当某物质（晶体或非晶体）进行衍射分析时，该物质被 X 射线照射产生不同程度的衍射现象。物质的组成、晶型、分子内成键方式、分子的构型和构象因素等决定该物质产生特有的衍射图谱。X 射线衍射分析方法具有不损伤样品、无污染、快捷、测量精度高以及能得到有关晶体完整性的大量信息等优点。因此，X 射线衍射分析法作为材料结构和成分分析的一种现代科学方法，已逐步在各学科研究和生产中获得广泛应用。

图 3-38 所示的是典型的氧化石墨烯和石墨烯/二氧化锡复合材料的 XRD 谱图。氧化石墨烯在 10.4°有一个特征衍射峰，其间距为 0.85nm，这表明氧化石墨烯片层间易脱落。GA/SnO₂ 复合材料中没有出现氧化石墨烯的特征衍射峰，而在 26.6°出现一个较宽的衍射

峰，此峰对应于石墨烯的特征衍射峰，说明氧化石墨烯被成功还原。此峰较宽可能是由于石墨烯（002）晶面的衍射峰与二氧化锡（110）晶面的衍射峰相重合，或者由于少量片层的石墨烯堆叠。

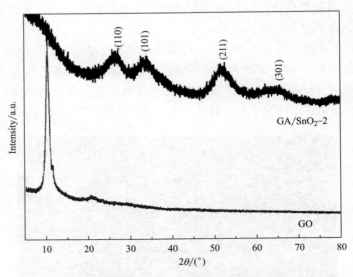

图 3-38　氧化石墨烯和石墨烯/二氧化锡复合材料的 XRD 谱图

◆ 参考文献 ◆

［1］ISO13320-1：1999. Particle Size Analysis-Laser Diffraction Methods-Part 1： General Principles.

［2］Rapid refractive index determination for pharmaceutical actives （MRK529-03）.

［3］Empirical methods for estimating refractive index values （MRK843-01）.

［4］Saveyn H，Mermuys D，Thas O, et al. Determination of the refractive index of water dispersible granules for use in laser diffraction experiments ［J］. Particle and Particle Systems Characterisation， 2002. 19: 426-432.

［5］谭立新，梁泰然，蔡一湘，等.气体吸附法测定粉体比表面积影响因素的研究［J］.材料研究与应用，2014，8（2）：137-140.

［6］Wlodarczyk-Stasiak M，Jamroz J. Pecific surface area and porosity of starch extrudates determined from nitrogen adsorption data［J］Journal of Food Engineering，2009，93（4），379-385.

［7］李叶，殷喜平，朱玉霞，等.催化裂化催化剂比表面积的测定［J］.石油学报，2017，33（6）：1053-1060.

［8］何云鹏，杨水金.BET 比表面积法在材料研究中的应用［J］.精细石油化工进展，2018，19（4）：52-56.

［9］周辉建.气体吸附 BET 法测量石墨比表面积不确定度评定［J］.化学工程与装备，2017（7）：246-248.

［10］张廷安，郑朝振，吕国志，等.高铝粉煤灰制备氢氧化铝的比表面积及孔隙特性［J］.东北大学学报（自然科学版），2014，35（10）：1456-1459.

［11］朱威.还原氧化石墨烯/铜基复合材料的制备及性能研究［D］.武汉：武汉科技大学，2018.

［12］曹雪晓，栗焕焕，邱喜龙，等.氨基表面修饰磁性纳米粒子（MNP-NH2）对黄酮类和有机酸类成分选择吸附研究［J］.中草药，2018，49（20）：4816-4823.

［13］乔栩，林治，林晓丹.石墨烯的制备及其对环氧树脂导电性能的影响［J］.材料工程，2018，46（7）：53-60.

［14］刘骥飞，戴剑锋，贾钰泽，等.气流破碎在高纯碳酸锂粉末粒径优化中的应用［J］.化工进展，2018（11）：4162-4167.

第4章 | 微纳粉体粉碎技术与装备

国外对于粉体颗粒进行超微粉碎的研究较早，早在 20 世纪 40 年代，就已经开展以粉体超微粉碎、分级和产品性能改良为目的的深加工技术与设备的研究和开发。在 20 世纪 60 年代，粉碎分级技术已经迅速发展并取得一定成就。目前，美国、英国、日本等国家已经具备了较高水平的超细粉体加工分级技术和先进的设备，机械粉碎加工的超微粉体颗粒可以达到粒径分布在 $0.5\sim10\mu m$ 的窄级别粉体。

与国外相比，国内的微纳粉体技术和设备的研究起步较晚，我国的超细粉碎工业在近十几年内开始发展。随着对外开放和国内精细加工工业的发展，我国对化工、轻工、电子、建材以及一些高新技术领域所需原材料提出了更高的要求，因此对原材料进行超细粉碎技术和生产设备的研究获得科技界和工业界的高度重视。

迄今为止，我国的超细粉碎技术与设备的发展大体上经历了三个阶段：第一阶段是在 20 世纪 80 年代左右，我国广泛地引入国外的设备和技术，这一时期我国在冲击粉碎领域基本处于空白阶段；第二阶段是在第一阶段后的 10 年，这一时期我国科学家对第一阶段的设备和技术进行了深入研究，并设计了一些简单的粉碎设备，这些设备目前在国内市场应用广泛；第三阶段是在 90 年代的末期，经过第二阶段对简单粉碎设备的研制和开发，我国科学家积极创新研发新设备，粉碎领域发展迅速，国产粉碎设备占据了国内粉体粉碎领域的主要市场。在众多设备中，高速分级式冲击磨是众多冲击粉碎设备中的代表机型，但是设备存在自动化程度偏低、能耗高、噪声大等缺陷，因此需要不断对冲击磨设备进行研究和改进。

近年来，我国企业和高校对分级式冲击磨做了大量的研究，主要的研究成果如下。

① 咸阳非金属矿研究院和西安飞机制造公司联合研制出了 CM 型超细粉磨机，沈阳重型机械厂与清华大学联合研发了 CZ 型分级式研磨机。该类机型的特点是产量高、产品粉碎效率大、设备结构简单且安全可靠，主要用于对中软硬度的物料进行冲击粉碎。

② 刁雄等人针对目前超细粉体制备中存在的问题，分析了 ACM 冲击式粉碎机的粉碎机理和 SCX 型超细分级机的工作原理，设计了新的超细粉碎分级系统。对冲击分级式粉碎机进行实验，结果表明：对于中低硬度矿物的粉碎分级，产品粒径小于 $15\mu m$ 的占 80％以上，产品粒径小于 $30\mu m$ 的占 90％以上，平均粒径在 $10\mu m$ 以下。

③ 祝占科等人将冲击式超细粉碎机与气流磨的工作原理集成并提出了“品”字形结构方案，设计了一种新型对撞式超细粉磨分级设备样机，运用可编程逻辑控制技术，对系统的工作情况进行实时监控。根据结构需要和工作条件对相应的耐磨材料进行试验以确定最佳材料配对和使用参数。结果表明，粉磨机及配套设备均达到设计要求，完全满足工业化生产的需要。

④ 孙成林对 ACA-A 系列冲击式粉碎机的开发和市场应用进行了研究。结果表明，ACA-A 系列超细粉碎机自 2002 年投入市场后受到一致好评，在淀粉、石墨、稻壳等物料的粉碎领域都取得了良好的成果。

为了生产粒度更小、粒度分布更窄的微纳粉体，制备产量高、能耗小的粉碎设备，还需要对微纳粉体粉碎的技术和设备不断进行深入研究，开拓微纳粉体应用的新领域。

4.1 机械冲击磨

机械冲击磨是一种高效率的现代细磨设备，它利用高速旋转的冲击盘的锤头对物料进行冲击、借物料与锤头的激烈冲击、高速飞行的物料之间的相互撞击和边壁的剪切研磨，达到对物料进行超细粉碎的目的。

4.1.1 工作原理及特点

（1）工作原理

机械冲击磨主要通过碰撞来进行粉碎物料，包括粉体颗粒和机械设备冲击件的碰撞，以及粉体物料颗粒间的相互碰撞。其中碰撞过程包括正碰和斜碰两种情况，在粉碎过程中颗粒间的碰撞是随机的。因此，为了物料与冲击件之间更好地进行冲击粉碎，需要冲击件和物料间保持较高的相对速度。

由于只需要满足物料和冲击件之间保持较大的相对速度，因而机械冲击设备的结构比较简单。利用高速旋转的锤头、叶片和棒体等对物料进行强烈的冲击，粉碎时物料位于转子和衬板之间；物料颗粒在冲击粉碎后，具有一定速度会被抛射出去；在碰撞冲击粉碎时，不同物料颗粒间、物料与锤头和定子衬板进行反复冲击粉碎、摩擦和剪切，进而使物料发生破坏，达到粉碎的目的。由于物料被抛射出去的初速度很大，这个碰撞过程一般不会马上结束，通常会出现多次冲击粉碎，直到粉碎腔中的物料被粉碎至合格粒度并被分级设备分选出去。

（2）性能特点

机械冲击磨的特点是粉碎比大、设备运转稳定，因此特别适合中软硬度物料的粉碎。冲击粉碎后，所得产品的颗粒粒度大小和颗粒表面形态是由转子的运动状态以及转子和定子之间的间隙共同决定的。其中，转子转速较慢时，所得产品的颗粒较细长；转子转速较快时，在高速冲击下所得物料结晶的状态相同。

4.1.2 主要影响因素

影响机械冲击磨粉碎效果的工艺参数主要有磨盘转速、系统风量、进料方式、进料速度与进料粒度等。

（1）磨盘转速

磨盘转速越高，转子旋转时锤头的周向速度越大，粉碎时粉体获得的能量越大，因此粉碎后颗粒的粒度就越小；但是随着磨盘转速的增大，能耗也随之增加，降低粉碎效率。因此对于不同种类的物料，需要确定最佳的磨盘转速。

（2）系统风量

冲击磨设备的进风口主要包括三个部分：磨机的主风门、磨机进料口及磨机的二次进风门。系统风量决定了物料在粉碎腔内上升速度的大小，系统的进风量越大，气流上升的速度越大，反之气流上升的速度会变小。系统风量会影响分级机的切割粒径，风量越大产品的粒度就越大，因此需要确定合适的系统风量对物料进行最佳的冲击粉碎。

（3）进料方式与进料速度

粉碎装置的进料量和进料速度会影响粉体颗粒的产量，孙权等人采用分级式冲击磨在干法状态下制备玉米秸秆粉体，考查锤头安装方式、进料方式、轨道与锤头间距和系统流量对粉体产量的影响。研究表明：采用磨盘下方进料后，阻碍物料进入粉碎区降低粉碎效率，同时物料和磨盘间的摩擦增大造成能耗增加，因此需要调整进料方式提高粉碎效率。

进料粉体的速度越快，粉碎腔内的物料越多，物料过多会造成粉碎腔内主轴负荷增大，引起电动机损坏；粉碎腔内物料太少，会造成粉碎效率降低。因此，为了提高冲击磨的粉碎效率，需要改善进料方式，确定最佳的进料速度。

（4）进料粒度

进料粒度的大小对粉碎冲击磨的粉碎效率起到关键作用，进料粒度过大，粉体物料对转子的撞击力度越大，容易对锤头造成极大的磨损，同时大部分物料会积累在磨盘上，造成粉体物料粉碎困难；进料粒度过小，粉体物料与转子锤头撞击的概率会降低，增加冲击磨粉碎的能耗。因此，对不同种类的物料需要通过试验确定最佳的进料粒度，来获得最高的粉碎效率。

4.1.3　典型设备及应用

4.1.3.1　ACM 型立式冲击磨

（1）结构与工作原理

ACM 型立式冲击磨的结构与工作原理如图 4-1 所示。粉体物料经过螺旋送料器输送后进入粉碎室中，通过高速旋转的转子刀片对粉体物料进行冲击粉碎，同时通过转子刀片和定子刀片间隙对粉体物料进行剪切破碎。粉体物料被充分粉碎后，在气流带动下通过导向圈的引导进入中心分级区进行粗细颗粒的分选操作，细粉作为成品随气流通过分级涡轮后从中心管排出冲击粉碎腔外，由收尘装置进行捕捉收集；粗粉由于体积较大，在重力作用下下落回颗粒冲击破碎区进行再次粉碎。

（2）性能特点与技术参数

ACM 型立式冲击磨的主要性能特点有如下几个。

① 通过不同型号的转子和定子优化配置，可以更加有效利用冲击能，优化冲击速度和冲击能量。

② 内部设有高效涡流空气分级轮，可以有效及时排出合格的细粉，防止物料出现过粉碎的状况。产品的平均粒径在 $10\sim1000\mu m$ 范围，其中 ACM-SB 型 d_{92} 可达 $10\mu m$，可见产品的粒度分布窄，粒度球形化更佳。

③ 采用大风量输送物料，壁面物料颗粒由于碰撞升温。

④ 可采用陶瓷作为破碎材料，具有很高的耐磨性能。

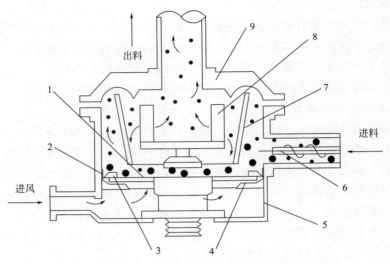

图 4-1　ACM 型立式冲击磨的结构与工作原理

1—粉碎盘；2—定子刀片；3—转子刀片；4—挡风板；5—机壳；6—进料螺旋；7—导向圈；8—分级轮；9—机盖

⑤ 设备的耐压力可以达到 1.1MPa，因此可以适用于具有潜在粉尘爆炸危险的防爆破碎系统。

表 4-1 给出了 ACM 型立式冲击磨的主要技术参数。

表 4-1　ACM 型立式冲击磨的主要技术参数

型号	锤直径/mm	产品粒度 $d_{97}/\mu m$	产量/(kg/h)	装机功率/kW
ACM-240A	240	13～300	50　250	13
ACM-420A	420	13～300	100　600	38
ACM-700A	700	13～300	250　1500	74
ACM-935A	935	13～300	500　4500	160

（3）应用领域

ACM 型立式冲击磨可适用于多种物料的超细粉碎，通常物料硬度在莫氏 4 级以下，含水量小于 10%，进料粒度为 5～20mm（根据机型及物料硬度选取）。ACM 型立式冲击磨广泛用于化工、农药、饲料、染料、非金属矿、食品、涂料等行业。

4.1.3.2　CF 型卧式冲击磨

（1）结构与工作原理

CF 型冲击磨的结构与工作原理如图 4-2 所示，该气流冲击磨包括进料口、靶板、高压进气口以及物料与气流出口。其工作原理是物料从进料口进入粉碎腔后，在气流作用下与高速旋转的分级叶片上的粉碎模块进行碰撞，粉体颗粒受到剧烈的冲击力发生破碎，达到粒度要求的颗粒从出料口离开由收集器进行收集，较粗颗粒进入自循环系统，在气流带动下再次进行冲击粉碎直到颗粒达到粉碎粒度要求。

（2）性能特点与技术参数

CF 型冲击式粉碎机通过冲击粉碎加磨碎而使粒径达到非常细的程度，反复进行粉碎、分级动作，使粉碎效率及分级效率非常好。

CF 型冲击磨的主要技术参数如表 4-2 所示。

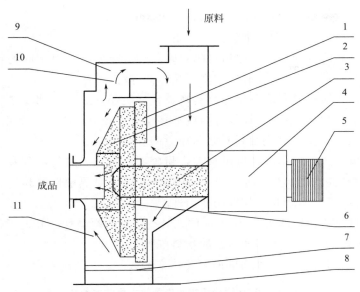

图 4-2　CF 型冲击磨的结构与工作原理

1—粉碎模块；2—分级叶片；3—主轴；4—轴承座；5—皮带轮；
6—转盘；7—定子；8—壳体；9—自循环系统；10—粗粉；11—细粉

表 4-2　CF 型冲击磨的主要技术参数

型号	转子直径/mm	转速/(r/min)	电动机功率/kW	进料粒度/mm	产品粒度/μm	产量/(kg/h)
CF-250	250	5000～6000	5.5～7.5	≤10	5～350	50～100
CF-500	500	2500～3100	15～22	≤10		100～500

（3）应用领域

CF 型冲击磨适用于中低等硬度干式物料的超微粉碎，如制药、化工、化妆品、树脂、食品、各种原料（包括难粉碎的滑石、石蜡等），是国内目前较理想的粉碎设备之一。

4.1.3.3　LNI 型分级式冲击磨

（1）结构与工作原理

LNI 型分级式冲击磨启动后，粉体颗粒在气流作用下进入粉碎冲击腔中，再利用高速旋转的转子锤体对粉体颗粒进行粉碎冲击，或者通过锤头和安装在内腔上的衬板间挤压进行研磨，进而对粉体颗粒进行超细冲击粉碎。冲击粉碎后的粉体颗粒在气流作用、分级轮作用下进行粗细颗粒的粉碎分级。细颗粒由于所受离心力较小，会通过分级轮叶片进入分级轮内部后从细粉出口出去，经过旋风收集器进行收集。粗颗粒会在重力作用下下落后再次和高速旋转的转子锤体进行冲击粉碎，并再一次进行粉碎分级，直到粗颗粒冲击粉碎到指定粒径大小。LNI 型分级式冲击磨的实物如图 4-3 所示。

图 4-3　LNI 型分级式冲击磨的实物

（2）性能特点与技术参数

LNI 型分级式冲击磨的主要性能特点有以下几个。

① 可以针对物料特性的不同，如物料的黏附性和纤维状等，对不同物料的粉体颗粒进行冲击粉碎和分级。该设备具有粉碎效率高、能耗低等特点。

② 可以做到比普通机械磨冲击粉碎物料颗粒粒径更小，装置内部安装有高效的涡流空气分级机，获得的产品粒度更小，粒度分布更窄且没有大颗粒，产品粒度可在 100～2500 目（目数即为每平方英寸筛上的孔的数目）之间任意调节。

③ 同时采用风冷式设计，设备送风量大，粉碎温度降低。进行冷却及干燥处理时，粉碎腔的气流需要保证腔内的温度小于 40℃，这样设备可以对热敏性物料进行冲击粉碎，保证物料的物理活性，不会影响粉体物料的使用性能。

④ 采用超硬材质的粉碎锤头/齿圈等部件，具有更好的耐磨性；开发了低温冲击磨、低湿冲击磨以及高温冲击磨，扩大了冲击磨的物料范围。

表 4-3 给出了 LNI 型分级式冲击磨的主要技术参数。

表 4-3 LNI 型分级式冲击磨的主要技术参数

型号	进料粒度/mm	成品粒度/μm	生产能力/(kg/h)	装机功率/kW
LNI-12A	≤3	5～100	5～10	6
LNI-66A	≤3	5～100	10～100	25
LNI-180A	≤5	5～100	100～1000	50.5
LNI-330A	≤5	5～100	200～2000	84.5
LNI-660A	≤8	5～100	500～3500	182
LNI-1500A	≤8	10～100	1000～6000	350

（3）应用领域

LNI 型分级式冲击磨适用于中低等硬度干式物料的超微粉碎（尤其适用于热敏性粉体物料），是重要的粉体颗粒超微冲击粉碎设备。它主要应用在精细化工及非金属矿领域，其中典型物料有碳酸钙、高岭土、滑石、石墨、方解石、硅灰石、重晶石、叶腊石等；在化工原料上，中草药与原料的超细粉体加工，典型物料有花粉、山楂、香菇、珍珠粉、胃药、尼莫地平、抗生素类药物、造影药物、灵芝、五倍子、何首乌等。

4.1.3.4 DCR 型超微冲击粉碎机

（1）结构与工作原理

DCR 型超微冲击粉碎机除了传统的冲击、碰撞粉碎原理外，还结合了剪切机理。一方面，通过高速旋转的转子和粉体颗粒发生冲击、碰撞，粉体颗粒在受到超出其极限应力时遭到粉碎破坏；另一方面，粉体颗粒在转动刀片和固定定刀缝隙间发生剪切作用，粉体颗粒在剪切作用下发生粉碎。同时，粉体颗粒的粉碎和分级在同一机体内完成又各自独立运转，设备具有较高的粉碎效率；在分级机作用下分级粒度范围窄，产品粒度可以实现无级调节。DCR 型超微冲击粉碎机的工艺流程如图 4-4 所示。

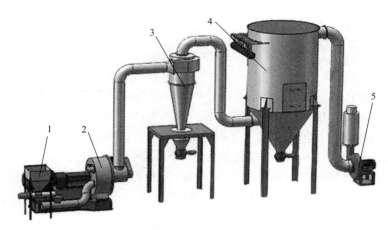

图 4-4　DCR 型超微冲击粉碎机的工艺流程

1—喂料系统；2—冲击磨主机；3—旋风收集器；4—除尘器；5—引风机

（2）性能特点与技术参数

DCR 型超微冲击粉碎机的主要性能特点有以下几个。

① 粉体颗粒的粉碎分级在同一机体内完成又各自独立运转，整体设备结构紧凑、占地面积小，可实现连续运转，具有产量高、能耗低等优点。

② 该系列设备特别适合对莫氏硬度小于 4 级、含水量小于 15％ 的干法物料进行超细粉碎加工。

③ 对于湿法加工干燥后的团聚物料进行打散分级具有良好的作用，其中物料包括对煅烧高岭土、阻燃剂、轻质碳酸钙等，这种设备还适用于片状、针状、纤维状物料的粉碎。

④ 具有粉碎效率高、分级粒度范围窄、实现粉体颗粒的粒度无级可调等优点。

⑤ 粉碎腔内通过气流流动起到降温作用，可用于热敏性物料的粉碎加工，同时粉碎时可以采用惰性气体对附加值高的物料进行粉碎。

⑥ 机盖设置成可打开式，方便清理。

⑦ 设备运行时采用负压操作的工作模式，防止粉尘污染，可以显著减少粉尘对环境的污染。

DCR 型超微冲击粉碎机的主要技术参数如表 4-4 所示。

表 4-4　DCR 型超微冲击粉碎机的主要技术参数

型号	DCR 400	DCR 600	DCR 800	DCR 1000	DCR 1200	DCR 1400
进料粒度/mm	<15	<15	<15	<15	<15	<15
产品粒度/μm	4～180	4～180	4～180	4～180	4～180	4～180
产量/(t/h)	0.1～0.5	0.1～2	0.3～3	0.5～5	0.8～8	1.2～12
功率/kW	15～22	22～45	55～75	75～90	110～160	200～250

（3）应用领域

DCR 型超微冲击粉碎机可适用于化工、新材料、非金属矿、食品、医药、新能源、染料、涂料、电子材料等领域，具体材料包括陶瓷、五谷杂粮（如豌豆蛋白、豆粕、谷朊粉、大米淀粉、小麦麸粉），片状、针状、纤维状物料（如云母、石墨），Ac 发泡剂，不含糖和脂的中药材。

4.1.3.5 MTM 型冲击磨

（1）结构与工作原理

MTM 型冲击磨利用由转子和定子形成的粉碎腔对粉体颗粒进行冲击粉碎。粉体颗粒由进料装置送入粉碎腔后，随转子高速转动在粉碎腔内高速旋转，在离心力作用下向粉碎腔边缘移动。同时，粉体颗粒在转子和定子之间产生强烈撞击。由于粉碎腔外转速较快，因此在外围颗粒的粉碎效果更好。MTM 型冲击磨的粉碎腔内转子和定子各有三层粉碎棒，可以更好地对物料进行粉碎，粉碎后物料粒度更小、粒度分布更窄；同时在粉碎时需要送入大量空气进行物料分散和运输，冷却物料。MTM 型冲击磨的结构如图 4-5 所示。

图 4-5　MTM 型冲击磨的结构
1—定子；2—主轴；3—转子；4—机架

（2）性能特点与技术参数

MTM 型冲击磨针的主要性能特点有以下几个。

① 对不同种类的物料，可以更换不同结构的转子和不同孔隙的筛网，以便更好地对物料进行粉碎。

② 粉碎物料时采用大量的空气，对粉体颗粒和机器进行冷却，可针对热敏性物料进行粉碎。

③ 粉碎腔安装有三对粉碎棒，粉碎时粉碎效率高、能耗低。

MTM 型冲击磨的主要技术参数如表 4-5 所示。

表 4-5　MTM 型冲击磨的主要技术参数

型号	MTM 200	MTM 400	MTM 630	MTM 800
转子直径/mm	200	400	630	800
配套动力/kW	1.5～5.5	11～30	22～55	35～75
粉碎粒度/μm	30～3000	30～3000	30～3000	30～3000
外形尺寸/mm	1000×700×1000	1700×850×1425	2700×1200×2150	2800×1300×2300
产量/(kg/h)	10～300	25～700	50～1500	75～2000

（3）应用领域

MTM 型冲击磨广泛应用于食品、化工、医药、中药材、饲料、塑料、农药以及非金属矿等行业，具体领域包括以下几个。

① 食品：糖、大米、玉米、淀粉、燕麦、面粉、大豆、豌豆、扁豆、香料、可可粉、马铃薯粉、咖啡、盐、奶粉、蔬菜、葡萄粉等。

② 化工原料：颜料、色素、氧化铝、氧化铁、氧化锌、铜粉、洗涤剂等。

③ 塑料：聚乙烯、PVC、聚苯乙烯、橡胶、环氧树脂等。

④ 填料及建筑材料：石灰石、石膏、萤石、云母、重结晶、陶土、石棉、稻草、麦秆、木浆、燕麦壳、果壳、织物等。

⑤ 医药：树根、树皮、树叶、药草、骨粉等。

4.2　气流粉碎机

气流粉碎机亦称（高压）气流磨或喷射磨或流能磨，是比较常用的超细粉碎设备之一。它是一种利用高速气流（300～500 m/s）或过热蒸气（300～400℃）的能量使颗粒互相产生冲击、碰撞和摩擦，从而粉碎颗粒的设备。最终这些物料会以超细粒子的形态分散在空气中，而且在后期对物料的收集也是在这种分散状态下进行的。产品粒度上限取决于混合气流中的固体含量，与单位能耗成反比。在固体含量较低时，d_{95} 可保持 5～10μm；但当固体含量较高时，d_{95} 增大到 20～30μm。经过预先粉碎，降低入磨粒度，可得到平均粒径 1μm 的产品，其粒度范围一般在 0.8～2.5μm。

4.2.1　工作原理及特点

（1）工作原理

压缩空气或过热蒸气通过喷嘴后，产生高速气流且在喷嘴附近形成很高的速度梯度，通过喷嘴产生的超声速高湍流作为颗粒载体。物料颗粒经负压的引射作用进入喷管，高压气流带着物料颗粒在粉碎室中做回转运动并形成强大旋转流场，不仅物料颗粒之间会发生撞击，而且气流对物料颗粒产生冲击、剪切作用，同时物料颗粒还要与粉碎室发生冲击、摩擦、剪切作用。消耗的能量部分转化为颗粒的内能和表面能，从而导致颗粒比表面积和比表面能的增大，晶体晶格能迅速降低，并且在损失晶格能的位置将产生晶体缺陷，出现机械化学激活作用。在粉碎初期，新表面将倾向于沿颗粒内部原生微细裂纹或强度减弱的部位（即晶体缺陷形成处）生成，如果碰撞的能量超过颗粒内部需要的能量，颗粒就将被粉碎。粉碎合格的细小颗粒被气流推到旋风分级室中，较粗的颗粒则继续在粉碎室中进行二次粉碎，从而达到粉碎的目的。

研究表明：80% 以上的颗粒是依靠颗粒间的相互冲击碰撞被粉碎的，只有不到 20% 的颗粒是通过颗粒与粉碎室内壁的碰撞和摩擦被粉碎的。

（2）性能特点

气流粉碎机是比较常用的超细粉碎设备之一，广泛应用于非金属矿物及化工原料等的超细粉碎。气流粉碎机的主要性能点有以下几个。

① 粉碎效率高。采用粉碎机和分级机一体化设计，在粉体物料粉碎分级的同时，采

用分级轮进行分级，可以在粉碎室内形成稳定、完整的分级流场；同时装置中安装过粉碎控制和细粉提净装置，可有效地保证产品粒度的一致性，能够处理大批量物料，处理性能强。

② 具有产品细度均匀、粒度分布较窄、颗粒表面光滑、颗粒形状规则、纯度高、活性大、分散性好的优点，粒度可达数微米级甚至亚微米级。

③ 产品受污染少。气流粉碎机是根据物料的自磨原理而对物料进行粉碎的，粉碎的动力是空气。粉碎腔体对产品的污染少，是在粉碎室负压状态下进行的，颗粒在粉碎过程中不发生任何泄漏。只要空气经过净化，就不会造成新的污染源。因此特别适用于药品等不允许被金属和其他杂质沾污的物料粉碎。

④ 适合粉碎低熔点、热敏性材料、生物活动制品及爆炸性物料。由于压缩空气在喷嘴处绝热膨胀会使系统温度降低，整个粉碎空间处于低温环境，颗粒的粉碎是在低温瞬间完成的，从而避免了某些物质在粉碎过程中产生热量而破坏其化学成分的现象发生，尤其适用于热敏性物料的粉碎。名贵中药珍珠含有丰富的微量元素、多种氨基酸、肽类、维生素，利用超声速气流法可在 $-67℃$ 下快速粉碎成 $2\mu m$ 以下的微粉。利用气流粉碎机的"自冷性"，如果再采用惰性气体如氮气、二氧化碳和氩气等工质，完全可以粉碎易燃易爆的物料（如金属锌、铍、硫）、火箭燃料和炸药（如高氯酸钾、高氯酸铵、硝酸铵和催泪瓦斯等）。

⑤ 气流粉碎属于物理行为，既没有其他物质渗入其中，也没有高温下的化学反应，因而保持物料的原有天然性质，纯度较高。

⑥ 生产过程连续，生产能力大，自控、自动化程度高。

⑦ 粉碎精度高，耗时少。通过调节分级机的转速和系统负压等参数，可以控制产品粒径分布在很小的范围内，并且分级机的调整是完全独立的，对一些有特殊要求的中药材加工十分有利。如用传统球磨法粉碎珍珠 5kg，粒径达 $47\mu m$ 需 32h；而改为气流法，产品粒径达 $15\mu m$ 仅需 1h。

⑧ 分散性能好。气流粉碎的物料具有极好的润湿性和分散性。把气流粉碎的氧化铁颜料和一般机械式粉碎机粉碎的氧化铁颜料，用球磨分散在 25% 醇酸溶液中，将两者对比，可以看出研磨分散性的差距很大。用刮板细度计测定两种氧化铁颜料的分散细度如表 4-6 所示，细度数值越大表明颜料分散性越好。相比一般氧化铁，气流粉碎的超微氧化铁克服了其在油漆中分散稳定性很差的问题，短时间便沉降分层，影响油漆的储存稳定性的缺陷。

表 4-6　氧化铁颜料球磨分散对比

分散时间/h	赫格曼刮板细度计度数(0~8级)	
	一般氧化铁	气流粉碎氧化铁
1	2	5
3	3	6
5	4	7
7	5	7.5
24	5	7.5

⑨ 颗粒活性大。气流粉碎某些物料时，活性会明显增大。活性增大的原因如下：随着工质压强增大，喷气流速度很高。这种高速喷气流所具有的能量，不仅使颗粒发生冲击破碎，而且还会使颗粒内部组织（特别是表面状态）发生一定程度的变化。这样，粉体物料在

超微粉碎的同时，颗粒内能或表面能增大，物料颗粒的活性大大提高。许多粉体物料的气流粉碎成品的差热分析和 X 射线衍射分析完全证实了这一点。微粉后的活性物料水溶性更佳，有利于活性的保持。如护肤品中具有抗菌作用的尿囊素、穿心莲内酯，需要在 80℃ 时溶解 2h，如果经过气流粉碎，在 80℃ 时只需几分钟便可溶解，增大了抗菌活性。

⑩ 实现联合操作。当用过热高压饱和蒸气进行粉碎时，可同时进行物料的粉碎和干燥（包括脱结晶水）。这不仅缩短了工艺过程，而且节约了动力。这种粉碎与干燥的联合作业，多应用于凝聚体的解磨过程。由于物料在工质气流中处于高度湍流状态，因此气流粉碎机也是一种高效的混合机。气流粉碎与混合相结合，即气流粉碎机可同时粉碎、混合两种以上物料，在常温下实现边粉碎边混合。产品粉碎粒度可调节，混合均匀度可控制，可避免机械混合中结块、结团混合不均匀现象，防止机械混合中产生的热量对物料的影响。例如在奶油巧克力的制作过程中，采用气流粉碎，可以把全部组分在一次操作中完成粉碎和混合；气流粉碎技术和机械力化学原理相结合，可对疏水性涂料、颜料树脂和磁性粉体等不能采用常规包覆的物料，采用气流粉碎与包覆相结合。气流粉碎的包覆方法是边粉碎边包覆，当已包覆好的被包覆物达到要求粒径后，进行分离收集。例如，用低熔点的硬脂酸分子膜包覆金属铝。又如经过气流粉碎复合助剂处理的硅灰石微粉已在 PE、PVC、PP 制品中应用。

4.2.2　主要影响因素

气流粉碎机的粉碎效果一般用粉碎率表示。粉碎率根据产品粒度、产生能力和能量利用率来衡量，其中产品粒度是最关键的指标。为降低产品粒度，首先增加粉碎区内物料颗粒的相互碰撞概率 p_c，然后再增大颗粒在相互碰撞时发生破裂概率 p_σ。用以表征物料颗粒粉碎粒度的比表面积增量 Δs 与 p_c、p_σ 和物料粒径有关，即

$$\Delta s \propto p_c p_\sigma d^{-\beta} \tag{4-1}$$

式中　d——物料粒径，mm；

　　　β——修正系数。

影响 p_c 和 p_σ 的因素有操作参数（如工质压力、进料速度、进料粒度等）和结构参数（如喷嘴结构形式、喷量数量等）。

（1）操作参数

① 工质压力。气流粉碎的关键在于高压气流产生的高度湍流和能量转换流可以使物料之间发生相互剧烈的冲击、碰撞和摩擦。压缩空气喷气流的动能分别与其质量流量的一次方和速度的二次方成正比，因此喷气流的速度是影响物料破碎程度的一个重要因素。通常，喷气流的速度与气流入口的压强成正比，压缩空气的压强越大，其喷气动能越大，粉碎效果越好。图 4-6 所示为分别采用两种国产布洛芬原料粉碎的实验曲线。在进料压力 0.5MPa、进料速度 15kg/h 的条件下，压缩空气的压力越大，

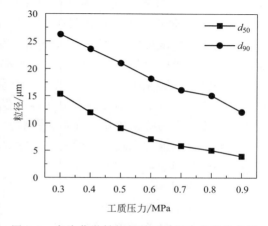

图 4-6　布洛芬微粉粒径随工质压力的变化曲线

粉碎效果越好，布洛芬微粉的粒径越小，粒度分布范围也越窄。

当喷嘴为渐缩形时，气体入口压力达到某一临界值时，出口速度也达到临界值。此时继续增加压力，速度将不再增大。若此时增大气流密度，依然可以增大喷气流所具有动能。当喷嘴为超声速喷嘴时，多余的压力在喷嘴出口处全部变成速度，使其变为超临界速度。从理论上讲，常用的压缩空气或过热蒸气，其入口压力达到 0.2MPa 时，出口速度即可达到临界速度。但此时喷气流密度太小，动能不大，粉碎效果不好。为获得强劲的喷气流，实际压力应比临界压力大许多倍。

② 工质温度。影响气流粉碎动能的另一操作参数是工质入口温度。喷气流出口速度与入口温度的平方根成正比。虽然使用温度较高的工质对粉碎是有利的，但是它会使工质的黏度增大，影响分级效果。

③ 工质黏度。工质黏度越大，对物料的分级越不利，但对物料的粉碎有利。气体黏度随气体温度升高而变大。以压缩空气为介质的气流粉碎机（简称空气气流粉碎机），虽然在制备超微粉的效果上比较好，但是存在着能耗大、成本高等问题，并给设备大型化造成极大困难。而以过热蒸气为介质的气流粉碎机（简称蒸气气流粉碎机），在降低能耗和加大粉碎强度上非常显著，在相同的压力、温度条件下，过热蒸气的黏度比压缩空气低得多，用小分子量的过热蒸气粉碎物料，比压缩空气得到更细的产品。并且过热蒸气的临界速度高，因而粉碎动能比压缩空气大。粉碎同样的物料，对于过热蒸气的气固比，较之空气工质的气固比小，也即粉碎单位质量的物料需要的工质流量低。再加上过热蒸气比压缩空气工质便宜。综上，采用过热蒸气则工质成本低，经济性高。

④ 进料量。同一物料由于进料量不同，粉碎效果不同。一般来说，进料量与产品的粒径成正比。如果加料量过小，颗粒之间碰撞的机会小而影响粉碎效果；如果进料量过大，由于总的粉碎能量是一定值，进料量的大小决定粉碎室内每个颗粒所受能量的大小，因此导致颗粒碰撞能量降低，粒度减小。由图 4-7 可见，进料量为 40g 时的微粉粒径要比 60g 时的大，这是由于进料量过小，粉碎室内存在的颗粒数目不多，颗粒之间碰撞机会减少，影响了粉碎效果。当进料量增大到 100g 以上时，进料量过大，颗粒碰撞能量降低，产品粒度也增大。因此。进料量不宜超过 100g。

⑤ 进料粒度。进料粒度的大小与粉碎物料的硬度、韧性、成品粒度以及气流粉碎机的结构形式、规格大小等因素有关。粉碎物料硬度越大，成品粒度要求越高，进料颗粒的尺寸应当越小。通常超微气流粉碎坚硬且密度很大的物料。最大进料粒度不应当低于 $932\sim3250\mu m$，平均进料粒度一般控制在 $65\sim130\mu m$ 较好；对于超微气流粉碎中等硬度的脆性物料，最大进料粒度可以为 $2600\sim6500\mu m$，平均进料粒度一般控制在 $185\sim325\mu m$ 较好；粉碎较软和易粉碎的物料，进料粒度以小于 $650\mu m$ 为好。

⑥ 进料速度。在气流粉碎工艺中，产品粒度通常与进料速度成正比。采用布洛芬作为原料，在进料压强 0.5MPa 左右、粉碎压强 $0.6\sim0.8MPa$、不同进料速度下进行试验，研究进料速度对布洛芬微粉粒径分布的影响。从图 4-8 的试验结果可以看出：布洛芬微粉粒径随着进料速度的增加先减小后增大。通过试验研究表明，采用扁平式气流粉碎机制备布洛芬微粉的最佳进料速度为 $15\sim18kg/h$。

（2）结构参数

除了操作参数如进料量、进料粒度、工质压力、工质温度和工质黏度等外，影响气流粉碎机的因素还有结构参数。结构参数主要指气流粉碎机的喷嘴、粉碎分级室腔型。喷嘴是气

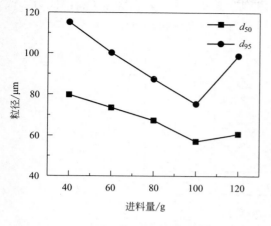

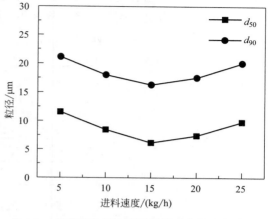

图 4-7 进料量对粉碎效果的影响　　　　图 4-8 布洛芬微粉粒径随进料速度的变化曲线

流粉碎机中极为重要的组成部分。它的功能就是把工质的压强能转换为速度能。显然气流粉碎机的性能在很大程度上取决于喷嘴的性能。喷嘴的结构形式、数目、偏角、安装位置等均会对粉碎产生影响。

① 喷嘴结构形式。可以将气流粉碎机的喷嘴简单地分为 3 种，即直孔型的亚声速喷嘴、渐缩型的等声速喷嘴和缩扩型的超声速喷嘴，如图 4-9 所示。

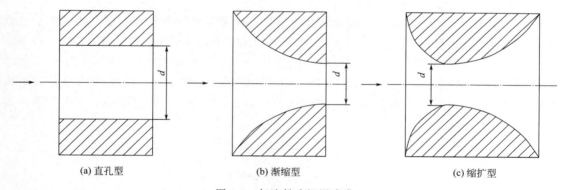

(a) 直孔型　　　　　　　　(b) 渐缩型　　　　　　　　(c) 缩扩型

图 4-9 气流粉碎机用喷嘴

直孔型喷嘴虽然结构简单、制造容易，但是由于它喷出的工质气流处于亚声速范围内，并且其摩擦损失较大、效率低，所以除了小型气流粉碎机还在采用外，较大型气流粉碎机几乎都采用渐缩型喷嘴和缩扩型喷嘴。渐缩型喷嘴只能在喉部提供等声速的喷气流，但由于喷气流的流型好（膨胀角小），而且在工质入口压强高于临界压强的情况下，喷射出的喷气流中多余的压强能在粉碎区中进一步膨胀，从而形成高湍流状态。进而产生巨大的吸力，使其从粉碎机中收集颗粒，从而循环气体并促进颗粒之间的碰撞，这对于气流粉碎过程是有利的。并且当工质进入喷嘴前的状态参数偏离设计值时，对渐缩型喷嘴的正常工作影响不大。缩扩型喷嘴能产生超声速喷气流，但由于喷气流比较发散（膨胀角大），不利于颗粒分级，所以早期的气流粉碎机不常采用。但通过对缩扩型喷嘴内腔型面的不断优化改进，设计出的超声速喷嘴一般由四部分构成：稳定段 l_0、亚声速渐缩段 l_1、喉部临界截面和超声速扩散段，如图 4-10 所示。这四部分用光滑的圆弧相连接，构成一个光滑的内腔型面。这种超声速喷嘴可以得到发散程度很小的气流，喷气流的出口速度可达数马赫，增加了粉碎能力，改善了分级效果，提高了生产效率，故近年来常应用于扁平式气流粉碎机中。

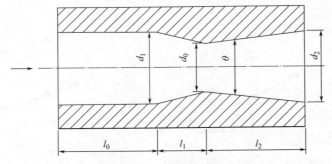

图 4-10　超声速喷嘴结构示意

② 喷嘴数量。通常认为喷嘴多时，能使气流更加均匀，粉碎-分级室内表面磨损更轻且均匀，粉碎和分级效果更好。经验证明，对于像二氧化钛这样对粒度要求极严格的物料，以用喷嘴较多的扁平式气流粉碎机粉碎为宜。但是喷嘴数量过多时，在侧壁分布过分拥挤，喷嘴直径必定变小，从而使喷嘴易被工质可能夹带的机械杂质堵塞，不利于粉碎和分级。

③ 喷嘴位置。扁平式气流粉碎机的喷嘴一般都安装在粉碎-分级室的侧壁，即喷嘴圈的中间，但也有喷嘴安装在粉碎-分级室底平面上。必须保证各喷嘴的轴线严格地位于同一水平面，否则会极大地影响粉碎效果。

④ 喷嘴偏角。喷嘴的偏角通常指喷嘴轴线与粉碎室半径的夹角 α，它直接限定了分级圆半径 r_0。一般 α 值通常多为 $32° \sim 45°$，在可能的条件下，尽可能取较大值。

⑤ 粉碎-分级室腔型。粉碎-分级室是由上盖、下盖、喷嘴圈和碰撞环围成的空腔。它是气流粉碎机的关键部位之一，其腔型直接影响粉碎效果。短圆柱腔型粉碎-分级室是扁平式气流粉碎机-分级室最基本的腔型，这种腔型的特点是高度 H 在整个直径上是相等的，如图 4-11 所示。

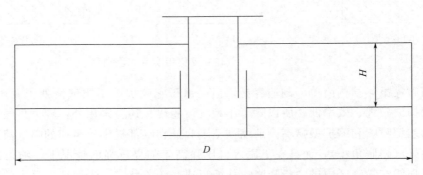

图 4-11　短圆柱腔型粉碎-分级室

这种粉碎室的 H 和 D 有如下关系：$H/D = 0.05 \sim 0.3$，小值用于容易分级的场合，大值用于需要严格分级的产品上。

双截头圆锥腔型粉碎-分级室如图 4-12 所示。

分级区高度 H_2 与 D 的关系为 $H_2/D = 0.05 \sim 0.1$。这种粉碎室将位于周边的粉碎区设计成圆锥形，而把位于中部的分级区设计成圆柱形。这样由于粉碎区空间小，即保证物料与

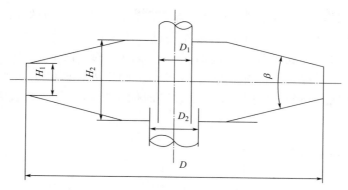

图 4-12　双截头圆锥腔型粉碎-分级室

工质在该区内的浓度大，因此使工质的流速变大，物料颗粒相互碰撞的机会变大，增大了粉碎强度，强化了粉碎过程；同时由于圆柱形分级区高度 H 增加，有利于分级过程的进行。一般控制粉碎室的锥角 β 为 $12°\sim14°$。

柱锥腔型粉碎-分级室如图 4-13 所示。

这种扁平式气流粉碎机的分级区设计成向中心收缩的锥形结构，使物料从粉碎区向分级区推进过程中不停顿地进行分级，因此待分级颗粒不会在工质主旋流中发生大量堆积，从而防止发生物料周期性堵塞粉碎-分级室现象，并能够防止粗大颗粒不规则地进入成品中。分级区的收缩锥角 β 一般为 $12°$ 左右。

阶梯腔型粉碎-分级室是为了防止粗大颗粒进入粉碎成品中而设计的，如图 4-14 所示。

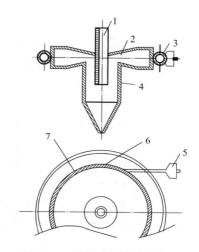

图 4-13　柱锥腔型粉碎-分级室
1—工质排出管；2—分级区；3—工质分配室；
4—成品收集器；5—进料器；6—喷嘴圈；7—喷嘴

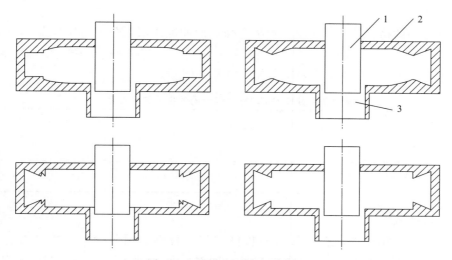

图 4-14　阶梯腔型粉碎-分级室
1—工质排出管；2—粉碎-分级室；3—成品收集区

实验证明，物料在粉碎室中的径向速度非常高，而且边界层内的径向速度更高于平均值，一些颗粒较大的粒子正是通过这个边界层进入成品的。为了防止粗大粒子破坏边界层，在粉碎室的分级段界面上设计凸起的、不连续的结构。内壁上的凸起物可以是多种形状的，但必须上下对称，其位置最好在（0.7～0.8）R 处，即位于分级圆附近。这种腔型的粉碎-分级室，能得到粒度小、粒度分布窄的优质粉碎产品，并且粉碎-分级室不易堵塞。

4.2.3 典型气流粉碎设备

4.2.3.1 QBN-450 型靶式气流磨

（1）结构与工作原理

QBN-450 型靶式气流磨的结构与工作原理如图 4-15 所示，主要由进料斗、高压气体进口、靶板以及物料与气流出口等组成。

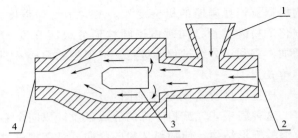

图 4-15 QBN-450 型靶式气流磨的结构与工作原理
1—进料斗；2—高压气体进口；3—靶板；4—物料与气流出口

其工作原理是：高速气流携带物料冲击到前方的靶板上，在冲击力作用下进行粉碎，粉碎后的物料随气流经出口排出，进入后序的分级器中。QBN-450型靶式气流磨中的靶板呈圆柱形，且可以缓慢转动，物料冲击倾斜的圆柱形靶板而被粉碎。

（2）性能特点与技术参数

QBN-450 型靶式气流磨的主要性能特点有以下几个。

① 结构简单、操作方便。

② 粉碎力特别大、粉碎效率高，尤其适用于低熔点、热敏性物料以及高分子聚合物的粉碎。

③ 高速运动的物料颗粒和气流对靶板有强烈的冲蚀作用，靶板磨损严重，可能会造成产品污染。

QBN-450 型靶式气流磨的主要技术参数如表 4-7 所示。

表 4-7 QBN-450 型靶式气流磨的主要技术参数

型号	粉碎压力 /MPa	进料粒度 /mm	进料压力 /MPa	生产能力 /(kg/h)	空气耗量 /(m³/min)	净重/kg
QBN-450	0.6～0.8	≤3	0.3～0.5	10～100	9～10	250

（3）应用领域

气流冲击磨常用于处理粒径较大的粉体颗粒，特别适用于滑石、重晶石、方解石、高岭土等硬度较低类矿物的超细颗粒制备。同时，气流冲击磨适合于粉碎较困难的物料，如黏性材料、纤维状材料及金属材料、中药材等，尤其适合粉碎各种高分子聚合物粉末。

4.2.3.2 LNJR 型喷旋靶式气流磨

（1）结构与工作原理

LNJR 型喷旋靶式气流磨是将靶式气流粉碎与水平盘式气流粉碎有机结合而产生的新型气流粉碎机。

（2）性能特点与技术参数

LNJR 型喷旋靶式气流磨的主要性能特点有以下几个。

① 能耗较低，采用高速旋转的靶与气流粉碎力复合，增强和增加了粉碎的力度和颗粒碰撞的次数，使其产量比一般粉碎机增加了一倍左右。

② 该系列喷旋靶式气流磨采用独特的靶面设计，具有均化效应，粉碎后产品的粒度分布更窄。

③ 设备具有更加稳定、完整的分级流场，并且设有过粉碎和细粉提净装置，保证粉碎后粉体颗粒具有较窄的粒度分布。

表 4-8 给出了 LNJR 型喷旋靶式气流磨的主要技术参数。

表 4-8　LNJR 型喷旋靶式气流磨的主要技术参数

型号	进料粒度/mm	出料粒度/μm	生产能力/(kg/h)	装机功率/kW	耗气量/(m³/min)
LNJR-36A	<3	2~90	50~360	40.3~45	6
LNJR-120A	<3	2~90	300~1200	134~154	20
LNJR-240A	<3	2~90	600~2500	268~311	40
LNJR-480A	<3	2~90	1200~6000	520~750	80

（3）应用领域

LNJR 型喷旋靶式气流磨适用于冲击粉碎较困难的物料，比如黏性材料、纤维状材料及金属材料，特别适用于粉碎各种高分子聚合物粉末。其中典型物料有滑石、重晶石、方解石、高岭土、重钙、硅灰石、凹凸棒石、云母、氢氧化铝、磷酸二氢钾、聚磷酸铵、石英、氧化镁等。

4.2.3.3 流化床式气流粉碎机

（1）结构与工作原理

图 4-16 所示为流化床式气流粉碎机的结构，通过供料装置和料位显示器控制的双翻板阀（其作用在于避免空气进入料仓）将物料送入料仓。物料通过给料螺旋最终送入粉碎室内。压缩空气通过粉碎喷嘴急剧膨胀加速产生超声速喷射流，在粉碎室下部形成向心逆喷射流场，在压差作用下使粉碎室底部的物料实现流态化。

如图 4-17 所示为流化床内对撞气流交汇点示意，气流通过喷嘴进入流化床，颗粒在高速喷射气流交点（位于流化床中心）碰撞。颗粒是在气流的高速冲击及粒子间的相互碰撞作用下被粉碎的，与腔壁接触少、影响小，因而腔壁磨损大大减弱。

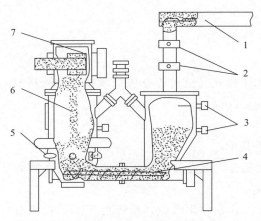

图 4-16　流化床式气流粉碎机的结构

1—供料装置；2—双翻板阀；3,4—料位
显示器；5—给料螺旋；6,7—喷嘴

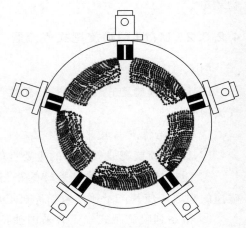

图 4-17　流化床内对撞
气流交汇点示意

　　进入粉碎腔内的物料利用多个喷嘴喷汇产生的气流冲击，以及由气流膨胀呈流态化床悬浮翻腾而产生碰撞、摩擦进行粉碎。经粉碎的物料随气流上升至粉碎室上部的涡轮分级机中，在高速涡轮所产生的流场内，粗粉在离心力作用下被抛向筒壁附近并回落到粉碎室下部再进行粉碎；而符合粒度要求的微粉则通过分级片流道，经排气管输送至旋风分离器作为产品收集；少量微粉由袋式捕集器作进一步气固分离；净化空气由引风机排出机外。这种分级机优点在于几乎不受进料粒度和进料量的影响。经过分级后的细粉进入旋风分离器和脉冲袋式除尘器中，从气流中分离出来。

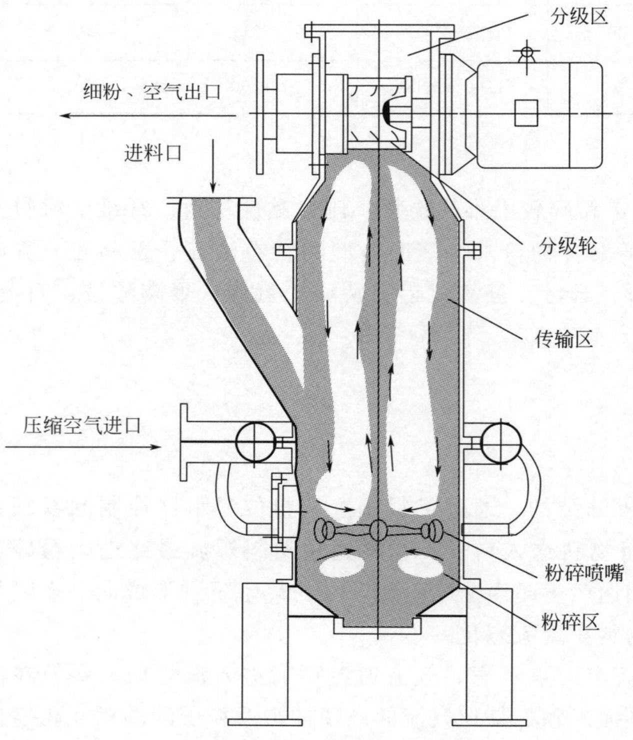

　　图 4-18 所示为另一种结构的流化床式气流粉碎机的工作原理。物料不通过磨机的螺旋喂料器进入流化床，而是通过斜直下料管直接进入粉碎室。这种结构主要用于磨损大而流动性好的物料。为了保证达到和小磨机相同的产品粒度，避免由于"放大效应"引起的失真，通常在大磨机中的同一粉碎室装有 2～4 个共同工作的分级机，以保证较好的选粉效果。

　　从粉碎原理上看，流化床式气流粉碎机实际上是单向喷射气流与逆向对喷气流两者叠加的结果。单向气流束粉碎物料的特点是：从两个不同方向进入该气流粉碎机的颗

细粉、空气出口

进料口

压缩空气进口

分级区

分级轮

传输区

粉碎喷嘴

粉碎区

图 4-18　流化床式气流粉碎机的工作原理

粒，由于经过不同的加速行程而具有不同的速度，但速度的方向是相同的，当颗粒相撞时，如果有足够大的速度差则发生粉碎。在气流从喷嘴喷出直到喷嘴射流交汇处的行程中，都进行这样的过程。

逆向对喷气流粉碎与单向气流的区别在于它仅仅发生在气流汇交点周围，并且颗粒速度大、方向相反，因此撞击速度比在单向气流中要大得多。将这两个效应叠加起来，就得到图 4-19 所示的流化床式气流粉碎机的粉碎作用。图中的点为被粉碎物料石灰石在相同粒度下的测试值。图中用归一化的单位工质产量（kg/m³）与无因次的距喷嘴距离的关系来代替粉碎速率。

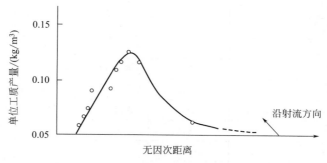

图 4-19　流化床式气流粉碎机的粉碎作用

如图 4-19 所示，开始时的单位工质产量随距喷嘴距离增加而线性增大，当达到最佳值后，开始下降直至最终达到一不变量。这一曲线相当于单喷气流束和逆向对喷气流束两个粉碎过程的叠加。

（2）性能特点与技术参数

流化床式气流粉碎机集粉碎、分级、混合、均化机理于一体，实现联机作业独特的优点，因此具有如下性能特点。

① 流化床式气流粉碎机的独到之处在于其将传统的气流磨的线、面冲击粉碎变为空间立体冲击粉碎，采用具有一定收缩角的拉瓦尔粉碎喷嘴，冲击速度高，颗粒受到气流喷嘴加速后对撞冲击，撞击速度是两相对速度的叠加，粉碎效率高。

② 能耗低，与其他类型的气流磨相比，平均能耗可减小 30%～40%。其原因主要是：喷射能得到最佳利用；多向同时对撞气流的合力大，粉碎效果加强；与超细分级机紧密配合使用，使合格细颗粒产品能够及时排出，只有不合格的粗颗粒才返回粉碎腔内进行二次粉碎。因此，能够防止颗粒的过度粉碎，从而减少能量的损耗。

③ 流化床式气流粉碎机将高速气流与物料分路进入粉碎室，避免了颗粒与管道的碰撞和摩擦，大大降低了喷嘴和管路的磨损。在粉碎室，颗粒流的对撞不仅加强了颗粒间的碰撞、摩擦，而且降低了颗粒对腔体的磨损，甚至可用于粉碎莫氏硬度达 9.5 级的高硬度物料。

④ 内设大直径立式分级转子的分级精度高，产品的粒度分布较窄，粒度调整极为方便，并不受进料粒度的影响。

⑤ 适用范围广，并可粉碎热敏性物料。

⑥ 设备运行平稳、噪声低，其值远低于许可值规定的 85dB。

⑦ 结构紧凑，占地面积与其他类型的传统气流磨相比减小 3～6 倍，体积小 6～10 倍。

⑧ 分级室可 180°翻转，粉碎室有快开门结构，使设备清洗容易，粉碎物料更加方便。粉碎后达到要求的颗粒可及时被分离出来，大大减少了过粉碎，提高了能量的利用率。

⑨ 生产易实现自动化控制，后续分级和粉碎实现了一体化，提高了效率。

在工业生产中，AFG 型流化床式气流粉碎机是目前气流粉碎机的主导机型，它可加工多种物料。AFG 型流化床式气流粉碎机的主要技术参数如表 4-9 所示，其应用实例如表 4-10 所示。

表 4-9　AFG 型流化床式气流粉碎机的主要技术参数

型号	AFG100	AFG200	AFG400	AFG630	AFG800	AFG1250
产品粒度/μm	25～40	4～50	5.5～80	7～90	7～90	7～90
耗气量/(m³/min)	50	200	800	2000	5200	10500
喷嘴直径/μm	2	4	8	11	16	22
粉碎室有效容积/L	0.85	25～30	80～90	340	1250	3400
料箱有效容积/L	—	15	55	230	1100	3000
分级器型号	ATP50	ATP100	ATP200	ATP315	ATP3×315	ATP6×315
分级器驱动功率/kW	1	3(4)	5.5	11(15)	3×11(15)	6×11(15)
分级器转速/(r/min)	22000	11500	6000	4000	4000	4000
Alpine 过滤器	—	K6	M12	G20	G48	G104

表 4-10　AFG 型流化床式气流粉碎机应用实例

物料名称	平均进料粒度/μm	产品粒度 d_{97}/μm	生产能力/(kg/h)
膨润土	56	15	190
石英	100	7	45
滑石粉	8	1.7	130
	10	3	330
硅灰石	87	6	80
	87	9.5	150
锆硅酸盐	140	24	120
	240	4.5	15

4.2.3.4　扁平式气流粉碎机

（1）结构与工作原理

扁平式气流粉碎机又称圆盘气流磨（图 4-20），扁平式气流粉碎机主要由料斗、文丘里喷嘴、文丘里管、上级颗粒分级装置、气孔环、下级颗粒分级装置、导筒等组成。由于机器的各喷嘴的倾角都是相等的，所以各喷气流的轴线切于一个假想圆中，这个圆称为分级圆。整个粉碎-分级室被分级圆分成两个部分，分级圆外侧到座圈内侧之间的部分为粉碎区，分级圆内侧到中心排气管之间的部分为分级区。待粉碎物料由文丘里喷嘴加速至超声速倒入粉碎室内，而高压气体经入口进入气流分配室（分配室与粉碎室相通），气流在自身压力作用下通过喷嘴时产生超声速甚至每秒上千米的气流速度。

在粉碎区内物料受到喷嘴处喷射气流的高速冲击，使得颗粒之间互相冲击碰撞，达到粉

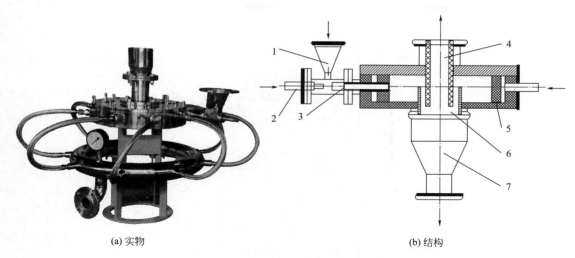

(a) 实物　　　　　　　　　　　　　　　　　(b) 结构

图 4-20　扁平式气流粉碎机的实物与结构

1—料斗；2—文丘里喷嘴；3—文丘里管；4—上级颗粒分级装置；5—气孔环；6—下级颗粒分级装置；7—导筒

碎目的。由于喷嘴倾角 $\alpha < 90°$，并且粉碎轮廓又是圆形的，所以各喷气流运动一定时间后，必定汇集成一股强大的高速旋转的旋流（称之为主旋流）。在粉碎区，相邻两喷气流之间的气体又形成若干个强烈旋转的小旋流。小旋流与主旋流的旋转方向相反，在小旋流中物料进行激烈的冲击和摩擦，达到粉碎的目的。

由于主旋流和小旋流的激烈运动，处于工质中的物料做高湍流运动，颗粒以不同的运动速度和运动方向以极高的碰撞概率互相碰撞而达到粉碎的目的。还有部分的颗粒与粉碎室内部发生碰撞，由于冲击和摩擦而被粉碎，这部分颗粒占总颗粒的 20%。

在粉碎机内的工质喷气流既是粉碎的动力，也是分级的动力。被粉碎物料由主旋流带入分级区以层流的形式运动而进行分级，粗粉在离心力作用下被甩向粉碎室周壁做循环粉碎，微细颗粒在向心气流带动下被导入粉碎机中心排气管进入旋风分离器进行捕集。

扁平式气流粉碎机的工艺流程如图 4-21 所示。粉料首先在混合器中混合均匀、喷油后进一步轧碎，然后转入气流粉碎机的料斗，用螺杆送至喷嘴。被压缩空气加速进入磨腔，研磨的细粉收集于微粉收集桶内，超细粉通过布袋排气后收集。气压与进料速度是影响磨粉效果的重要因素。气压通过压力报警装置控制，当压力小于设定值时，系统自动停机。进料过快，会导致磨腔及喷嘴的堵塞；进料过慢，会导致颗粒之间的碰撞频率减小，不能有效研磨。通过控制螺杆的转速可以实现稳定的进料速度。

（2）性能特点与技术参数

扁平式气流粉碎机的主要性能特点主要有以下几个。

① 适用于干式超微工艺；由于冲击速度很大 [可达 2 马赫（1 马赫＝340m/s）以上]，一般情况下很容易获得 $1 \sim 10 \mu m$ 的粒子。

② 由于粉碎机内部的自分级，制品中粗颗粒不断循环粉碎，因而能获得颗粒均匀、粒度分布范围窄的制品。

③ 在粉碎过程中，由于压缩空气急剧膨胀，使温度下降，因此适用于低熔点、热敏性物料的粉碎，粉碎过程中还起到混合和分散的效果。

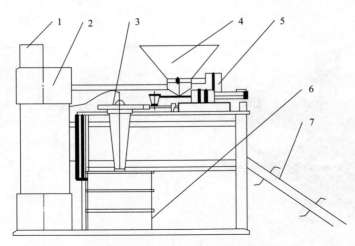

图 4-21　扁平式气流粉碎机的工艺流程

1—控制柜；2—超微粉收集装置；3—气流粉碎机；4—料斗；5—给料电动机；6—微粉收集桶；7—梯子

④ 粉碎时间短，结构简单，没有运转部件且操作维修方便，占地面积小，低噪声和无振动。

⑤ 粉碎效率高，能进行连续粉碎，保持粉碎制品的纯度。

GTJ 型扁平式气流粉碎机的主要技术参数如表 4-11 所示，BPQ 型扁平式超声速气流粉碎机的主要技术参数如表 4-12 所示。

表 4-11　GTJ 型扁平式气流粉碎机的主要技术参数

型号	空气压力/MPa	耗气量/(m³/min)	主机用功率/kW	处理量/(kg/h)
GTJ-100		1.6	15	0.5～1.5
GTJ-200		3.0	22	5～50
GTJ-315		6.0	55	15～100
GTJ-400	0.8～1.2	10	75	25～150
GTJ-475		15	110	80～300
GTJ-560		20	160	100～500
GTJ-670		40	250	200～700
GTJ-750		60	330	600～1200

表 4-12　BPQ 型扁平式超声速气流粉碎机的主要技术参数

型号	粉碎压力/MPa	耗气量/(m³/min)	生产能力/(kg/h)	质量/kg	外形尺寸/(mm×mm×mm)
BPQ-50		0.6～0.8	0.5～2	80	1050×485×1330 机组
BPQ-100		1.75～2.2	0.5～5	140	1400×715×1880 机组
BPQ-200		3～3.8	5～40	55	290×290×280
BPQ-300	0.6～0.9	6～7.5	10～50	80	510×510×630
BPQ-400		10～12.5	50～200	180	650×650×920
BPQ-500		20～25	200～500	250	800×800×700
BPQ-600		25～32	300～600	330	1000×1000×900

4.2.3.5　循环管式气流粉碎机

（1）结构与工作原理

循环管式气流粉碎机主要由机体、机盖、气体分配管、粉碎喷嘴、进料系统、连接、接头、分级叶轮、混合室、进料喷嘴、文丘里管等组成。压力气体通过进料喷射器产生的高速射流使进料混合室内形成负压，将粉体原料吸入混合室并被射流送入粉碎腔。粉碎、分级主体为梯形截面的变直径、变曲率 O 形环道，在环道的下端有由数个喷嘴有角度地向环道内喷射高速射流的粉碎腔，在高速射流作用下，使进料系统送入的颗粒产生激烈的碰撞、摩擦、剪切、压缩等作用，使粉碎过程在瞬间完成。

被粉碎的粉体随气流在环道内流动，其中粗颗粒进入环道上端，在逐渐增大曲率的分级腔中由于离心力和惯性力的作用被分离，经下降管返回粉碎腔继续粉碎，细颗粒随气流与环道气流成 130°夹角逆向流出环道。流出环道的气固两相流在出粉碎机前以很高的速度进入一个蜗壳形分级室进行第二次分级，较粗的颗粒在离心力作用下分离出来，返回粉碎腔；细颗粒随气流通过分级室中心出料孔排出粉碎机，进入捕集系统进行气固分离。

如图 4-22 所示，循环管式气流粉碎机的主要粉碎部位是进料喷射器和粉碎室。从进料口进入的原料颗粒受到进料喷射器出来的高速气流冲击而不断加速，由于颗粒粗细不均匀造成在气流中运动速度不同，因而使颗粒在混合室与前方颗粒冲撞造成粉碎，这部分主要对较大颗粒进行粉碎。粉碎腔是整个粉碎机的主要粉碎部位。气流在喷射口以高速度向粉碎室喷射，使射流区域的颗粒激烈碰撞造成粉碎。在两个喷嘴射流交叉处也对颗粒冲击形成粉碎作用；此外旋涡中每一高速流周围产生低压区域，形成很强的旋涡粉体在旋涡中运动，相互激烈摩擦造成粉碎。

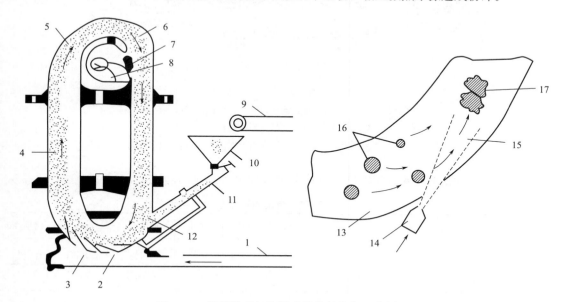

图 4-22　循环管式气流粉碎机的结构与工作原理

1—气流管；2,14—喷嘴；3,13—粉碎室；4—上行管；5,6—分级区；7—惯性分级装置；8—产品出口；9—送料器；10—料斗；11—喷射式进料器；12—粉碎区；15—喷气流；16—运动颗粒；17—相互碰撞的颗粒

（2）性能特点与技术参数

循环管式气流粉碎机的主要性能特点有以下几个。

① 主机结构简单，操作方便；主机设备体积小，且生产能力大。

② 产品粒度小，可至 $0.2\sim3\mu m$。

③ 粉碎的同时具有自动分级功能，可广泛应用于颜料、填料、药品、化妆品和食品等的超微粉碎。

④ 可以对热敏性物料和爆炸性化学品进行特殊粉碎。

上述的循环管式粉碎机有两个缺点：一是物料颗粒不发生迎面撞击，容易出现冲击碰撞时的所谓"飞斜"现象，故粉碎能量利用率较低；二是携带团体颗粒的气流离开粉碎区后开始改变运动方向，循环管内壁受到较大冲击，磨损厉害。为了消除这种冲击壁，出现一种双循环管式气流粉碎机，如图 4-23 所示。物料由料斗 6、7 经喷射式进料器 2、3 进入粉碎区。与对喷式气流粉碎机一样，物料受到迎面冲击粉碎。所以，其粉碎强度大，能量利用率高，不发生"飞斜"现象。两股气流合二为一，沿其共用的上行管 9 进入分级区 10、11，因此消除冲击壁现象。

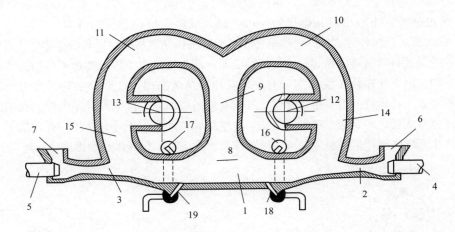

图 4-23 双循环管式气流粉碎机

1—粉碎区；2,3—喷射式进料器；4,5—气流喷嘴；6,7—料斗；
8—中心碰撞区；9—上行管；10,11—分级区；12,13—成品出口；
14,15—粗颗粒返回管；16,17—辅助气流分配管；18,19—辅助喷嘴

QON 型循环管式气流粉碎机的主要技术参数如表 4-13 所示。

表 4-13　QON 型循环管式气流粉碎机的主要技术参数

型号	粉碎压力/MPa	耗气量/(m³/min)	生产能力/(kg/h)	功率/kW	外形尺寸/(cm×cm×cm)	质量/kg
QON75	$0.6\sim0.9$	$6.2\sim9.6$	$30\sim150$	$65\sim75$	$83.6\times60\times150$	350
QON100	$0.6\sim0.9$	$13.5\sim20.6$	$100\sim500$	$110\sim135$	$100\times90\times187$	650

4.2.3.6　对喷式气流粉碎机

(1) 结构与工作原理

对喷式气流粉碎机在粉碎室内有数个相对设置的喷嘴，根据其粉碎方式的不同可分为两种形式。一种是如图 4-24(a) 所示的形式，物料与气流一起进入喷嘴，其特点是：能量利用

率高、粉碎效率高，但喷嘴磨损严重，物料易被污染。另一种是如图 4-24(b) 所示的形式，物料不经过喷嘴，而是通过螺旋进料器进入粉碎室，然后在喷嘴射流的吸附作用下加速，物料从两个或多个方向相互进行冲击和碰撞而呈现流态化，物料由于受到剧烈碰撞、摩擦力而被粉碎。其特点是：成品粉纯度高，喷嘴基本不磨损，粉碎效率很高，是目前应用较广泛的一种气流粉碎机。由于物料的高速对撞，冲击强度大，能量利用率高，可用于粉碎莫氏硬度 9.5 级以下、脆性、韧性的各种物料，产品粒度可达亚微米级。

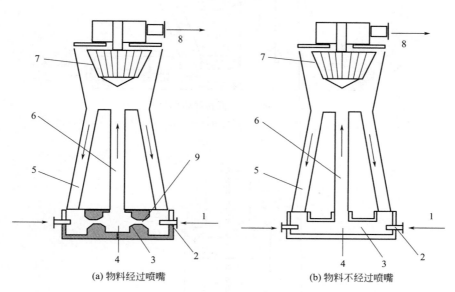

图 4-24　对喷式气流粉碎机的两种结构形式

1—压缩气体；2—喷嘴；3—带料射流；4—粉碎室；5—分级后返回的粗颗粒；
6—粉碎后的物料；7—离心分级轮；8—成品粉出口；9—过滤喷嘴

　　对喷式气流粉碎机的成品分选方式也有两种结构形式。一种分选方式如图 4-20 所示，它的成品粉是通过高速旋转的离心分级轮实现的。其工作原理是：经过粉碎的物料随气体一起从粉碎室出来进入离心分级轮，粗颗粒由于离心力作用被甩出来，沿器壁和回管回到粉碎室继续粉碎；细颗粒克服离心力作用进入离心分级轮，由中心出口出来作为成品粉被收集。由这种分选方式获得的成品粉粒度细小，可以通过调节离心分级轮的转速而改变，粒度分布窄，纯度高。

　　另一种分选方式如图 4-25 所示，即特劳斯特型（Trostt Jet Mill）。粉碎后的物料随气流一起进入扁平式分级室，细颗粒克服自旋流场的离心力，从中心出口出来作为成品粉被收集，粗颗粒则从侧壁口进入粉碎室继续粉碎。

　　马亚克型气流粉碎机（Majac Jet Puluerizer）是目前对喷式气流粉碎机中的代表，如图 4-26 所示。物料经螺旋进料器进入上升管中，依靠上升气流带入分级室后，粗颗粒沿管回到粉碎室，并且在来自喷嘴的两股相对喷气流作用下发生冲击碰撞而被粉碎。粉碎后的物料，被气体带入分级室进行分级，细颗粒通过分级转子之后成为产品。在粉碎室中，已被粉碎的物料从粉碎室底部的出口管进入上升管中。出口管设置在粉碎室的底部，可以防止物料沉积后堵塞粉碎室。为了尽可能地把合格的细颗粒都分离出去，在分级室下部经入口通入二次空气。

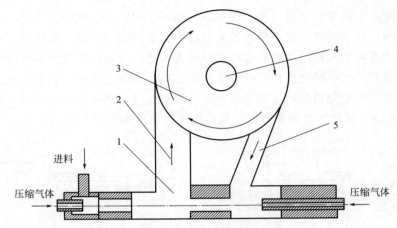

图 4-25　Trostt 型气流粉碎机的结构示意

1—粉碎室；2—粉碎后的物料；3—盘式惯性分级室；4—成品粉出口；5—返回的粗粒

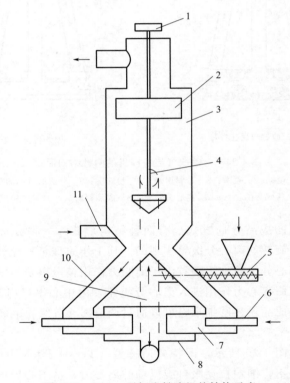

图 4-26　Majac 型气流粉碎机的结构示意

1—传动装置；2—分级转子；3—分级室；4—入口；5—螺旋进料器；6—喷嘴；
7—混合管；8—粉碎室；9—上升管；10—粗颗粒返回管；11—二次风入口

　　为了控制产品粒度，首先控制分级室内气流的上升速度，以确保只有较细的颗粒才能被上升气流带到分级转子处；其次还要调节分级转子的转速。该机型可以用于粉碎坚硬的、脆性的、黏性的物料。

　　（2）性能特点与技术参数

　　这种分级设备的性能特点有以下几个。

① 粉碎机没有动部件，结构相对简单。

② 综合了对喷式和扁平式气流粉碎机的结构，产量大，粒度分布较宽。

③ 由于分级室壁的磨损，成品粉纯度受影响。

JSQ 型对喷式气流粉碎机的主要技术参数如表 4-14 所示。

表 4-14　JSQ 型对喷式气流粉碎机的主要技术参数

型号	进料粒度/mm	粉碎粒度/μm	生产能力/(kg/h)	空气耗量/(m³/min)	空气压力/MPa	装机功率/kW
JSQ-3	≤5	1～150	1～30	3	0.7～1	23
JSQ-5	≤5	1～150	10～120	5	0.7～1	40
JSQ-10	≤5	1～150	50～300	10	0.7～1	74
JSQ-20	≤5	1～150	200～1200	20	0.7～1	160
JSQ-40	≤5	1～150	400～3000	40	0.7～1	310
JSQ-80	≤5	1～150	800～6000	80	0.7～1	510

4.2.3.7　LHC 型气旋式气流粉碎机

（1）结构与工作原理

LHC 型气旋式气流粉碎机的外形结构如图 4-27 所示，气旋式气流粉碎机是内部上方装有分级机构的喷射式气流粉碎机。物料通过螺旋进料器加入，依靠喷嘴的喷射效应吸引粉碎机内腔供料。借喷嘴喷出口的超声速气流，物料在加速管部被加速成高速，在冲击面上受到冲撞。物料受到冲撞后在高速旋转的气流和物料本身相互摩擦等作用下达到微粉碎的目的。粉碎后的物料随气流上升到分级叶轮处进行分级，合格细粒状物料排出机外，粗粒状物料落下继续循环粉碎。

气旋式气流粉碎机的工作原理示意如图 4-28 所示。缓慢旋转的圆环状冲击面由下部驱动，圆环的整个外面为冲击面，所以局部的磨损和变形极小。

该机为粉碎效率较高的冲击面型的粉碎部和分级效率较高的分级部的组合构造，是一种集粉碎分级于一体的内闭路粉碎系统。产品的粒度可通过分级叶轮的转速进行调节。由于冲击面结构为一缓慢旋转的环状体，避免了局部磨损。物料冲击面大而均匀，一般常采用氧化铝、超硬合金、耐磨合金等制造。

典型设备有 LHC 型气旋式气流粉碎机，其实物如图 4-29 所示。

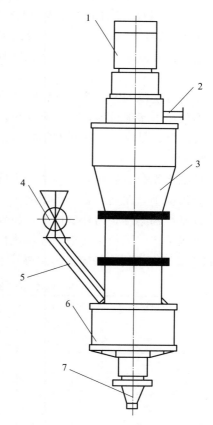

图 4-27　LHC 型气旋式气流粉碎机的外形结构

1—分级机电动机；2—成品料出口；3—分级区；
4—进料阀；5—进料管；6—粉碎区；7—压缩空气入口

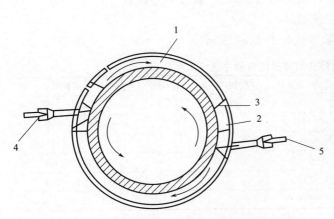

图 4-28 气旋式气流粉碎机的工作原理示意
1—粉碎室；2—冲击面；
3—冲击环；4,5—喷嘴

图 4-29 LHC 型气旋式气流
粉碎机的实物

（2）性能特点与技术参数

气旋式气流粉碎机的主要性能特点有以下几个。

① 在相同能耗的条件下，其产量比普通气流粉碎机提高 1 倍。

② 配置自分流分级系统，产品粒度分布窄，分级轮使用寿命比卧式、立式分级叶轮提高 5～8 倍。

③ 进料粒度范围大，最大进料粒度达 5mm。

④ 不仅用于超细粉碎，而且兼具颗粒整形、颗粒打散功能。

⑤ 对易燃、易爆、易氧化的物料可用惰性气体作介质实现闭路粉碎，惰性气体循环使用，损耗极低。

⑥ 低温、无介质粉碎，尤其适合于低熔点、热敏性物料的超微粉碎。

⑦ 磨损极小，尤其适合于高硬度、高纯度物料的超细粉碎。

⑧ 设备结构紧凑，内外壁抛光，粉碎箱无存料、无死角、易清洗，符合 GMP 要求。

⑨ 负压生产，无粉尘污染，环境优良。

LHC 型气旋式气流粉碎机的主要技术参数如表 4-15 所示。

表 4-15 LHC 型气旋式气流粉碎机的主要技术参数

型号	进料粒度 /mm	粉碎产品粒度/μm	生产能力 /(kg/h)	空气耗量 /(m³/min)	空气压力 /MPa	装机功率 /kW
LHC-3	≤3	2～150	20～150	3	0.8	30
LCH-6	≤3	2～150	60～300	6	0.8	56
LCH-10	≤3	2～150	120～700	10	0.8	79.5
LCH-20	≤3	2～150	250～1500	20	0.8	165
LCH-40	≤3	2～150	600～3000	40	0.8	310
LCH-60	≤3	2～150	1000～4500	60	0.8	450
LCH-120	≤3	2～150	2000～10000	120	0.8	850

4.2.3.8　气流粉碎工艺系统

（1）气流粉碎工艺系统的组成

气流粉碎工艺系统主要由以下六个部分组成。

① 气源。气源是气流粉碎机粉碎过程的动力。对压缩空气的压力要求在 0.7～0.8MPa 之间，保持压力稳定，即使压力有波动，频率也不宜过高，否则影响产品的质量。另外，对气体质量要求洁净、干燥，应对压缩空气进行净化处理，把气体中的水分、油雾、尘埃清除，使被粉碎的矿产物料不受污染，特别对要求纯度较高的物料的粉碎要求更高。

② 气流粉碎机主体。物料在气流粉碎机主体中粉碎。进料仓是本工艺装备流程中的辅助设施，进料仓通过由电动机驱动的星形阀与气流粉碎机进料口相连。星形阀按控制要求向粉碎腔输送物料，且密封气流粉碎机与进料仓通道。粉碎机对原料的粒度适应性较强，一般要求粒度为 0.045mm 的原料。但是在实践中，投入原料粒度为 0.20～0.045mm 的矿产物料进行加工也取得良好的效果。原料输送机输送原料的速度采用自动控制以保持粉碎室的原料和空气混合的浓度相对稳定，采用这样的方法可以使超细粉产量最佳。粉碎室内安装有两对或多对喷嘴，压缩空气通过喷嘴时形成超声速气流使原料加速，原料在空间内相互碰撞而粉碎成超细粉，粉碎效果与喷嘴内径形状、距离、对称性以及原料和空气的混合浓度有关。喷嘴内径形状决定其形成超声速的最佳速度、距离，决定原料加速路程。速度是否达到理想程度，以及原料和空气混合浓度也影响产品粒度和产量。

③ 分级轮。分级是通过高速旋转的分级轮进行的。分级轮像一个圆“铁桶”，底部中心固定在直连电动机的主轴上（由电动机驱动高速旋转），开口处和微粉收集系统的管道入口相对，且保持一定间隙也不能过大，否则未经筛选的粗粉将从间隙进入微粉收集系统的管道（为防止此类事件发生，需要对间隙进行气封处理），影响产品质量。分级轮上安装有叶片，叶片间的缝隙为分选微粉的通道。被粉碎的微粉随气流流动，由于微粉的粒径小便于通过叶片间的缝隙进入微粉收尘器；而较大的颗粒，在分级轮的离心力作用下被甩到外壁后滑落，再次进行粉碎。调整分级轮的转速，可以得到不同粒度的产品。

④ 微粉收集系统。微粉收集系统由旋风收集器和布袋除尘器组成。旋风收集器是本工艺装备流程中成品收集单元。超细粉通过密封管道进入旋风收集器，气流在旋风收集器内旋转将超细粉甩出，超细粉由排料系统排出包装即是成品。旋风收集器可以用一级或两级。从旋风收集器出来的气流携带部分粉尘进入粉尘收集器，通过布袋上的粉尘，其尾气在引风机的作用下抽出，粉尘含量非常少。为防止粉尘排入大气中污染环境，还可增加一套布袋除尘器，作为本工艺装备流程中的环保单元。布袋除尘器设置在旋风收集器下级，收集气流中未分离的特细微粉，脉冲控制循环反吹布袋。特细微粉收集一定量后，由布袋除尘器下端设置的星形阀排出，以洁净的空气排放，保持了清洁化的生产。

⑤ 引风机。引风机是气流粉碎流程中维持设备气流正常工作的单元。通过管道连接将气流粉碎机、旋风收集器、布袋除尘器连接成一套工艺流程，用于系统的引风、粉料输送和收集。对于气流粉碎机而言，将粉碎腔内细粉和气流引出，保持粉碎腔内部的压力正常以提高粉碎效果。

⑥ 控制柜。控制柜是本工艺装备流程中各装备执行指挥单元，由可编程控制器、变频调速器、电动机保护控制器、报警显示器等组成。因涉及工艺流程中各设备的安全使用，其自动开启、手动开启和停机操作都必须按照相应的流程进行，使用过程中检查维护也必须按

相应的方法进行。在粉碎室内，我们可以利用电容式物料密度控制开关或传感器控制物料和空气的混合浓度。本设备利用分级轮驱动电动机的电流大小进行控制，这种控制方法简单、可行，便于控制。当物料和空气混合浓度增加时，随气流流动的粉尘密度增加，撞击分级轮的粉尘增加，使驱动电动机的电流增加，反之驱动电动机的电流减小。利用电动机电流的大小，控制输送物料的多少，可使物料和空气的混合浓度调到最佳，当驱动电流增加时立即停止输料，以使出粉和输料保持动态平衡，保证产品质量的稳定。

（2）气流粉碎工艺系统的分类

常用的气流粉碎系统可分为常温空气气流粉碎工艺系统、过热蒸汽气流粉碎工艺系统、惰性气流粉碎工艺系统和易燃易爆物料粉碎工艺系统。

① 常温空气气流粉碎工艺系统。常温空气气流粉碎工艺系统由空气压缩机、储气罐、空气冷冻干燥器、气流粉碎机、旋风收集器、除尘器等组成，如图4-30所示。将物料均匀地加入气流粉碎机中，压缩空气经过滤、空气冷冻干燥后，通过超声速喷嘴向粉碎区高速喷射。物料在超声速喷射流中加速，并在喷射流交汇处反复冲击、碰撞、摩擦达到粉碎效果。经过粉碎的物料随上升气流进入分级区，满足粒径要求的细颗粒随气流进入旋风收集器、除尘器收集，净化后气体从引风机排出；不满足粒径要求的粗颗粒返回粉碎区继续粉碎。

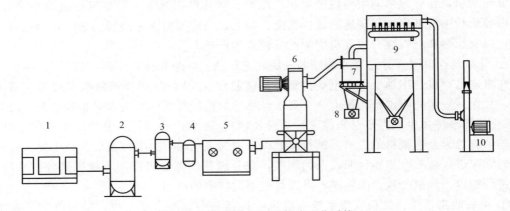

图4-30 常温空气气流粉碎工艺系统

1—空气压缩机；2—储气罐；3—高效除油器；4—精密过滤器；5—空气冷冻干燥器；
6—气流粉碎机；7—旋风分离器；8—星形出料阀机；9—除尘器；10—引风机

② 过热蒸汽气流粉碎工艺系统。过热蒸汽气流粉碎工艺系统可分为湿法捕集和干法捕集两种。图4-31是湿法捕集的过热蒸汽气流粉碎工艺系统。采用湿法捕集时，从料斗中卸下的物料颗粒经喷射式进料器进入气流粉碎机，完成粉碎后，成品落在成品输送器上，废蒸汽进入混合冷凝器冷却，冷却水来自冷却槽。捕集下来的成品在热水槽中靠重力落入槽底，取出后在干燥分级。未被冷凝的蒸汽由蒸汽泵抽出进一步冷凝。热水槽中热水经沉淀后抽至冷却器，冷却后注入冷水槽备用。

干法捕集的过热蒸汽气流粉碎工艺系统如图4-32所示。在肋片式过热器中用天然气火焰将压强1.08MPa、温度175℃的饱和蒸汽加热到288℃。过热蒸汽随后进入气流粉碎机，与此同时，粒度为180μm的人造金红石原料由储料斗经卸料阀、带式进料器进入喷射式料斗中。经气流粉碎后，人造金红石变成了1～3μm的钛黄粉颜料。粉碎合格的产品与废蒸汽一同进入高温布袋除尘器中。穿过布袋已净化的捕集下来的成品经鼓风机吹到料仓中。

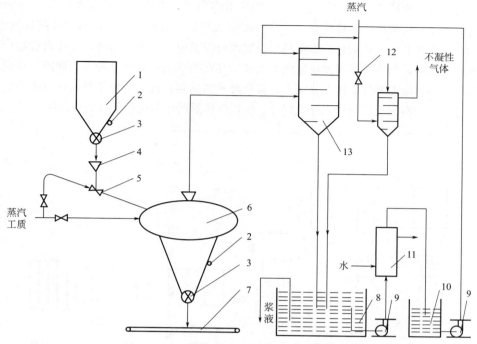

图 4-31　湿法捕集的过热蒸汽气流粉碎工艺系统

1—储料斗；2—振动器；3—卸料器；4—料斗；5—喷射式进料器；6—气流粉碎机；7—产品输送带；
8—热水槽；9—泵；10—冷水槽；11—冷却器；12—蒸汽喷射泵；13—混合冷凝器

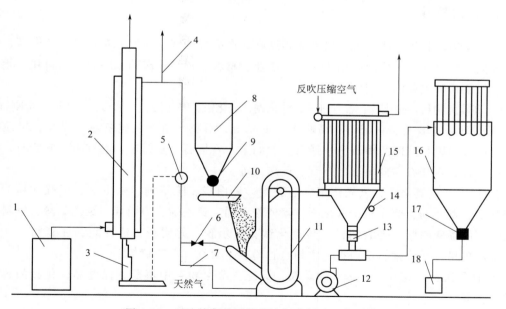

图 4-32　干法捕集的过热蒸汽气流粉碎工艺系统

1—蒸汽锅炉；2—肋片式过滤器；3—天然气燃料器；4—放空阀；5—湿度控制器；6—减压阀；
7—截止器；8—储料斗；9—卸料阀；10—带式进料器；11—气流粉碎机；12—鼓风机；
13—卸料-锁气器；14—振动器；15—高温布袋捕集器；16—料仓；17—卸料锁气器；18—成品包装机

③ 惰性气流粉碎工艺系统。如图 4-33 所示，惰性气流粉碎工艺系统主要由气体压缩机、储

气罐、料仓、气流粉碎主机、旋风分离器、除尘器等组成,采用氮气或其他惰性气体为粉碎介质。开机时首先采用惰性气体持续充入系统中将空气驱赶,直至全系统达到氧探测仪的设定值;然后启动自动进料装置,将料仓中的物料均匀加入粉碎室中,经压缩的惰性气体通过超声速喷嘴向粉碎室高速喷射,物料在超声速喷射流中加速,并在喷嘴交汇处反复冲击、碰撞,达到粉碎效果。被粉碎的物料随上升气流进入分级室,符合要求的细颗粒进入分级轮被旋风分离器、捕集器收集;不合格的物料则返回粉碎室继续粉碎,惰性气体返回压缩机吸气口循环使用。

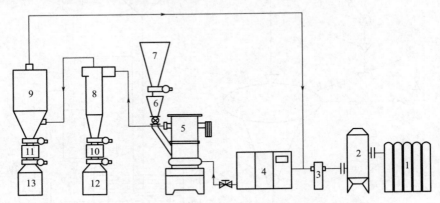

图 4-33　惰性气体气流粉碎工艺系统

1—惰性气体源;2—储气罐;3—精密过滤器;4—压缩机;5—气流粉碎机;6—过渡原料仓;
7—原料仓;8—旋风分离器;9—捕集器;10,11—成品过渡料桶;12,13—成品料桶

4.2.4　应用领域

气流粉碎以其生产能力大、自动化程度高、产品粒度细、粒度分布较窄、纯度高、活性大、分散性好等优点,广泛应用于化工、矿业、材料、食品、医药、颜料、涂料和化妆品等行业。气流粉碎主要的应用领域如下。

①　高硬度物料:碳化硅、各种刚玉、碳化硼、氧化铝、氧化锆、石榴石、锆英砂、金刚石等。

②　矿业:方解石、白云石、高岭土、重晶石、石英、滑石、硅灰右、煤粉、轻质碳酸钙、云母、铝矾土、凹凸棒石、水镁石、膨润土、石榴石、菱镁矿、红柱石、叶腊石、钾长石、透辉石、累托石、硅藻土、石膏、珍珠岩等。

③　化工:氢氧化镁、氢氧化铝、硅胶炭、黑白炭、除草剂、杀虫剂、可湿性粉剂、沉淀硫酸钡、发泡剂、荧光粉、催化剂、聚四氟乙烯、聚乙烯、聚丙烯、聚乙烯醇、染料、高氯酸钾、丙烯酸树脂、碳酸钠、二酸氧化钛、瓜尔胶、元明粉、活性炭、环氧粉末、硬脂酸、聚乙烯蜡、纤维素、钛白粉、木粉、竹粉、木薯纤维、硫黄等。

④　食品医药:花粉、山楂、珍珠粉、灵芝、蔬菜粉、中草药、保健品、化妆品、抗生素类药物等。

⑤　金属材料:铝粉、铁粉、锌粉、铜粉、镁粉、二硫化钼、钽粉、钴粉、锡粉、碳化钨、五氧化二钒、金属硅、不锈钢粉等。

⑥　电池新材料:磷酸铁锂、碳酸锂、钴酸锂、锰酸锂、二氧化锰、三元材料、天然石墨、人造石墨、沥青、焦炭、镍钴酸锂、氧化钴、氢氧化锂、四氧化三钴、草酸亚铁等。

⑦　纳米新材料:油墨、纳米轻钙、纳米陶瓷材料、纳米磁性材料、纳米催化剂、纳米

纤维等。

4.3　介质磨机

4.3.1　球磨机

球磨机是最早应用于粉体细磨加工的设备，最早的球磨机模型由巴黎的 Konow 和 Davidson 两位学者于 1891 年提出。他们在专利中表明球磨机最重要的部件是研磨筒体，筒体的两端由支座支撑，并由电动机和减速器驱动，可绕球磨机的中心轴线做回转运动。筒体内部填装有研磨介质，在筒体旋转过程中，研磨介质在摩擦力的作用下被带到高处，然后筒体由于受自身的重力作用自由下落冲击和挤压物料颗粒，同时筒体内部相对滑动的研磨介质也会对物料颗粒产生剪切和研磨作用，在多种机理的联合作用下将物料颗粒磨碎。球磨机是将固体物料细化制粉的尤为关键的机械设备，在选矿、冶金、化工、建筑、陶瓷等行业获得广泛应用，尤其在选矿行业的矿石磨粉作业中占据重要地位。

4.3.1.1　结构与工作原理

（1）结构

球磨机的主要部件包括电动机、减速器、机座、筒体、轴承座、滚动轴承和大齿圈等。筒体内部填装有一定量的研磨介质，研磨介质一般为钢球或者钢棒，其直径为 25～150mm。研磨介质的填装量为筒体净容积的 25%～50%，具体添加量与研磨工艺参数相关，如初始物料颗粒大小、物料自身的属性、筒体转速、研磨粒度、出料速率等。

筒体由电动机驱动旋转，研磨物料通过进料装置进入筒体中。在筒体旋转过程中，研磨介质贴附在筒体内壁衬板上，由于惯性和离心力的作用跟随筒体一起做回转运动。当研磨介质被带到一定的高度后因重力作用自由下落，冲击筒体内部的物料颗粒。同时研磨介质在筒体内不仅有上升运动和下落运动，还有相对滑动和滚动，对筒体内部的物料进行挤压和研磨。研磨完成的物料借助筒体内料面高度差，由进料端口向出料端口流出，完成整个研磨过程。球磨机的结构示意如图 4-34 所示。

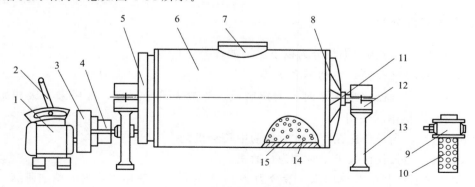

图 4-34　球磨机的结构示意

1—电动机；2—离合器操纵杆；3—减速器；4—摩擦离合器；5—大齿轮圈；6—筒体；7—进料口；
8—端盖；9—旋塞阀；10—卸料管；11—主轴头；12—轴承座；13—机座；14—衬板；15—研磨腔体

（2）工作原理

球磨机筒体内部的研磨介质运动状态通常与筒体转速、物料残存量和研磨介质自身属性息息相关。因为研磨介质可产生的惯性力和离心力的大小由筒体的转速决定。当筒体转速大小不同时，研磨介质的运动状态也不相同。

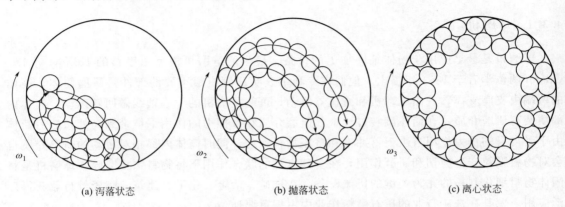

(a) 泻落状态   (b) 抛落状态   (c) 离心状态

图 4-35　球磨机内研磨介质的运动状态

如图 4-35（a）所示，当筒体转速过低时，研磨介质上升高度较小，然后在自身重力作用下做自由落体运动，球磨机的这种工作状态叫做"泻落状态"。在"泻落状态"下，研磨介质对物料的冲击作用很小，研磨作用不大，因而物料颗粒磨粉效果不佳，生产能力低下。当筒体转速适中时，随着筒体转速增大，研磨介质在惯性力和离心力的作用下，被提升高度也逐渐增大。当研磨介质到达一定高度后离开筒壁，由于其具有一定的水平初速度，故在重力作用下沿抛物线轨迹下落，对物料产生冲击作用和挤压作用，球磨机的这种工作状态叫做"抛落状态"，如图 4-35（b）所示。在"抛落状态"下，研磨介质对物料有较大的冲击作用和研磨作用，故磨粉效果好，生产效率高。当筒体转速达到某一临界值时，研磨介质就在离心力作用下随筒体一起转动，且不脱离筒壁，球磨机的这种工作状态叫做"离心状态"〔图 4-35（c）〕，此时球磨机的速度叫做"离心转速"或"临界转速"。在"离心状态"下，研磨介质对物料起不到任何冲击作用和研磨作用，没有任何研磨效果。因此，在实际生产应用中，球磨机筒体的转速应低于理论临界转速。

4.3.1.2　球磨机分类

球磨机按照不同分类依据可分为以下不同的种类。

（1）球磨机按照长径比值的不同分类

① 短磨机：当长径比小于 2 时称为短磨机。一般为单个料仓，常用来一级初始研磨，可将 2～3 台短磨机串联使用。

② 中长磨机：当长径比在 3 左右时称为中长磨机。

③ 长磨机：当长径比大于 4 时称为长磨机。

中长磨机和长磨机的筒体内部一般分为 2～4 个料仓，一般用于物料的精细研磨。

（2）球磨机按筒体内部装入研磨介质的形状分类

① 球磨机：筒体内部装入的研磨介质主要为钢球，直径范围为 30～120mm。球磨机在日常应用中最为广泛。

② 棒磨机：简体内部装入的研磨介质主要为钢棒，直径范围为 $75 \sim 150\mathrm{mm}$。棒磨机长径比一般为 $1.5 \sim 2$，常用于各种矿石和岩石的粉磨。

③ 棒球磨机：简体内部一般分为 $2 \sim 4$ 个料仓。通常在第一个料仓内以钢棒作为研磨介质，在其他料仓内填装钢球作为研磨介质。棒球磨机的长径比一般控制在 5 左右，这样会有较好的研磨效果。

④ 砾石磨机：简体内部填装的研磨介质以砾石、卵石、瓷球等为主，替代传统的钢磨球或钢棒，可大大减小成本，通常用于水泥的生产或陶瓷的粉磨。

（3）球磨机按照卸料的方式分类

① 尾卸式球磨机：待研磨的物料从球磨机的顶端进入、尾端卸出，称为尾卸式球磨机。尾卸式球磨机的排料方式包括格子排料、周边排料和溢流排料等多种类型。

② 中卸式球磨机：待研磨的物料从球磨机的顶端和尾端进入，从球磨机简体的中部卸出，称为中卸式球磨机。

（4）球磨机按照传动方式分类

① 中心传动球磨机：电动机通过传动部件带动球磨机卸料端的中空轴而驱动球磨机做回转运动，传动轴与研磨简体的中心线相同。中心传动球磨机结构紧凑不需要配备大小齿轮，设备质量轻，成本低，传动效率高，工作可靠。

② 边缘传动球磨机：电动机通过传动部件带动研磨简体卸料端的大齿轮而驱动球磨机做回转运动。边缘传动球磨机的启动负荷较小，工作电流低，具有节能环保的特点。

（5）球磨机按照不同的工艺操作分类

球磨机按照不同的工艺操作可分为干式球磨机、湿式球磨机、间歇式球磨机和连续式球磨机等。

图 4-36 给出了五种球磨机的简单结构形式。

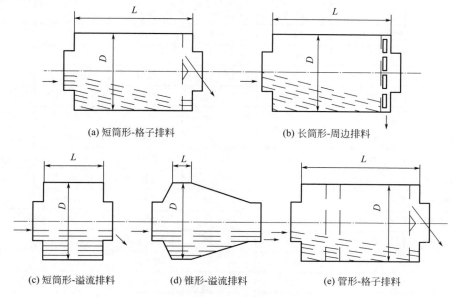

图 4-36 球磨机的简单结构形式

4.3.1.3 典型球磨机设备

（1）干式球磨机

干式球磨机是一种圆筒管型磨粉机，作为物料被破碎之后再进行粉碎的关键设备。干式球磨机一般采用多仓，常用于圈流磨粉，也可以用于开流磨粉。干式球磨机主要应用于硅酸盐制品、新型建筑材料、耐火材料、化肥以及玻璃陶瓷等生产行业。干式球磨机结构紧凑，主要由进料组件、出料组件、回转部件和传动部件（电动机、减速器、联轴器、小传动齿轮、大齿轮圈）等组成。干式球磨机要求待研磨物料必须为干性，因为过多的湿性物料可能会导致"糊球"现象的产生，影响研磨效率，情况严重时甚至会出现"饱磨"现象，这时只能停止

图 4-37　MQG 型干式球磨机外形结构

生产，检查机器故障。因此，干式球磨机对于待研磨物料的含水量有严格的控制要求。图 4-37 所示为河南百灵机器有限公司生产的 MQG 型干式球磨机外形结构，表 4-16 为其主要技术参数。

表 4-16　MQG 型干式球磨机的主要技术参数（河南百灵机器有限公司）

型号	有效容积/m³	磨球填装量/t	生产能力/(t/h)	减速器型号	电动机功率/kW	设备总质量/t
φ1200×4500	4.7	6.5	1.4～2	ZD30	45	13.1
φ1500×5700	9.4	13	3.5～4.5	ZD40	130	24
φ1830×6400	15.7	21.6	5.5～6.5	ZD60	210	38
φ1830×7000	17.1	23.5	6～7	ZD60	210	43
φ2200×6500	23	31.5	8～10	ZD70	380	50.2
φ2200×7500	26.5	36	10～11	ZD70	380	53.2
φ2200×8000	28.3	39	10～12	ZD70	380	55
φ2200×9500	33.6	46	14～16	ZD80	475	65
φ2400×100000	42.1	58	18～20	ZD80	680	94.5
φ2400×110000	46.3	64	19～21	ZD80	680	99.2
φ2400×130000	54.7	75.5	21～23	MBY710	800	115.2
φ2600×130000	85.5	118	28～32	MBY800	1000	148
φ3000×120000	78.9	109	32～35	MBY900	1250	168.6
φ3000×130000	88.6	122	34～37	MBY900	1400	172.3
φ3200×130000	134.2	185	45～50	MBY1000	1600	218
φ3800×130000	137.1	189	60～62	MFX250	2500	286
φ4200×130000	167.5	231	85～87	MFX355	3550	320

干式球磨机的工作原理：干式球磨机是一种卧式筒形旋转装置，研磨筒体包含两个料仓。在工作过程中，待研磨物料由进料装置送入研磨筒体，筒体在电动机和传动部件的驱动下绕中心线做回转运动。筒体内部的磨球跟随筒体一起旋转，当运行到一定高度时，磨球在自身重力的初速度作用下呈抛物线状下落，冲击、碾压物料。物料在第一个料仓内被初步研磨，经过单层隔仓板进入到第二个料仓，被进一步精细研磨，达到成品物料的标准，由卸料口排出，经其他输送设备将成品物料运向下一环节，完成整个粉磨作业。

干式球磨机与湿式球磨机相比成本更低，磨矿工艺更简单。在干式球磨机磨矿过程中，无需加水，节省加工程序，同时研磨钢球对干式球磨机研磨筒体内部衬板磨损较轻。

（2）湿式球磨机

湿式球磨机指对原料加湿后进行研磨，产品粒度小、研磨效果好。该设备出料口内置螺旋装置，方便排出料，结构合理、操作简单、运行平稳。目前在球磨机市场中湿式球磨机的销售占据重要地位，是广大用户选择较多的一种磨矿设备。图 4-38 所示为河南百灵机器有限公司生产的 MQS 型湿式球磨机的外形结构，表 4-17 为其主要技术参数。

图 4-38　MQS 型湿式球磨机的外形结构

表 4-17　MQS 型湿式球磨机的主要技术参数（河南百灵机器有限公司）

型号	筒体转速 /(r/min)	磨球填装量 /t	出料粒度 /mm	生产能力 /(t/h)	电动机功率 /kW	设备总质量 /t
φ900×1800	42	1.4	0.075~0.89	0.65~2	18.5	3.6
φ900×2100	41	1.7	0.075~0.83	0.7~3.5	15	3.9
φ900×3000	41	2.7	0.075~0.89	1.1~3.5	22	4.5
φ1200×2400	36	3.5	0.075~0.6	1.5~4.7	30	11.5
φ1200×2800	31	6.8	0.075~0.6	1.5~5	37	13
φ1200×4500	32	5.5	0.074~0.4	1.6~5.8	55	13.8
φ1500×3000	31	6.8	0.074~0.4	2~7	75	17
φ1500×4500	27	10.5	0.074~0.4	3.5~8	110	21
φ1500×5700	27	15	0.074~0.4	3.5~10	130	24.7
φ1830×3000	26	13	0.074~0.4	4~12	160	28

续表

型号	筒体转速/(r/min)	磨球填装量/t	出料粒度/mm	生产能力/(t/h)	电动机功率/kW	设备总质量/t
$\phi1830\times3600$	26	15	0.074~0.4	5~13	160	33.5
$\phi1830\times4500$	26.5	17	0.075~0.6	5.5~20	185	35
$\phi1830\times7000$	26	25	0.074~0.4	6.5~22	210	36
$\phi2100\times3600$	24	21	0.074~0.4	6.5~22	185	46.8
$\phi2200\times5500$	21	30	0.074~0.4	10~20	245	48.5
$\phi2200\times6500$	21.7	35	0.074~0.4	14~26	380	52.8
$\phi2200\times7500$	21	33	0.074~0.4	16~30	380	56
$\phi2400\times3000$	20.6	30	0.075~0.4	15~50	245	59
$\phi2400\times4500$	21	33	0.074~0.4	15~60	380	65
$\phi2700\times3600$	20.6	39	0.074~0.4	20~70	400	91.3
$\phi2700\times4000$	20.7	40	0.074~0.4	20~80	400	94
$\phi2700\times4500$	20.7	48	0.074~0.4	20~90	430	102
$\phi3200\times4500$	18	65	0.075~0.4	按工艺条件确定	800	137

　　湿式球磨机主要由研磨筒体、端盖、耳轴、滚动轴承、底座和进料部件组成。湿式球磨机的研磨筒体由钢板卷制而成，筒体上钻孔用于安装筒体内部的内衬。湿式球磨机的进、出口端盖均采用铸造加工，并用螺栓与研磨筒体相连接。进、出口端盖上有完整的支撑耳轴。进口端盖的耳轴为固定支撑，出口端盖的耳轴为游动支撑。轴承安装在球磨机端盖的耳轴上，通过压环保持在安装位置上，轴承座采用碳钢焊接制造。主轴承座、主齿轮箱和主驱动电动机均安装在湿式球磨机的底座上，底座配有调整螺栓便于调节，所有地脚螺栓包括在底座范围内。球磨机给料系统由内部衬有耐磨材料的入口斜槽及支承其重量的轴承座和底座组成。

　　湿式球磨机的工作原理：供料机连续均匀地喂料，物料经进料部件连续均匀地送入球磨机的研磨筒体，电动机通过传动部件驱动研磨筒体做回转运动。研磨筒体内部的磨球在筒体回转时受摩擦力和离心力作用被衬板带到一定高度后由于重力作用，便产生抛落和泻落运动，物料在冲击和研磨作用下逐步被粉碎，被粉碎的物料经排料部分排出筒外。排出的物料在螺旋分级机进行分级，粗颗粒通过联合进料器再回到球磨机内继续粉磨，研磨合格的产品从球磨机的卸料口排出。

　　湿式球磨机运行前，将水和物料一同装入，加水量与物料量需要严格控制，加水量过少时，浓度过高，磨球运动受阻，影响研磨效果，物料及磨球也会出现排不出的现象；加水量过大时，磨球的粉碎能力下降，物料没有达到理想粉碎效果就流出了。因此，研磨前确定合适的加水量很重要。加水量一般根据物料用途、筒体容积、黏土用量及黏土吸水率的大小而定。

　　湿式球磨机具有以下优点。

　　① 研磨效率高。待研磨物料先加水混合，然后再进行研磨，可避免研磨过程中物料裂纹"闭合"现象，加入液体会加速物料颗粒裂解，提升研磨效率。

　　② 研磨能耗低。湿式球磨机为溢流出料，待研磨物料从进料口加入，在研磨筒体内被

研磨，最终流向排料口。当排料面高于物料面时，已研磨完成的合格产品在自身重力作用下从出料口排出，可大大节省能耗。

③ 绿色环保。湿式球磨机的研磨工艺可有效避免粉尘污染，也减小了研磨过程中产生的噪声。

4.3.2 搅拌磨机

球磨机的能量利用率较低，在球磨过程中，绝大部分电能都转化成了筒体的动能，仅有较少的能量用于物料颗粒的粉碎。同时球磨机的另外一些缺点诸如生产能力低、噪声较大、清洗不便等进一步限制了它的使用范围。人们意识到需要寻求一种新的设备来改善这种情况，而搅拌磨机的高效性能引起了人们广泛的关注。

4.3.2.1 结构与工作原理

（1）结构

搅拌磨机主要由一个静置的研磨筒体和一个旋转搅拌器共同构成，研磨筒体内部填装研磨介质。搅拌磨机的筒体一般含有冷却夹套，在物料研磨过程中，筒体内部会产生大量的热量，在冷却夹套内部可通入冷却水或者其他冷却介质，以解决研磨筒体温度上升问题。研磨筒体内部可根据不同的需求镶嵌不同的耐磨材料。

搅拌磨机中最重要的部件是旋转搅拌器，旋转搅拌器的类型多种多样，具体包括棒式、盘式、螺旋式和叶轮式等类型，如图 4-39 所示。

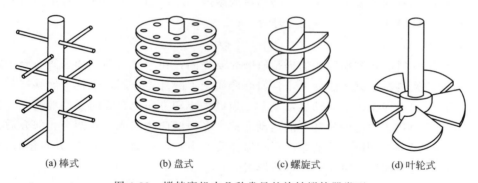

(a) 棒式　　　(b) 盘式　　　(c) 螺旋式　　　(d) 叶轮式

图 4-39 搅拌磨机中几种常见的旋转搅拌器类型

棒式搅拌器由中心搅拌轴和多个水平搅拌棒共同构成。搅拌棒结构简单，加工制造容易，所需成本较低，但其对研磨介质的搅拌能力较弱，研磨效率低，耐磨性差。由于搅拌棒在研磨过程中受到的阻力较小，棒式搅拌器常适用于高速搅拌磨机。

盘式搅拌器由中心搅拌轴和多个搅拌盘共同组成。搅拌盘结构简单，制造容易。与搅拌棒相比，搅拌盘拥有更大的工作面积，因此其搅拌能力较强，承受磨损的能力也较强。由于搅拌盘在研磨过程中阻力较小，盘式搅拌器常适用于高速搅拌磨机。

螺旋式搅拌器由中心搅拌轴和螺旋叶片共同组成。在研磨过程中，螺旋叶片与物料和研磨介质的接触面积大，所受的摩擦阻力也大，故对研磨介质的搅拌作用较强，同时承受磨损的能力也较强。由于螺旋叶片本身会阻碍研磨介质的运动，因此螺旋式搅拌器仅适用于低速搅拌磨机。

叶轮式搅拌器由中心搅拌轴和多个叶轮共同组成。叶轮与螺旋叶片的结构相似，但叶轮对于研磨介质的阻碍作用更小，研磨介质运动空间更大，因此可产生更高的研磨效率，以及粒度更小的产品。与搅拌棒和搅拌盘相比，在研磨过程中，叶轮与物料和研磨介质的接触面积更大，对研磨介质的搅拌作用更强。叶轮不仅可以使研磨介质产生切向运动和径向运动，还能够使研磨介质产生向上或向下的轴向运动，使得研磨介质对物料颗粒的冲击、剪切和挤压作用更加显著。叶轮式搅拌器常用于低速立式搅拌磨机。

在使用搅拌磨机研磨完成后，或采用多台搅拌磨机进行连续研磨时，需要利用分离装置将研磨介质和物料进行分离，防止研磨介质与研磨完成的物料一起排出，该分离装置称为介质分离器。现常用的介质分离器是圆筒筛，圆筒筛的筛面由两块平行交错的筛板构成，形成若干个筛孔，筛孔的尺寸一般为 $50\sim1500\mu m$。为增加圆筒筛的耐磨性，常在筛子的头部和外部安装耐磨端盖，以延长其使用寿命。但圆筒筛存在一个很大缺陷，即对黏度较大的物料的分离效果较差，甚至会造成堵塞现象。

在研磨过程中，研磨介质一般为球状。研磨介质的直径对研磨效率和产品粒度影响较大，若使用直径较大的研磨介质，得到的产品粒度也越大，产量更高。相反，若使用直径较小的研磨介质，可得到粒度更小的产品，但产量较高。通常搅拌磨机使用的球形研磨介质平均直径一般为 $2\sim10mm$，在超细研磨粉碎时，研磨介质平均直径应小于 $1mm$。在选择研磨介质时需要根据产品需求的粒度进行决定，研磨介质的直径必须大于产品需求粒度的 10 倍。同时，研磨介质的直径分布越均匀，对物料研磨的效果越好。研磨介质的密度越大，所需研磨时间越短。此外，研磨介质的材料和硬度也是影响搅拌磨机研磨效果的重要因素。为提高粉磨效率，研磨介质的硬度必须大于被磨物料的硬度，以增加研磨强度。常用的研磨介质有氧化锆、钢珠、玻璃珠、石英砂、陶瓷球等。

（2）工作原理

搅拌磨机中物料能够被粉碎的前提是研磨介质之间存在相对运动。如果研磨介质之间不存在相对运动，物料颗粒就无法受到来自研磨介质施加的外力作用，也就不能够被粉碎。研磨介质在搅拌器的搅拌作用下运动异常复杂，速度大小和方向也在无时无刻地改变，但其运动都可拆分成平动和转动这两种基本的运动方式。在研磨筒体内的任意两个相邻介质，选定正交方向 X 轴和 Y 轴，其中 X 轴穿过两相邻介质的中心，运动分解为 X 方向相对正碰撞、Y 方向相对切向运动和相对滚动三种运动形式。

如图 4-40 所示，两相邻研磨介质的平动速度为 v_1 和 v_2，转动速度为 ω_1 和 ω_2。将平动速度在 X 轴和 Y 轴两个方向进行分解得到 v_{1x}、v_{1y}、v_{2x} 和 v_{2y}。因此，两相邻研磨介质正碰撞的相对速度为 $v_{1x}-v_{2x}$，对填充在两相邻研磨介质间楔形部分的颗粒进行挤压破碎，切向速度为 $v_{1y}+v_{2y}$，可对物料颗粒进行冲击和粉碎；相对滚动速度为 $\omega_1+\omega_2$，可对楔形内部物料颗粒进行捕获碾压。在实际搅拌研磨过程中，相邻研磨介质间同时存在碰撞运动、切向运动和相对滚动

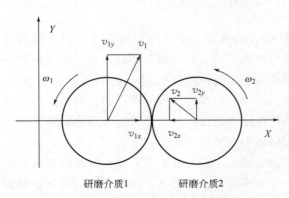

图 4-40 搅拌磨机中相邻两研磨介质的运动示意

这三种运动形式，只是不同运动形式的速度大小不同，其作用都是对物料颗粒进行捕获碾碎和冲击破碎。图 4-41 所示为搅拌磨机中相邻两研磨介质的三种运动形式。

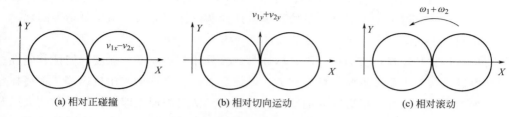

|(a) 相对正碰撞|(b) 相对切向运动|(c) 相对滚动|

图 4-41　搅拌磨机中相邻两研磨介质的运动形式

在研磨过程中，待研磨物料由进料装置从研磨筒体的一侧输入，然后在搅拌器的搅拌作用下与研磨筒体内的研磨介质发生剪切、碰撞、摩擦和挤压作用，最后被粉碎为小颗粒并通过研磨筒体另一侧的分离装置排出。研磨介质在研磨筒体内部的运动包括"公转"（研磨介质在搅拌器的搅拌作用下绕搅拌器旋转）和"自转"（相邻两研磨介质碰撞后的相对滚动状态），物料在整个研磨筒体内部的各个位置均受到来自研磨介质施加的剪切力、挤压力和摩擦力。在靠近搅拌器附近的区域，物料的研磨效果更好。研磨介质不仅做圆周运动，还存在不同程度的上下翻滚运动。研磨介质对物料颗粒不仅有挤压、剪切作用，还存在一定的冲击作用。

在整个研磨过程中，研磨介质对物料颗粒施加的外力主要有剪切力、摩擦力、挤压力和冲击力。其中挤压作用和剪切作用对物料颗粒研磨效果较好，且能量利用率高，作用面积大。挤压作用和剪切作用能够使物料颗粒外表层脱落，物料颗粒越小，所受挤压、剪切的表面积越大，而且挤压作用和剪切作用还能克服物料颗粒之间的物理化学力以及黏附、凝聚现象。

4.3.2.2　主要影响因素

影响搅拌磨机研磨效果主要因素可分为以下三个方面。

（1）搅拌磨机的几何尺寸及结构形状

搅拌磨机的几何尺寸和结构形状具体包括搅拌磨机研磨筒体的结构形状和尺寸、旋转搅拌器的结构形状和尺寸、研磨介质的直径和粒径分布情况等。

① 搅拌磨机的研磨筒体的结构形状和旋转搅拌器的结构形状对物料颗粒的研磨效果影响较大。在一般情况下，卧式搅拌磨机的研磨效果优于立式搅拌磨机；但从设备的安装、拆卸、维修、装配和保养方面来讲，立式搅拌磨机比卧式搅拌磨机更加方便。卧式搅拌磨机的研磨筒体内部向上弯曲，与直筒型研磨筒体相比研磨效果更好，其原因是物料流场在研磨筒体内部得到改善，增大了物料颗粒与研磨介质的接触面积，延长了整体研磨时间，使得研磨效果显著提升。

② 旋转搅拌器的结构形状和数量对物料的研磨效果影响也很大，通常叶轮式搅拌器和盘式搅拌器对物料的研磨效果更好，而棒式搅拌器对物料的研磨效果较差，其原因是叶轮式搅拌器和盘式搅拌器与研磨介质和物料的接触面积更大，对物料的搅拌作用更强。在一定范围内物料的研磨效果随搅拌器叶片（或搅拌棒）数量的增加而增加，当搅拌器叶片（或搅拌棒）数量超过一定范围后其研磨效果反而降低，原因是搅拌器叶片（或搅拌棒）数量会增加

能耗，也会影响物料和研磨介质在研磨筒体内部的流动性，使研磨效果削弱。

③ 同时，搅拌磨机的筒体容积和旋转搅拌器的尺寸对研磨效果影响也较大，一般工业用单台搅拌磨机的容积范围为 $50\sim500$L。若要获得更大的产量，大多采用多台搅拌磨机串联使用的方法，从而避免了为提高产量使得单台搅拌磨机体积庞大、结构复杂等问题。

（2）物料特性参数

物料特性参数是物料自身的一些固有属性参数，具体包括硬度、强度、韧性、脆性、塑性、弹性模量、颗粒大小和形状、极限应力、流体黏滞性、热导率和比热容等。在搅拌磨机的研磨过程中，物料特性对研磨效果的影响与其他磨机情况类似，即韧性好、黏度大以及纤维类的物料不容易研磨，能耗较大；相反，脆性物料和流动性较好的物料容易被研磨。

（3）过程参数

过程参数是在搅拌磨机研磨过程中认为可控的物理参数，具体包括研磨介质充填率、研磨介质粒径、物料浓度、搅拌器转速、温度、研磨时间等。由于搅拌磨机多用于湿法研磨，因此物料浓度对研磨效果影响很大。当物料浓度太低时，可被研磨固体颗粒较少，研磨介质间形成间隙，造成"空研"现象，能量利用率低，研磨效果差。当物料浓度太高时，物料在研磨筒体内黏度较大，流动性差，研磨所需能耗高，研磨后的物料很难与研磨介质分离，情况严重时甚至出现"阻塞"现象。因此，对于不同的物料，使用恰当的物料浓度进行研磨，才能获得较好的研磨效果。物料浓度与溶质和溶剂的相容性相关，对难溶于水的物料需要寻找其他材料作为溶剂，如某些特殊的涂料及锂电行业，常用酮类或醇类物质作为溶剂进行研磨。同时在研磨过程中，随着物料被粉碎，物料粒径减小，比表面积增大，则物料的黏度将逐渐增大，流动性也越来越弱，不利于长时间的研磨。因此，在研磨过程中必须添加"助磨剂"或"稀释剂"来降低物料的黏度，以提高研磨效率和降低能耗。"助磨剂"的添加量与待研磨物料的特性和工艺条件有关，最佳用量应通过具体试验来确定。

物料在不断研磨过程中，粒径越来越小，比表面积越来越大，其表面因断键而产生一定的电荷积累。物料颗粒由于受电荷引力作用，相互吸附并出现团聚现象，使得研磨更加困难，研磨效率低。因此需要加入少量的助磨剂，可以有效防止物料颗粒的团聚现象，降低物料的黏度，改善物料的流动性，从而缩短研磨时间，提升研磨效率。

助磨剂一般为表面活性物质，在研磨过程中可显著降低研磨粉体的比表面能，消除物料颗粒间的引力。其作用机理是：一是强度学说。助磨剂加入后，被吸附在物料颗粒表面，可降低物料颗粒表面能。同时助磨剂分子会附着在物料颗粒团聚分子裂纹内壁，加速团聚分子裂解。二是分散学说。助磨剂能够在物料颗粒表面产生选择性吸附和电荷中和，消除颗粒间的电荷引力，减小颗粒间的团聚能力，提高物料颗粒的分散度。三是衬垫学说。助磨剂能减小细粉颗粒对磨球表面和研磨筒体内壁表面的吸附能力，增强磨球对物料颗粒的研磨作用，破坏研磨筒体内部细粉颗粒间的吸引力、化学力和机械力。

常被用作助磨剂的表面活性剂主要包含五类物质：醇类小极性分子，如乙二醇、丙二醇、二乙二醇等；胺类小极性分子，如二乙醇胺、三乙醇胺、酰胺等；不饱和脂肪酸类，如硬脂酸、油酸等；盐类，如木质素磺酸钠、六偏磷酸钠、硬脂酸钠等；矿物类，如滑石粉、粉煤灰、焦炭、煤等。在选择助磨剂时，首先需要考虑待研磨物料的物理、化学特性，应进行少量研磨试验进行确定。其次需要考虑在使用助磨剂后会不会影响待研磨物料的品质。最后助磨剂必须满足环保要求。

4.3.2.3　典型搅拌磨机设备

搅拌磨机可根据不同的标准进行分类，按照工作方式的不同可分为间歇式搅拌磨机、连续式搅拌磨机和循环式搅拌磨机，按照工艺的不同可分为干式搅拌磨机和湿式搅拌磨机，按照搅拌器的不同可分为棒式搅拌磨机、盘式搅拌磨机、螺旋式搅拌磨机和叶轮式搅拌磨机，按照筒体配置方式的不同可分为立式搅拌磨机和卧式搅拌磨机。

（1）间歇式搅拌磨机

间歇式搅拌磨机一般由电动机、搅拌器、机架、带冷却夹套的研磨筒体以及减速器等部分组成。间歇式搅拌磨机一般用于间歇性的批量加工生产。

图 4-42 所示为中国青岛联瑞精密机械有限公司的 S 型间歇式搅拌磨机的外形结构和工作原理，表 4-18 为其主要技术参数。

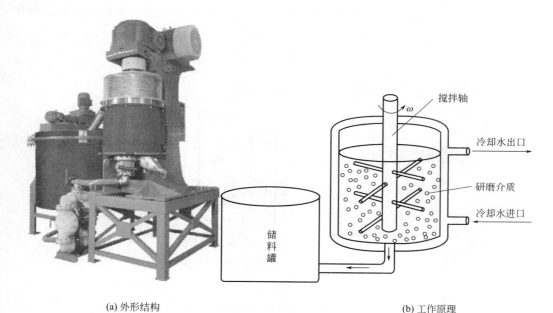

(a) 外形结构　　　　　　　　　　　　　　　　(b) 工作原理

图 4-42　S 型间歇式搅拌磨机的外形结构和工作原理

表 4-18　S 型间歇式搅拌磨机的主要技术参数

型号	研磨筒体容积/L	研磨介质添加量/L	功率/kW	外形尺寸（长×宽×高）/（cm×cm×cm）	质量/kg
5-S	30	15～19	2～4	86×158×185	600
10-S	60	26～34	3～5	132×107×200	800
15-S	90	38～45	3～7	132×104×210	1000
30-S	200	87～95	7～15	155×110×230	1400
50-S	300	128～140	11～18	188×127×250	1600
100-S	600	265～285	15～30	208×142×270	2300
200-S	1200	530～568	30～55	224×183×310	4000
250-S	1400	620～660	37～75	240×190×350	4600
400-S	2400	1060～1136	55～110	275×203×375	5300

工作原理：间歇式搅拌磨机通过电动机和传动部件带动搅拌器旋转，研磨介质在搅拌器的搅拌作用下做无规则运动，物料颗粒在研磨介质的剪切、挤压、摩擦作用下发生变形、断裂直至粉碎。当研磨介质间相互碰撞的能量大于物料颗粒破碎所需能量时，物料颗粒将会被粉碎为小颗粒。搅拌磨机利用研磨介质之间、研磨介质与搅拌器之间以及研磨介质与研磨筒体内壁之间的挤压力、剪切力、摩擦力和冲击力来粉碎和研磨物料颗粒。

（2）循环式搅拌磨机

循环式搅拌磨机，是带有循环系统的搅拌磨机。一次研磨完成后的物料可通过循环泵再次泵入研磨筒体进行二次研磨，使得物料的研磨粒度更小，同时循环泵可对物料起到分散物料均质和降温的作用。循环式搅拌磨机主要由机架、研磨筒体、搅拌器、传动系统和循环系统共同组成。循环式搅拌磨机一般为中大型搅拌磨机，小型搅拌磨机批量加工的物料较少，既容易被研磨又容易被分散均匀，故不需要配备循环系统。

图 4-43 所示为中国青岛联瑞精密机械有限公司的 Q 型循环式搅拌磨机的外形结构和工作原理，表 4-19 为其主要技术参数。

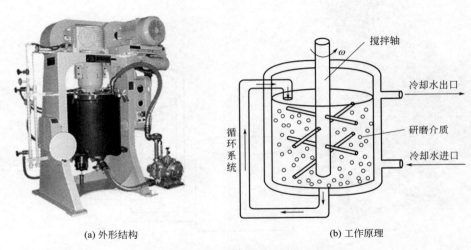

(a) 外形结构　　　　　　　　　　　　　　(b) 工作原理

图 4-43　循环式搅拌磨机的外形结构和工作原理

表 4-19　Q 型循环式搅拌磨机的主要技术参数

型号	研磨筒体容积/L	研磨介质添加量/L	功率/kW	泵速/(L/min)	高度/cm	占地/(cm×cm)	质量/kg
Q-2	9.8	8.3	2~4	13	138	66×127	360
Q-6	30	28	6~11	40	188	84×117	820
Q-15	65	56	11~18	80	218	94×135	1400
Q-25	100	95	18~30	130	244	105×153	1800
Q-50	210	190	37~56	365	305	127×178	2900
Q-100	420	380	75~112	490	315	160×199	4500

工作原理：循环式搅拌磨机的工作原理与间歇式搅拌磨机相同，都是利用研磨介质之间、研磨介质与搅拌器之间以及研磨介质与研磨筒体内壁之间的挤压力、剪切力、摩擦力和冲击力来粉碎和研磨物料颗粒。不同点是循环式搅拌磨机中的循环系统通过循环泵将研磨筒体内部的

物料从筒上部抽出、下部输入往复循环，使研磨筒体内的物料充分混合且分散均匀。

（3）连续式搅拌磨机

连续式搅拌磨机按照筒体的配置方式可分为立式连续搅拌磨机和卧式连续搅拌磨机两种。

① 立式连续搅拌磨机。立式连续搅拌磨机大多采用盘式搅拌器，其对整个研磨筒体内部的研磨介质搅拌作用比较均匀，可避免物料从研磨介质稀疏区域漏出，而出现的"断路"现象，可获得较好的研磨效果。立式连续搅拌磨机在工作过程中，物料从下部被进料泵送入研磨筒体，在研磨筒体内部受到研磨介质的挤压、剪切、摩擦和冲击作用，从而被粉碎。研磨后的物料经溢流口从上部的出料口排出。物料在研磨筒体内部的研磨时间可通过进料速度进行控制，进料速度越慢，流量越小，则物料在研磨筒体内部的停留时间越长，最终得到的产品粒度就越精细。

图4-44所示为中国青岛联瑞精密机械有限公司的C型立式连续搅拌磨机的外形结构和工作原理，表4-20为其主要技术参数。

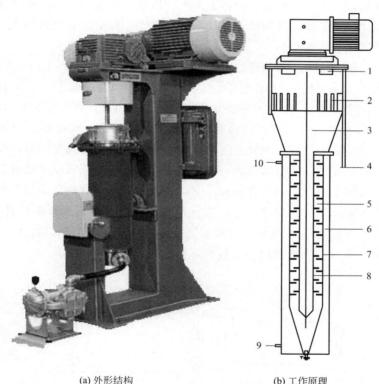

(a) 外形结构　　　　　　　　　(b) 工作原理

图4-44　C型立式连续搅拌磨机的外形结构和工作原理

1—溢流口；2—叶片；3—研磨介质存放室；4—物料出口；5—研磨腔；6—冷却夹套；7—筒体；8—搅拌轴；9,10—固定臂

表4-20　C型立式连续搅拌磨机的主要技术参数

型号	研磨筒容积/L	研磨介质添加量/kg	功率/kW	外形尺寸(长×宽×高)/(cm×cm×cm)	质量/kg
C-5	25	100	11	130×80×230	900
C-10	50	200	22	130×100×270	1600

型号	研磨筒容积/L	研磨介质添加量/kg	功率/kW	外形尺寸（长×宽×高）/(cm×cm×cm)	质量/kg
C-20	100	400	45	140×140×290	1800
C-40	200	800	75	150×160×330	3000
C-60	300	1200	110	160×160×370	4300
C-100	500	2000	160	170×170×410	6600
C-150	700	3000	200	260×170×460	8300
C-200	1000	4000	260	330×170×520	10000

立式连续搅拌磨机在设计过程中需要注意以下两点。

a. 当物料从底部进入研磨筒体时，由于物料受到网板底部的阻力，使得流场发生突变；同时在网板附近区域，研磨介质的运动速度减缓，甚至处于静止状态。当物料浓度较高或黏度较大时，尤其是当物料颗粒被粉碎到一定粒度之后黏度也随之增加。物料固体颗粒容易在网板底部黏结聚集，当研磨时间较长时甚至发生"堵塞"现象，严重影响研磨过程的正常进行。这就需要搅拌磨机的搅拌器和研磨筒体采用高强度、高耐磨的材料制成，常用的有耐腐蚀的金属材料和尼龙材料两种。

b. 对于立式连续搅拌磨机，在研磨过程中对磨机高度、研磨介质直径、研磨介质密度以及流动速度都有一定的设计要求。如在研磨作用开始时，研磨介质相互接触面将产生强力的摩擦和挤压作用。此时研磨介质的静压力最大，则搅拌磨机需要较大的启动转矩，要求的装机容量也较大。

② 卧式连续搅拌磨机。卧式连续搅拌磨机通常由电动机、减速器、轴承座、筒体和机架等组成。搅拌轴呈水平放置，主轴上等间隔分布多个研磨盘构成搅拌器，搅拌主轴为悬臂结构，主轴的悬臂端连接介质分离装置。在通常情况下，物料从筒体前端进料口进入、从后端排料口排出，筒体上带有滚动装置和液压驱动装置，可以沿着机架上的导轨向后拉伸，筒体下部的机架有研磨介质收集装置，可提高设备检修效率。卧式搅拌磨机具有占地面积小、基础结构简单等特点。图 4-45 所示为卧式连续搅拌磨机的结构示意，表 4-21 是美国某公司生产的 DM 型卧式连续搅拌磨机的主要技术参数。

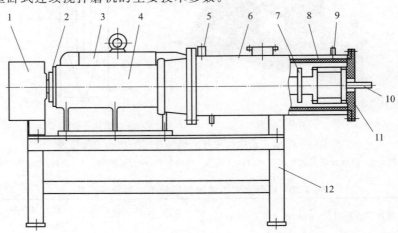

图 4-45　卧式连续搅拌磨机的结构示意

1—皮带传动装置；2—主轴；3—电动机；4—轴承座；5—进料口；6—筒体；

7—研磨盘；8—耐磨衬套；9—冷却水口；10—介质分离器；11—排料口；12—机架

表 4-21　DM 型卧式连续搅拌磨机的主要技术参数

型号	研磨筒容积/L	产量/(L/h)	功率/kW	外形尺寸(长×宽×高)/(cm×cm×cm)	质量/kg
DM-2	2.7	8～160	3.7	119×58×120	900
DM-10	12	24～460	11	138×91×160	1600
DM-20	22	84～940	22	138×92×160	1800
DM-50	60	120～2380	55	169×124×166	3000
DM-120	144	200～4000	92	243×170×217	4300

工作原理：卧式搅拌磨机的研磨筒体内部所填充的研磨介质直径为 1～6mm，研磨介质在搅拌器的带动下高速旋转，在沿着搅拌轴做公转运动的同时自身还在做自转运动，并形成多级研磨区域：一是与搅拌器旋转方向相同的周向运动，形成了搅拌器外圆与研磨筒体内壁之间的"筒形"研磨区域，研磨介质的运动速度在搅拌器外圆与研磨筒体内部之间呈逐渐降低趋势；二是安装在搅拌轴上的研磨盘将研磨筒体内部分割成多个研磨区域，物料从进料口进入后，经过多级研磨，最终流向出料口；三是"瓣状"研磨区域，研磨盘带动研磨介质运动时，与研磨盘相邻的研磨介质离心速度大，向研磨筒体内壁加速运动，研磨介质运动到研磨筒体内壁后会沿着研磨盘的中间区域向主轴方向回流，这就会在两相邻研磨盘之间形成两个对等的"瓣状"循环。

立式搅拌磨机与卧式搅拌磨机应用都比较广泛，它们的异同点如下。

① 立式搅拌磨机在结构上比卧式搅拌磨机简单，易更换筛网及其他配件，装配更加容易；而卧式搅拌磨机结构相对较为复杂，筛网及零部件更换、装配都较困难；此外，卧式搅拌磨机的筛网磨损更快。

② 立式搅拌磨机在粉碎过程中的稳定性不如卧式搅拌磨机，在粉碎过程中操作参数的确定在某种程度上要比卧式搅拌磨机要求严格，如搅拌器的运转、研磨筒体内部的流动状况等。其原因是立式搅拌磨机从顶端到底部的研磨介质分布不均，下端的研磨介质聚集较多，压力较大。因此，应力分布状况上下层间不均匀。

③ 根据②中所述的原因，在立式搅拌磨机中研磨介质大部分聚集于底端，压应力大，筒体越高则底层压应力越大。因此，立式搅拌磨机中研磨介质的破碎现象比卧式搅拌磨机严重得多。这将给研磨介质的分离带来一定的困难，及时排出研磨介质碎块并填充相应的研磨介质是必须解决的问题。另外对产品的纯度及细度和生产成本都有较大影响。

④ 卧式搅拌磨机中研磨介质质填充率根据所粉碎物料的状况一般控制在 50%～90% 的范围内。而直立式搅拌磨机中研磨介质的填充率不宜过大，否则粉碎机启动功率增大，甚至出现启动困难的现象。

4.3.3　砂磨机

4.3.3.1　砂磨机的发展历程

砂磨机是一种传统的粉体研磨设备，将近有 100 年的发展历史。砂磨机的早期原型是超细搅拌磨机，超细搅拌磨机最早是由瑞典的 Szegvari 和 Klein 学者于 1928 年共同提出的。他们在搅拌筒体中加入大量的研磨介质来完成细小颗粒的湿法研磨，但该方法还存在一定的缺陷，如搅拌速度慢、研磨效率低等。在此基础上，Szegvari 对该超细搅拌磨机提出改进方案，并且在 1948 年成立了 Union Process Inc. 专业生产制造超细搅拌磨机。其后，在 1952 年美国杜邦公司首次推出了以硅砂为研磨介质的立式砂磨机。立式砂磨机改变了传统搅拌磨机顶部网筛式的研磨介质分离方式，转变为密封罩式的研磨介质分离方式，可实现更好的研磨和分散效果。同期的 19 世纪 50 年代，日本的河端重胜博士发明了另外一种塔磨机，并且成立了 Kubota Tower Mill 公司，主要从事塔磨机的生产和研发工作，并在矿业、冶炼及化工行业广受欢迎。虽然立式砂磨机在传统搅拌磨机能量利用率低、研磨粒度不均等缺陷上有所改善，但是其在实际工程应用中依然存在着一些不足，如研磨介质分散不均、研磨后的物料粒度差异化明显、所需启动转矩较大等。19 世纪 80 年代，欧洲科学家分析得出立式砂磨机的一些缺陷都是由于重力引起的，如在重力作用下研磨介质易沉积在研磨筒体底部而造成砂磨机启动困难的现象；大量的研磨介质堆积，使得底部研磨介质所承受压力较大，容易破碎。针对该问题，他们开发设计出全新的卧式砂磨机，其不仅继承了立式砂磨机的优点，而且增加了强制分离自动清洗装置，提高了能力利用效率和研磨介质填充率，同时也延长了砂磨机的使用寿命，减少了噪声和污染。

我国的砂磨机研究始于 20 世纪 70 年代初，第一台砂磨机由重庆化工机械厂独立研发设计。随着科学技术的不断发展，我国不断学习国外的先进技术，在 80 年代之后在国外超细搅拌磨机的基础上先后研制出卧式砂磨机、棒销式砂磨机、纳米砂磨机等超细粉碎设备。80 年代初期，长沙矿冶研究院研制出 JM-600 型和 JM-1000 型塔磨机，秦皇岛黑色冶金设计研究院研制出 MQL500 型塔磨机。此后，长沙矿冶研究院和郑州东方机器厂也成功研发设计出棒销式搅拌器的超细搅拌磨机。到 90 年代末，清华大学独立研制出 GJM-1000 型干式搅拌磨机，徐州采掘机械厂研发出 SJM-1500 型湿式搅拌磨机，此时的搅拌磨机生产效率极大提高，在生产应用中也比较广泛。进入 20 世纪，我国的超细搅拌磨机研究又取得了新的进步。在 2002 年，武汉理工大学非金属矿研究设计的 LQM-300 型干式离心搅拌磨机在物料的研磨粒度上取得新的突破，该超细搅拌磨机的研磨粒度可达到 $0.1 \sim 3\mu m$。2006 年，长沙矿冶研究院对超细搅拌磨机的搅拌器进行优化，将盘式搅拌器和叶片式搅拌器相结合，并且成功研制出了 LXJM-3600 型超细搅拌磨机。该磨机性能良好，被成功应用于山东高旭化工有限公司和东莞立伟达化工有限公司，突破大型超细搅拌磨机在生产实践中的应用。

由于卧式砂磨机的诸多优点，从 20 世纪 80 年代以来人们扩大了其在超细粉体行业的应用，并且根据需求不断完善卧式砂磨机的结构。因此，卧式砂磨机逐渐取代了搅拌磨机和立式砂磨机的位置，成为超细粉体加工行业的主流。

4.3.3.2　结构与分类

砂磨机主要由进料系统、研磨筒体、搅拌系统、传动系统、电控系统和冷却系统共同组成。如图 4-46 所示为砂磨机的结构简图。

砂磨机的基本结构是一个圆柱形研磨筒体，研磨筒体外围带有冷却夹套，筒体中心设计有搅拌轴，在搅拌轴上固定有多个按一定间距分布的搅拌叶片或搅拌棒。在砂磨机工作时，研磨筒体内部填充一定比例的研磨介质，由进料系统将已经预先混合分散均匀的物料按生产工艺需求送入研磨筒体内部。搅拌轴由传动系统进行驱动，研磨筒体内部的研磨介质和研磨物料在搅拌轴带动下做高速旋转运动，研磨介质与研磨筒体内壁碰撞并弹回，可形成研磨湍流区。相邻研磨介质之间、研磨介质与旋转搅拌器之间以及研磨介质与研磨筒体内壁之间的

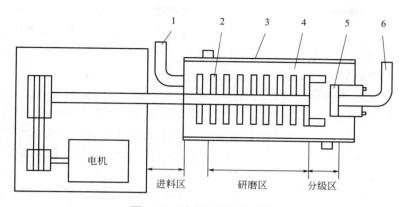

图 4-46　砂磨机的结构简图

1—进料口；2—分散器；3—筒体；4—研磨介质；5—分离器；6—出料口

剧烈碰撞运动，对物料颗粒产生强烈的冲击、挤压、摩擦和剪切作用。在进料系统的连续供料条件下，物料中的固体颗粒依次通过各个研磨湍流区被多次研磨粉碎，颗粒粒度及粒度分布达到研磨要求的物料经过分离装置与研磨介质分离，并从出料口排出。进料系统可控制物料进料流量，以控制物料在研磨筒内的研磨时间。

砂磨机根据旋转搅拌器的结构形状可分为盘式砂磨机、棒式砂磨机、凸块式砂磨机，根据研磨筒体的排布方式可分为立式砂磨机和卧式砂磨机，根据研磨筒体的容积大小可分为实验室型砂磨机、小型砂磨机、中型砂磨机、大型砂磨机和超大型砂磨机，根据研磨介质的分离方式可分为静态分离砂磨机和动态分离砂磨机，根据能量密度（单位体积装机功率）可分为低能量密度砂磨机和高能量密度砂磨机。

4.3.3.3　主要影响因素

砂磨机又被称为珠磨机，因其早期使用天然砂或玻璃珠作为研磨介质而得名。常用的研磨介质有玻璃珠、钢珠、硅锆珠和氧化锆珠等。表 4-22 是砂磨机中常用研磨介质物理特性。由于砂磨机是通过研磨介质对物料实现研磨作用的，因此研磨介质的各参数都对砂磨机的研磨效果有较大的影响。

表 4-22　砂磨机中常用研磨介质物理特性

研磨介质	钢珠	玻璃珠	氧化铝球	硅锆珠	铈锆珠	95 锆珠
主要成分	Fe	SiO_2	Al_2O_3	ZrO_2+SiO_2	ZrO_2+CeO_2	$ZrO_2+Y_2O_3$
真实密度/(g/cm³)	7.8	2.5	3.8	3.8	6.2	6.0
堆积密度/(g/cm³)	4.7	1.8	2.3	2.4	3.8	3.7
莫氏硬度/级	6	6～7	9	7～8	9	9

影响砂磨机研磨效果的主要因素有以下几个。

① 研磨介质的填充率。在砂磨机工作时，研磨筒体内部填充一定容积比例的研磨介质，具体的添加量由待研磨物料的黏度、研磨物料的温度、物料研磨需要达到的粒度以及产能等因素共同决定。在一般情况下，待研磨物料的黏度越大，所需添加的研磨介质越少；待研磨

物料的黏度越小，所需添加的研磨介质越多。通常研磨介质的填充率在 $60\%\sim85\%$。当填充率低于 60% 时，研磨介质太少，对物料颗粒的摩擦作用较弱，研磨效果较差。当填充率超过 85% 时，研磨介质过多，研磨过程中会产生"珠磨珠"现象，不仅会加剧研磨介质的磨损，还会导致研磨筒体内的温度迅速上升。

② 研磨介质的材料。研磨介质的材料为耐磨性较好的陶瓷材料或合金材料。在选择研磨介质的材质时需要结合具体的研磨工艺共同考虑，例如在研磨制作电子器件的物料时，应该避免使用含有铁元素和铜元素的研磨介质，因此不选择含有氧化铁和硫酸铜的研磨介质，常用氧化锆作为研磨介质。此外，若研磨过程中以酸性溶液为溶剂，则应该避免使用金属类研磨介质，应使用耐腐蚀的陶瓷材料。

③ 研磨介质的形状。研磨介质的形状一般为球形。由于砂磨机在研磨过程中，研磨介质在研磨筒体内部做高速旋转运动，研磨介质对物料颗粒的研磨作用以撞击、剪切和摩擦为主。在等体积条件下，球形研磨介质与物料颗粒接触的表面积更大，对物料颗粒的研磨作用更显著，故使用球形研磨介质可获得更好的研磨效果。

④ 研磨介质的粒径大小。随着研磨过程的进行，物料颗粒的粒径越来越小，则研磨介质对物料的研磨作用以摩擦作用（即指研磨介质外表面与物料颗粒外表面相接触）为主。因此，粒径越小的研磨介质，与物料颗粒的接触面越大，研磨介质对物料颗粒的摩擦作用效果越显著，最终得到的产品粒度也越小；同时还能够提升研磨效率，缩短研磨时间。但是，研磨介质的粒径并非越小越好，粒径太小的研磨介质所具备的动能太小，不仅对物料颗粒的摩擦作用小，而且难以分离物料颗粒聚集体，还容易堵塞筛网，增加出料装置的设计要求。在一般情况下，研磨介质的最小粒径应大于筛网孔径的 2.5 倍。当使用单台砂磨机生产时，可选择不同粒径的研磨介质进行混合，粒径较小的研磨介质可填充在粒径较大的研磨介质接触间隙，并增加研磨介质之间的接触点，提高研磨介质与物料颗粒的接触概率，增强研磨介质对物料颗粒的摩擦作用，从而提升研磨效率。在选择不同粒径的研磨介质的分配比例时，需要考虑研磨物料的黏度、研磨物料的初始粒度、研磨产品所需达到的粒度要求以及已粉碎物料在研磨过程中的再团聚现象等因素。当使用多台砂磨机串联生产时，可采用先大后小的方案，逐台减小研磨介质的粒径，以缩短研磨时间，提升研磨效率。

4.3.3.4　典型砂磨机设备

（1）立式砂磨机

立式砂磨机主要由电动机、传动装置、旋转主轴、研磨筒体、进料系统、分离装置、控制系统、机架和冷却系统等组成。它的基本结构是由一个直立放置并带有冷却夹套的圆形筒体，圆形筒体中心位置垂直安装旋转主轴，主轴上装有多个搅拌叶轮或分散盘。在工作时筒体中放入研磨介质，高速旋转的主轴带动研磨介质运动，经过预分散的物料用泵体连续地从筒体底部泵入，物料上升到正在转动的研磨介质之间，逐级地在各组搅拌叶轮或分散盘之间接受研磨，最后到达筒体顶部经过分离装置与研磨介质分离并从出料口排出。立式砂磨机广泛地应用于涂料、油墨、化工等行业。

如图 4-47 是 LSM 型和 SK 型立式砂磨机的外形结构。立式砂磨机整体采用模块化设计，进料系统采用变频控制，可实现无级调速。旋转主轴垂直安装在研磨筒体中心，主轴上配合有搅拌转子，搅拌转子外表面等间距安装有搅拌棒销，筒体顶部安装机械密封以保证研磨的良好密封性能。

(a) LSM型

(b) SK型

图 4-47　立式砂磨机的外形结构

　　工作原理：进料泵将经过预处理后的物料由研磨筒体底部的进料阀输入研磨筒体内部，物料颗粒和研磨介质一起被高速旋转的搅拌器搅动，使物料颗粒与研磨介质之间产生强大的剪切、摩擦和撞击作用。因为研磨介质密度较大，会向研磨筒体底部掉落，使得物料颗粒在研磨筒体内部产生上下对流，物料颗粒在研磨介质间隙中经加压和高速旋转冲击，达到分散、研磨和粉碎效果。表 4-23 和表 4-24 分别是 LSM 型立式砂磨机和 SK 型立式砂磨机的主要技术参数。

表 4-23　LSM 型立式砂磨机的主要技术参数（无锡新而立机械设备有限公司）

型号		LSM-10	LSM-20	LSM-30	LSM-40	LSM-80	LSM-120
筒体容积/L		10	20	30	40	80	120
电动机功率/kW		5.5	7.5～11	11～15	15～18.5	22～30	30～45
主轴转速/(r/min)		1290	1290	1290	1030	830	700
送料能力/(L/min)		2～16	2～16	2～16	2～16	2～16	2～16
物料黏度/Pa·s		≤2	≤2	≤2	≤2	≤2	≤2
质量/kg		550	750	780	950	1200	2000
外形尺寸/cm	L	98	100	100	112	130	135
	W	55	57	57	70	75	80
	H	170	175	175	196	223	250

表 4-24　SK 型立式砂磨机的主要技术参数（山东龙兴化工机械集团）

型号	SK-10	SK-20	SK-40	SK-80
筒体容积/L	10	20	40	80
电动机功率/kW	5.5	11	18.5	30
主轴转速/(r/min)	1440	1320	1020	830

续表

型号	SK-10	SK-20	SK-40	SK-80
最大生产量/(kg/h)	200	400	700	1200
物料黏度/Pa·s	≤2	≤2	≤2	≤2
设备质量/kg	550	1200	1500	2000
产品粒度/μm	1~20	1~20	1~20	1~20
外形尺寸/cm L	130	132	152	196
外形尺寸/cm W	88	93	100	110
外形尺寸/cm H	165	185	221	248

（2）卧式砂磨机

卧式砂磨机与立式砂磨机的最大区别是研磨筒体的放置方式不同，卧式砂磨机的研磨筒体水平放置，其旋转主轴水平安装在研磨筒体中心，旋转叶轮或分散盘垂直于旋转主轴安装。卧式砂磨机比立式砂磨机拆装简便，更容易维护保养，更容易检查研磨筒体内部的研磨情况。立式砂磨机内研磨介质受重力影响，导致研磨介质填充率较低，分布不均匀，从而导致研磨效果较差。但卧式砂磨机就能很好地克服重力对研磨介质的影响，从而具有较好的研磨效果，能够达到产品粒度的要求。立式砂磨机在停机后重新开启时搅拌叶片与研磨介质之间就会产生较强的摩擦作用，会缩短研磨介质和搅拌叶片的使用寿命。但是卧式砂磨机由于研磨筒体水平布置的原因不会导致该情况发生。同时卧式砂磨机所采用的研磨介质直径更小，为0.1~1mm。这样在同等功率的情况下，研磨介质与物料颗粒的接触点会更多，故卧式砂磨机比立式砂磨机的研磨效率更高。

卧式砂磨机一般由机架、传动系统、研磨筒体、搅拌系统、进给系统、密封装置、分离装置、冷却系统和电控系统组成。卧式砂磨机的搅拌系统主要是安装在研磨筒体中心的一根旋转主轴，主轴上按一定距离排布研磨盘或者安装棒销式搅拌桨。主轴的一端安装筛网，用于研磨介质和物料的分离；主轴的另一端安装皮带轮，皮带轮与电动机相连，为整个砂磨机提供动力驱动。卧式砂磨机的研磨筒体带有冷却夹套。内夹套与物料接触，采用耐磨的陶瓷材料；外筒体不与物料相接触，采用不锈钢材质。冷却夹套的主要作用是在研磨过程中通入循环冷却水带走研磨筒体内的热量，降低筒体内部温度，以避免因摩擦而产生的高温对物料品质造成影响。冷却夹套内部可设置导流板，以确保冷却水在冷却夹套中按照规定的路线循环降温，保证整个冷却过程的均匀性和有效性。卧式砂磨机的进料组件主要由气动隔膜泵、分水滤气器、减压阀和油雾器组成。减压阀通过调整压力可以控制气动隔膜泵的进料速度。在卧式砂磨机的研磨过程中，进料速度越快，研磨得到的产品粒度越大；反之，进料速度越慢，研磨得到的产品粒度越小。物料的研磨粒度与物料在研磨筒体内的研磨时间成正比关系。

如图4-48所示为PHN型卧式砂磨机的外形结构。PHN系列是由派勒公司开发的循环卧式砂磨机。该系列砂磨机可满足多种类型的物料研磨，采用敞开式动态分离系统，可实现高流量下的研磨介质安全分离，最终的研磨产品粒度可达纳米级。

工作原理：首先利用进料系统将预处理的待研磨物料输送进入研磨筒体内部，然后在研磨筒体内部加入适量的研磨介质。在电动机和传动装置的驱动下，旋转搅拌器做高速旋转运动，待研磨物料和研磨介质受到旋转搅拌器的搅动作用，随旋转搅拌器一起进行高速的旋转

图 4-48　PHN 型卧式砂磨机的外形结构

运动，使得物料中的固体颗粒与研磨介质之间相互产生了强烈的碰撞、摩擦和剪切作用，以达到分散颗粒聚集体和物料颗粒细磨的效果。被研磨和分散后的物料就会通过分离装置与研磨介质分离，使研磨完成后的物料能从出料管流出。

图 4-49 是 PHN 型卧式砂磨机中研磨筒体的内部结构示意，表 4-25 是其主要技术参数。

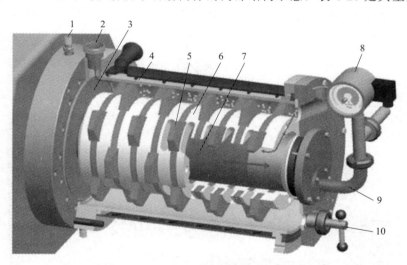

图 4-49　PHN 型卧式砂磨机中研磨筒体的内部结构示意

1—机械密封冷却液进口；2—进料口；3—机械密封；4—陶瓷衬套；5—研磨转子；
6—定距盘；7—筛筒式分离器；8—温度表；9—出料口；10—排渣口

表 4-25　PHN 型卧式砂磨机的主要技术参数（广东派勒科技股份公司）

型号	研磨筒体容积/L	产量/(kg/h)	转速/(r/min)	功率/kW	外形尺寸(长×宽×高)/(cm×cm×cm)	质量/kg
PHN0.5	0.5	20～59	600～2500	4～5.5	79×65×115	208
PHN 1	1	20～90	600～2800	4～5.5	70×65×115	208
PHN 2	2	30～110	600～2500	5.5～7.5	112×97×126	400

型号	研磨筒体容积/L	产量/(kg/h)	转速/(r/min)	功率/kW	外形尺寸(长×宽×高)/(cm×cm×cm)	质量/kg
PHN 6	6	100～500	600～2500	15～18.5	129×93×164	602
PHN 10	10	250～1000	700～1300	22～37	122×107×193	1302
PHN25	25	500～2500	700～1000	37～45	154×115×204	2009
PHN60	60	1000～6000	500～600	70～90	274×125×185	3508
PHN90	90	3000～8500	400～500	110～160	327×155×211	6500
PHN150	150	2000～15000	200～480	160～250	292×122×262	6890
PHN300	300	3000～35800	150～370	250～400	328×148×258	7580
PHN500	500	5000～60000	150～300	460～630	286×265×168	17000

4.3.3.5 卧式砂磨机的设计

卧式砂磨机主要由机架、电动机、传动系统、搅拌系统、进料装置、出料装置、电控系统和冷却系统等组成。根据研磨工艺要求，通过变频控制电动机转速，实现研磨筒体内物料的研磨。为带走研磨过程产生的热量，降低研磨筒体内部温度，不仅可在研磨筒体外部设有冷却夹套，还可以在旋转主轴和端盖处设计冷却系统，提高整个砂磨机的冷却性能，保证物料研磨质量。冷却系统用的冷水由外部冷水机提供，以实现整个设备的温度调节。图4-50是卧式砂磨机的三维模型。

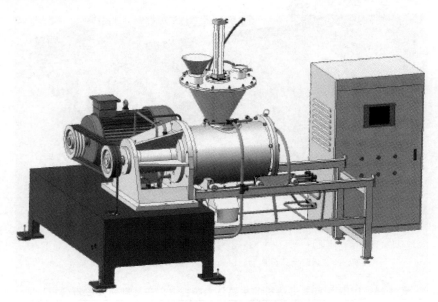

图4-50 卧式砂磨机的三维模型

主轴部件是卧式砂磨机实现旋转运动的核心部件，其主要由主轴与安装在主轴上的各个传动件和密封件等共同组成。传动件为轴承，密封装置为机械密封。轴承在运转过程中需要注入润滑液，起到冷却和润滑作用。机械密封需要添加冷却液，一方面起到密封作用，确保研磨筒体内部的物料不会向传动装置泄漏；另一方面循环流动的冷却液能够带走机械密封产生的热量，降低机械密封的温度。主轴部件不仅传递电动机提供的动力，还需要承受物料研磨过程中径向力和轴向压。因此，合理地设计卧式砂磨机的主轴部件，对实现设备稳定高效的研磨具有重要意义。

（1）主轴的设计

主轴是卧式砂磨机的核心部件，主要起传递动力的作用，是设备实现正常运转的关键。一旦主轴出现问题，整个设备就需要停机维修，无法正常工作。因此主轴的材料一定要满足各方面的要求。表 4-26 是轴的常用材料及其力学性能参数。

表 4-26　轴的常用材料及其力学性能参数

材料	硬度 （HBS）	抗拉强度极限 /MPa	屈服强度极限 /MPa	弯曲疲劳极限 /MPa	剪切疲劳极限 /MPa	许用弯曲应力 /MPa
Q235-A	156～180	375～390	215	170	105	40
45	162～217	570	285	245	135	55
40Cr	241～286	685	490	335	185	70
40CrNi	229～286	735	590	365	210	70
38SiMnMo	229～286	685	540	345	195	70
38CrMoAl	277～302	835	685	410	270	75
20Cr	56～62	640	390	105	160	60
3Cr13	241	835	635	395	230	75
1Cr18Ni9Ti	192	490	195	180	110	45

首先对主轴的受力情况进行分析：主轴通过旋转搅拌物料，产生扭矩；旋转搅拌器在搅拌研磨过程中，由于研磨介质的填充，导致主轴的上端受力小于下端受力，故产生弯矩。主轴的具体尺寸设计可以按照扭矩强度估算主轴的最小直径：

$$\tau_T = \frac{T}{W_T} \approx \frac{95000000\dfrac{P}{n}}{0.2d^2} \leqslant [\tau_T] \tag{4-2}$$

式中　τ_T——扭转切应力，MPa；

　　　　T——主轴所受的扭矩，N·mm；

　　　　W_T——主轴的抗扭截面系数，mm³；

　　　　n——轴的转速，r/min；

　　　　P——轴的传递功率，kW；

　　　　d——所计算截面处的直径，mm；

　　　$[\tau_T]$——许用扭转切应力，MPa。

由式（4-2）得到最小轴径计算公式：

$$d = \sqrt[3]{\frac{9500000P}{0.2[\tau_T]n}} \tag{4-3}$$

在确定主轴的最小轴径之后，再根据主轴的轴向定位要求、结构性能要求、工艺参数和力学特性等因素，最终确定出各段轴的直径与长度。

（2）轴承的选择

在选择轴承的过程中需要考虑以下两个因素。

① 轴承的载荷。选择轴承的主要依据是轴承能够承受的载荷大小以及能够承受的载荷方向。在依据轴承能够承受的载荷大小来选择时，滚子轴承与球轴承相比能够承受更大的载荷，其在工作过程中是线接触方式，故能够承受较大载荷，同时承受载荷后发生的形变也较小。球轴承在工作中为点接触方式，故其能够承受的载荷相对较小。在依据轴承能够承受的载荷方向来选择时，推力轴承可以承受较大的轴向载荷，深沟球轴承或者圆柱滚子轴承可承受较大的径向载荷。若既要承受较大径向载荷又要承受一定的轴向载荷，则更适合使用角接触球轴承。

② 轴承的转速。球轴承在工作过程为点接触方式，接触面积小，适用于高速运动的环境。滚子轴承在工作过程为线接触方式，接触面积大，适用于中低速的工作环境。由于轴承的实际工作转速不得超过额定极限转速，因此可以选择公差等级较大或者游隙较大的轴承，这样可以通过添加润滑油来保证轴承的正常工作。卧式砂磨机在工作中既要承受较大的径向载荷又要承受一定的轴向载荷，因此选择深沟球轴承和圆柱滚子轴承组合使用，具体型号根据轴径和转速来确定。图 4-51 是深沟球轴承和圆柱滚子轴承的外形结构。

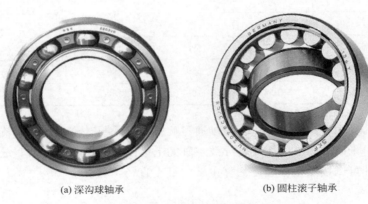

(a) 深沟球轴承　　　　　　　　　　(b) 圆柱滚子轴承

图 4-51　深沟球轴承和圆柱滚子轴承的外形结构

（3）密封结构的设计

密封性对于砂磨机来说至关重要。在砂磨机的结构设计中，所有与流体直接接触的零部件以及隔离两流体区域的零部件，都需要设计密封装置。在卧式砂磨机工作过程中，主轴处于高速旋转状态，轴承座固定不动，且传动部件中存在润滑油，而研磨筒体内充满液态的研磨物料，因此研磨筒体与传动部件之间需要设定密封装置，砂磨机中常采用机械密封的方式。由于机械密封在砂磨机的研磨筒体内可能受到研磨物料及研磨介质的摩擦和挤压作用，这对机械密封的结构和材料要求较高。同时在满足安全生产要求的前提下，机械密封还需要满足环保要求。

由于砂磨机对机械密封要求较高，所以选择双端面机械密封。双端面机械密封具有诸多优点，如密封性能好、端面温度低、端面耐磨性好、使用寿命长等。双端面机械密封有两个密封端面，它们的安装方式有面对面、背对背和面对背。一般双端面密封都需要使用密封液，循环流动的密封液不仅能够起到密封作用，还可以对机械密封摩擦端面进行润滑和冷却。其中当一级密封发生泄漏时，二级密封仍然具有密封作用，可防止被密封液体泄漏出去。

　　由于卧式砂磨机所使用的机械密封要求耐磨性较好，所以机械密封动静环应选择碳化硅陶瓷材料。在进行轴承座结构设计时，需要与机械密封的外形尺寸完全配合，防止产生间隙，发生泄漏。为确保动静环能紧密接触，需要在两密封端面之间安装弹簧。同时还需要用循环泵促使密封液循环输送流通，以保证整个双端面机械密封正常工作。最终选择 MSMDU 型砂磨机专用机械密封。图 4-52 是砂磨机用机械密封的外形结构和内部结构。

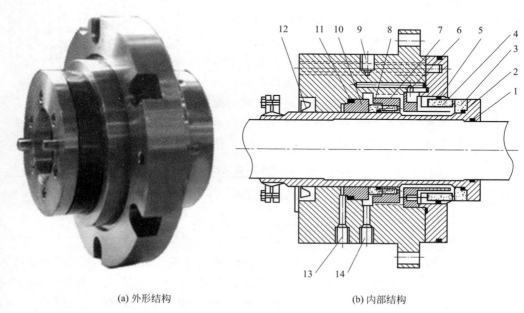

(a) 外形结构　　　　　　　　　　　　　　(b) 内部结构

图 4-52　砂磨机用机械密封的外形结构和内部结构
1—轴套密封圈；2—介质端动环 O 形圈；3—介质端动环；4—介质端静环；5—介质端静环密封圈；
6—弹簧；7—大气端动环 O 形圈；8—大气端动环；9—密封液出口；10—大气端静环；
11—大气端静环 O 形圈；12—骨架油封；13—密封液进口；14—泄漏液出口

（4）冷却系统设计

　　在研磨过程中，研磨筒体内部的研磨介质和研磨物料做高速旋转运动，研磨介质与物料颗粒相互碰撞、摩擦、挤压会产生大量的热量，致使研磨筒体内部温度不断升高，这不仅会影响卧式砂磨机的正常工作，还会对产品的品质造成影响。因此卧式砂磨机需要一个良好的冷却系统，把研磨过程中的热量带走，将温度控制在正常使用的范围之内。

　　卧式砂磨机的冷却主要依靠冷却水的循环流动带走机器产生的热量。因此，需要在研磨筒体外层设计一个冷却夹套，通过水泵实现冷却水在夹套内循环冷却。为了保证机器的使用寿命，需要使用纯净水或者自来水，以免对设备造成腐蚀。流经冷却夹套的冷却水降温后才能再次循环使用，以达到预期的冷却效果，所以需要冷水机来降低冷却水的温度。使用水管将整个系统连通，保证整个冷却系统的正常工作。

　　冷水机的选择，需要根据砂磨机冷却夹套的水容量来确定，一般卧式砂磨机中所需冷却水循环量较小，故选择小型冷水机就可满足冷却需求。图 4-53 是某冷水机的外形结构。表 4-27 是某小型冷水机的相关技术参数。

（5）润滑系统设计

润滑系统的作用就是在设备工作过程中，连续不断地将润滑剂（润滑油或润滑脂）输送到两相互接触且有相对运动状态的摩擦面，在摩擦表面之间形成一定厚度的润滑油膜，实现液体摩擦，从而大大减小摩擦系数、降低摩擦面的温度、减轻零部件的磨损，以提升设备的可靠性和稳定性，延长设备的使用寿命。

在卧式砂磨机工作过程中，需要提供润滑的零部件主要包括两部分。一是滚动轴承部分。卧式砂磨机的主传动轴在研磨工作中做高速旋转运动，滚动轴承支承主传动轴，并保持主传动轴的正常工作位置以及旋转精度。为保证滚动轴承的正常运转，避免滚动体与保持架之间的直接接触，减少滚动轴承内部的摩擦和磨损，延长滚动轴承的使用寿命，则需要对滚动轴承进行润滑。滚动轴承常用的

图 4-53　冷水机的外形结构

表 4-27　小型冷水机的相关技术参数

型号	功率/W	温控范围/℃	精度/℃	电压/V	流量/(L/min)	容积/L	外形尺寸/mm×mm×mm
DW-LS-2500	1100	5～30	±1	220	10～20	15	630×460×780

润滑剂有液体状态的润滑油，也有固体状态或半固体状态的润滑脂。润滑油适用于速度大、温度高且载荷大的场合；而润滑脂不宜在高速条件下使用，其承受载荷大，不易流失，一次充脂后可使用较长的时间。二是机械密封部分。卧式砂磨机用机械密封在工作过程中，动环组件与静环组件之间存在相对运动，两密封面之间会相互摩擦产生大量的热量，导致机械密封温度升高，加剧机械密封磨损，缩短其使用寿命。因此，机械密封需要使用密封介质液。

在卧式砂磨机的结构设计中，需要对滚动轴承的润滑要求作全面的分析，确定所使用润滑剂的品种，在轴承座结构设计过程中需要预留手孔，以便为滚动轴承添加润滑剂。对于机械密封用的密封介质液类型，需要综合考虑具体的生产工艺，可使用循环泵实现密封介质液在机械密封内部的循环流动。

4.3.3.6　球磨机、搅拌磨机与砂磨机的比较

砂磨机是在球磨机和搅拌磨机的基础上逐步发展而来的，所以至今还将砂磨机称作球磨机，国外将其称作超细搅拌磨机。球磨机、搅拌磨机和砂磨机有着共同的研磨原理，这三者都是运用研磨介质之间的挤压、碰撞、剪切和摩擦作用对物料颗粒进行研磨，所以三者都称为介质研磨设备。但这三种设备也存在着以下差异。

① 球磨机。球磨机筒体内部没有旋转搅拌器，主要以直径为 25～150mm 钢球或钢棒作为研磨介质，在研磨过程中依靠研磨筒体的旋转带动钢球做抛落运动，利用钢球的重力势能对物料进行冲击作用，实现物料的研磨粉碎。球磨机的工作特点是转速低、载荷大，常用于矿石的研磨，是工业上应用最广泛的磨矿设备。通常球磨机的研磨粒度最小可达 $50\mu m$。

② 搅拌磨机。搅拌磨机的研磨筒体固定不动，筒体中心设有旋转搅拌器，通常使用的研磨介质有氧化锆、钢珠、玻璃珠、石英砂、陶瓷球，研磨介质直径为 2～10mm。搅拌磨

机在研磨过程中主要利用旋转搅拌器的搅拌作用加剧研磨筒体内的研磨介质与物料颗粒之间的剪切、碰撞、摩擦和挤压，最终将物料颗粒研磨破碎。搅拌磨机常用于化工、建筑、涂料、油漆等领域，其研磨粒度最小可达 $1\sim5\mu m$。

③ 砂磨机。砂磨机是目前使用最广泛的超细研磨设备，其研磨筒体也固定不动，研磨筒体内设有盘式或棒销式搅拌器。砂磨机常用的研磨介质有玻璃珠、钢珠、硅锆珠和氧化锆珠等，研磨介质直径为 $0.1\sim1mm$。利用搅拌器给予研磨介质的动能来破碎物料。砂磨机主要应用于医药食品、染料、油墨、特种化工等非矿业行业，其研磨粒度最小可到达 100nm。

表 4-28 对球磨机、搅拌磨机和砂磨机进行了比较。

表 4-28　球磨机、搅拌磨机和砂磨机的比较

磨机类型	球磨机	搅拌磨机	砂磨机
旋转体	研磨筒体	搅拌轴	搅拌轴
主要破碎能量来源	研磨介质重力势能	研磨介质动能	研磨介质动能
能量传输特点	大球、低速旋转	中球、中速旋转	小球、高速旋转
搅拌器类型	无搅拌器	棒式、盘式、叶轮式	盘式、棒销式
结构特点	卧式	立式	卧式、立式
介质尺寸/mm	$25\sim150$	$2\sim10$	$0.1\sim1$
产品粒度/μm	$50\sim1000$	$1\sim5$	$0.1\sim1$
研磨类型	粗磨/预破碎	微米级细磨	微米及纳米超细磨

虽然球磨机、搅拌磨机和砂磨机的研磨原理相同，都是利用研磨介质对物料颗粒的碰撞、挤压、摩擦作用进行研磨粉碎，但是由于砂磨机结构紧凑、研磨粒度小、能耗低、噪声小、稳定性好等诸多优点，球磨机和搅拌磨机逐渐被砂磨机所取代，其中卧式砂磨机是当今超细研磨设备的主流。但随着智能制造、工业 4.0、现代化生产以及物联网的提出，为超细研磨设备的设计与制造增加新的难题，同时超细粉碎行业也对研磨产品不断提出"精细化""高纯化"的要求。为了满足各方面的发展需求，超细研磨设备可能沿着以下方向发展。

① 超细研磨设备生产过程的自动化控制。进一步研发物料粒径的动态监测与控制技术，实现超细粉体研磨生产过程的自动化控制，维护生产过程的稳定性，加强研磨产品粒度的一致性。

② 耐磨材料的开发。超细研磨设备的搅拌器、衬套、筛网等，都属于易损件。进一步研发超细研磨设备用的耐磨材料，不仅可以减小各易损件的磨损问题，还可以避免因易损件的磨损对研磨产品造成的二次污染问题，实现研磨产品的"高纯化"要求。

③ 新的研磨介质和分离装置优化。随着人们对研磨产品的"精细化"要求越高，超细研磨设备需要添加密度大、硬度高、耐磨性好、粒度更小的研磨介质，但同时会增加研磨介质的分离难度，因此需要对分离装置的结构进行更为优化的设计。

4.3.4　振动磨机

4.3.4.1　结构与工作原理

振动磨机是利用研磨介质（球状或棒状）在做高频振动的筒体中不断旋转（自转与公

转），对物料进行冲击、摩擦、剪切等作用而使物料粉碎的细磨与超细磨设备。

（1）设备系统结构

振动磨机大致分为两种：惯性激振式振动磨机和曲轴式振动磨机。如图 4-54 为振动磨机的实物。图 4-55 所示为单筒偏心振动磨机的工作原理。

图 4-54　振动磨机的实物

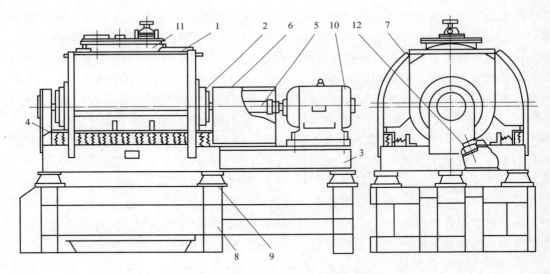

图 4-55　单筒偏心振动磨机的工作原理

1—圆柱形研磨室；2—研磨介质；3—激振器；4—配重；5—支撑弹簧；
6—进料口；7—出料口；8—交流电动机；9—万向轴；10—轴承座；11—偏心块

惯性激振器式振动磨机的工作原理为：圆柱形研磨室（磨筒）1 通过支撑板固定在支撑弹簧 5 上，支撑弹簧 5 直接与机架相连。磨筒外侧有一激振器 3，激振器与交流电动机主轴相连。工作时，交流电动机运转，通过万向轴带动主轴转动，主轴带动激振器中的偏心块 11 运动。在离心力的作用下，支撑板和磨筒 1 在支撑弹簧 5 上振动，带动研磨介质以一定规律运动，磨碎物料。对于曲轴式振动磨机，电动机连接变速装置，再带动曲轴，直接使磨筒规律性运动，将物料粉碎。

长期以来，乏能区的存在使得振动磨机的直径和效率一直受到限制。为了解决乏能区的问题，人们提出一种解决方案，即通过在振动磨机内安装能量传输装置将高能区的能量传递到低能区。基于此方案，制造出一种新型的振动磨机——旋转腔式振动磨机，其结构如图 4-56 所示。

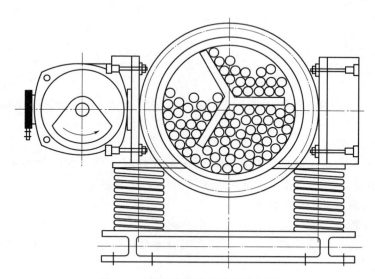

图 4-56　旋转腔式振动磨机的结构

与传统的振动磨机相比，旋转腔式振动磨机在磨筒内部做了改进。磨筒不再是一个整体，而是被叶轮分为多个区域。叶轮随着研磨介质以及物料一起旋转。当叶轮的臂与磨筒接触时，将壁面的能量传递给中间区域的研磨介质，增大中间区域磨介能量。旋转腔式振动磨机中的研磨介质与物料冲击更大，乏能区更小，极大地提高了能量利用率。

（2）振动系统结构

振动磨机的振动系统主要包括研磨介质、筒体、偏心装置，这也是振动磨机的三个核心部件。振动磨机中振动系统示意如图 4-57 所示。

（3）偏心块结构

振动磨机偏心块的结构有多种，主要介绍以下两种。

① 扇形偏心块。扇形偏心块是一种立式振动磨机中的典型偏心块，图 4-58 为其结构简图。

其偏心距经验公式为

$$e = \frac{38.2\sin\alpha(R^3 - r^3)}{\alpha R^2 + (180° - \alpha)r^2 - 180°R_0^2} \qquad (4-4)$$

② L 形偏心块。L 形偏心块应用较少。与扇形偏心块相比，L 形偏心块产生的振动能量大，动力相对较大。L 形偏心块的结构如图 4-59 所示。

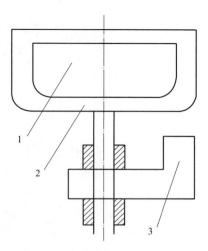

图 4-57　振动磨机中振动系统示意

1—研磨介质；2—筒体；3—偏心装置

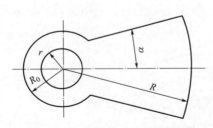

图 4-58　扇形偏心块的结构简图

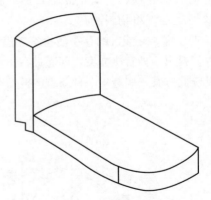

图 4-59　L 形偏心块的结构

（4）磨介运动规律

如图 4-60 所示为振动磨机磨介在磨筒内的运动情况。磨介在振动磨机内的运动较为复杂，难以准确地进行描述。磨介在磨筒内主要有以下三种运动。

① 随着磨筒的振动而产生的振动。

② 磨介的自转，即磨介沿着自身几何中心的运动。

③ 磨介的公转。在磨介群作用下，磨介随着磨介群一起绕着某一几何中心旋转。

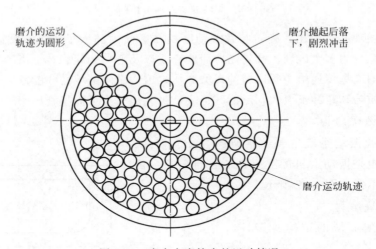

图 4-60　磨介在磨筒内的运动情况

磨介主要受到四种力的作用：剪切作用力、挤压作用力、冲击作用力、研磨作用力。因此，振动磨机主要有四种粉碎形式：剪切粉碎、挤压粉碎、冲击粉碎、研磨粉碎。

磨介群以一定的频率沿着磨筒几何中心做类似圆周运动。在磨筒的下半部分，磨介群沿着筒壁做圆周运动。但是在磨筒的上半部分，由于能量的不足，磨介不能进行完整的回转，到达某一高度时进行抛射。而且，磨筒的振动源自振动块的运动，磨筒通过壁面带动筒内磨介运动。因此，筒内磨介能量主要集中在磨筒内壁附近，越靠近磨筒中心则磨介所获得的能量越小，磨筒中心的磨介能量几乎为零，故在磨筒中心形成乏能区（图 4-61）。乏能区的范围随着磨筒直径的增大而显著增大。所以常规振动磨机磨筒直径上限为 650mm。

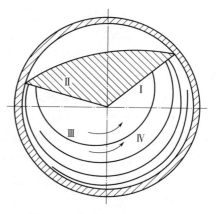

图 4-61　普通振动磨机乏能区

（5）振动磨机特点

① 填充率高，生产效率高，能耗少。与球磨机相比，振动磨机的介质填充率更高。根据不使钢球脱离机壁而自由降落的原则，一般球磨机最合适的填充率为 35%。通常大规格球磨机的填充率较低。球磨机的直径大于 6 m 时，填充率仅为 20% 左右。而振动磨机的填充率一般在 65%～80% 之间，最高可达 85%。填充率越高，单位时间总用次数越多，粉碎研磨作用的空间也越大，粉碎效果好。所以，振动磨机不仅能耗比普通球磨机低，而且生产效率比普通球磨机高 10～20 倍。

② 精度高。物料经振动磨机粉碎后，粒度可达 2～3μm 以下，粒径均一。对于脆性材料，经过振动磨机粉碎，可以达到亚微米级。而小粒度球磨机设备一般情况下处理的物料粒度范围在 0.074～25mm 之间，最终磨矿粒度可达到 0.043～0.1mm，与振动磨机可达到的粒度有一定的差距。

③ 具有夹套，可控制振动磨机粉碎腔的温度。振动磨机可配有夹套，利用冷却装置，可将粉碎腔内的温度控制在一定的范围之内。因此，对于活性物料以及热敏性物料的粉碎，振动磨机较为适合。

④ 制造简单，成本低。制造振动磨机不需要大量的金属材料，而其他种类粉磨机则需要大量的金属材料。

⑤ 能耗低。振动磨机的能量消耗远小于其他种类粉磨机。

（6）使用注意事项

① 粒度要求。根据卸出物料的粒度可将粉磨过程分为粗磨、细磨和超细磨。出口物料粒度达到 0.1mm，称为粗磨；出口物料粒度达到 60μm，称为细磨；出口物料粒度小于 5μm，称为超细磨。在生产过程中，需要对物料分级粉磨，先粗磨再细磨以保证物料粒度均一。进料粒度对粉磨过程影响巨大。进料粒度越小，振动磨机产品粒度越均一，动力消耗越小。因此，在进料前必须保证进料粒度，通常选择适当的设备对产品进行预先破碎，接着使用筛分装置对破碎产品进行筛分，最后在振动磨机中进行粉磨。对于不同的粉磨过程应选用合适的进料粒度。

② 物料性质。影响粉磨过程的物料特性主要有硬度、易磨性、物料含水量等。振动磨机的粉碎作用是通过磨介与物料之间的剪切与高频冲击实现的，因此适合较硬、易磨性好的物料。物料的易磨性表示物料被粉磨的难易程度，用相对易磨系数来表示。相对易磨系数的测定方法如下：选取相同规格的物料和标准砂，在相同的设备粉磨相同的时间，被测物料与标准砂之间的比表面积之比即为相对易磨系数 K，即

$$K = \frac{S}{S_0} \tag{4-5}$$

式中　K——相对易磨系数；

S——被测物料比表面积，cm^2/g；

S_0——标准砂比表面积，cm^2/g。

③ 噪声问题。振动磨机是通过磨介与物料的高频振动来粉碎物料的，因此振动磨机开机后噪声较大，会对周围的环境产生污染。根据 JB/T 8850—2001，振动磨机工作时噪声不大于 90dB。当声音达到 70dB 时，就会影响人们的工作效率；若长期处于 90dB 的环境中，人的听力就会受到严重影响，引起听力减退、头疼等不适反应，严重影响工作人员及周围居民的身体健康。因此，用户在选用设备时必须考虑噪声对周围环境的污染。尽量选用带有隔音罩的振动磨机，同时尽量将振动磨机安放在远离居民区的郊区。

④ 粉尘问题。虽然振动磨机的整个粉磨过程是在密闭的磨筒内进行的，但是干法粉磨中粉尘从入料口、出料口飞出还是无法避免的问题。部分粉尘在空气中悬浮，有可能会引起粉尘爆炸。具有爆炸性粉尘有金属（如镁粉、铝粉）、煤炭、粮食（如小麦、淀粉）、饲料（如血粉、鱼粉）、农副产品（如棉花、烟草）、林产品（如纸粉、木粉）、合成材料（如塑料、染料）。无论是在化工、矿业还是在食品行业中，粉尘都是不容忽视的。在生产过程中，需要添加粉尘收集装置或者粉尘处理装置。

⑤ 筒体温度。振动磨机粉磨过程中，研磨介质与物料之间、物料之间、筒体与物料之间的高频相互冲击碰撞摩擦，会产生大量的热量。因此需要冷却装置，以保证物料的性质以及机器的正常运转。应使用冷却水夹套，稳定磨机磨筒的温度。

⑥ 粉磨环境。干法作业时，振动磨机的生产效率、磨粉质量等与粉磨环境中的湿度、温度等因素密切相关。对于潮湿的粉磨环境，需要采取有效的措施，如升高筒内的温度以降低空气湿度，控制物料的含水量以保证设备的生产能力和产品粒度。一般入磨物料的平均含水量以控制在 1%～1.5% 的范围内为宜。环境温度不仅影响夹套的冷却效果，影响筒体和轴承的使用寿命，还会影响物料的性质。若温度过高，物料的黏度、结构等性质可能会改变。因此，对于温度过高的环境，应采取降温措施。

⑦ 还需要注意的一点是，振动磨机工作过程中，介质、物料与筒体之间的摩擦剧烈，与筒体的磨损严重。在粉磨过程中，磨损的研磨介质与筒体碎片会进入物料中，和物料一起粉磨，对物料造成污染，使物料纯度下降。因此，必须根据粉磨物料选择合适的研磨介质和筒体材料。如无法避免杂质的影响，而又需要严格控制杂质含量，可在工艺流程中采用除杂设备，对物料进行提纯。

4.3.4.2 主要影响因素

影响振动粉磨过程的基本因素主要有磨筒振动形式以及振动磨机的基本工作参数，如振动频率、振幅、粉磨时间、研磨介质的形状及尺寸、物料性质、研磨介质与物料的填充率以及研磨介质与物料的比例。同时振动粉磨过程也受到工作形式及工作方式的影响，如干法粉磨和湿法粉磨、间歇粉磨与连续粉磨等。此外，还受到加入的活性剂的影响。

Ross 与 sullivan 利用因次分析法导出以下公式来说明振动磨机工作参数对粉碎效果的影响：

$$\frac{dS}{d_t} = \frac{k\omega^2 A^2 \delta_B}{H}\left(\frac{D_B}{d}\right)^{\frac{1}{2}} f_1\left(\frac{\omega^2 A}{g}\right) f_2(\mu_B) f_3(\mu_M) \tag{4-6}$$

式中　　S——物料的比表面积，cm^2/cm^3；

　　　　k——系数；

　　　　ω——振动频率，rad/s；

　　　　A——振幅，mm；

　　　　δ_B——磨介的密度，kg/m^3；

　　　D_B——磨介的直径，m；

　　　μ_B——磨介的填充率；

　　　　H——物料的可磨性指数（$H = 0.058W_i$，W_i 为 Bond 功指数）；

　　　　d——物料粒径，mm；

　　　μ_M——物料的填充率。

（1）振动频率及振幅

振动频率指的是单位时间内振动磨机的圆周振动次数。振动频率决定振动磨机的工作强度。振动频率越快，振动磨机工作强度越高。振动磨机的振动频率主要取决于电动机的频率。电动机通过激振器带动偏心块运动，从而使得磨筒及磨介振动。因此，振动磨机振动频率等于电动机的回转频率。

振动磨机的振幅大小取决于激振器偏心块的质量和力矩、磨筒及物料的质量、物料的性质（如硬度、黏度等）。振幅随着磨筒及物料质量的减小和物料黏度的减小而增大。

离心力、弹簧支撑力及惯性力的合力共同影响振动磨机的振幅，使得磨筒上任一点的运动轨迹为一个长轴在竖直方向、短轴在水平方向的椭圆。

振动磨机振幅的测量方法有很多，如电测法、机械法、光学法等。电测法主要通过测振传感器（如电涡流式传感器、电容传感器、磁电式传感器等）将振幅信号转化为电信号来测量振动磨机位移。机械法主要运用杠杆原理将振幅放大来测量位移。光学法则利用光杠杆原理、读数显微镜、光波干涉原理以及激光多普勒效应进行测量。

研究表明：圆形振动（即筒体运动轨迹为圆形）时，粉碎效果最好。

1959 年，苏联细磨技术工程师 M·Π·莫尔古利斯提出振动磨机的振动强度应取 $200m/s^2$。随着振动粉磨技术的研究深入，人们达成一个共识：增大振动强度、提高振幅，是提高粉磨效率的最佳途径。

根据 H. E. Rose 教授通过实验得到的振动强度经验公式：

$$Q = A\omega^2 = \sqrt{g\left[1 + (1 + 2n)^2\right]} \tag{4-7}$$

式中　　Q——振动强度；

　　　　A——振幅；

　　　　ω——振动频率，Hz；

　　　　g——重力加速度，m/s^2；

　　　　n——转速，r/min。

因此，低频率高振幅的高效率振动磨机得到广泛应用。大振幅在一定范围内对于超细粉磨具有实效，但在接近极限振幅时，大振幅下的产品粒度甚至略有下降，且耗电量增加。因此，振动磨机应选用合适的振动幅度。振幅与粉磨效率的对比如表 4-29 所示。

表 4-29　振幅与粉磨效率的对比

振幅/mm	研磨体填充率/%	产品平均粒度/μm	产量/(t/h)	增产倍数
5	64	60	150	—
15			1000	60
5	80	30	70	—
15			110	15.7
5	80	<14	20	—
15			380	19.0

（2）研磨介质及物料的填充情况

① 研磨介质填充率。研磨介质填充率指的是研磨介质体积与磨筒总容积的比例。在实际计算中研磨率也等于研磨介质的截面积与筒体有效截面积之比，如图 4-62 所示。

$$\varphi = \frac{V_G}{V_0} = \frac{S_G}{S_0} \qquad (4-8)$$

式中　φ——研磨介质填充率；

V_G、S_G——研磨介质所占体积和截面面积；

V_0、S_0——筒体有效体积和有效截面面积。

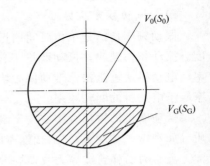

图 4-62　研磨机填充率示意

研磨介质填充率是影响振动磨机磨矿效率的一个重要因素，它反映了单位体积内研磨介质的数目。填充率越高，在磨筒单位容积内研磨介质数目越多，与物料作用越充分，粉碎效果越好，振动磨机效率越高。但是，研磨介质填充率不宜过高。当研磨介质填充率过高时，研磨介质运动空间过小，减小研磨介质的冲击高度，这样研磨介质对物料的作用力较小，粉碎不充分，振动磨机效率下降。

根据行业标准，振动磨机的介质填充率在 65%～85% 之间。在一般情况下，粗磨选用较小值，细磨和超细磨选用较大值。实验表明，研磨介质填充率在 80%～85% 之间，研磨介质与物料充分接触，研磨效果最佳，此时振动磨机效率最高、产量最大。

② 物料填充系数。物料填充量也是一个影响磨机粉碎过程的重要参数。它不仅影响产品粒度与振动磨机效率，而且与磨机磨损情况密切相关。我们一般用物料的填充系数 η 来描述物料填充量，即

$$\eta = \frac{V}{V_1} = \frac{V_2 + V_3}{V_1} \qquad (4-9)$$

式中　η——物料填充系数；

V——粉体的容积，m^3；

V_1——研磨介质之间空隙的体积，m^3；

V_2——粉体颗粒的体积，m^3；

V_3——粉体颗粒间空隙的体积，m^3。

填充系数 η 越大，说明物料的填充量越多。当填充系数较小时，物料无法充满研磨介质之间的间隙，在振动磨机启动时磨球（棒）之间相互碰撞。大部分的能量消耗于磨球（棒）之间相互碰撞与摩擦之中。不仅白白地损耗能量，使振动磨机效率下降，而且使得研磨介质

的损耗加剧，研磨介质寿命缩短。当填充系数过大时，物料将研磨介质紧紧裹住，振动磨机工作时研磨介质之间的物料层过厚，研磨介质运动时无法对物料进行充分研磨，影响产品粒度。而且由于阻力过大，容易形成堵塞，也会对研磨介质与电动机的使用寿命造成影响。在通常情况下，填充系数一般取在 $90\% \sim 100\%$ 之间，此时振动磨机的产量与效率是最高的。图 4-63 所示为磨碎率与物料填充系数之间的关系。

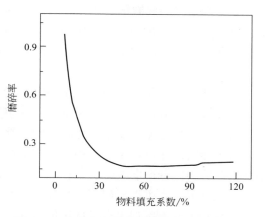

图 4-63　磨碎率与物料填充系数之间的关系

（3）研磨介质

研磨介质的规格是影响粉磨效率的另一重要因素。根据研究表明，柱体或球体是研磨介质的最佳形状。粗磨或粉碎物料硬度高或颗粒大时，宜选用大直径研磨体，因为大直径研磨体冲击力大。而粉碎物料较脆或者要求产品粒度小时，应选用小直径研磨体。小直径研磨体的接触面积更大，研磨颗粒更均一。

通常磨筒内的研磨介质可以是钢球、钢棒，也可以是陶瓷球、氧化铝球、不锈钢珠等。通常根据粉碎对象、限制条件、产品要求来选择研磨介质形状及材料。如图 4-64 所示，大直径的研磨介质有利于提高粉碎效率。在进行粗粉碎时，可采用棒状研磨介质；在进行细粉碎或超细粉碎时，一般采用球状研磨介质。因为在体积相同时，球状研磨介质与物料的接触面积比棒状研磨介质大得多，粉碎粒度也更小。

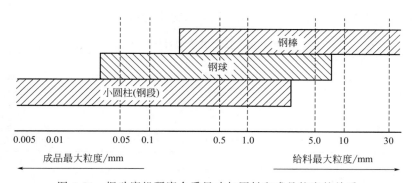

图 4-64　振动磨机研磨介质尺寸与原料和成品粒度的关系

一般不使用带孔的圆环或棒状研磨介质，因为在粉碎过程中，可能会有未经粉碎或者粒度未达到要求的物料进入孔中，最后进入产品中造成产品不纯、粒度不均衡，从而无法达到产品要求。

（4）粉磨类型

粉磨类型主要分为干法粉磨和湿法粉磨，粉磨类型的选择主要由物料的性质以及产品要求共同来决定。当产品粒度大时，干法粉磨效率更高，但是要想获得较细的产品，一般选用湿法粉磨。同干法粉磨相比，湿法粉磨有其独特之处，即湿法粉磨产生的粉尘被液体吸附，故湿法粉磨无污染。此外，当有多种粉碎材料混合粉碎时，湿法粉磨可以将材料混合均匀。对于一些特殊材料（粉磨时自燃或者爆炸），湿法粉磨比较安全。

干法粉磨时，物料的含水量不宜过高（一般小于 2%～3%），若含水量太高会降低振动磨机的产量。而湿法粉磨时，物料的含水量不能小于 20%～25%，若含水量过低，物料呈浆状，研磨介质运动时阻力很大，研磨效率降低。

（5）物料温度

在振动磨机工作过程中，由于研磨介质之间的摩擦，会产生较多的热量，研磨介质与物料的温度逐渐上升。当温度升高到某一程度时，可能会影响某些物料的性质。如温度过高时，有机物结构可能会发生变化；生物活性物质可能失去活性；一些物质（橡胶、塑料凳）受热后可能会熔化或者黏连，均无法满足产品要求。对于湿法粉磨，若温度升高，物料浆体黏性下降，会降低研磨效率。

因此，振动磨机需要配套冷却装置，尤其是连续式工作的振动磨机。一般可以采用冷却夹套，在其中通入冷却水来降低筒体温度。如温度升高过于严重，可在筒体外壳上淋水。在特殊情况下，可用干冰或者液态氮来进行冷却。

4.3.4.3 典型振动磨设备

根据机械行业标准 JB/T 8850—2001 振动磨机型号表示方法如下。

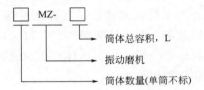

振动磨机型号应符合 JB/T 8850—2001 规定，规定如表 4-30 所示。

表 4-30　振动磨机型号标准

型式	型号					
单筒	MZ-100	MZ-200	MZ-400	MZ-800	MZ-1600	
双筒	2MZ-100	2MZ-200	2MZ-400	2MZ-800	2MZ-1600	
三筒	3MZ-30	3MZ-90	3MZ-150	3MZ-300	3MZ-600	3MZ-1200

（1）单筒式振动磨机

单筒式间歇性振动磨机属于惯性式振动磨机，可用于湿法粉磨和干法粉磨的场合。筒体内壁贴有橡胶，以减小筒体材料对物料的影响以及降低噪声。我国温州矿山机械厂生产的 MZ-200 型振动磨机为一种单筒式振动磨机，其规格参数如表 4-31 所示。

表 4-31　MZ-200 型单筒式振动磨机产品规格参数

筒体总容积/L	最大振幅/mm	振动频率/Hz	研磨介质数量/kg	研磨介质规格/mm	电动机功率/kW	机器质量/kg
200	3	24.3	钢球 570～750	$\phi 8$～$\phi 18$	11	870

振动磨机启动时电动机带动飞轮旋转，在飞轮上偏心块的作用下整个筒体发生振动。通过物料与研磨介质之间强烈的冲击剪切作用，使物料粉碎。此外，该产品外还有夹套，可控制筒体内工作温度。图 4-65 所示为一种实验室单筒式振动磨机。

图 4-65　实验室单筒式振动磨机

单筒式振动磨机基本参数应符合的标准如表 4-32 所示。

表 4-32　单筒式振动磨机基本参数标准

型号	MZ-100	MZ-200	MZ-400	MZ-800	MZ-1600
筒体容积/L	100	200	400	800	1600
筒体外径/mm	560	710	900	1120	1400
振动频率/Hz	24	24.3	24.5	16.3	16.2
振幅/mm	≤3			≤7	
研磨介质量/L	65～85	130～170	260～340	520～680	1040～1360
进料粒度/mm	≤5				
出料粒度/μm	≤74				
生产能力/(kg/h)	100	200	400	800	1600
电动机功率/kW	5.5	11	22	45	90
振动部分质量/kg	≤380	≤610	≤1220	≤2450	≤4900

注：1. 振幅是指简谐振动峰值。

2. 生产能力是指粉磨红瓷土原料时的生产能力。

（2）双筒式振动磨机

双筒式振动磨机主要用于连续粉磨的场合，可用于湿法粉磨与干法粉磨。振动磨机筒体的放置方法有水平与竖直两种方法。其中在垂直配置的双筒式振动磨机中，有顺序连接、平行连接、中间给料三种形式，如图 4-66 所示。

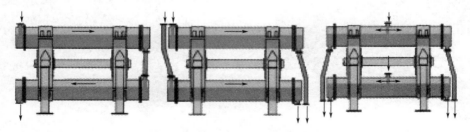

图 4-66　垂直配置的双筒式振动磨机筒体配置形式

在图 4-66 中，筒体配置形式从左至右依次为顺序连接、平行连接、中间给料。图中箭头方向表示物料在振动磨机内的运动路线。在顺序连接方式中，物料依次通过上下两个磨筒，物料运动路程最长，相应地在磨筒中停留时间也最长。因此，顺序连接通常适用于可磨性差的物料。在平行连接中，物料同时进入上下两个磨筒中，在磨筒中停留时间较短，生产效率高。因此，这种方式主要用于粉磨可磨性好、生产效率要求高的物料。在中间给料方式中，进料口在磨筒中部，物料运动路程较前两种形式最短，停留时间短，通常用于较软物料的粉磨。

根据 JB/T 8850—2001，双筒式振动磨机基本参数应符合表 4-33 要求。图 4-67 所示为某公司生产的 2MZ-400 型振动磨机。

表 4-33　双筒式振动磨机基本参数标准

型号	2MZ-100	2MZ-200	2MZ-400	2MZ-800	2MZ-1600
筒体容积/L	100	200	400	800	1600
筒体外径/mm	224	280	355	450	560
振动频率/Hz	24	24.3	24.5	16.3	16.2
振幅/mm	≤3			≤7	
研磨介质量/L	65～85	130～170	260～340	520～680	1040～1360
进料粒度/mm	≤5				
出料粒度/μm	≤74				
生产能力/(kg/h)	90	180	350	700	1400
电动机功率/kW	7.5	15	30	55	110
振动部分质量/kg	≤540	≤960	≤1910	≤3820	≤7650

注：1. 振幅指简谐振动峰值。
2. 生产能力指粉磨蜡石原料时的生产能力。

（3）三筒式振动磨机

三筒式振动磨机既可用于连续式粉磨，又可用于间歇式粉磨。三筒式振动磨机可以用于处理不同物料。在三筒式振动磨机工作时，三个磨筒内可以分别粉磨不同性质的物料，提高生产效率，节约成本。图 4-68 所示为某公司生产的 3MZ-300 型振动磨机。

图 4-67　2MZ-400 振动磨机

图 4-68　3MZ-300 型振动磨机

三筒式振动磨机基本参数如表 4-34 所示。

表 4-34　三筒式振动磨机基本参数标准

型号	3MZ-30	3MZ-90	3MZ-150	3MZ-300	3MZ-600	3MZ-1200
筒体容积/L	30	90	150	300	600	1200
筒体外径/mm	168	224	280	355	450	560
振动频率/Hz	24.3	24	24	24.3	24.7	16.2
振幅/mm	≤3					≤7
研磨介质量/L	20～25	52～68	98～128	195～255	390～510	780～1020
进料粒度/mm	≤5					
出料粒度/μm	≤74					
生产能力/(kg/h)	20	60	120	250	500	1000
电动机功率/kW	2.2	4	7.5	15	37	75
振动部分质量/kg	≤190	≤380	≤610	≤1210	≤2410	≤4800

注：1. 振幅是指简谐振动峰值。

2. 生产能力是指粉磨黑精钨矿原料时的生产能力。

4.3.4.4　应用领域

振动磨机广泛应用于矿业、医药、建材、电子、冶金、食品、化工、陶瓷等行业的微粉设备，主要体现在以下几个方面。

① 在矿业中的应用。在矿业生产中，振动磨机不仅可以用于各种矿石的超细粉碎，生产小颗粒矿石，而且可用于非金属矿的表面改性。通过粉碎矿石，加之摩擦的作用，使矿石内部晶格结构、形状发生变化。矿石内能增大，温度上升，从而使内部粒子分离与熔解，促进粒子聚集结合成新的集体。由于结构变化，因此造成矿石性质改变。通过特定的技术路线，可生成所需要的性质。粉碎与改性可同时进行，在粉碎过程中，机械力化学作用可以增强粉体表面改性效果。

② 在医药行业中的应用。在医药方面，粉剂、片剂、中药精细化、喷雾药剂等也都离不开振动磨机。振动磨机利用振源的强力振动，使粉碎腔内药品在流态化状态下，受到磨棒高强度的撞、切、碾、搓综合力的作用，使药品在短时间内达到微米级粉碎效果。振动磨机常有常温、水冷、低温、超低温、防氧化、防爆炸等多种作业配置，可降低粉碎腔内的温度，有利于保护活性物质，如酶、细胞、激素等，因此被广泛用于医药行业。

③ 在建筑行业中的应用。振动磨机可以用于水泥的"活化"。为了节省水泥，同时提高水泥的性能，通常采用将水泥、中性矿物混合放入振动磨机中粉碎。在工厂或工地上常有存放较久未使用的水泥，这些水泥与空气中的水分、二氧化碳接触，发生一系列化学反应。为了保证水泥的品质，久置水泥使用前通常用振动磨机粉碎。这不仅可以恢复原有强度，还能使强度大大提高，节约生产成本。

④ 在电子行业中的应用。在电子方面，振动磨机用于生产荧光粉、电子浆料、电子涂料等。通过振动磨机，可获得更细化的电子材料。这不仅可以缩小电子产品的体积、优化产品结构，而且材料细化后导电、传热等其他性能有大幅提升，从而大大提升电子产品的性能。

⑤ 在冶金方面的应用。振动磨机可用于磨制硬质合金、硬质合金代用品和生产合金用的碳化硅以及进行铁鳞加工。铁鳞是生产永磁铁氧体的主要原料之一。铁鳞深加工的主要目的是使其成分相对稳定，有害杂质减少，以满足磁性材料的生产工艺要求。

⑥ 在食品方面的应用。食品物料大多含有纤维物质。在粉碎过程中，纤维物质有韧性，不易粉碎。而食品粉碎振动磨机恰恰适合粉碎纤维含量高、韧性好的物料。食品粉碎振动磨机利用研磨介质的自转及其绕磨筒中心的公转运动，使物料、筒体、研磨介质三者相互碰撞，从而产生作用力使食品物料得到充分粉碎。振动磨机具有效率高、粉碎效果好、无污染等优点，并且可以均匀地混合两种或多种物料，因此广泛用于食品行业。

众所周知，食品行业无论是生产工艺流程还是生产机器类型，要求均较为严格。在食品生产过程中，要求严格遵循无菌的要求，或是在工艺的末端添加灭菌处理工艺。食品行业对产品粒度要求较高，粒度小的产品口感好且易于消化。对于食品粉碎振动磨机，整个食品粉碎过程都是在密闭的环境中进行的，不仅污染较小，而且营养物质的流失较少，充分保留食物的口感和营养。此外，食品粉碎振动磨机加工的产品较其他磨机的粉碎粒度最小。

4.3.5 行星式球磨机

行星式球磨机是混合、细磨、小样制备、纳米材料分散、新产品研制和小批量生产高新技术材料的必备装置。该装置体积小、功能全、效率高，同时配用真空球磨罐，可在真空状态下磨制试样，是科研单位、高等院校、企业实验室获取微颗粒研究试样的理想设备。

行星式球磨机是针对粉碎、研磨、分散金属、非金属、有机、中草药等粉体进行设计的，特别适合实验室研究使用。它利用磨料与试料在研磨罐内高速翻滚，对物料产生强力剪切、冲击、碾压作用，以达到粉碎、研磨、分散、乳化物料的目的。行星式球磨机在同一转盘上装有四个球磨罐，当转盘转动时，球磨罐在绕转盘轴公转的同时又围绕自身轴心自转，做行星式运动。罐中磨球在高速运动中相互碰撞，实现对样品进行研磨和混合。该装置能用干、湿两种方法研磨和混合粒度不同、材料各异的产品，研磨产品最小粒度可至 $0.1\mu m$。行星式球磨机能很好地实现各种工艺参数要求，同时由于具有小批量、低功耗、低价位的优点，成为高校、研究单位等科研单位进行粉碎工艺、新材料、涂料研究的首选设备。

4.3.5.1 行星式球磨机现状

目前，行星式球磨机还只是实验室的研究工具，工业化应用的行星式球磨机必须实现连续化，即连续进料、出料。曾有研究人员试图用离心方法从磨筒尾部排出物料并收集，但在实际使用时无法实现稳定运行。简而言之，国内外至今尚未研制出能够实现连续化生产的大型工业化应用行星式球磨机。

国外对行星式球磨机的研究起步较早。目前，行星式球磨机已被普遍应用于各工程领域，典型设备有德国莱驰（RETSCH）公司生产的 PM 型行星式球磨机、美国生产的 CTRL-M 型行星式球磨机。莱驰公司生产的行星式球磨机可快速地将物料研磨到纳米级范围，尤其是 PM 系列行星式球磨机具有较高的生产效率，它比较适合科研实验样品的制备，广泛用于物料的超精细研磨，该行星式球磨机如图 4-69（a）所示。图 4-69（b）所示为美国所生产的 CTRL-M 型行星式球磨机（属于真空球磨罐），采用可抽真空的球磨罐，在真空状态下对物料进行破碎和研磨。

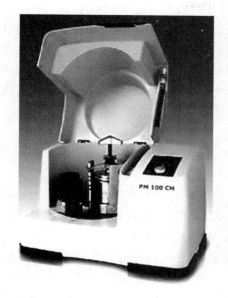

(a) PM-200型行星式球磨机　　　　　　　(b) CTRL-M型行星式球磨机

图 4-69　国外行星式球磨机

图 4-70 为我国研究的较典型的两类行星式球磨机，图 4-70(a) 所示为长沙天创粉磨技术有限公司生产的立式双行星球磨机。该球磨机运行时，球磨罐既做自转运动又做公转运动，使得球磨罐内的磨球做无序运动，对物料进行碰撞、剪切，从而达到粉碎的目的。图 4-70(b) 所示为南京大学仪器厂研制出的卧式行星球磨机，该球磨机的四个球磨罐被平稳地安装在竖直放置的大转盘上。当该卧式行星球磨机运行后，球磨罐内球料的受力不停地发生变化，并且球料的运动轨迹不存在规律性。对于卧式行星球磨机而言，球料的落置点为做旋转运动的球磨罐的圆周内表面。因此，除了球磨罐产生的离心力和公转产生的牵引离心力对物料有剪切、研磨作用外，球料所受重力也参与物料的剪切、研磨（立式行星球磨机不

(a)立式双行星球磨机　　　　　　　　(b)卧式行星球磨机

图 4-70　国内行星式球磨机产品

具有这一特点）；另外，卧式行星球磨机还可防止在研磨过程中出现物料的结底现象。

冀姚腾等研制的微型双筒型行星式球磨机，其研磨作用来源于物料在自转和公转产生的离心力以及与筒壁间的摩擦力。张克仁等研制的 TCMJ-1 型行星式球磨机是以撞揉方式进行研磨粉碎的，该球磨机具有更高的研磨效率和较好的节能效果。由陈世柱等研制的行星式高能球磨机可产生较大的撞击力，并且其撞击力与转速成平方关系。因此，只要适当地增加转速，就可以得到较大的撞击力和剪切力，这大大提高了行星式球磨机的研磨效率。

4.3.5.2 结构与工作原理

（1）结构

① 立式行星球磨机。普通球磨机的主要工作部分为一回转球磨罐，球磨罐装有磨球和粉碎物料。当球磨罐体在电动机的驱动下低速回转时，磨球对物料产生冲击和研磨作用将其粉碎。图 4-71 为立式行星球磨机的结构示意，它主要由调速电动机、公共转盘、球磨罐和三角带传动系组成。行星式球磨机的结构与普通球磨机相比有很大差别，其一是主工作部件——球磨罐的个数不同，普通球磨机通常是一个球磨罐，而行星式球磨机则有多个球磨罐，一般为 2 或 4 个且均匀对称地分布在公共转盘上。其二是球磨罐的安装方式不同，普通球磨机的球磨罐水平安装在固定的轴座内，而行星式球磨机的球磨罐可以水平或垂直安装在运动的公共转盘上。其三是球磨罐的运动方式不同，普通球磨机的球磨罐仅绕固定的中心轴旋转，而行星式球磨机的球磨罐做复杂的平面运动。一方面，电动机带动公共转盘转动，安装在其上的球磨罐随之转动，此为"公转"牵连运动；另一方面，由于三角带转动系的作用，球磨罐还绕自身的中心轴做"自转"相对运动，球磨罐做行星运动。这也是行星式球磨机区别于其他球磨机的基本标志。

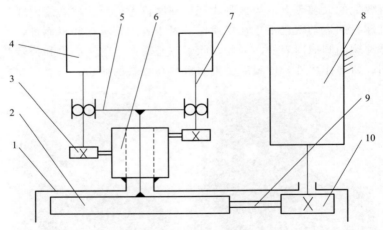

图 4-71 立式行星球磨机的结构示意

1—机体；2—大皮带轮；3—行星带轮；4—球磨罐；5—转盘；6—太阳带轮；
7—磨筒中心转轴；8—调速电动机；9—皮带；10—小皮带轮

在自转和公转等合力的作用下可使研磨介质的离心加速度达 $98\sim196\mathrm{m/s^2}$；同时，球磨罐转速较高，球磨罐与磨球之间的正压力为磨球所受重力的 $5\sim6$ 倍。这使行星式球磨机的研磨力度远大于普通球磨机。

② 卧式行星球磨机。卧式行星球磨机的结构示意如图 4-72 所示，它有若干个球磨罐均

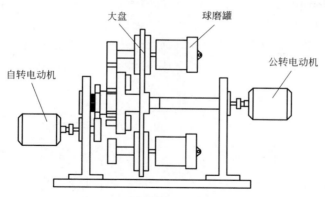

图 4-72　卧式行星球磨机的结构示意

匀地安装在竖直放置的公转圆盘上，球磨罐自转的同时围绕圆盘中心进行公转，从而实现在离心力场中进行粉磨，超越重力场的速度限制，公转和自转同时以较高速度运转使磨球获得巨大的撞击力，提高对物料的粉磨效率，达到节能效果。卧式行星球磨机的主要特点有以下几个。

　　a. 大盘垂直放置，圆盘上均匀分布着 3 个球磨罐，球磨罐到大盘的中心距离（球磨罐的公转半径）可调。

　　b. 球磨罐可以拆卸，便于更换不同尺寸的球磨罐（球磨罐的自转半径可调）。

　　c. 自转电动机控制球磨罐的自转，公转电动机通过主轴控制球磨罐的公转，通过变速器来调控球磨机转速，各级传动均采用齿轮精确传动。

　　③ 双行星式球磨机。如图 4-73 所示为双行星式球磨机的结构示意。该球磨机采用的是行星齿轮传动方式，其工作原理是：双行星式球磨机启动后，在传动装置的带动下，大转盘形成公转，在两个大行星轴上安装有两个小转盘随大转盘公转，小转盘自身也绕其轴自转。而小转盘托盘上的球磨罐不仅在小转盘上做公转，同时也绕自身轴做自转，形成双行星运动。物料与磨球在运行过程中所受的力很复杂。在各种力的复合作用下，磨球与物料之间形成高频冲击，物料在高频冲击、直线碰撞力、摩擦力等作用下被破碎、细磨，具有效率高、粒度小的特点，最小出料粒度可以达到 $0.06\mu m$。

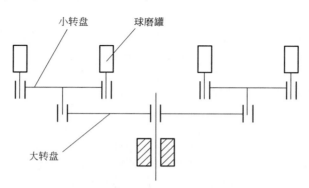

图 4-73　双行星式球磨机的结构示意

（2）工作原理

行星式球磨机不同于普通球磨机的最大特点是，该球磨机中的物料和磨球在一个二维旋转空间做高能运动。如图 4-74 所示，在一个转盘上对称装有 2 个或 4 个球磨罐，当转盘逆时针旋转（公转）时，球磨罐围绕各自的中心轴做顺时针旋转（自转），球磨罐中磨球在高速运动中研磨和混合物料。在某一确定的时刻，大转盘所产生的较强离心力使物料与磨球从球磨罐的内壁分开，并在自转的高速条件下从球磨罐的一侧飞越到另一侧而相互撞击，使得物料被研磨得更细小。

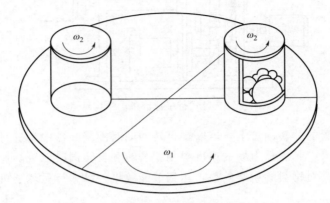

图 4-74　行星式球磨机的工作原理示意

由于球磨罐自转和公转的速度变化引起的离心力及球磨罐与球磨机摩擦力等的作用，使磨球与物料在球磨罐内产生互相冲击、摩擦及上下翻滚等作用，起到了磨碎物料的效果。在自转和公转等合力的作用下可使磨球的离心加速度大大提高，磨球与物料之间的最大正压力为磨球所受到重力的 5～6 倍，这使得行星式球磨机的研磨效率远远大于普通球磨机。

（3）性能特点

行星式球磨机优点有以下几个。

① 齿轮传动转速稳定，可确保实验结果的一致性和重复性。

② 采用行星式运动，转速快、能量大、效率高、粒度小。

③ 采用变频控制，可根据实验结果选定理想转速；变频器具有欠电压和过电流保护，可以对电动机进行一些必要保护。

④ 具有定时关机、自动定时正反转功能，能按需要自由选择单向、交替、连续、定时与不定时运行方式，提高研磨效率。

⑤ 设备重心低、性能稳定、结构紧凑、操作方便、安全可靠、噪声低、无污染、损耗小。

⑥ 装有安全开关，可以防止设备在安全外罩打开的情况下启动，以免发生安全事故。

4.3.5.3　行星式球磨机工作过程

（1）行星式球磨机的研磨机理

行星式球磨机的作用过程机理比较复杂，总结起来有如下几种。

① 局部升温模型。在机械力化学过程中球磨罐的温升并不是很高，但在局部碰撞点可能产生很高的温度，并可能引起纳米尺度范围内的热化学反应，且在碰撞处会因为高碰撞力导致晶体缺陷扩散和原子局部重排。

② 缺陷和位错模型。一般地，活性固体在热力学和结构上均呈现不稳定的状态，与稳定物质相比，其自由能和熵值都较高。缺陷和位错会影响到固体的反应活性。在受到机械力

作用时，物体接触点处或裂纹顶端会产生应力集中，这一应力场的衰减取决于物质的性质、机械作用的状态（压应力与剪应力的关系）及其他相关条件。局部应力的释放往往伴随着结构缺陷的产生以及热能的转变。

③ 摩擦等离子区模型。物质受到高速冲击时，在一个极短的时间和极小的空间里，对固体结构造成破坏，导致晶格松弛和结构裂解，释放出电子、离子，形成等离子区。

④ 新生表面和共价键开裂理论。固体受到机械力作用时，材料破坏并产生新生表面，这些新生表面具有非常高的活性。

⑤ 综合作用模型。上述机械力化学作用有可能是一种，也有可能是几种机理共同作用的结果。

（2）颗粒在球磨罐中的研磨方式

在超细颗粒的制备过程中，剪切力是颗粒细化的主要作用力。在研磨过程中，磨球在复合力场的作用下发生相互挤压、摩擦使磨球间的粉体受到脉动应力的挤压、剪切和研磨作用。

球磨罐中两磨球间的滚动常伴有瞬间滑动。磨球任意分布在球磨罐中，并且磨球在平行于罐底平面内的不同半径位置处具有不同的角速度，所以罐内两磨球具有不同的切向速度。当磨球间的滚动摩擦力或滑动摩擦力不能约束磨球的相对运动时，两磨球间就存在微观滑动。磨球间的滑移现象加强了研磨作用。定义 Q_{x1} 为物料颗粒受到大直径磨球的摩擦力（即剪切力），Q_{x2} 为物料颗粒受到小直径磨球的摩擦力，ω_{y1}、ω_{y2} 分别为大、小直径磨球角速度，v_{x1}、v_{x2} 分别为大、小直径磨球切向速度，v_{z1}、v_{z2} 分别为大、小直径磨球法向速度，R_1、R_2 分别为大、小磨球半径。设 $v_{x1} < v_x < v_{x2}$，则颗粒受到的摩擦力如图 4-75 所示。

（3）颗粒粉碎过程

在球磨过程中，颗粒的粉碎过程可分为以下三个阶段。

① 提升偏转阶段。在外层磨球（或筒壁）摩擦力的带动下，内部磨球以与外层磨球（或筒壁）相同的角速度向上旋转。此时，磨球彼此紧密接触，从外形上看好像是整体向上偏转，实际上每一个磨球都在该层内从下沿圆轨迹随筒体一起向上运动。上升至一定高度后，磨球所受重力的切向分力与摩擦力达到平衡，该磨球不能再以外层磨球相同的速度随筒体一起偏转。

② 滑行阶段。磨球由于运动的惯性仍将继续沿筒壁上升，只不过在空间向上旋转的速度小于外层磨球。也就是说，此后它在外层磨球上产生滑行。滑行可使磨球继续上升，偏转角进一步增大。

③ 泻落或抛落阶段。磨球在第一阶段随外层磨球上升，在第二阶段沿外层磨球继续向上滑行到达一定高度后，会由于丧失动能或者因所受重力与离心力合力的法向分力转为向内而抛落。泻落或抛落后，磨球回到筒体底部，又开始下一轮循环。

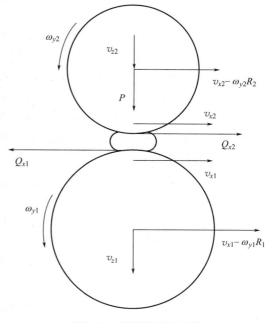

图 4-75 两磨球挤压示意

在超细粉碎过程中，颗粒的晶体结构会发生细微的变化。基于此，可将球磨过程可分为四个阶段：第一阶段为晶粒尺寸的细化；第二阶段为有效温度系数的增加；第三阶段为有效温度系数和显微应变的增加；第四阶段为均匀变形饱和，而显微应变一直增加。当晶粒尺寸细化到纳米后，晶粒内几乎无位错或缺陷，晶界由高密度的位错组成。

颗粒的强度定义为作用于粉碎点处颗粒上的力除以公称颗粒横截面积。颗粒的强度随着颗粒粒度的减小而迅速增加，因此在粉碎过程中颗粒粒度不断减小、强度增大，所需要的粉碎力也逐渐增大，同一粉碎设备可能需要提高转速或改变粉碎条件以达到所要求的粉碎力。在各种粉碎过程中，粉碎力使颗粒破碎，该力使颗粒变形并产生应力场。当应力达到材料屈服极限或断裂极限时，颗粒将产生塑性变形或破碎。在材料的超细粉碎领域，行星球磨机由于其独特的粉碎方式、高效的粉碎过程而被广泛使用。

4.3.5.4 主要影响因素

影响行星式球磨机性能的参数众多，可分为结构参数和操作参数。结构参数包括衬板的设计、球磨罐直径、球磨罐长度等。操作参数有球磨时间、磨球填充率、转速、磨球的级配、球料比、磨球材料和尺寸以及助磨剂等。

(1) 球磨时间

球磨时间是一个最为重要的工艺参数。一般来说，球磨时间越长，粉体粒度越小。但是，随着粉体颗粒变小，其比表面积会迅速增大，粉体颗粒的表面能增大、表面活性增强，颗粒之间的相互吸引力（范德华力、静电力等）增强导致颗粒发生团聚，最终对粉体施加的粉碎力粉碎能被消耗于团聚体的分散，整个超细粉碎过程变成了粉碎与团聚的动态平衡。球磨时间过长除了会发生严重团聚，还可能由于球磨环境温度、湿度等变化产生一些物理化学反应，这在粉体制备过程中是不希望出现的。

(2) 球磨转速

一般认为球磨转速越高对粉体施加能量越高。实际上，球磨转速还取决于球磨机的类型。行星式球磨机需要合适的公转和自转配比以控制磨球的运动，使磨球垂直打击球磨罐内壁高冲撞力，沿切线方向撞击内壁产生高摩擦力以及沿罐内壁滚动产生离心力。

如果行星式球磨机的转速很低，磨球和粉体物料将随着球磨罐的转动而轻微转动，但是速率较小。此时，磨球对粉体物料产生的机械力作用方式主要表现为挤压和摩擦。由于磨球的动能较小，挤压和摩擦作用力较小，研磨效率很低。

相反，如果球磨机的转速非常高，由于离心力的作用，磨球和粉体物料会紧贴在球磨罐壁上，并随球磨罐一起做匀速圆周运动。此时，磨球对粉体物料的机械力主要表现为摩擦作用，研磨效率极低，系统发热量较高，能量浪费严重。

在适宜转速下，磨球和粉体物料转动到一定角度时，会从球磨罐内壁脱离，朝着另一侧罐壁的方向抛出，并对吸附于罐壁上的粉末颗粒产生冲击作用。图 4-76 显示了磨球和物料在正常转速下的运动轨迹，此时物料受到冲击、挤压和摩擦三种作用力而粉碎。由于磨球抛出速率大、向心加速度高、冲击力大，对粉末颗粒的细化效果显著，研磨效率大大提高。

(3) 磨球材料和尺寸

磨球的材料和尺寸都会对研磨效率产生影响。一般认为大尺寸、高密度的磨球对研磨有利，因为重的磨球具有更高的冲击能量。

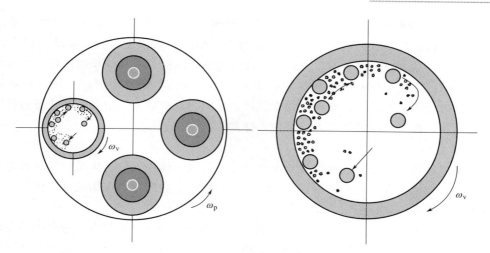

图 4-76　行星式球磨机运行示意

对于磨球的选取有以下要求。

① 磨球的莫氏硬度要比物料至少大 3 级莫氏硬度。

② 磨球密度要比物料密度大。

③ 具有很好的化学惰性。

④ 具有一定的弹性、表面光滑等。

（4）球料比

球料比也是球磨过程的一个重要参数。通常认为在高球料比下，磨球个数增加，单位时间内碰撞次数增加，从而转移更多能量给粉体颗粒；同时高球料比更能促使粉体温升增加。在球磨过程中，粉体颗粒的粉碎主要是依靠磨球之间的碰撞、磨球与球磨罐内壁的碰撞来实现的。在磨球填充率一定的情况下，物料填充率直接影响着超细粉碎的效果以及超细粉碎的处理能力。而在实际的生产中，在粉碎效果达到要求的情况下，一般希望生产能力越高越好，球料比（即是粉体的填充率）作为主要调节和控制的工艺参数。在磨球质量一定的情况下，粉体与磨球间的相互碰撞概率直接影响超细粉碎的效果。

（5）磨球填充率

球磨机的研磨作用是通过磨球对物料的碰撞、剪切来实现的，所以磨球填充率对球磨机的研磨效果有很大影响。磨球填充率增大时，研磨过程中磨球的接触次数增多，物料的研磨面积增大，提高了磨球的研磨效率，但球磨机的能量耗损也随之增加。反之，磨球填充率较小时，磨球接触、碰撞的次数较少，物料的研磨面积较小，球磨机的研磨效果降低，球磨机能量耗损相对较小。但是，磨球填充率不应太大或太小，否则会降低球磨机的研磨效果。因为，磨球填充率过大，磨球的运动空间减小，限制了磨球的运动，减小了磨球的相对运动速度，反而降低了球磨机的研磨效果。若磨球填充率太小，参与研磨的磨球数量较少，球磨机处于空磨状态，此时球磨机发热损耗的能量增多，导致球磨机的能量利用率降低，同样降低了球磨机的研磨效果。因此，合理选择磨球填充率是提升球磨机研磨效果的一个重要因素。

（6）磨球的级配

行星式球磨机在正常运转时球体规格是不一样的，称之为磨球的级配。当磨球填充率确定后，合理地选择磨球级配是提高研磨效率的一个重要因素。在研磨过程中，磨球直径越小，研磨时彼此接触的次数越多，但它的动能较小。因此，要使球磨机的研磨效果达到最好，就应该合理选择磨球的级配。样品颗粒的比表面积受磨球表面积与磨球体积之比的影响，若要提高样品颗粒的比表面积就应当提高研磨球的表面积与其体积的比值。磨球填充率一定时，磨球的级配不同，其堆积状态也不同，磨球对物料研磨、剪切、冲击的效果就不同。若磨球的堆积密度较低，磨球间的空隙较大，则物料的填充量增多，磨球与物料的接触面积相应减小，此时磨球对物料的研磨效果变差。

（7）助磨剂

在粉磨过程中，表面活性剂可作为助磨剂加入超细粉体中，使得体系的界面状态发生变化，如亲水亲油基团在颗粒的表面进行吸附，与颗粒产生物理化学作用及力学作用，提高物料颗粒的粉碎效率。

在同一粉碎设备中，多种物料混合粉碎，由于物料的硬度、形状以及密度等性质均不相同，其粉碎过程往往比单一物料的粉碎要复杂。而在粉碎过程中，物料填充于磨球周围，粉体颗粒间相互冲击碰撞，粉体颗粒与磨球间也相互冲击碰撞，其结果是混合物料粉碎与单一物料粉碎相比，易碎物料更容易粉碎，难碎物料不易粉碎。主要原因有二：其一是磨球的冲击碰撞作用力施加于颗粒层上，直接承受作用力的低强度颗粒优先得到粉碎，而高强度颗粒不足以发生碎裂，但是其部分能量会传递到周围的低强度颗粒上，使得易碎颗粒发生粉碎；其二是硬度不同的颗粒发生相互碰撞时，硬度大的颗粒会对硬度小的颗粒产生表面的剪切或者磨削，此时硬度大的颗粒充当了磨球的作用。

助磨剂的用量对超细粉碎有很大的影响，如在表面改性助磨中，粉体的比表面积较大，而且随着粉碎的进行粉体比表面积还会不断增大，所需要的助磨剂显然要随之增加，如此才能保证对颗粒实现有效且高效的改性处理；在混合粉碎助磨中，粉碎初期颗粒粒度较大，表面缺陷较多，随着粉碎的进行其粒度会不断降低，表面缺陷不断减少，所需要的助磨剂也是随之增加，如此才能保证对颗粒表面实现更加高效的剪切、磨削。但无论是何种助磨剂，在粉体质量一定的情况下，所需要的助磨剂用量也是一定的，这从试验角度或是工艺生产角度都应该是合理的。

图 4-77　YXQM 型立式行星球磨机的外形

随着粉碎的进行，颗粒的粒度不断减小，其比表面积、表面性质等也随之不断变化。在粉碎初期，颗粒的粒度较大易于粉碎，因此颗粒的粉碎速率较快并且效率也较高；而在粉碎中期，颗粒的粉碎由体积粉碎转变为表面粉碎，同时团聚现象逐渐增多；在粉碎后期，颗粒结构趋于完美，活性增强，团聚现象严重。在整个粉碎过程中，不同的阶段所需要的助磨剂用量是不同的，因此可以通过助磨剂分段添加的方式以实现助磨效果的优化。

4.3.5.5　典型行星球磨机设备

行星球磨机可以分为立式行星球磨机、卧式行星球磨机、全方位行星式球磨机、低温行星式球磨机、变频行星式球磨机、双行星式球磨机等。

（1）立式行星球磨机

立式行星球磨机是混合、细磨、小样制备、纳米材料分散、新产品研制和小批量生产高新技术材料的必备装置，图 4-77 为中国长沙米淇仪器设备有限公司生产的 YXQM 型立式行星球磨机的外形，表 4-35 为其主要技术参数。

表 4-35　YXQM 型立式行星球磨机的主要技术参数

型号	电源电压/V	电动机功率/kW	公转转速/(r/min)	自转转速/(r/min)	球磨罐规格/mL
YXQM-0.4L	220	0.55	30～450	60～900	50～100
YXQM-1L	220	0.75	30～400	60～800	50～250
YXQM-2L	220	1.1	30～400	60～800	50～500
YXQM-4L	220	1.1	30～400	60～800	50～1000
YXQM-8L	220	1.5	30～280	60～560	50～2000
YXQM-12L	380	1.5	30～260	60～520	1000～3000
YXQM-16L	380	2.2	30～260	60～520	1000～4000
YXQM-20L	380	3.0	30～230	60～460	1000～5000

（2）卧式行星球磨机

卧式行星球磨机是在竖直的行星盘上对称装有四个卧式安装的球磨罐。球磨罐在行星运动时没有固定的平面底。在研磨物料的过程中，罐内磨球在受公转和自转两个离心力作用的同时，受到自身重力的影响，有助于加强磨球及物料无序化运动程度，提升研磨效果和研磨效率。由于球磨罐旋转时没有固定平面底，能较好解决部分物料沉底问题。图 4-78 为中国长沙米淇仪器设备有限公司生产的 WXQM 型卧式行星球磨机的外形，表 4-36 为其主要技术参数。

图 4-78　WXQM 型卧式行星球磨机的外形

表 4-36　WXQM 型卧式行星式球磨机的主要技术参数

型号	电源电压/V	电动机功率/kW	公转转速/(r/min)	自转转速/(r/min)	球磨罐规格/mL
WXQM-0.4L	220	0.55	30～450	60～900	50～100
WXQM-1L	220	0.75	30～400	60～800	50～250
WXQM-2L	220	1.1	30～400	60～800	50～500
WXQM-4L	220	1.1	30～400	60～800	50～1000
WXQM-8L	220	1.5	30～280	60～560	50～2000
WXQM-12L	380	1.5	30～260	60～520	1000～3000
WXQM-16L	380	2.2	30～260	60～520	1000～4000
WXQM-20L	380	3.0	30～230	60～460	1000～5000

（3）全方位行星式球磨机

全方位行星式球磨机是在立式行星球磨机基础上，增加了行星盘翻转功能。行星盘和球磨罐在做行星运动的同时，又可在一立体空间范围内做 360°翻斗式翻转运动，实现球磨罐多维多向运动，提升磨球及物料无序化运动程度，在整个球磨罐内对物料进行无死角研磨，使所研磨物料更加匀细，并能解决部分物料沉底和粘罐问题。图 4-79 为中国长沙天创粉末技术有限公司生产的 QXQM 型全方位行星式球磨机的外形，表 4-37 为其主要技术参数。

图 4-79　QXQM 型全方位行星式球磨机的外形

表 4-37　QXQM 型全方位行星式球磨机的主要技术参数

型号	电源电压/V	电动机功率/kW	公转转速/(r/min)	自转转速/(r/min)	球磨罐规格/mL
QXQM-2	220	0.75	35～335	70～670	50～500
QXQM-4	220	0.75	35～335	70～670	250～1000
QXQM-6	220	0.75	35～335	70～670	1000～1500
QXQM-8	220	1.5	35～290	70～580	1000～2000
QXQM-10	220	1.5	35～290	70～580	1000～2500
QXQM-12	220	1.5	35～290	70～580	1000～3000
QXQM-16	380	3.0	30～255	60～510	2000～4000
QXQM-20	380	4.0	25～215	50～430	2000～5000

（4）低温行星式球磨机

低温行星式球磨机是将空气制冷系统产生的冷气源源不断地输入装有保温罩的行星式球磨机中。这些冷气将高速旋转的球磨罐产生的热量及时吸收带走，使装有物料、磨球的球磨罐始终处于一定的低温环境中。由于实现了低温球磨，扩展了同一种材料研究的适用范围。由于实现了低温球磨，扩大了材料的应用范围，使一些原来不能球磨的材料（温度升高引起质变、形变）可以实现研磨，转度快、能量大、效率高、粒度小。图 4-80 所示为某低温行星式球磨机的实物。

（5）变频行星式球磨机

变频行星式球磨机采用齿形带传动，克服了原皮带传动易打滑、转速不稳定的缺点。球磨罐采用行星式运动，球磨效率高、粒度小。可通过变频控制转速，操作方便。设备采用一体化设计，具有定时关机、自动定时正反转功能，操作人员可以根据需要自由选择单向、交替、连续、定时与不定时运行方式，提高研磨效率。图 4-81 所示为某公司生产的变频行星式球磨机的实物。

图 4-80　低温行星式球磨机的实物

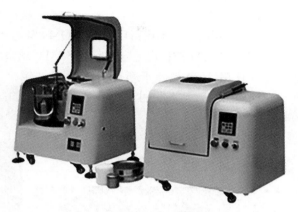

图 4-81　变频行星式球磨机的实物

（6）双行星式球磨机

在一大转盘（在公转）上安装有两个大行星轴（在自转），大行星轴上又安装有小转盘（在公转），小转盘上安装有球磨罐（在自转），做双行星式运动。在高速运转的情况下，球磨罐内的磨球在惯性力的作用下对物料形成很大的高频冲击、摩擦，对物料进行快速细磨，混合与分散样品。双行星式球磨机具有安全可靠、噪声低、无污染、损耗小的优点。长沙天创粉末技术有限公司生产的 SXQM 型双行星式球磨机为典型代表，如图 4-70（a）所示。表4-38 给出了 SXQM 型双行星式行星球磨机的主要技术参数。

表 4-38　SXQM 型双行星式行星球磨机的主要技术参数

型号	电源电压/V	电动机功率/kW	公转转速/(r/min)	自转转速/(r/min)	球磨罐规格/mL
SXQM-0.4	220	0.75	70～560	70～670	50～100
SXQM-1	220	0.75	70～560	70～670	250
SXQM-2	220	0.75	70～560	70～670	500
SXQM-4	220	0.75	70～560	70～580	1000
SXQM-6	380	0.75	70～560	70～580	1500

4.3.5.6　应用实例

行星式球磨机广泛应用于地质、矿产、冶金、电子、建材、陶瓷、化工、轻工、医药、美容、环保等行业，比如电子陶瓷、结构陶瓷、压电陶瓷、介质陶瓷等陶瓷类产品以及钴酸锂、锰酸锂等新能源电池电极原料的生产。

（1）制备纳米洋葱碳

纳米洋葱碳（Carbon Nano Onions，CNOs）的理想模型是以多层 C60 为核心，同心石墨球壳层组成的碳原子团簇。CNOs 内层由 60 个碳原子组成，每一层碳原子数以 $60n^2$（n 为层数）呈指数级递增，各层间距约为 0.335nm。目前，纳米碳材料合成方法有两大类：物理方法和化学方法。其中，物理方法主要有电弧放电、等离子体、电子束照射等，用物理方法制备纳米碳材料，通常需要高温高能，这就使得纳米碳材料批量生产受到限制。而化学方法主要有热处理、热解、化学气相沉积（CVD）等，用化学方法制备纳米碳材料会用到催化剂，所以需对制备的纳米碳材料进行纯化，这样会导致工序繁琐、能耗增加，同时会排放大量的纯化废水。

葛坤等使用南京大学仪器厂生产的 QM-3SP4J 行星式球磨机进行实验。球磨完成后，采用 Zeiss 1555 VPSEM 扫描电子显微镜（SEM）观察 CNOs 的表面形态，结果如图 4-82（a）所示；采用 JEM-2100 高分辨率透射电子显微镜（TEM）观察 CNOs 的结构特征，结果如图 4-82(b) 所示。从图中可以看到，所得到的纳米碳材料大部分为纳米洋葱碳，粒径在 20～100nm 之间。

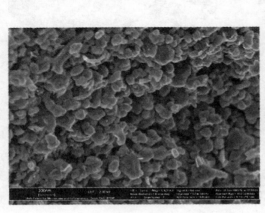

(a) SEM电镜图

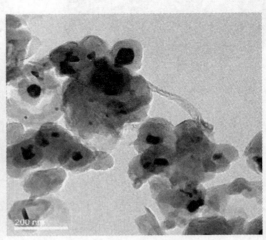

(b) TEM电镜图

图 4-82　纳米洋葱碳电镜图

使用 X 射线衍射仪观察 CNOs 的晶面结构，结果如图 4-83 所示。从图中可以看出，样品由高度石墨化碳组成，无其他杂质。

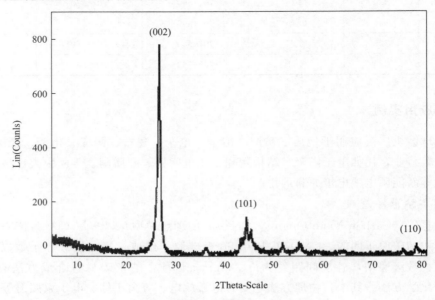

图 4-83　制备的纳米洋葱 XRD 谱图

球磨一定时间后，天然鳞片石墨颗粒表面逐渐光滑，颗粒外形趋于均匀；但随着球磨时间的延长，颗粒将发生团聚而表面粗糙且不均匀。在球磨过程中，与磨球的反复碰撞使石墨的表面化学键发生断裂，产生新的不饱和键、自由离子、电子等，增大了晶体的内能，同时引入大量缺陷密度，颗粒最终细化至纳米级。同时由于振动碰撞的猛烈作用，石墨层与层之间滑动，球磨过程中局部产生的巨大瞬时压力改变了石墨的晶格结构，多种晶格缺陷大量引入，使石墨层面 π 键断裂进而弯曲生成纳米洋葱碳。

（2）制备石墨烯

纳米流体是指一定的方式和比例在液体中添加导热性能优良的纳米固体颗粒，形成的一类具有高热导率且均匀稳定的新型传热冷却介质。近年来，石墨烯因为其高导热性成为人们关注的焦点，并被认为是可以添加到纳米流体中的纳米颗粒之一。石墨烯是一种新型的碳纳米材料，具有优异的电子性能、力学性能和热性能，其热导率约为 $5000W/(m \cdot K)$，这使得石墨烯成为最有应用前景的纳米流体添加剂。

Gwi-Nam Kim 等使用行星式球磨机对石墨烯进行湿法研磨，磨球尺寸为 1mm，磨球填充率为 40%，图 4-84 表示了不同球磨转速以及球磨时间对石墨烯平均粒径的影响，初始产品的平均粒径为 1087.2nm。由图 4-84 所示，石墨烯经过行星球磨机球磨后，其平均粒径与初始物料相比明显减小，在球磨转速为 200r/min、球磨时间为 60min 时，所得石墨烯产品的平均粒径最小。

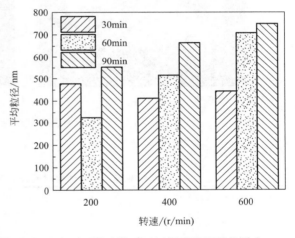

图 4-84　实验参数对石墨烯平均粒径的影响

（3）研磨改性绿豆淀粉

绿豆淀粉中直链淀粉含量较高，具有热黏度高的优良性能，在食品工业中常用来制作粉丝、粉皮、绿豆馅等。但是，由于绿豆淀粉具有较强的成膜性、抗拉伸性、易老化、结晶度高及溶解度低等特点，导致绿豆淀粉在工业生产中的应用受到严重限制，因此需对绿豆淀粉进行改性以充分利用绿豆淀粉资源。机械球磨是对绿豆淀粉进行物理改性的有效方法，通过球磨可以改变淀粉颗粒外貌、结晶结构及分子结构，解决了冷水溶解度低、淀粉糊透明度低、凝沉特性差等问题，并能有效降低淀粉糊黏度及触变性和剪切稀化现象。

侯蕾等使用 YXQM-2L 行星式球磨机对绿豆淀粉进行球磨处理，用扫描电子显微镜观察球磨 0h、1h、2h 和 4h 时绿豆淀粉颗粒形态，同时测定了绿豆淀粉的直链淀粉含量、冻融稳定性等指标。

图 4-85 所示为不同球磨时间的绿豆淀粉扫描电镜图，绿豆原淀粉大部分为椭圆形，颗粒较大，部分颗粒较小且呈圆形，表面光滑但有明显凹痕；球磨 1h 时绿豆淀粉颗粒变化不明显，仅少数颗粒表面有裂纹；球磨 2h 时可看到大部分大颗粒绿豆淀粉表面产生裂纹和细小碎片；球磨 4h 时绿豆淀粉表皮光泽度明显下降，表面裂纹增多，并且淀粉颗粒变形明显，部分颗粒团聚在一起，说明球磨损伤使得绿豆淀粉颗粒的比表面积增加，提

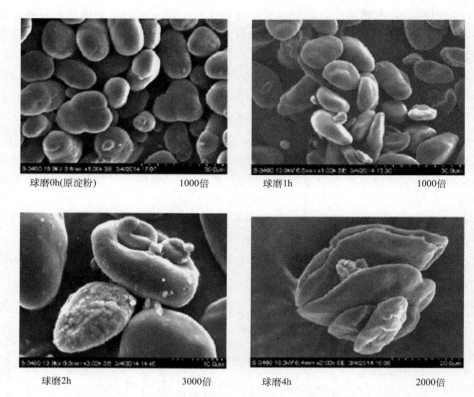

球磨0h(原淀粉)	1000倍	球磨1h	1000倍
球磨2h	3000倍	球磨4h	2000倍

图 4-85　不同球磨时间的绿豆淀粉扫描电镜图

高了其表面活性。

表 4-39　不同球磨时间绿豆淀粉的直链淀粉含量

样品球磨时间/h	0	1	2	4
直链淀粉质量分数/%	52.06	55.65	60.43	62.43

　　表 4-39 显示了不同球磨时间绿豆淀粉的直链淀粉含量。从表中可以看出，绿豆淀粉直链淀粉含量随球磨时间的延长显著增加。原淀粉中直链淀粉为 52.06%，球磨 4h 后直链淀粉为 62.43%。这是因为球磨处理使得绿豆淀粉分子发生降解，导致支链淀粉侧链断裂而产生更多的直链淀粉。直链淀粉含量高，则淀粉的成糊温度高、成胶能力强、凝胶强度高，有利于制备粉丝、粉皮等食物，因此球磨处理对绿豆淀粉的改性意义重大。

　　冻融稳定性是指淀粉糊经过一段时间冷冻处理后，取出融化仍能保持原来胶体结构的性质。淀粉糊的冻融稳定性可通过析水率来评估，析水率越低则冻融稳定性越好，反之越差。不同球磨时间绿豆淀粉析水率如图 4-86 所示。

　　从图 4-86 可以看出，绿豆淀粉的析水率随球磨时间的延长显著增加，说明球磨时间越长则绿豆淀粉冻融稳定性越差，这是由于机械作用使得淀粉分子链发生断裂，分子量减少，直链淀粉含量增加，淀粉易于老化，冻融稳定性变差。

　　总的来说，经过球磨后的绿豆淀粉表面活性增加，同时直链淀粉含量升高，有利于制备粉丝、粉皮等食物，但是球磨时间过长会使绿豆淀粉的析水率增加，导致淀粉老化。

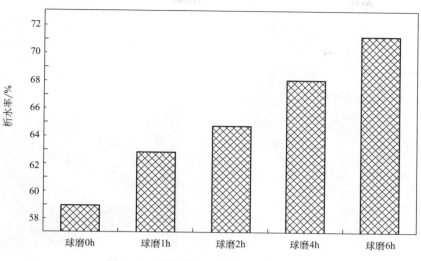

图 4-86　不同球磨时间绿豆淀粉析水率

4.4　超细剪切

剪切粉碎是指在定子与转子之间的强剪切力作用下，飞速运动的物料被剪切粉碎从而形成微粒的过程。剪切粉碎技术由切割粉碎技术发展而来，采用的是渐次剪切的原理，解决了现有技术中存在的能耗高、颗粒大小不均、产量低等问题。在剪切粉碎中，依靠转子的动刀头与定子的静刀头的配合进行超细剪切，在主轴的高速旋转带动下，物料一次性地通过动子与定子之间的微小间隙，粉碎后的物料大小均匀且产量高，颗粒的粒度可达到微米级。国内的技术研究起步晚，国外此项技术起步早且研究深入，国内与国外的差距较大。

美国的尤索公司在高速剪切粉碎设备的技术研究上处于世界领先地位，其研发的 Comitrol 型高效粉碎机（图 4-87）采用模块化设计，剪切的刀头可进行自由拆换，可满足不同物料颗粒对不同尺寸的要求及对流体物料的超细化处理，可加工多种物料。

Comitrol 型高效粉碎机采用离心切割的方式，适用于花生酱、大豆组织蛋白、玉米露、豆奶等各类食品工业化大产量的粒化、浆化、乳化等工作。

日本的高速剪切粉碎技术也比国内成熟，日本增幸产业株式会社研制的 Mikuromaisuta 型超精密高速粉碎机的粉碎产品可达到微米级，转速可达12000r/min，广泛应用于食品、化妆品、化学品和调味料等行业，如图 4-88 所示。

图 4-87　Comitrol 型高效粉碎机

图 4-88　Mikuromaisuta 型超精密高速粉碎机

Mikuromaisuta 型超精密高速粉碎机是世界上最先能够同时安装精密切割头、笼式切割头、磨盘头的三机一体的多功能高速粉碎机。通过油路循环结构，使得连续高速运转也不会发热，同时可以保证加工品的品质稳定。该设备配备了变频器，可在 6000～12000r/min 范围内调节。

4.4.1　工作原理及特点

4.4.1.1　刀具运动原理及选择

在剪切机械中，刀具是重要构件之一。良好的刀具应具有切割质量高、耗用动力小、结构紧凑、工作稳定、安全可靠以及便于刃磨、使用和维修方便等优点。刀具材料一般采用经过热处理的工具钢或锰钢。刀具的刀刃有直线型与曲线型几种形状，刀具的运动方式有回转式和往复式两种。刀片在设计和选用时应满足三方面的要求，即钳住物料、剪切功耗小和剪切时阻力矩均匀。

对于以剪切为主的粉碎，定刀与动刀在保证强度足够的前提下，应该尽可能地减小两刀之间的缝隙，刀刃应尽可能宽，刀具间的距离及定刀与动刀间的间隙必须适当。

剪切型粉碎机另一个关键是刀具材料的选择。用于制造刀具的材料应具有适当硬度、良好的韧性和耐磨性。由于材料太硬会具有脆性，所以材料并非越硬越好。对于高速运动的刀具如果操作不当容易发生脆裂，可能会导致粉碎机毁坏。

（1）滑切角

如图 4-89 所示，动刀片与物料间相对运动时，刃口某点在切割平面上的分速度 v 与其在加于该点法平面上投影 v_n 间的夹角 τ 称为滑切角，而 $\tan\tau$ 称为滑切系数。滑切系数越大，滑切作用越强，切割就越省力。

（2）常见刀片的结构形式

图 4-90 所示为常见刀片的结构形式。剪切坚硬和脆性物料时，常采用带锯齿的圆盘刀［图 4-90（a）］，其两侧都有磨刀斜面；剪切塑性和纤维性物料时，一般采用光滑刃口

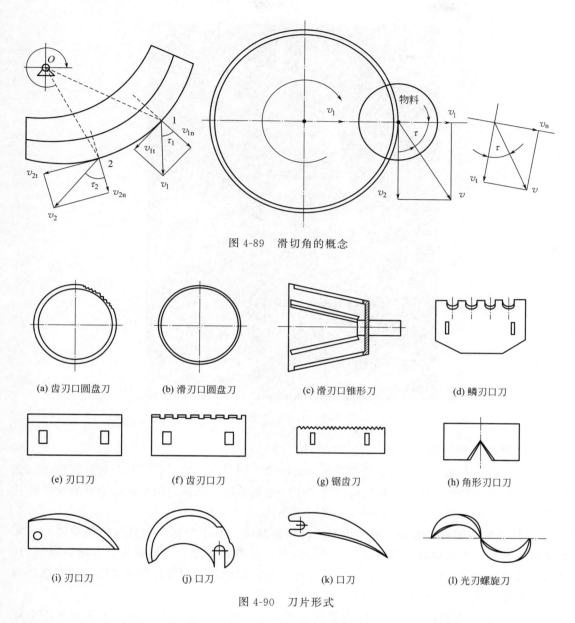

图 4-89　滑切角的概念

（a）齿刃口圆盘刀　　　（b）滑刃口圆盘刀　　　（c）滑刃口锥形刀　　　（d）鳞刃口刀

（e）刃口刀　　　（f）齿刃口刀　　　（g）锯齿刀　　　（h）角形刃口刀

（i）刃口刀　　　（j）口刀　　　（k）口刀　　　（l）光刃螺旋刀

图 4-90　刀片形式

的圆盘刀〔图 4-90（b）〕；锥形切刀〔图 4-90（c）〕的刚度好，切割面积大，常用来剪切脆性材料。

　　如图 4-91 所示为定子、转子示意，剪切粉碎设备转子中央有一个叶轮状的结构，在剪切工作中起到搅拌叶轮的作用，从而产生强大的离心力，使物料可以快速地通过粉碎区。在粉碎过程中，电动机带动转子高速旋转，相互嵌入的定子与转子形成速度梯度，从而对物料产生剪切与切割作用。同时高速旋转的叶轮带动叶轮区的液体流动而形成强烈的湍流，产生不断变化的脉动压力，使物料颗粒发生变形或破裂。由于物料进入叶轮区后最终都将通过叶轮端部，从而受到最大剪切力的作用，因此叶轮顶端的剪切作用决定了叶轮区的剪切粉碎效果。

图 4-91 定子、转子示意

（3）刀具材料特性

定子与转子上的刀片在工作时承受很大的压力。同时由于剪切时刀片与物料颗粒之间会相互接触而产生摩擦，使刀片切割边缘处产生一定的温度。切割边缘处的应力和温度会使其产生磨损和破损。因此，刀具材料应具备以下性能。

① 较高的硬度和耐磨性。硬度是刀具材料应具备的基本特征。刀具材料硬度越高，其耐磨性也越好。刀具材料组织中硬质点的硬度越高、数量越多、颗粒越小，分布就越均匀，则耐磨性也就越高。但刀具材料的耐磨性实际上不仅仅取决于刀具材料的硬度，而且也和刀具材料的化学成分、强度和显微组织等有关。

② 足够的强度和韧性。材料的高强度和韧性可以使刀具在大的机械冲击条件下不会对刀片产生破损。对于脆性刀具材料，刀具破损通常是限制刀具寿命的主要因素。

③ 较高的耐热性。耐热性是衡量刀具材料切割性能的主要标志，它是指刀具材料在高温下保持硬度、耐磨性、强度和韧性的性能。刀具材料在高温下的硬度越高，则切割性能越好，允许的切割速度也越高；刀具材料的耐热性越高，抵抗刀刃产生塑性变形的能力也越强。

④ 良好的导热性。材料的导热性好，热量容易传出，能降低切割的温度，从而减少刀具磨损。良好的导热性可以赋予刀具良好的耐热冲击性能，可以减少脆性刀具在切割时的破损。

⑤ 化学性能稳定。刀具材料的化学性能稳定，则刀具的抗氧化能力和抗扩散能力强，

产生的氧化磨损和扩散磨损也小。

（4）刀具材料的种类

① 碳素工具钢。碳素工具钢是指含碳量为 $0.65\%\sim1.35\%$ 的优质碳素钢，其常用的牌号为 T10A、T12A。由于碳素工具钢耐热性很差，允许切割速度很低，因此只适宜制作一些手动工具。

② 高速钢。高速钢是指含有较多的钨、铝、铬、钒等合金元素的高合金工具钢，其常用的牌号有 WSMo5Cr4V2、W18Cr4V 等。

③ 合金工具钢。合金工具钢是指含铬、钨、硅、锰等合金元素的低合金钢，其常用的牌号有 9SiCr、CrWMn 等。合金工具钢的耐热性和其允许的切割速度均高于碳素工具钢，同时由于合金工具钢热处理时变形较小，因此可用于制造低速下切割的刀具。

④ 硬质合金。硬质合金是 WC、TiC、TaC 等难熔金属碳化物和金属黏结剂的粉末在高温下烧结而成的。最常用的硬质合金有钨钴类和钨钛钴类两大类。

⑤ 陶瓷。陶瓷刀具具有很高的耐磨性、红硬性，从而可以进行高速切削、减少换刀次数及减少由于磨损而造成的尺寸误差。氮化硅陶瓷刀具最早是由清华大学研制成功的一种新型陶瓷材料刀具，具有重要的理论研究价值与实用价值。相比之下，碳素工具钢和合金工具钢由于切割性能较差，使用量不多；陶瓷、金刚石和立方氮化硼或因强度较低、脆性较大，或因成本较贵，目前还仅用于某些有限的场合。因此，最常用的刀具材料还是高速钢和硬质合金。

（5）高速钢刀具的性能特点

① 硬度。高速钢在淬火并回火后的硬度可达 63～66HRC，超硬高速钢的硬度可达 67～70HRC。高速钢的硬度与回火析出的碳化物分散度和数量有关，碳化物数量多、分散细，则其硬度就越高。提高高速钢的硬度可以提高刀具的耐磨性与抗磨损性能，同时经过磨削和研磨后可以降低其表面粗糙度值，减少刀具与切割后物料间的摩擦系数。同时，高速钢的压缩屈服极限与硬度成正比，因此在硬度降低的情况下，在低应力下也会引起塑性变形。

② 强度和韧性。高速钢广泛使用的主要原因是其强度和韧性是刀具材料中最高的，因此其可以承受较大的冲击载荷。高速钢的强度与其晶粒度、碳化物分布、残余应力大小、奥氏体数量有关。对高速钢的强度影响较大的因素是晶粒度和碳化物分布，随着晶粒长大和碳化物分布不均匀性增加，高速钢的强度有所降低、并且容易引起崩刃现象，这对在高压动载荷下使用的刀具有较大的影响。高速钢对应力集中非常敏感，经过正确磨削及研磨可以显著提高高速钢刀具的强度。

③ 热稳定性。在高温情况下，高速钢的硬度比碳素工具钢和合金工具钢要高得多。通常高速钢的热稳定性为 615～620℃，有些甚至可以达到 650～700℃。由于高速钢的热稳定性较高，所以高速钢刀具工作时切割速度较高，刀具的耐用度也有所提高。

④ 耐磨削性。高速钢刀具在常用的刀具中磨削性较好，可以用普通的砂磨轮磨出锋利的刀刃，但是由于高速钢刀具的导热性较差，磨削时易产生高温，可能会使刀刃产生烧伤。

（6）硬质合金刀具的性能特点

硬质合金的性能与碳化物的种类，碳化物和黏结相的比例，碳化物的硬度、粒度、形状及分布有关。

① 硬度。硬质合金因含有大量的硬质碳化物，故其硬度较高，黏结剂中钴的含量越多，

其相对应的碳化物含量也就越小，则硬质合金的硬度越低；同时硬质合金中碳化钨（WC）晶粒大小也对其硬度有所影响，晶粒的细度越细则其硬度越高。

② 强度和韧性。硬质合金的抗弯强度和韧性相对高速钢来说较低，一般强度的硬质合金的抗弯强度只有高速钢的一半左右。硬质合金中钴起黏结剂的作用，其含量越高，硬质合金的抗弯强度越高，韧性和疲劳强度也会增加。硬质合金中碳化钛（TiC）的含量越高，则其抗弯强度也就越低。在其中加入碳化钽（TaC）可提高其抗弯强度、韧性和疲劳强度，增强刀刃抗碎裂和抗破损的能力。刃磨硬质合金时，若表面温度越高，则其会产生网状裂纹，会降低其硬度。硬质合金的抗弯强度虽然很低，但是其抗压强度却很高。

③ 耐热性。硬质合金的耐热性比高速钢高得多，但是其硬度随着温度的升高而降低；切割温度太高时，就会丧失其切割能力。在硬质合金中加入 TiC 和 TaC 可以提高其高温硬度。

④ 抗黏结性。硬质合金的黏结温度高于高速钢，由于钴（Co）的黏结温度比 WC 低得多，故当合金中 Co 的含量增加时，黏结温度就会降低；由于 TaC 的黏结温度更高，故加入 TaC 更有利于减少黏结磨损。

⑤ 化学稳定性。刀具材料的抗氧化磨损能力取决于材料在不同温度下的氧化程度，耐磨性取决于其物理与化学稳定性。硬质合金中含钴量越高，在高温下氧化也就越严重，在其中添加 TaC 或 NbC 可提高合金的抗氧化能力。

（7）氮化硅陶瓷刀具的性能特点

① 硬度。氮化硅陶瓷刀具的室温硬度值已超过了最好的硬质合金刀具的硬度（达到 92.5～94HRA），大大提高了它的切削能力和耐磨性。它可以加工硬度高达 65HRC 的各类淬硬钢和硬化铸铁。以其优良的耐磨性，不仅延长了刀具的切削寿命，而且减少了加工中的换刀次数，从而保证切削工件时的小锥度和高精度，可减少对刀误差和因磨损引起的不可预测的误差，简化刀具误差补偿。

② 强度。目前氮化硅陶瓷刀具的抗弯强度已达到 750～1000MPa。超过了高速钢刀具，与普通硬质合金刀具相当。

③ 高温氧化性。氮化硅陶瓷刀具的耐热性和抗高温氧化性特别好，即使在 1200～1450℃切削高温时仍能保持一定的硬度和强度进行长时间切削，因此允许采用远高于硬质合金刀具的切削速度实现高速切削。其切削速度比硬质合金刀具提高 3～10 倍，因而能大幅度提高生产效率。实验证明，在众多的陶瓷材料中，氮化硅陶瓷具有最佳的耐热性。

④ 断裂韧性。断裂韧性值是评价陶瓷刀片抗破损能力的重要指标之一，它与材料的组成、结构、工艺等因素有关。氮化硅陶瓷刀片的断裂韧性值优于其他系列陶瓷刀片，接近某些牌号的硬质合金刀片，因而具有良好的抗冲击能力，尤其在进行铣削、刨削、镗削及其他断续切削时，更能显示其优越性。

对于超细剪切粉碎设备来说，硬度、强度、耐热性和导热性等因素对切割刀片的耐磨性和寿命的影响很大，故对于剪切设备来说，一般选取硬质合金材料作为刀片材料。

4.4.1.2 剪切粉碎机理

（1）颗粒粉碎机理

物料颗粒可分为孤立颗粒与聚集体颗粒，前一种是在流体中随着流线运用，只进行混合，而不分散；对于后一种，各个颗粒之间相互作用，其破碎取决于聚集体的总变形，当变形超过一定极限时颗粒就被破碎。

刀片式剪切粉碎设备通过定转子相配合的刀片产生机械剪切作用，从而对物料进行粉碎。物料在粉碎室内会进行两次粉碎，第一次剪切物料在机械力作用下进行粗粉碎，粒度减小的颗粒在定转子形成的流场中进行第二次剪切粉碎，最终被细化。刀片式剪切粉碎设备适用于纤维类物料的粉碎。

剪切式粉碎机影响粉碎效果的主要因素在于刀片，有关剪切效果的公式为

$$L_s = \frac{Z_1 Z_2 L_n N a_n^2}{60} \tag{4-10}$$

式中　L_s——尺寸切割数，表示剪切程度的参数，其值越高表明剪切效果越好；

Z_1——转子上的刀片数；

Z_2——定子上的刀片数；

L_n——刀片的长度；

N——定子的转速；

a_n——设备参数。

由式(4-10)可知，增加定子转速、定转子刀片数目与刀片长度，可以有效地提高尺寸切割数，从而提高粉碎效果。

(2) 剪切粉碎理论

剪切式粉碎机主要是由高速旋转的定转子配合，物料处于剪切流场中，物料颗粒在粉碎室受到剪切、碰撞作用而被剪切粉碎。剪切式粉碎机主要利用以下四个剪切原理。

① 层流剪切。当物料中有高黏度物料时，在用剪切粉碎设备处理这些物料时，即认为物料处于层流状态。由不可压缩流体的连续性方程和 N-S 方程，其剪切应力 τ_θ 可以近似为

$$\tau_\theta = -\frac{2\mu(\omega_1 - \omega_2)R_1^2 R_2^2}{(R_2^2 - R_1^2)} = -\frac{2\mu\omega_1^2 R_1^2 R_2^2}{(R_1 + R_2)\delta r^2} \tag{4-11}$$

$$\delta = R_2 - R_1$$

式中　ω_1——转子转速，r/min；

ω_2——定子转速（在这里 $\omega_2 = 0$），r/min；

r——定子与转子间隙内任意半径，m；

δ——定子与转子之间的间隙，m；

R_1——转子直径，m；

R_2——定子直径，m。

由式(4-11)可知，通过减小间隙与提高转速可以提高剪切应力，使物料的剪切粉碎效果更好。

② 湍流剪切作用。高速旋转的叶轮带动叶轮区的液体流动，就会形成强烈的湍流。当物料处于湍流状态时，其脉动速度引起的脉动压力是引起颗粒破碎的主要原因。湍流运动可以由湍流时连续性方程和雷诺方程描述：

$$\frac{\partial V_i}{\partial_t} + \frac{\partial(V_i V_j)}{\partial_i x_j} = -\frac{1}{\rho}\frac{\partial p}{\partial x_i} + v \nabla^2 V_i - \frac{\partial}{\partial x_i}(V_i' V_j') \tag{4-12}$$

式(4-12)即为雷诺方程，$V_i' V_j'$ 为一个二阶张量，v 为物料运动速度。定义 $\rho V_i' V_j'$ 为雷诺应力，用 τ_{ij}' 表示，定义 τ_{ij} 为黏性应力，两种应力之比为

$$\frac{\tau'_{ij}}{\tau_{ij}} \approx \text{Re}\left(\frac{V'_0}{V_0}\right) \tag{4-13}$$

式中 V'_0/V_0——脉动速度与时均速度的比值，通常小于1。

由此可以看出，湍流时物料被粉碎是由雷诺应力引起的，比在层流状态下效果好。

③ 平均剪切速率。剪切粉碎设备的定转子在高速运转过程中，定转子之间缝隙会形成高剪切区，其中包括径向剪切与轴向剪切两部分。根据斯托克斯方程，利用数学理论分析方法，得到径向平均速率为

$$\gamma_r = \frac{4K^2 \omega \ln(1/K)}{(1-K^2)^2} \tag{4-14}$$

式中 γ_r——径向平均剪切速率，m/s；

K——转子外径与定子外径之比。

由于定子与转子运动过程中产生循环，而使物料轴向运动形成的轴向平均速率为

$$\gamma_a = \frac{D \Delta p}{\eta L}\left[\frac{1-K}{\ln(1-K)} - \frac{1+K+K^2}{3(1+K)}\right] \tag{4-15}$$

式中 D——定子外径，m；

η——液体黏度，Pa·s；

L——料液触及到的轴长，m；

Δp——进出口的压差，Pa。

由式（14-15）可知，剪切式粉碎机的关键结构参数对粉碎过程的剪切率存在一定的影响。

④ 颗粒与定转子的碰撞。颗粒与定转子的碰撞结果如下：

$$X = n^2 D_i^2 M \tag{4-16}$$

$$Z = e_s \frac{M_m}{\varepsilon_m} \tag{4-17}$$

式中 X——质量为 M 的颗粒碰撞之后的能量，J；

n——转子的转速，r/min；

D_i——转子所在圆周的直径，m；

M_m、ε_m——颗粒质量及吸收能量的中间值，kg；

e_s——转子在空转和工作时的能量差值，J；

Z——碰撞次数。

由于定转子在粉碎过程中的能量关系是由电能到机械能再到粉碎能，机械能主要是由转子的电能实现的，即电流能量差值实现以机械能形式分布在定转子的间隙内。在定转子的粉碎区都有一定能量分配值，可用如下关系表示：

$$\Delta E = 0.5M(v_2^2 - v_1^2) \tag{4-18}$$

式中 v_1——转子所处圆周旋转线速度，m/s；

v_2——定子所处圆周旋转线速度，m/s；

M——颗粒的质量，kg；

ΔE——定转子中某颗粒所吸收的能量，J。

整理得颗粒的碰撞次数为

$$Z_i = \frac{\Delta E}{X} = \frac{0.5M(v_2^2 - v_1^2)}{n^2 D_i^2 M} \tag{4-19}$$

$$v_1 = \pi n D_1$$

$$v_2 = \pi n D_2$$

式中　D_1——转子靠近下侧定子所处圆周的直径，m；

　　　D_2——转子靠近上侧定子所处圆周的直径，m。

进一步化简，可得物料在定转子缝隙内的碰撞次数为

$$Z_i = \frac{4\pi^2 \Delta L}{(D_1 + D_2)} \tag{4-20}$$

$$\Delta L = \frac{D_2 - D_1}{2}$$

式中　ΔL——定子在径向的宽度，m。

由式(4-20)可知颗粒与定转子的碰撞次数与定转子的结构参数有关。

（3）剪切能耗分析

根据雷廷格表面积假说，可以分析超细剪切粉碎机在物料粉碎过程中的能耗问题。一般来说刀具的能耗主要由三部分组成：刀具对物料的粉碎能耗 E、刀具对浆料的搅拌能耗 P 以及刀具粉碎过程中设备自身的能耗损失 Q。但是由于刀具粉碎过程中的主要工作是粉碎和搅拌，设备自身的能耗相对于能耗粉碎和搅拌能耗可以忽略不计，所以设备整个能耗可以表示为 $W = E + P$。而刀具对物料的粉碎能耗 E 和刀具对浆料的搅拌能耗 P 可分别用式(4-21)和式(4-22)表示：

$$E = MK_R \left(\frac{1}{D_0} - \frac{1}{D_1} \right) \tag{4-21}$$

$$P = \varphi \rho n^3 d^5 \left(\frac{n^2 d}{g} \right)^{\left(\frac{a - \lg Re}{\beta} \right)} t \tag{4-22}$$

式中　D_0——物料粉碎后的粒径，m；

　　　D_1——物料粉碎前的颗粒平均粒径，m；

　　　M——粉碎的物料质量，kg；

　　　K_R——雷廷格常数。

　　　φ——功率准数；

　　α、β——系数；

　　　Re——雷诺数；

　　　d——粉碎头直径，m；

　　　n——转速，r/min；

　　　g——重力加速度，m/s^2；

　　　t——运行时间，s。

所以整个设备功耗可以写成：

$$W = MK_R \left(\frac{1}{D_0} - \frac{1}{D_1} \right) + \varphi \rho n^3 d^5 \left(\frac{n^2 d}{g} \right)^{\left(\frac{a - \lg Re}{\beta} \right)} t \tag{4-23}$$

实际能耗计算公式为

$$Q = 2piMN \tag{4-24}$$

式中　Q——实际计算能耗，J；

　　　i——物料的粉碎比；

M——力矩，J；

N——转速，r/min。

式(4-24)是理论设备内部能耗分析，通过该式可以计算整个设备在粉碎物料过程中的能耗。

4.4.1.3　设备剪切原理

如图4-92所示，剪切设备一般由定子、电动机、转子、密封件和叶轮等组成，主要原理有撞击学说、剪切学说、空穴学说。撞击学说：液滴或胶体颗粒随液流高速运动，并与均质阀固定构件表面发生高速撞击现象，液滴或胶体颗粒发生碎裂并在连续相中分散。剪切学说：高速运动的液滴或胶体颗粒通过均质阀细小的缝隙时，因液流涡动或机械剪切作用使得液体和颗粒内部形成巨大的速度梯度，液滴和胶体颗粒受到压延、剪切而形成更小的微粒，继而在液流涡动的作用下完成分散。空穴学说：液滴或胶体颗粒高速流动通过均质阀时，由于压力变化，在瞬间引起空穴现象，液滴内部汽化膨胀产生的空穴爆炸力使得液膜破碎并分散。

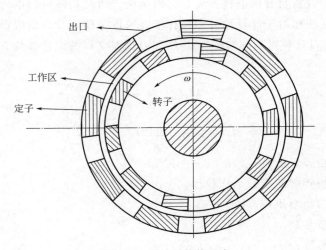

图 4-92　定转子结构示意

超细剪切的工作原理是：剪切型粉碎机核心元件是相互配合的转子与定子，转子与定子的周边均开有同样数量的细长切口。高速旋转的叶轮转子所产生的离心力给转子中心区带来强大的负压。运行产生的离心力将进入粉碎腔的物料甩向四周。物料先受到搅拌粗粉碎，当破碎后的物料到了定子齿圈内侧与叶轮转子顶部的微小间隙时，会受到剪切力作用。如图4-93所示，当物料进入转子齿圈与定子齿圈的微小缝隙内，继续受到剪切力等的作用，使分散相颗粒破碎或乳化。物料从中心向四周的分散过程中被逐步细化，最终达到均质乳化的效果。

4.4.1.4　剪切粉碎设备的粉碎特点

（1）粉碎速度较快，产生热量较少

高速剪切粉碎设备的转速高且粉碎时间极短，物料瞬间可通过转子与定子之间的间隙，减少了物料与刀片之间的摩擦，从而产生的热量较少，物料的温度不易升高，因此特别适用于粉碎热敏性的物料。对于生物材料来说，可以保留生物材料中的活性成分，从而可以制得高品质的产品。

（2）粉碎颗粒精细，粒度分布均匀

由于高速剪切粉碎设备的刀片切割边缘比较锋利，同时定子刀片之间的间隙大小比较均匀，从而使得粉碎过程中物料不会出现随机移动，粉碎颗粒大小均匀，平均粒径在几十微米左右，且粒度分布非常集中，这就使得粉体的比表面积增加，粉体的吸附性和溶解性也得到了提升。

（3）粉碎过程卫生无污染

高速切割粉碎设备的粉碎腔采用不锈钢材质，设备上装有循环管道系统和物料收集系统。整个系统构成密封空间，可防止外界灰尘进入，粉碎腔流体外泄，保证了粉碎过程的卫生安全。

（4）设备操作简单，使用寿命长

高速剪切粉碎设备的刀座拆装方便，可

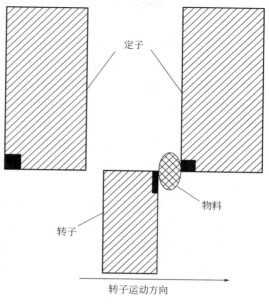

图 4-93　物料剪切示意

以根据不同的粒度尺寸要求进行快速更换，同时方便清洁和维护。叶轮部件有多种类型，可适应不同原始尺寸的物料粉碎要求，叶轮末端的刀片也可在磨损后随时进行更换。

4.4.2　主要影响因素

（1）操作参数的影响

① 叶轮转速。叶轮的转速越高，则叶轮与刀片的剪切作用越强烈，会形成强烈的流场，提高其粉碎速度与出料速度。因此，提高叶轮转速对提高粉碎效率具有重要的作用。然而转速提高的同时，零件的损伤加快，会导致设备成本增加，所以在选择叶轮转速的同时，需要考虑粉碎效果与经济性的平衡。

② 电动机转速与剪切速度。剪切速度通常是指线速度，工业生产中剪切设备的转速一般在 1500r/min 或 3000r/min，而实验室的设备转速为 10000r/min 或 28000r/min，主要受直径因素的影响。剪切设备的剪切效果与剪切头结构和刀片的锋利程度、硬度以及定转子之间间隙都有一定的关系。对于剪切速度来说，并不是越高越好，当速度达到峰值时就会形成阻挡流动的趋势，目前大都控制在 3000r/min。所以在考虑剪切速度时，需要根据物料的不同特性与处理要求进行选择，确定最佳的生产工艺流程，在合理条件下进行操作。控制电动机转速的方法可归纳为变极调速、变转差率调速和变频调速。

a.变极调速。变极调速即通过变换绕组极数从而改变同步转速进行调速，转速只能按阶跃方式变化，而不能连续变化。其基本原理是频率不变，电动机转速与电动机的磁极数成反比。改变电动机绕组的接线方式，可以使其在不同的极数下运行，同步转速也会变化。极数就是电动机的磁极数，分为 N 极与 S 极，一般都是成对出现的，一个 N 极与一个 S 极称为一对磁极，也就是极数为 1。一般来说极数越大，转速越慢，2 极的同步转速是 3000r/min，4 极的同步转速是 1500r/min，6 极的同步转速是 1000r/min，8 极的同步转速是 750r/min。

一般双速电动机、三速电动机是变极调速中最常用的两种形式。

b. 变转差率调速。变转差率调速包括变压调速、转子串电阻调速和电气串级调速。变压调速是异步电动机调速系统中比较简便的一种调速方式。由电气传动原理可知，当异步电动机的等效电路参数不变时，在相同的转速下，电磁转矩与定子电压的二次方成正比。因此，改变定子外加电压就可以改变机械特性的函数关系，从而改变电动机在一定输出转矩下的转速。转子串电阻调速是在绕线转子异步电动机的转子外电路上接入可变电阻，通过对可变电阻的调节，改变电动机机械特性斜率来实现调速的。电气串级调速是在绕线转子异步电动机转子侧通过二极管或晶闸管整流桥，将转差频率交流电变为直流电，再经可控逆变器获得可调的直流电压作为调速所需的附加直流电动势，将转差功率变换为机械能加以利用或使其反馈回电源而进行调速的。

c. 变频调速。变频调速是利用电动机的同步转速随频率变化的特性，通过改变电动机的供电频率而进行调速的。在异步电动机的一些调速方法中，变频调速具有性能好、调速范围广、效率高、稳定性好的特点。采用通用变频器对笼型异步电动机进行调速控制，具有使用方便、可靠性高且经济效益显著等特点，因此通用变频器得到了广泛的应用。通用变频器是指可以应用于普通异步电动机调速控制的变频器，其通用性强。对异步电动机进行调速控制时，电动机的主磁通应保持额定值不变。若磁通太弱，铁芯利用不充分，在同样的转子电流下，电磁转矩小，电动机的负载能力下降；而若磁通太强，铁芯发热，波形变差。

③ 粉碎时间。粉碎时间是指设备对物料进行连续粉碎时，颗粒在粉碎机内的平均停留时间。粉碎时间是由颗粒的进料速度 F 和粒子在粉碎机内的停留量 H 决定的，即

$$t_r = \frac{H}{F} \tag{4-25}$$

由式(4-25)可知，随着 F 和 H 的不断变化，粉碎时间也会出现波动，进而影响产品的粒度分布。所以颗粒在粉碎机内停留的时间是一个重要参数。颗粒的停留时间分布函数用式(4-26)表示：

$$P_e(t) = \frac{M_0}{6t\sqrt{2\pi}} \exp\left[\frac{(\lg t - \lg t_e)^2}{2\sigma^2}\right] \tag{4-26}$$

式中 t_e ——物料停留的平均时间；

  M_0 ——常数；

  σ ——物料的分散度。

由式(4-26)可知，随着粉碎时间的延长，物料的粉碎效率越高，但是高速剪切设备的粉碎时间受到结构参数以及进出料粒度的限值。

④ 粉碎温度。粉碎温度对物料的粉碎效果具有较大的影响，对于一些特定物料，存在一个最佳的粉碎温度。在对一些物料进行粉碎操作前，往往需要对物料进行预热。随着温度的上升，物料的黏度会有所下降，此时便可能产生湍流，有利于物料的剪切作用，但是温度太高会影响物料的营养成分。因此，对于不同的剪切粉碎机，不同的物料需要选择合适的粉碎温度。

（2）结构参数的影响

① 叶轮结构。叶轮是高速剪切设备的关键部件，叶轮的结构形式包括直叶片式叶轮、40°叶片式叶轮、渐开线式叶轮。针对不同物料，改变不同叶轮与定子刀片安装角度，形成最佳安装角度，可以提高粉碎效率。

② 尺寸切割数。通常用尺寸切割数 L_s 表示剪切程度，其值越高表明剪切效果越好。尺寸切割数根据定子刀片与转子刀片安装在转盘上的情况，可表示为

$$L_s = \frac{Z_1 Z_2 L_n N a_n^2}{60}$$

(4-27)

式中　Z_1——转子上的刀片数；

Z_2——定子上的刀片数；

L_n——刀片的长度；

N——定子的转速；

a_n——活动件及不活动件切割物料特征数。

从式(4-27) 可知，刀片数、叶轮转速、刀片长度都与尺寸切割数有关。通过改变以上参数，可以提高粉碎效果。在通常情况下，尺寸切割数控制在几十万到一百万的范围内。

③ 切割深度与刀片间隙。相邻刀片的偏转角度 γ 可表示为

$$\gamma = \frac{\pi}{n}$$

(4-28)

式中　n——刀片个数。

切割深度和刀片间隙可分别表示为

$$d_1 = R\gamma \sin\left(\frac{\gamma}{2} + \alpha\right)$$

(4-29)

$$d_2 = R\gamma \cos(\gamma + \alpha) - d\cos\alpha$$

(4-30)

式中　R——刀片的排列直径，m；

α——刀片的偏转角度；

d——刀片厚度。

将式(4-28) 代入式(4-29)、式(4-30) 可得

$$d_1 = R\frac{\pi}{n}\sin\left(\frac{\pi}{2n} + \alpha\right)$$

(4-31)

$$d_2 = R\frac{\pi}{n}\cos\left(\frac{\pi}{n} + \alpha\right) - d\cos\alpha$$

(4-32)

从上述公式中可以看出，切割深度与刀片半径、刀片个数、刀片偏转角度有关。切割深度反映了物料被切割粉碎后的粒度大小，与粉碎后产品的粒度有直接的关系。开口间隙与刀片厚度有关，开口间隙决定了物料被粉碎后的出料情况，开口间隙过大会导致没有被粉碎的物料直接从刀片间隙排出，开口间隙过小则会造成出料堵塞。综上所述，切割深度与刀片间隙应该由进料粒度、物料性质以及成品粒度来确定，同时刀片厚度应该按照可靠性确定。

④ 刀片与叶轮之间的间隙。刀片与叶轮之间的间隙是指刀片间隙在正对叶轮顶端处的距离。为了使粉碎效果更好，叶轮叶片顶端在刀片间隙处应位于物料剪切面上，同时叶轮在高速转动的情况下，会受到偏心、变形、振动的影响。为了防止叶轮与刀片碰撞致使叶轮和刀片损坏，刀片和叶轮之间的间隙应该在一个合适的范围内，一般取 0.2mm。

⑤ 电动机轴承。电动机轴承是专门应用于电动机上的一种专用轴承。电动机使用的轴承是一个支撑轴的零件，它可以引导轴的旋转，也可以承受轴上空转的部件。对于轴承来说，轴承转速主要受到轴承内部的摩擦发热引起的温升限制，当转速超过某一界限后，轴承会因烧伤等而不能继续旋转。轴承的极限转速是指不产生导致烧伤的摩擦发热并可连续旋转

的界限值，一般高速轴承的承载能力可达 10000r/min。轴承能承受的温度取决于转速高低，低速轴承能承受的温度可以达到 120℃，高速轴承能承受的温度则只能达到 100℃。因此，轴承的极限转速取决于轴承的类型、尺寸和精度以及润滑方式、润滑剂的质量、保持架的材料和型式、负荷条件等各种因素。

电动机常用的轴承有四种类型，即滚动轴承、滑动轴承、关节轴承和含油轴承。最常见的电动机轴承是滚动轴承，即有滚动体的轴承。滑动轴承泛指没有滚动体的轴承，即做滑行运动的轴承。中小型电动机多数采用滚动轴承。大中型号电动机也采用滚动轴承。小型电动机两端轴承采用深沟球轴承；中型电动机在负载端采用滚柱轴承，在非负载端采用滚珠轴承。滚动轴承通常采用润滑脂润滑。超细剪切设备常用轴承形式如图 4-94 所示。

(a) 深沟球轴承　　　　　　(b) 滚柱轴承　　　　　　(c) 滚珠轴承

图 4-94　超细剪切设备常用轴承形式

电动机常用的轴承选择如表 4-40 所示。

表 4-40　电动机常用的轴承选择表

电动机型号	电动机功率/kW	轴承型号	极限转速/(r/min)	轴承内径/mm
Y90s-4	1.1	6205	12000	20
Y90s-4	1.5	6205	12000	20
Y901-2	2.2	6205	12000	20
Y1001-4	3	6206	9500	30
Y112m-4	4	6306	9000	30
Y132s-2	5.5	6308	7000	40
Y132s-2	7.5	6308	7000	40
Y132m-4	7.5	6308	7000	40
Y160m-4	11	6309	6300	45
Y160m-2	11	6309	6300	45
Y1601-4	15	6309	6300	45
Y1601-2	18.5	6309	6300	45
Y180m-6	15	6311	5300	55
Y180m-4	18.5	6311	5300	55

电动机型号	电动机功率/kW	轴承型号	极限转速/(r/min)	轴承内径/mm
Y1801-4	22	6311	5300	55
Y180m-2	22	6311	5300	55
Y2001-2	30	6312	5000	60
Y2001-4	30	6312	5000	60
Y2001-2	37	6312	5000	60
Y225s-4	37	6313	4500	65
Y225m-4	45	6313	4500	65
Y250m-2	55	6314	4300	70
Y250m-4	55	6314	4300	70
Y280s-4	75	6317	3600	85
Y280m-4	90	6317	3600	85
Y280s-6	55	6317	3600	70
Y280m-2	90	6314	4300	70
Y315s-6	75	6319	3400	95
Y315s-2	110	6317	3600	85
Y315s-4	110	6319	3400	95
Y315m-2	132	6317	3600	95
Y315s-4	132	6319	3400	95
Y3151-4	160	6319	3400	95
Y3151-4	200	6319	3400	95

4.4.3　典型超细剪切设备

4.4.3.1　单级在线式高剪切机

单级在线式高剪切机是现代工业广泛运用的剪切、均质、乳化设备，其主要部件是一对或多对相互啮合的定转子。在电动机的高速驱动下，转子和定子之间高速运动形成了强烈的剪切作用，使物料达到分散、乳化、破碎的效果。单级在线式高剪切机可以将食品原料的浆、汁、液进行细化、混合，从而大大提高食品的均匀度和细度，防止或减少液状食品物料的分层，改善外观、色泽及香度，提高食品质量。

（1）结构与工作原理

图4-95所示为单级在线式高剪切机的实物和结构。

单级在线式高剪切机的工作原理为：设备内部定子紧固在电动机的壳体上，转子利用螺母和键紧固在轴套的左端，轴套右端利用键和螺钉紧固在电动机的转轴上，定子外部用螺栓连接外套，在定子与转子的壁上有通孔，物料经进口进入转子的内腔后经通孔到达外腔，再

(a) 实物

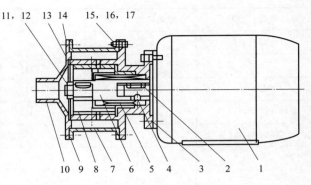

(b) 结构

图 4-95　单级在线式高剪切机

1—电动机；2,13—键；3—定子；4—螺钉；5—机械密封；6—轴套；7—外套；8—转子；9,14—密封圈；

10—端盖；11,17—螺母；12,16—垫片；15—螺栓

从外套的出口排出。转子与定子之间有很小的缝隙，转子转动时，液体物料在经该间隙由内腔进入外腔的过程中被剪切。

（2）性能特点

单级在线式高剪切机的主要性能特点有以下几个。

① 具有良好的输送功能，可实现连续生产，并能自动化控制。

② 处理量大，快速，高效节能，物料 100% 通过剪切，使用简单方便。

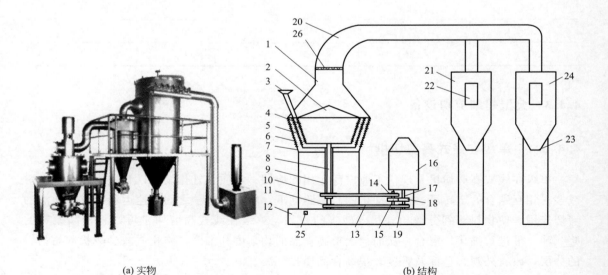

(a) 实物

(b) 结构

图 4-96　高剪切超微粉碎机的实物和结构

1—集料筒；2—顶盖；3—物料入口；4—第一转子；5—第二转子；6—定子；7—固定外仓；8—第一转轴；9—第二转轴；10—第二皮带轮；11—第一皮带轮；12—机架；13—皮带；14—第四皮带轮；15—第二齿轮；16—电动机；17—电动机轴；18—第一齿轮；19—第三皮带轮；20—输送管；21—第一储物仓；22—减压透气窗；23—出料口；24—第二储物仓；25—电源；26—网筛

4.4.3.2　高剪切超微粉碎机

（1）结构与工作原理

图 4-96 所示为高剪切超微粉碎机的实物和结构。

高剪切超微粉碎机的工作原理为：电动机通过皮带轮带动转轴转动，同时第一齿轮与第二齿轮啮合且反方向转动，物料进入第一转子与第二转子的粉碎仓内，在转子的反复旋转形成的高速剪切作用下被粉碎；同时进入第二转子与固定外仓的粉碎仓被再次剪切粉碎。由于转子的高速旋转，带动物料冲出粉碎仓，物料在上升过程中由于重力作用，再次进入粉碎仓被剪切粉碎，从而达到超细剪切的目的。

（2）性能特点与技术参数

高剪切超微粉碎机的主要性能特点有以下几个。

① 研磨剪切后的物料细度好，植物性纤维可达 300 目以上。

② 可以通过时间控制粒度，研磨时间越久，则其粒度越小。

③ 结构简单，清洗方便。

表 4-41 给江阴市丰悦机械制造有限公司生产的 WFJ 型超微粉碎机的主要技术参数。

表 4-41　WFJ 型超微粉碎机的主要技术参数

型号	生产能力 /(kg/h)	进料粒度 /mm	出料粒度 /μm	总功率 /kW	主轴转速 /(r/min)	外形尺寸/mm×mm×mm （长×宽×高）
15 型	50～200	<10		16.75	5800	4200×1250×2700
20 型	80～300	<10		22.15	4200	4700×1250×2900
30 型	100～800	<10	45～180	46	3800	6640×1300×3960
60 型	200～1000	<12		84.15	3200	7500×2300×4530
80 型	500～1500	<12	45～150	100.4	2800	8200×2500×4600

4.4.3.3　超细纤维粉碎机

超细纤维粉碎机是利用研磨、剪切的形式来实现干性物料超微粉碎的设备。它由柱形粉碎室、研磨轮、研磨轨等组成。物料通过投料口进入柱形粉碎室，被沿着研磨轨做圆周运动的研磨轮碾压、剪切而实现粉碎。超细纤维粉碎机广泛用于中药、西药、农药、生物、化妆品、食品、饲料、化工、陶瓷、冶金矿物等多行业干性物料的超微粉碎需求。

（1）结构与工作原理

图 4-97 所示为超细纤维粉碎机的实物和结构。

超细纤维粉碎工作原理为：物料进入料斗后迅速被高速气流带入动刀和定刀组成的粉碎区，高速旋转的转子所产生的强大旋转气流带动物料在动定刀之间运动；物料被充分分散而达到超细剪切粉碎的效果，合格物料通过筛网排出粉碎区，不合格物料又被高速气流带入粉碎区继续粉碎；物料在粉碎机内的停留中被空气包围，因此在超细粉碎过程中不可避免产生的热量也被高速气流带走，达到常温粉碎的目的，从而使被粉碎物料化学成分稳定、性能不变。

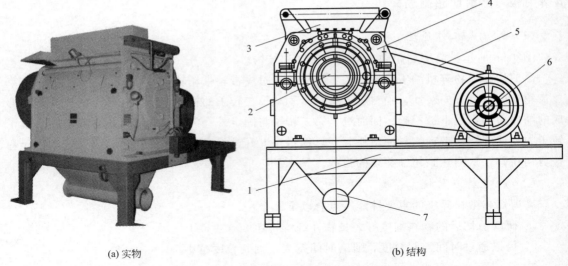

(a) 实物   (b) 结构

图 4-97 超细纤维粉碎机的实物和结构

1—机架；2—动定刀装置；3—进料斗；4—主机体；5—传动机构；6—电动机；7—集料斗

（2）性能特点与技术参数

超细纤维粉碎机的主要性能特点有以下几个。

① 动刀和定刀组成一定角度的剪切角，具有极高的超细粉碎效果，通过调整动定刀片的间隙和筛网规格可以控制产品粒度和产量。

② 动定刀片采用高强度、抗冲击、耐磨性好的进口特种耐磨钢材，确保刀片在高速旋转切割的条件下性能稳定、使用寿命长，同时刀片可多次重磨。

③ 结构合理，运用计算机辅助设计的箱体具有腔内气流通畅、出料流畅、噪声小等特点，极大地减少了细分物料的粘壁现象。

④ 物料的粉碎在常温下进行，通过高速旋转产生的强大气流可适时带走粉碎时产生的热量，确保粉碎温升低。

⑤ 产量高、能耗低，同样的物料其粉碎耗能是国内同类机型的 50％～70％。

浙江丰利粉碎设备有限公司生产的 CXJ 型超细纤维粉碎机主要对塑料薄膜、胶片、纤维物料和热敏性物料进行超细粉碎，特别适合用于绒状、絮状棉纤维及纤维素醚类产品（如精制棉、棉麻、光纤、泡沫、橡胶、薄膜等）的超细粉碎。表 4-42 给出了 CXJ-500/1500 型超微纤维粉碎机的主要技术参数。

表 4-42 CXJ-500/1500 型超微纤维粉碎机的主要技术参数

型号	转子直径 /mm	定刀长度 /mm	转子速度 /(r/min)	产品粒度 /μm	产量 /(kg/h)	配套动力 /kW
CXJ-500/1500	500	1000	750	20～325	100～500	75

4.4.3.4 中草药粉碎机

中草药粉碎机通过直立式电动机的高速运转带动横向安装的粉碎刀片，对物料进行撞击、剪切式粉碎。粉碎物料由于在密闭的空间内被搅动，所以粉碎效果相对均匀，适合干性物料粉碎。

（1）结构与工作原理

图 4-98 所示为中草药粉碎机的实物和结构。

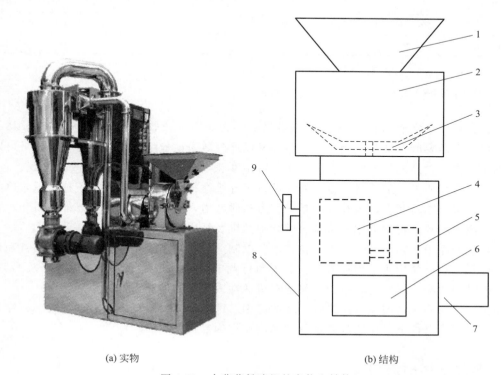

(a) 实物　　　　　　　　　　　　　　　(b) 结构

图 4-98　中草药粉碎机的实物和结构

1—进料斗；2—粉碎室；3—粉碎刀片；4—集料箱；5—吸尘箱；6—出料口；7—粉碎电动机；8—机壳；9—旋钮

制药厂中草药粉碎机组以广州旭朗 SZFJ 型中草药粉碎机组为例，该机组由进料斗、分级轮、粉碎刀片、齿圈、粉碎电动机、出料口、风叶、集料箱、吸尘箱等部分组成。物料由进料斗进入粉碎室，通过高速旋转的刀片进行粉碎，调节分级轮与分级盘的距离来达到所要求的产品粒度。高速旋转的风叶把达到要求的物料从粉碎室引到集料箱布袋中，没有达到要求的物料继续在粉碎室中粉碎，集料箱布袋产生的粉尘由吸尘箱收集。

（2）性能特点与技术参数

中草药粉碎机的主要性能特点有以下几个。

① 机组粉碎能力强，耗能低，产品粒度相对较小。

② 粉碎空间大，涡轮运转时产生的高强风压不仅能提高生产能力，降低过低粉碎现象，而且能有效地避免物料在粉碎过程中产生对筛网的沉积和堵塞现象。

③ 高强风压还可以极大限度地带走粉碎腔内所产生的热量。

④ 由于强化了剪切作用，故而对于纤维性物料的粉碎能力比一般粉碎设备高。

⑤ 筛网安装便利，定位可靠，均采用插入式，使用寿命相对于环筛形式高了很多。

⑥ 设计内藏式电动机，使机器的重心降低，有效地降低了设备噪声。

表 4-43 给出了 SZFJ 型中草药粉碎机的主要技术参数。

表 4-43　SZFJ 型中草药粉碎机的主要技术参数

型号	生产能力 /(kg/h)	进料颗粒 /mm	产品粒度 /目	粉碎电动机 功率/kW	吸尘电动机 功率/kW	外形尺寸 （长×宽×高） /(mm×mm×mm)
SZFJ-200	5～30	≤5		5.5	1.1	1000×800×1600
SZFJ-300	20～100	≤12	60～320	7.5	1.5	1200×850×1780
SZFJ-400	30～200	≤15		11	2.2	1500×900×1950

4.4.4　应用领域

在食品行业中常遇到的固-液和液-液分散系多为非均质分散系，为实现这一分散系的高度均一化，就需要既保证分散相均匀分布，又保证分散质微粒细化。通过剪切均质机可以将食物细化，提高食品的均匀度和细度，防止或减少液状食品物料的分层，改善外观、色泽、香度，提高食品质量。随着科学技术的发展，对纤维类材料的超细化提出了越来越紧迫的要求。对于纤维类物料而言，最有效的是剪切力与研磨力，剪切粉碎可以对纤维物料和热敏性材料进行超细粉碎，特别适用于绒状、絮状棉纤维及纤维素醚类产品的超细剪切。

在日化产品中，超细剪切可用于粉碎芦荟以制造皮肤膏、乳化糊状物以制造油膏和化妆品、磨碎颗粒状产品用于溶剂提取等。在医药行业中，可以使各种药用物料磨碎及均匀化、将结块的类固醇磨碎以制造暗疮药、粉碎有机活性成分以制造胶囊等。

在生物医药领域，超细剪切具有广泛的应用。医药细化后，可以提高其吸收率、疗效及利用率，在适当条件下可以制成微米及纳米药粉作为针剂使用。

4.5　超高压微射流粉碎

21 世纪工业技术发展方向包括设备微型化和超高压技术的广泛应用。超高压食品加工技术被称为 21 世纪十大尖端科技之一，广泛应用于食品行业。超高压微射流技术集超高压技术、微型通道流动技术、撞击流技术三者于一体，可用于固体颗粒的超细粉碎。

4.5.1　工作原理

4.5.1.1　超高压技术及其应用

通常将高于 100MPa 的压力称为超高压。超高压技术是指在同一空间领域获得所需要的高压并能维持一定时间的技术，常以水或其他流体作为传压介质，具有操作安全、作用均匀、节约能源等优点。超高压产生的极高静压能可以使细胞形态、氢键、疏水键和离子键等非共价键发生变化，从而使蛋白质凝固、酶失活、微生物灭菌、淀粉变性等，在食品加工、射流切割、病毒失活和酒类催陈等领域得到广泛应用。

在超高压环境中物料受到均匀的内压力 p 的作用而产生高度压缩，同时，物料内部产生与之平衡的内应力，使得物料处于三向等拉的脆性状态。如果内压力缓慢释放，则物料内的内应力会随着慢慢变小；如果内压力瞬间释放，物料会由于内部存在的拉应力来不及衰减而突然膨胀，当拉应力大于物料的断裂极限时，物料爆裂而产生细小的碎块，这种情况有利于韧性材料的破碎。

超高压技术主要应用于以下几个领域。

（1）水射流技术领域

超高压水射流技术是通过高压发生器使水流具有巨大的能量，然后通过细小喷管产生穿透力很强的水射流，超高压水射流技术又称"水刀"或"水箭"。超高压水射流技术在清洗、切割及粉碎等行业中广泛应用。

水射流技术可分为以下三类。

① 磨料水射流。其加工方法主要分为两类：一类是以水为能量载体，称为顺水射流切割（这种方式切割能力较弱，适合切割软材料，喷嘴磨损慢）；另一类是以水和磨料（约90%）的混合液作为能量载体，称为磨料射流切割（该加工方式切割能力强，适合切割硬材料，但喷嘴结构复杂且容易磨损）。

② 脉冲射流。相比于连续高压射流，脉冲射流不需要一直提供超高压，且有实验研究表明，相同参数下脉冲射流远优于连续射流。

③ 空化射流。空化现象是液体内微小气泡形成、生长和溃灭的过程。空泡溃灭释放出大量的能量，可强化其工作环境。

水射流技术的主要应用有以下几个。

① 切割技术。高压水射流如同一把"水箭"，速度可达声速的 2～3 倍，具有巨大的能量，射流束作用于工件上，当产生的冲击力高于工件材料的破坏极限时，就可进行切割或破碎。高压水射流切割技术由于工作时水流极细，使得切割产品时无裂纹、无毛边、切口小且平整。此外，高压水射流切割技术工艺适应性强，既能切割玻璃、钢材等硬质材料，又能切割布料、皮革等软质材料，切割范围广。而且高压水射流切割技术切割速度快、效率高、加工过程中无工件温升的问题。

② 破碎技术。高压水射流粉碎技术是以高速运动的水射流为粉碎动力，水射流对颗粒进行冲击作用，并在颗粒的表面产生压力瞬变，颗粒内部晶粒交界处产生应力波反射并引起张力导致物料卸载破坏，从而对物料进行粉碎。

③ 清洗技术。高压水射流清洗技术具有其独特的优点，通过选用合适的压力等级，采用合适的射流形式和执行构件，并利用很大的射流冲击能，连续不断地对被清洗物体进行打击、冲蚀、剥离等操作以达到将物体清洗干净的目的。使用超高压水射流清洗技术清洗物体时，工作介质只是常温水，无任何化学添加剂，不会对物体表面造成损伤；能够清洗结构形状复杂的零件，易于实现自动化和智能化。

（2）食品领域

超高压食品加工可分为超高压静态处理方式和超高压动态处理方式。对于超高压静态处理方式，其压力在 300～700MPa 之间，通过将食品等物料置于超高压容器中，升压至某一值时，压力静态保持一定时间以进行食品等物料的杀菌作用。对于超高压动态处理方式，其压力在 100～360MPa 之间，首先将液态或液固混合物食品等物料直接加压到预定压力，在对撞腔内发生超高压射流对撞，利用撞击流的原理把物质乳化破碎，流体受到强烈剪切、高频振荡、高速撞击、压力瞬时释放、膨爆和气穴作用等，导致大分子结构变化，从而使物料的物理性质发生变化，从而达到良好的超微化、微乳化和均一化效果。超高压动态连续生产的处理工艺 4-99 所示。

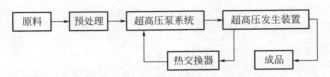

图 4-99　超高压动态连续生产的处理工艺

超高压处理是一个冷杀菌过程，对色素、维生素和风味物质等低分子化合物的共价键无明显影响，具有保持食品色、香、味等物理性质的特点，可延长食品的保质期；超高压处理也可改善生物多聚体的结构，调节食品质构，且具有灭菌均匀、瞬时、高效的特点。在有效成分提取方面，超高压技术能在较低温度下进行，可以很好地防止有效成分结构变化、损失以及生理活性的降低。

（3）病毒失活和疫苗制备领域

超高压技术可以使病毒丧失感染性而使其免疫性不变，这是因为超高压处理病毒时会引起病毒膜结构内部非共价键结合而被破坏，膜衣壳蛋白亚单位之间解体解压后又可逆性重组，但不能恢复如初，从而引起膜衣壳蛋白的空间结构发生变化，生物活性转变，从而使病毒颗粒丧失感染性；但又因为超高压不破坏病毒内部的共价键，故其免疫性不变。例如，采用超高压技术处理血液及血液制品，血液制品中常存在 HCV、HIV 等病毒，病毒主要寄宿在血清内，将血清从血浆中分离出去后，利用超高压技术处理血清，不会破坏血浆的主要成分，血浆蛋白的生物活性不会受到影响。因此，采用超高压技术可以实现血液中病毒的灭活，同时还可保留其抗原性，有助于处理感染者的血液，并增强机体的免疫功能，以达到治疗的目的。

4.5.1.2　超高压撞击流技术

（1）撞击流粉碎技术

撞击流的概念是 Elperin 在 20 世纪 60 年代初提出来并进行试验的，之后以色列的 Tamir.A 教授及其团队将撞击流技术应用于多种化工单元操作过程。撞击流是指两股沿同轴高速相向撞击的流体，20 世纪 90 年代初国外开始将这一技术应用到超微粉碎材料和超微乳化液的制备中。撞击流技术的基本思路是流体经喷嘴加速后形成高速射流，与从反方向射来的高速流体以很大的相对速度强烈撞击。这一技术主要利用物理作用直接粉碎，对单一颗粒的粉碎和分散以及多种颗粒的共粉碎等具有良好的效果。

撞击流粉碎的原理示意如图 4-100 所示，两股等量流体沿轴线相向高速运动，撞击后形成高度湍动区，该湍动区具有压力高、分布窄的特点。悬浮液中的相间传递、颗粒间的碰撞和破碎以及分散等主要是在这一区域完成的。撞击流可强化相间传质和微观混合，适用于需

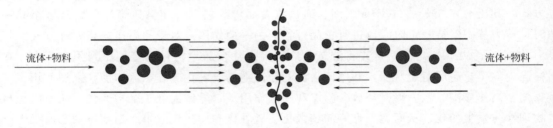

图 4-100　撞击流粉碎的原理示意

要高相间相对速度以强化传递的过程。撞击流具有广阔的应用前景，应用于超细粉体制备、萃取、干燥、结晶等多种化工单元操作过程。

（2）超高压撞击流技术

以超高压水射流技术为基础，把超高压水射流作为撞击流技术的工作流体，从而就形成了超高压撞击流技术。该技术可用于气-固、气-液、液-液和固-液体系。

目前，超高压撞击流技术主要用于固体物料的超细粉碎，其基本原理是把高压液体（通常大于 200MPa）作为载体，携带被粉碎颗粒通过孔径极小的喷嘴加速而形成高速射流，之后与靶板（超硬材料，如金刚石）或另一股相反方向的等量高速射流发生强烈撞击，从而使固体物料被细化。在射流撞击过程中对颗粒的粉碎和分散起重要作用的因素有两个：一是固体物料由于相间或颗粒之间的强烈碰撞、互磨产生的挤压力和剪切力；二是相间流动连续相的碰撞，即射流相互撞击，产生了强烈的径向和轴向湍流速度分量，从而使撞击区发生良好的混合。两股等量高速射流的撞击方式称为对撞式，一股高速射流与靶板撞击的方式称为碰撞式，如图 4-101 所示。

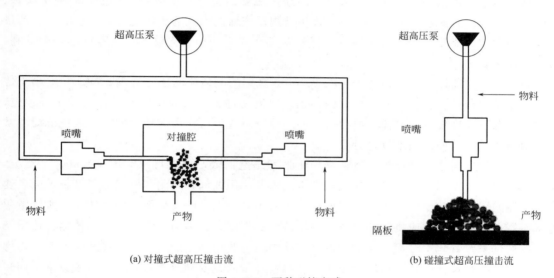

(a) 对撞式超高压撞击流　　　　　　　　(b) 碰撞式超高压撞击流

图 4-101　两种碰撞方式

对撞式是通过将被粉碎固体颗粒与工作介质混合、加压后形成高速射流，在粉碎腔内与另一股等量、等压、等速的同轴流体发生高速碰撞，从而使固体颗粒被粉碎。撞击式是通过将被粉碎固体颗粒与工作介质混合，经超高压泵加压后，流体通过喷嘴高速撞向靶板，固体颗粒因高速撞击力而被粉碎细化。颗粒在撞击过程中主要受到外加载压力，流体对颗粒的冲击作用和水楔作用，颗粒之间及颗粒与管壁之间的摩擦、剪切作用以及颗粒之间的冲击作用。超高压撞击流粉碎技术具有粉碎粒度分布范围窄、难混入杂质、高效迅速等特点。

4.5.1.3　超高压微射流技术

（1）微通道流动技术

微小尺寸通道和宏观尺寸通道中的流动现象不同，目前对微尺寸的划分尚未形成统一定论。Triple 等人通过水力直径 D_h 小于拉氏常数 L 时对此进行定义：

$$D_h \leqslant L = \sqrt{\frac{\sigma}{g(\rho_1 - \rho_g)}} \qquad (4\text{-}33)$$

式中　g——重力加速度，$\mathrm{m/s^2}$；

σ——表面电荷密度，$\mathrm{C/m^2}$；

ρ_1——液体密度，$\mathrm{kg/m^3}$；

ρ_g——气体密度，$\mathrm{kg/m^3}$。

Triple 等人定义水力直径 D_h 在 $1 \sim 100\mu m$ 时为微尺寸，在 $100 \sim 1000\mu m$ 时为中微尺寸。

Kandlikart 在邦德数公式的基础上提出水力直径 D_h 在 $10 \sim 200\mu m$ 时为微尺寸，在 $200 \sim 300\mu m$ 时为小尺寸。

微通道反应器包括微反应器、微混合器、微换热器、微控制器、微萃取器等一系列的微型设备。

微通道反应器是一种新型的、微型化的连续流动的管道式反应器，凭借其微通道狭窄、反应空间小和比表面积大的特点，具有优于常规反应器的强大的传热能力、传质能力、动量传递特性和宏观流动特性，这些特性有利于提高反应速度和催化效率、保障反应安全顺利、减免环境污染等。

微通道反应器以当量直径介于 $10 \sim 1000\mu m$ 之间的流体流动通道为主要特征，远小于传统管道式反应器的特征尺寸。尺度的微小化导致流动过程中表面张力和黏性力占主导地位，但对于低温下黏度较大的流体、粒度较大的固体物料或者反应中有较大的固体颗粒沉淀，常常会因微通道堵塞而无法连续进行生产。

微通道反应器中的微通道通过精密加工技术制造而成，原料可以为玻璃、硅片、石英、含氟聚合物、金属以及陶瓷等材料，制作工艺主要采用蚀刻、光刻和机械加工等技术。微通道反应器的特征尺寸虽然很小，但是该尺寸相对于分子水平的反应而言仍然较大，所以微通道反应器并没有改变反应机理和本征动力学特性的作用，只是通过增强流体的传热、传质及流动特性进来改善化工过程。在微通道反应器中，一些物理量的梯度（如速度梯度、压力梯度等）因其线性尺寸的减小而增加很快。这些物理量的改变导致微通道单位体积或单位面积上的通量增加。在微管道中，表面绝对粗糙度与边界层接近于流场的尺度，对流体运动的影响也较大。

微通道用于超细颗粒制备时具有三个特征：一是流体在微通道流动时流速极快，物料受到强剪切作用被粉碎且温升不明显；二是所有颗粒都需通过微通道进行处理，其间颗粒受到大而均匀的作用力，使得颗粒被粉碎后粒度分布范围窄，有利于制备粒径均一的物料；三是微通道的结构会影响通道内流体的速度和压力分布，也会影响粉碎腔的设计，这一点将在设备结构部分进行详细叙述。

（2）超高压微型撞击流技术

超高压微型撞击流技术是一种集成创新技术，它综合了超高压技术、撞击流技术及微型通道流动技术，集高速撞击、高速剪切、瞬时压降、高频振荡及气穴作用于一体，处理条件十分剧烈。它对颗粒破碎、分散作用的机理如下：高速流体携带被粉碎固体颗粒流经微通道，微通道不仅可以强化质量传递过程，也会增加流体与壁面的摩擦力和剪切力，在射流撞击中就有相当一部分流体被粉碎、细化。微通道可以更大限度地保存高压能量，高度集中能量，减小能量损失。在撞击过程中，颗粒之间由碰撞、摩擦产生的冲击压力和剪切力使颗粒进一步被破碎和细化。在撞击瞬间压力瞬变，压力能转化为动能，使得物料颗粒内外产生巨大的应力差，颗粒受到拉应力作用，从而实现颗粒超细化。同时，相向流体之间的碰撞，会产生强烈的轴向和径向湍流速度分量，高度湍流会使流体形成极好的混合和分散效果。

超高压微射流粉碎具有以下特点。

① 粉碎速度快，可低温粉碎。物料在微通道中的流速多在 300m/s 以上，粉碎瞬间完成，因而粉碎过程温升有限。

② 粉碎后颗粒粒度细小且分布均匀。所有物料都要通过微小的孔道，物料因高速湍流而受到大且均匀的作用力，使得粒度分布范围窄，在一定程度上增加颗粒的比表面积。

③ 卫生安全，无污染。该技术从原料加工到成品都是在封闭的管道中进行的，避免了原料与周围环境的相互影响。

（3）超高压微射流粉碎基本原理

以水为被粉碎颗粒的工作介质，颗粒在高压水射流的作用下，在微管道内高速运动，其粉碎机理比较复杂，到目前为止关于其主要作用机理还没有统一的定论，归结起来主要受到来自水射流的冲击作用和水楔作用、颗粒与靶物的冲击作用、颗粒与管壁之间的摩擦剪切作用以及空穴作用等。

① 水射流对颗粒的冲击作用和水楔作用。假设颗粒在撞击面撞击后瞬间静止，由于射流直径小、速度高，其高能量会直接作用于很小的冲击区域，水流会对颗粒产生滞留压力，这个压力把水压入已有的裂纹中，则水流的滞留压力或轴向动压可表示为

$$p_s = \frac{1}{2}\rho_0 v_c^2 \tag{4-34}$$

式中　p_s——滞留压力，Pa；

　　　ρ_0——水流密度，kg/m^3；

　　　v_c——水流相对于颗粒的流动速度，m/s。

颗粒受到射流冲击产生的滞留压力表现为颗粒的压缩粉碎和水楔粉碎。压缩粉碎是指颗粒因自身晶粒与晶粒之间存在原生孔隙、裂纹及杂质等缺陷，在受到水射流冲击作用时会引起裂纹扩展等现象。颗粒的抗压强度与原生裂纹的长度之间的关系表示为

$$\sigma_c = \frac{2k(\sqrt{1+f^2}+f)}{\sqrt{\pi a}} \tag{4-35}$$

式中　σ_c——颗粒的抗压强度；

　　　f——原生裂纹表面上的摩擦系数；

　　　k——原生裂纹尖端的应力强度因子；

　　　a——原生裂纹长度的一半。

当滞留压力 p_s 大于颗粒的抗压强度 σ_c 时，颗粒被粉碎。

图 4-102 所示为水楔作用模型和水射流对颗粒的水楔粉碎示意。水楔粉碎是指当滞留压力低于颗粒的抗压强度时，虽不足以使颗粒发生压缩粉碎，但水射流会作用于颗粒表面的裂纹，在裂纹内产生水楔作用，如图 4-102(b) 所示。当因水楔作用产生的压力大于裂纹尖端的黏着力时，颗粒发生水楔粉碎。

② 颗粒与管壁的摩擦粉碎作用。利用高压水射流作为载体，携带颗粒在管内流动并撞

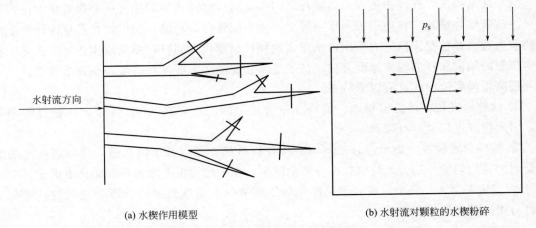

(a) 水楔作用模型　　　　　　　(b) 水射流对颗粒的水楔粉碎

图 4-102　水楔作用模型和水射流对颗粒的水楔粉碎示意

击靶物进行粉碎。颗粒在水射流加速的过程中会和管壁产生摩擦，该摩擦应力可表示为

$$\tau = \frac{1}{8}\lambda\rho_{\mathrm{p}}v^2 \tag{4-36}$$

式中　τ——颗粒与管壁的摩擦应力，Pa；

　　　λ——颗粒与管壁的摩擦系数；

　　　ρ_{p}——颗粒密度，kg/m^3；

　　　v——颗粒撞击时的速度，m/s。

　　流体在微通道流动时，因其速度梯度和黏度梯度的快速变化，受到强烈的剪切作用，用剪切指数（Shear Rate）来衡量物料在微通道中流动时所受剪切力的大小。如图 4-103 所示为微孔流道示意。为简化模型，假设壁面光滑，把水作为被处理物料，则在微孔流道内，Shear Rate=$v_{\max}/0.5D$。对同种物料来说，抗剪强度可用于比较不同处理方式下该物料所受剪切力的大小。对于微通道而言，其特征尺寸在几十微米到几百微米之间，流速多在300m/s 以上。因此，当水射流高速通过微通道时，被粉碎物料会受到极强的剪切力而发生破碎。颗粒通过微通道后，粒度分布的离散度很小，粒度分布很窄，均一性较好。

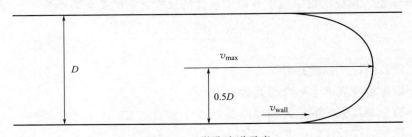

图 4-103　微孔流道示意

　　③ 颗粒与靶物之间的撞击粉碎作用。假设颗粒间的撞击只发生在撞击面上且撞击后轴向瞬间静止，则颗粒撞击前的动能为

$$T = \frac{1}{2}mv^2 \tag{4-37}$$

式中　m——颗粒的质量，kg。

v_p——颗粒的撞击速度，m/s。

由于颗粒形状多样且撞击器的形状对颗粒撞击角度有一定的影响，因此简化模型为柱形颗粒与靶物进行正面碰撞，如图 4-104 所示。在撞击发生面上会产生强烈扰动，这个扰动作用于颗粒 1 上是沿 x 负方向传播的冲击波，因靶物的质量、刚性、表面积等远大于颗粒，靶物表面的质点速度几乎为零。根据连续性条件可得撞击面上两颗粒的波后质点速度相同且为零，根据动量守恒条件可得颗粒的冲击压力为

$$P_p = \rho_p c v_p \qquad (4-38)$$

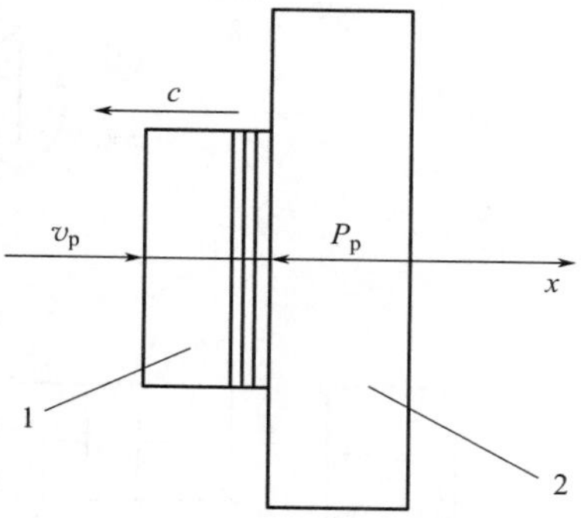

图 4-104　颗粒间撞击示意图
1—颗粒；2—靶物

式中　P_p——颗粒间的冲击压力，Pa；

　　　c——冲击波波速，m/s。

由（4-38）可知，冲击压力与颗粒速度、冲击波波速以及颗粒密度成正比。

④ 空穴作用力。水射流粉碎发生在一个密闭的腔体内，物料受到高压水射流连续多次的冲击作用。当水射流处于淹没状态时，容器内的流体会因水射流而产生紊乱空化效果。一方面引起颗粒与颗粒之间的碰撞，增强了物料的粉碎效果；另一方面也将非主冲击区的颗粒重新卷吸进来再次进行粉碎。气泡溃灭时产生的冲蚀压力 p_i 与连续水射流产生的滞留压力 p_s 之间的关系可表示为

$$p_i = \frac{p_s}{635} \left[\exp\left(\frac{2}{3\varphi} \right) \right] \qquad (4-39)$$

式中　φ——气泡中的气体含量。

当 $\varphi = 1/6 \sim 1/10$ 时，$p_i = (8.6 \sim 124)p_s$，即在同等条件下，因空化冲蚀作用产生的冲蚀压力是连续水射流产生的滞留压力的 8.6～124 倍。所以，空化冲蚀过程中产生的气泡数越多，越有利于颗粒的粉碎。

4.5.2　设备结构

超高压微射流粉碎装置现多应用于实验室研究。如图 4-105 所示为超高压微射流粉碎流程。空气经空压机压缩后，通过空气调节阀进入到高压加倍器驱动部分的入口，完成超高压加倍器驱动行程后经由消声器消除声音。原料罐中的物料预先处于悬浮状态，经过滤器进入超高压加倍器加压部分，加压物料进入微射流发生器，并在射流撞击腔内进行粉碎细化。粉碎物料经换热器冷却降温后进入产品储料罐内。

近年来，国内外许多公司都致力于研发超高压微射流粉碎设备。国外以美国、日本等国研制的设备为主要代表，最高压力可到 200MPa。美国 MFIC 公司生产的微射流粉碎设备——Microfluidizer 系列产品多以实验室型设备为主，也有中试型设备等，该技术设备可做到纳米分散，且具有分散颗粒粒度分布均匀、设备损耗少、操作简单、所得体系稳定等特点。实验型设备有 HC-8000、M-110S、M-110Y、M-110EH 等十种类型，中试型设备有 M-210EH、M-710 等四种设备。其射流粉碎腔内的微孔流道形式多以 Z 形和 Y 形为主，微孔内径通常在 75～500μm 之间。日本纳诺公司（AQUA）生产的两种设备——AQUA100 和 AQUA300 也多用于实验室，最大处理量分别为 18L/h 和 75L/h，最高压力

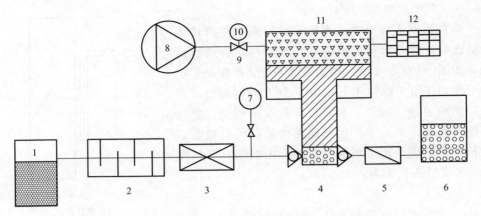

图 4-105 系统流程示意

1—产品储罐；2—换热器；3—超高压微型撞击流发生器；4—超高压加倍器；5—过滤器；

6—原料罐；7—超高压压力表；8—空气压缩机；9—压力调节阀；10—空气调节压力表；

11—超高压加倍器驱动部分；12—高压部分消声器

可达 200MPa。

　　国内对超高压微射流粉碎技术的研究起步较晚，主要代表是北京纳诺超微技术研究所研制的 Nano150/5 实验型和 Nano150/75 生产型超高压纳米对撞机，最高压可达 150MPa。然其关键粉碎部件依赖于进口，且相关方面的研究较少。

　　超高压微射流粉碎技术的关键是流体在外加高压的作用下高速通过微孔流道。当外加压力一定时，微孔流道的形式会极大地影响流道内流体的压力大小和流速大小分布。因此该粉碎设备的关键部位为射流粉碎腔。粉碎腔结构多样，具体表现为其内部微孔流道的结构不同，有十字形、Y 形、Z 形和 T 形以及各种组合形式等。图 4-106 显示了几种常见的微孔流道结构。

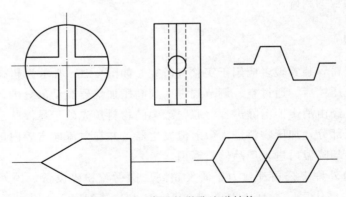

图 4-106 常见的微孔流道结构

4.5.3 应用领域

　　在工业生产中，超高压微射流超细粉碎设备主要应用于医药、化工、生工、食品、化妆品等领域，常用于颗粒的均质、分散、超微粉碎以及灭菌作用、多糖提取、蛋白质改性等。

　　在医药行业，超高压微射流技术主要应用于各种口服液、针剂的分散以及各种液体药物的纳米化加工。在化工行业，超高压微射流技术主要应用于无机颜料和有机颜料的破碎分散，各种硅油乳化液、高级打印墨汁等的分散乳化。在生工行业，超高压微射流技术可用于细胞、细菌的破碎等。在化妆品行业，超高压微射流技术可用于液体化妆品的超细化、乳浊液超细化和珍珠粉的超细化等。在食品行业，超高压微射流技术主要用于脂肪乳化、香料分散、生酒催化、食品添加剂的超细化以及维生素的分散等。

4.6 胶体磨

胶体磨是一种湿法粉碎的加工设备，可以进行超微粉碎的加工。我国从 20 世纪 70 年代末引进胶体磨设备，目前已经研制出各种具有自主产权的胶体磨设备。我国的胶体磨设备与国外相比，在技术层面已经具有了相同的水平，有些甚至已经进入国际先进行列。虽然如此，我国的胶体磨设备和国外先进企业的产品相比仍然有一定的差距，在产品性能和生产技术水平方面需要继续提高，以达到国际超微粉碎设备的先进水平。

4.6.1 工作原理及特点

（1）设备工作原理

胶体磨是由电动机通过直转齿或皮带传动带动转齿（或称为转子）与相配的定齿（或称为定子）做相对的高速旋转，被加工物料通过本身的自重或外部压力（可由泵产生）加压产生向下的螺旋冲击力，通过定、转齿之间的间隙（间隙可调）时受到强大的剪切力、摩擦力、高频振动等物理作用，使物料被有效地乳化、分散和粉碎，达到物料超细粉碎及乳化的效果。

定子与转子之间有一个可以调节的微小间隙。经过转子的高速运动，物料通过间隙后，在转子表面附着的物料速度最大、在定子表面附着的物料速度为零，从而产生了较大的速度梯度，使物料受到剧烈的剪切、湍动和摩擦作用而被破碎微粒化，达到超微粉碎目的。胶体磨可以根据物料性质、细化程度和出料等因素进行调节。通过转动调节手柄带动定盘轴向位移使空隙变化，调节定盘向下移则粒度比大，反之则粒度比小，一般调节范围在 0.005～1.5mm 之间。为了使物料达到理想的粉碎效果，在高速转动下物料重复研磨几次，这就需要回流装置。即在出料管上安装一碟阀，在蝶阀前一段管上另接一条管道通向入料口。在进行循环研磨时关闭蝶阀，物料就会反复回流，打开蝶阀即可排料。

（2）剪切乳化机理

流体力学表明流场中液体的变形与破裂主要取决于无因次韦伯数 We 的大小。当流体的韦伯数超过临界韦伯数时，液滴会产生破碎，从而被乳化。在层流状态下，韦伯数取决于层流剪切的速度梯度与物料本身的性质，可用式(4-40) 表示：

$$We = \frac{\tau d}{\sigma} \tag{4-40}$$

式中 τ——剪切应力，Pa；

      d——液滴直径，m；

      σ——液滴的表面张力，N。

在湍流状态下，韦伯数取决于湍流引起的脉动力，可用式(4-41) 表示：

$$We = \frac{\rho\mu^2 d}{\sigma} \qquad (4-41)$$

式中　$\rho\mu^2$——湍流张力；

　　　　μ——脉动速度平均值，m/s。

由式（4-42）可知，湍流状态下的剪切作用由湍流强度决定，高剪切力场是使物料达到良好乳化效果的必要条件。

胶体磨通常设计成锥形结构，在定子与转子的间隙内形成的流场如图 4-107 所示。

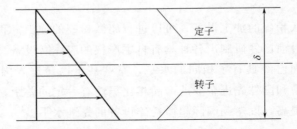

图 4-107　胶体磨剪切应力示意

胶体磨设备使物料粉碎的原因主要有两个：一是胶体磨内流体产生的剪切力场；二是物料颗粒之间产生相互研磨与碰撞。胶体磨剪切力主要是由于高速旋转的定转子之间产生的速度梯度而引起的，可以得出间隙任意半径 r 处的剪切应力为

$$\tau = \frac{\omega_m r}{\delta} \qquad (4-42)$$

式中　ω_m——胶体磨转子转速，m/s。

颗粒在剪切立场中有三种运动方式，即沿流体流动方向的平行移动、转动和垂直于流体方向的升举运动。

当颗粒旋转并相互接触时，相互之间会有能量交换和摩擦研磨作用，其大小取决于颗粒之间的相对运动速度，如图 4-108 所示。颗粒旋转时产生的升举力使胶体磨中所有颗粒向转子方向运动，从而增加颗粒之间相互摩擦研磨的概率。

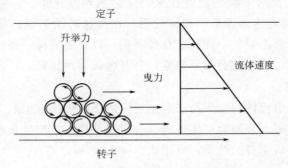

图 4-108　颗粒在转子附近的摩擦研磨作用

设胶体磨转子的旋转角速度为 s，转子与定子之间的间隙宽度为 b。定转子之间间隙内断面各点的剪切应力相等，则在间隙内任何半径 r 处的剪切应力为

$$G = \frac{sr}{b} \qquad (4-43)$$

式中　s——动磨体角速度，rad/s；

　　　r——流体所在半径，m；

　　　b——定磨体与动磨体之间的间隙宽度，m。

在该剪切力场中旋转的球形颗粒的角速度为

$$\omega = \frac{G}{2}(1 - 0.038 Re^{3/2}) \tag{4-44}$$

该方程适用于雷诺数小于 1 的情况。

颗粒在胶体磨中的旋转动能为

$$E_{R} = \frac{m d^{2} \omega^{2}}{10} \tag{4-45}$$

式中　m——颗粒的质量，kg；

　　　d——颗粒的直径，m。

设颗粒的密度为 ρ，则其旋转动能为

$$E_{R} = \frac{\pi d^{5} \rho \omega^{2}}{60} \tag{4-46}$$

由式（4-46）可知，颗粒的旋转动能与颗粒的直径和旋转角速度有关，旋转角度随雷诺数增大而减小。因此有效研磨的关键是确保较小的雷诺数。由于雷诺数与动力黏度有关，可以通过改变浆料黏度而增加颗粒之间的摩擦研磨作用。

当物料集聚时，物料所受剪切应力大于临界压力时，物料就会被粉碎。对于胶体磨来说，其定转子间隙的流场使得颗粒向转子方向运动的升举力为 F_i，其计算公式为

$$F_{i} = 1.615 \eta d_{f} u_{R} \sqrt{Re} \tag{4-47}$$

式中　η——流体的动力黏度，Pa·s；

　　　d_{f}——纤维物料的粒径，m；

　　　u_{R}——切线方向的流体速度，m/s。

从式（4-47）可以看出，增加转速的同时减小定子与转子之间的间隙可以有效地提高剪切力，从而提高粉碎效果。通常定转子间隙调节范围在 0.005～1.5mm 之间，转速高达 3000～15000r/min。

（3）胶体磨结构特点

① 结构紧凑、密封良好、性能稳定、操作简单、适用范围广，是处理精细物料的理想设备。

② 除电动机及部分零部件外，凡是与物料接触的零部件都采用高强度不锈钢制成，尤其需要对动磨盘与定磨盘进行强化处理，因此具有良好的耐腐性与耐磨性，同时可以根据物料的性质进行定制设计。

③ 设备主要构件由磨头部件、专用电动机、底部传动座三部分组成。其中动磨盘与定磨盘是核心部分，机械密封件组合部位是胶体磨的最关键部分，所以需要根据不同物料选择不同的机型。

（4）胶体磨性能特点

① 可以在极短的时间实现对物料的超细粉碎，同时具有混合、搅拌、分散的作用，成品粒度可达 $1\mu m$。

② 主要利用剪切作用均质物料，适用于高黏度物料的加工。卧式胶体磨乳化性能好，

适用于黏度较低的物料；立式胶体磨研磨粉碎能力强，适合黏度较高的物料。

③ 效率和产量高，大约是球磨机和辊磨机的 2 倍以上。

④ 可通过调节两磨体间隙，最小可达到 $1\mu m$ 以下，达到控制成品粒径的目的。

⑤ 结构简单，操作方便，占地面积小。

4.6.2 关键结构部件

（1）动磨盘与定磨盘

如图 4-109 所示，动磨盘与定磨盘是一对运动部件。动磨盘安装在工作轴上，锥形外表上的齿槽分为粗、中、细三个环带。材质根据加工物料的性质不同，可以选用不锈钢、不锈工具钢或硬质合金，图 4-110 所示为碳化硅磨盘。定磨盘固定在壳体上，呈倒锥形与动磨盘相对，并组成一个整体。定磨盘是用不锈钢制成的，经热处理后保证齿面具有适当的硬度。

图 4-109　定磨盘与动磨盘

图 4-110　碳化硅磨盘

胶体磨工作时，物料通过定磨盘与动磨盘之间的微小缝隙。当动磨盘高速运转时，在动磨盘旋转面上的物料与定磨盘上的物料会产生速度梯度，从而使物料受到强烈的剪切、摩擦、撞击和高频振动作用而被粉碎、分散、研磨和细化。通常为了循环操作获得更小粒度物料，出料管处会设有多个通管。物料经过研磨后，在与主轴固定旋转的叶轮作用下，沿齿槽沟落入底腔，从出料口排出。

（2）间隙调整装置

可以根据所研磨物料的性质、细化程度和出料因素等调节胶体磨的间隙。通过转动调节手柄由调整环带动磨盘而使间隙改变。当定磨盘向下移时，粒度比较大，在调整环下方设有限位螺钉，可以避免因调节而使定磨盘与动磨盘相碰。

（3）密封装置

密封装置一般采用机械式密封结构，可以防止被加工物料从工作轴的空隙进入电动机。动环与定环是机械式密封的主要工作件（两者严密配合）。动环一般采用碳素石墨制成，安装在动环座内，上面压有弹簧，通过机械密封卡环与工作轴一起转动。定环用陶瓷或硬质合金制造，安装在定环座内，用螺钉与壳体固定为不动件。工作时，动环在弹簧力的作用下紧压着定环，并随工作轴旋转，液体一般不能从动环和定环之间流出。碳素石墨的动环在使用半年后会发生损坏，需及时更换。若正常工作时密封环损坏，为了避免物料流入电动机，应提前更换密封装置。

（4）胶体磨结构确定

胶体磨的结构形式必须经过全面分析才能确定，目前胶体磨大都趋于采用高转速，其体积小、质量轻、省工省料。但是加大转速就会增加磨盘的汽蚀，因此必须采用增大磨盘的入口直径和加诱导轮，或采用抗汽蚀材料制造磨盘等措施来提高磨盘的抗汽蚀性能。

① 系统流量的确定。胶体磨的流量等于生产量加生产过程中的消耗。对工业生产来说，损耗很小，可以忽略不计，故额定系统流量为

$$Q = q\eta \tag{4-48}$$

式中　q——理论流量，$\mathrm{m^3/s}$；

　　　η——总效率。

确定胶体磨的扬程对于保证胶体磨在合理安装下进行生产及正常使用寿命来说至关重要。在胶体磨的进口压力与出口压力相等、进口流速与出口流速相等的情况下，胶体磨的全扬程可以用式(4-49)计算：

$$H = H_\mathrm{S} + H_\mathrm{w} + H_1 + H_2 \tag{4-49}$$

式中　H——胶体磨的扬程，m；

　　　H_S——胶体吸入高度，m；

　　　H_w——胶体扬水高度，m；

　　　H_1——胶体吸入管道损失，m；

　　　H_2——胶体吐出管道损失，m。

② 胶体磨出入口径的确定。胶体磨的入口径主要取决于吸入管内的流速，吸入管内最大流速一般不超过 5m/s。当管径大时，流速可适当选大些，但是流速过大会导致汽蚀，所以必须考虑经济性与性能的平衡。一般低压泵的入口径和出口径是相等的，但是考虑到经济性，通常低压泵的出口径小于入口径，低压泵的压力越高，其差值越大。一般有以下公式：

$$D_2 = 0.8D_1 \tag{4-50}$$

式中　D_2——低压泵的出口径，m；

　　　D_1——低压泵的入口径，m。

③ 胶体磨主轴轴径的确定。由机械设计的基本理论可知胶体磨的轴功率为

$$N = N_\mathrm{C}\eta^{-1} \tag{4-51}$$

式中　N——轴功率，W；

　　　N_C——理论计算功率，W；

　　　η——机械功率，%。

由于轴的功率一般为设计工况下的功率，而胶体磨运行时最大流量所对应的功率大于轴功率，所以计算功率一般取稍大些。若已知胶体磨的功率，则按扭矩初步计算的最小轴径为

$$d = \sqrt[3]{\frac{M}{0.2 \, [\tau]}} \qquad\qquad (4\text{-}52)$$

式中　M——胶体磨功率，W；

　　　$[\tau]$——材料的许用切应力，Pa。

胶体磨主轴除了承受扭矩外，还承受由涡室产生的径向力和动盘的自重及由静不平衡所引起的离心力等。这些力都会使轴产生弯曲，而轴向力会使轴产生拉伸和压缩。对胶体磨来说，除了要考虑轴的强度外，轴的最大挠度不能大于胶体磨的最小密封间隙。

胶体磨的主轴是传递动力的零件。在确定轴径时，应确定合理的许用应力，一方面可以节省材料；另一方面如果许用应力取得大，轴就细，在轴安全可靠的前提下可以提高研磨效率。因此，必须合理选择许用应力，充分发挥材料的性能。

4.6.3 典型胶体磨设备

根据结构形式，胶体磨可分为卧式胶体磨与立式胶体磨两种规格。主机部分由壳体、定子、转子、调节机构、冷却机构、电动机等组成。主要零部件采用不锈钢制造，具有耐腐蚀、无毒的特性。需要根据不同物料的特性、生产效率和使用用途，选择不同规格型号的胶体磨。

两种胶体磨都是通过电动机带动转子与相配的定子做相对高速转动，物料通过自身的重力或由泵产生的外部压产生向下的螺气旋击力，物料通过胶体磨定、转齿之间的间隙时会受到强大的剪切力、摩擦力、高频振动等物理作用，使物料被有效地乳化、分散和粉碎，以达到物料超细粉碎及乳化的效果。

4.6.3.1 卧式胶体磨

卧式胶体磨采用的是通过直转齿与定齿之间的相对高速旋转对物料进行粉碎，其电动机水平安装，因而卧式胶体磨总体高度相对立式胶体磨低。但是卧式胶体磨要考虑轴向定位，以防止电动主轴产生轴向移动引起碰齿。此外，卧式胶体磨因水平安装，如果出料口向上，则应在出料口下方设置放料阀，以便长时停机把胶体磨内物料放尽，防污盘设计要考虑污料自重回流。卧式胶体磨的定子与转子之间间隙为 $50 \sim 150 \mu m$，可以通过转动件来调节，转子的转速范围为 $3000 \sim 15000 r/min$。卧式胶体磨适用于黏度较低的物料，广泛应用于建筑行业、造纸工业、塑料工业以及电池业等领域。

（1）结构与工作原理

图 4-111 所示为卧式胶体磨的实物及结构。

电动机的主轴顶端有旋叶刀，旋叶刀下端设有动磨片（与静磨片配合使用），流体或半流体物料通过高速相对联动的动磨片与定磨片之间时，受到强大的剪切力、摩擦力及高频振动等作用，被有效地粉碎、乳化、均质、混合，从而获得满意的精细加工产品。其主机部分由壳体、定子、转子、调节机构、冷却机构、电动机等组成，主要零件均采用不锈钢制造，耐腐蚀、无毒。

（2）性能特点

① 可在极短时间内实现对悬浮液中固体物料进行超微粉碎，具有混合、搅拌、分散和

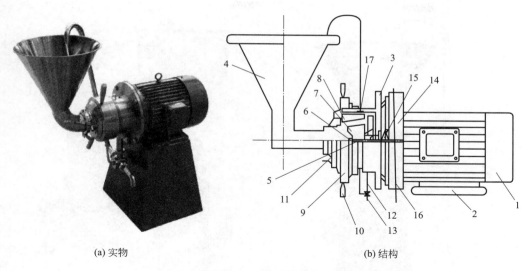

(a) 实物　　　　　　　　　　　　　　(b) 结构

图 4-111　卧式胶体磨

1—电动机；2—底座；3—壳体；4—进料斗；5—主轴；6—旋叶刀；7—动磨片；8—定磨片；
9—调节盘；10—调节手柄；11—冷却接头；12—循环管；13—出料口；14—端盖；
15—滚动轴承；16—排漏；17—O 形圈

乳化作用。

② 效率和产量高，是球磨机和辊磨机效率的 2 倍以上。

③ 可以调节两磨体的间隙，控制物料成品的粒度，最小可达 $1\mu m$。

4.6.3.2　立式胶体磨

立式胶体磨有两种形式，其中一种的形式与卧式胶体磨相似，采用的也是电动机直接带动直转齿转动，所不同的是电动机垂直安装；而另一种则是由电动机带动皮带传动，进而带动转齿转动，称为分体式胶体磨。其运行时间较长，不容易造成轴的偏心，皮带在损坏后容易更换。立式胶体磨的转速为 $3000\sim10000r/min$，适用于黏度较高的物料，在制药、食品、化工等应用广泛。

（1）结构与工作原理

图 4-112 所示为两种形式的立式胶体磨。

立式胶体磨主要由进料斗、盖盘、输料管、转齿、定齿、手柄、电动机座等组成。工作时通过定子和转子间隙时，物料在自重、离心等作用下受到强大剪切力和高频振动而被有效地分散、粉碎、乳化、混合。

（3）性能特点与技术参数

立式胶体磨的主要性能特点有以下几个。

① 适用于湿式流体物料的精细加工、分散、乳化和混合，通过多次加工，可使物料达到 $2\sim50\mu m$。

② 主要工作部件——定子和转子采用优质耐磨材料和特种工艺加工而成，通过调整环可对定转子间隙进行微量调整。

③ 配有物料循环加工装置和强制进料装置。

(a) 普通立式胶体磨

(b) 分体式胶体磨

图 4-112　立式胶体磨

JM 型胶体磨的主要技术参数如表 4-44 所示。

表 4-44　JM 型胶体磨的主要技术参数

名称	型号	产量/(t/h)	电动机功率/kW	电动机转速/(r/min)	结构特点
立式胶体磨	JM-130B	0.5～4	11	2930	
	JM-80	0.07～0.5	4	2890	
变速式胶体磨	JMS-130	0.5～4	11	1750～5000	配有冷却系统
	JMS-80	0.07～0.5	4	1600～5000	
	JMS-50	0.005～0.3	1.1	1750～5000	
	JMS-180	0.8～6	15	1600～5000	
	JMS-300	6～20	45	1750～2970	
卧式胶体磨	JMW-120	1～4	11	2930	无冷却装置

JTM 型胶体磨的主要技术参数如表 4-45 所示。

表 4-45　JTM 型胶体磨的主要技术参数

型号	电动机功率/kW	工作转速/(r/min)	电源电压/V	生产能力/(kg/h)
JTM50AB	1	8000	220	50～150
JTM50F	2.2	6000		50～150
JTMF71	4	4500		300～1000
JTM85D	5.5	2960	380	300～1000
JTM85K	5.5	3000		300～1200
JTM120C	11.0	2960		300～1200

4.6.3.3　高剪切胶体磨

高剪切胶体磨是一种在流体湿法粉碎、研磨、分散、乳化设备，具有技术领先、功能多、高效节能的特点。

（1）结构与工作原理

高剪切胶体磨具有一个吸料剪切区和由一个破碎区、一个研磨区、一个细化区组成的三级粉碎研磨区，转子和定子合并后的平面剪切粉碎距离一般为0.05mm，转子和定子之间距离可调0.01～2mm，最大外径已达600mm，最高线速度可达120m/s。图4-113所示为高剪切胶体磨的结构示意。

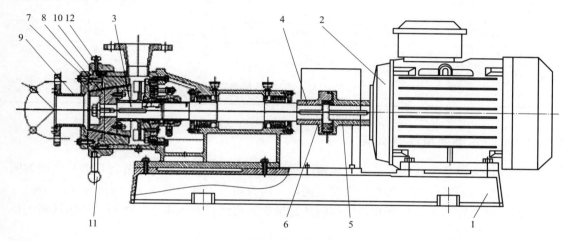

图4-113　高剪切胶体磨的结构示意

1—底板；2—电动机；3—主轴；4—联轴器；5—电气联轴器；6—机器联轴器；7—定子；
8—转子；9—进口接口；10—旋转调整件；11—旋转手柄；12—紧定旋钮

高剪切胶体磨主要用于管道流体中的结晶、团块、粘块、滤饼等各类易碎颗粒的研磨乳化，更加节能高效地提高物料反应过程，可有效确保下道泵阀流通能力。在粉碎研磨过程中液料必须经过一个剪切区和三级粉碎研磨区，分散细化后最终从曲线通道中挤出从而形成高速、高压、均质的喷雾现象，更加有效地提高对物料的粉碎、研磨、分散及乳化能力。

物料在高剪切胶体磨电动机的高速转动下从进口处直接进入高剪切破碎区，通过特殊粉碎装置，将流体中的粉团、粘块、团块等大颗粒迅速破碎，然后被吸入剪切粉碎区，在转子刀片与定子刀片的高速剪切作用下产生强烈摩擦及研磨，实现超细化加工。在机械运动和离心力的作用下，将已粉碎细化的物料重新压入精磨区进行研磨破碎。精磨区分三级，越向外延伸磨片精度越高，齿距越小，物料越磨越细。

物料每到一级则流体的方向速度会发生瞬间变化，并且受到每分钟上千万次的高速剪切、强烈摩擦、挤压研磨、颗粒粉碎等作用，在经过三个精磨区数千万次的高速剪切、研磨粉碎之后，从而产生液料分子链断裂、颗粒粉碎、液粒撕破等功效使物料达到充分分散、粉碎、乳化、均质、细化的目的。液料的最小粒度可达0.5μm，输送扬程可达3～6m。

（2）性能特点与技术参数

高剪切胶体磨的主要性能特点有以下几个。

① 具有强劲的粉碎、分散、乳化、均质、混合、输送功能。

② 具有静音、动平衡好、无振动的优点。

③ 定子与转子之间的间隙可以调节，调节距离为 0.01～2mm。

④ 可以选用双面水冷机械密封或单面液冷机械密封。

⑤ 设备连续作业和间隙作业时不影响设备寿命。

DSJTM 型高剪切胶体磨的主要技术参数如表 4-46 所示。

表 4-46　DSJTM 型高剪切胶体磨的主要技术参数

型号	处理量/(m³/h)	电功率/kW	进出口尺寸/mm	连接方式
DSJTM-25JXM	0.2～0.5	4	40/25	直连式
DSJTM-32JXM	0.5～2.5	7.5	50/32	直连式
DSJTM-40JXM	2.0～4.5	11	50/40	直连式
DSJTM-50JXM	3.0～7.0	18	65/50	轴承座连接
DSJTM-65JXM	5.0～12.0	30	80/65	轴承座连接
DSJTM-80JXM	9.0～18.0	37	100/80	轴承座连接
DSJTM-100JXM	14.0～28.0	45	125/100	轴承座连接

4.6.3.4　胶体磨使用注意事项

（1）胶体磨设备为高精密机械，运转时线速度可达 20m/s，而动磨片与定磨片之间的间隙非常小，检修后装回必须用百分表校正壳体，内表面与主轴的同轴度误差小于 0.5mm。

（2）修理机器时，在拆开和装回的调整过程中，应该用木锤敲击，而不允许用铁锤，以免对零件造成损坏。

4.6.4　应用领域

胶体磨是食品工业化生产过程的重要保证，适用于各种果酱、豆乳粉、大豆蛋白、豆馅、调味品、花粉、海藻、芝麻酱等。通过胶体磨粉碎，可以提高食品原料的分散效果，提升其经济价值与营养价值。同时也可以对一些脚料进行利用，例如对制酒果皮加工成各种果酱，对粉制品加工成工业浆糊。胶体磨将蔬菜籽、棉籽仁粉碎、脱脂后可以提取营养素；利用胶体磨超微加工，可提取植物高蛋白用于各种化妆品，提高化妆品的应用价值。

4.7　低温粉碎

4.7.1　低温粉碎技术简介

早在 20 世纪初，冷冻粉碎技术就已经在橡胶和塑料行业得到了应用，在 1948 年冷冻粉碎技术实现了工业化生产。

美国于 1929 年就申请了干冰与球磨机结合进行低温粉碎的加工专利技术；之后在 1960 年提出了实用的液氮冷冻粉碎塑料和橡胶装置，并且对粉碎后的塑料和橡胶首次采用液氮进行预冷后通过螺旋送料器送入粉碎机进行低温粉碎，取得了良好的粉碎效果。

日本于 1955 年进行低温粉碎技术的开发和研究，并于 1967 年开发了以粉碎聚乙烯和乙烯-乙酸乙烯共聚物为主的液氮粉碎装置，该装置装有热交换器，可以有效减小液氮消耗量，达到节约能量的作用，同时可以避免粉碎时物料温度上升。与此同时，美国的 UCC 公司、德国 Linde 公司、日本东阳酸素株式会社、法国 Laivlgui 公司、瑞典 RTrelleborg 公司对低温粉碎设备都进行了研究。

我国在低温粉碎技术领域起步较晚。在 20 世纪 90 年代，中国科学院低温实验中心、609 研究所、北京航空航天大学和西安交通大学等单位研究开发了一种新型的冷冻粉碎法——空气膨胀制冷冷冻粉碎法。这种方法是先通过空气压缩机压缩空气，然后经过分离干燥装置后利用膨胀机二次压缩空气，压缩后的空气通过热交换设备和待粉碎物料进行热交换，将物料温度降低到 120℃ 以下，之后通过粉碎设备进行低温粉碎。该装置在国内已建成工业生产线。

低温粉碎系统示意如图 4-114 所示。

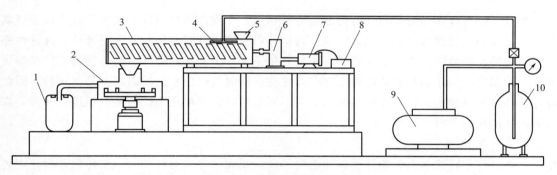

图 4-114　低温粉碎系统示意

1—收集箱；2—粉碎机；3—螺旋送料器；4—氮气分散盘；5—进料口；6—齿轮减速器；
7—电动机；8—整流器；9—空气压缩机；10—液氮罐

4.7.2　工作原理及特点

（1）工作原理

低温粉碎设备需要对物料进行深度冷凝，目前常用的冷凝物料的方法有两种：一种是采用制冷剂制冷，另一种是通过空气膨胀制冷。其中常见的制冷剂有二氧化碳、液氮和冰。粉碎的物料可粗略分为金属材料和非金属材料，金属材料中除了面心立方体晶格的金属材料外，其他金属材料都明显存在"低温脆性"，即随着温度的下降，物料的硬度和脆性增加、塑性和韧性降低；对于非金属材料，材料的抗拉强度、硬度和抗压强度会随着温度的下降而增加，而冲击韧性和延伸率则下降。因此当温度下降到物料的脆化点温度以下时，就可以在较小冲击力作用下对物料进行低温粉碎。

（2）特点

① 粉碎消耗能降低。由于低温脆性，导致物料在较小的作用力下就可以发生粉碎破裂，因此粉碎消耗的动能大大降低。

② 粉碎后的颗粒粒度更小。物料在低温处理后，其冲击韧性和延伸率大大降低，颗粒呈现脆性。在物料温度下降时，由于各部位的收缩不同造成颗粒内部出现内应力，在内应力作用下颗粒的薄弱部位产生破坏和龟裂，促使颗粒内部缺陷的传递和扩大，降低了物料内部组织的结合力。因此颗粒在低温时受到相同的冲击力，颗粒更容易发生破碎且粒度分布窄。

③ 粉碎后物料的流动性更好。由于低温作用下温度在物料表面出现急剧变化，迅速扩大了颗粒的薄弱部位。因此在颗粒受到外部冲击时，应力波在颗粒内部向四方传播，应力集中在颗粒内部缺陷、裂纹等地方，此时物料会首先在薄弱处发生破裂。因此可以减少粉体颗粒内部的微观裂纹和内部缺陷，大大减少颗粒表面的撕裂毛边，这样颗粒表面更加光滑，极大地提高了粉体颗粒的流动性。

④ 设备性能更稳定。由于物料在超低温下进行粉碎，粉碎时所需冲击力更小，可以避免粉碎时发生粉尘爆炸、火灾，噪声较小，设备使用寿命长。

4.7.3 主要影响因素

低温粉碎主要受到温度、冲击速度、气固比三个因素的影响。

（1）温度

高分子材料存在与温度相互对应的脆性转移点，在脆性转移点以下的温度时颗粒呈玻璃状，其破坏面成脆性破坏面。当处于脆性转移点以上的温度时，颗粒呈现黏弹性，这种性能会极大降低粉碎效率。因此为了在最小液氮耗量下，冲击能损耗最低时粉碎物料，需要确定最佳粉碎温度。由于颗粒粉碎时撞击会产生热能，同时粉碎前物料的温度不是变化的，因此脆性转移点较难确定。针对不同的物料，在不同的时间需要使用不同的液氮量进行降温，以达到最佳的粉碎条件。

（2）冲击速度

粉碎时转子转速越大，粉体颗粒撞击时的动能越大，冲击力就越大，粉体颗粒粉碎得越细，设备的粉碎效率越高。但是随着转子转速的进一步扩大，粉体颗粒获得的有效撞击能会减小，造成一部分动能做无用功，增加设备的能耗，影响粉碎效率。

（3）气固比

粉体颗粒在分级室内与空气所占的比例会影响低温粉碎设备的粉碎效率。粉体占比过大，会造成颗粒与颗粒之间由于静电作用黏结在一起，颗粒黏结后会加速沉降而降低粉碎效率；占比过小会造成转子和颗粒间碰撞概率变小，影响设备的粉碎效率。

表 4-47 对常规冷冻粉碎与液氮冷冻粉碎进行了比较。

表 4-47　常规冷冻粉碎与液氮冷冻粉碎对比

冷冻粉碎方法	液氮冷冻粉碎方法	常规冷冻粉碎方法
原料冷冻温度	$-80 \sim -120℃$	$-20 \sim -45℃$
制冷剂	液氮或液体二氧化碳	R717、R22
设备预冷	需液氮进行预冷冲击粉碎	无需预冷
粉碎设备	锤式粉碎机、辊碾机、螺旋式粉碎机、低温粉碎机	磨碎、冷冻切刀
适用食品物料	①常温下无法粉碎的含油脂、脂肪、糖分高的食品原料 ②含有挥发性成分和容易被氧化的食品原料 ③需要超微粉碎的食品原料	①可食用下脚料 ②常温下无法粉碎的糊状、含油脂、脂肪、糖分高的食品原料 ③常温粉碎容易引发变性、挥发性成分逸散、易氧化的食品原料

冷冻粉碎方法	液氮冷冻粉碎方法	常规冷冻粉碎方法
运行成本	把碎原料冷却至适宜粉碎的温度,液氮消耗量大,一般每千克食品原料消耗液氮量为2～4kg,运行成本高	把常规冷冻的食品原料粉碎,必要时只需要对机架进行降温,所以其运行成本是液氮冷冻粉碎的1/5～1/4
设备费用	低温工况下粉碎,设备材质要求高,整体隔热性能好,因此设备费用高	-20～-45℃的温度条件下,不需要特殊设备材质,总体设备费用低

4.7.4　典型设备及应用

4.7.4.1　MCM 系列超低温粉碎机

（1）结构与工作原理

MCM 型超低温粉碎机的降温介质为-196℃的液氮,降低物料温度在脆化点温度附近,进行机械粉碎,利用较小冲击力作用下对物料进行低温粉碎。MCM 型超低温粉碎机采用变频控制螺旋进料器、风机和螺旋出料器等,如图 4-115 所示。

图 4-115　MCM 型超低温粉碎机

（2）性能特点与技术参数

MCM 型超低温粉碎机用于对高韧性、高油、高糖等物料进行粉碎,在低温环境下物料的各种特性保持不变,有效保留了各种食品的原始特性、营养成分、气味等。该系列设备采用先进的氮气回路系统,可以大大提高对低温液氮的利用率,提高粉碎效率。

MCM 型超低温粉碎机的主要技术参数如表 4-48 所示。

表 4-48　MCM 型超低温粉碎机的主要技术参数

型号	产品粒度/μm	生产能力/(kg/h)	进料粒度/mm	总装机功率/kW
MCM250	23～600	1～200	≤2	35
MCM550	13～600	10～400	≤2	65

（3）应用领域

① 化工、涂层领域。

a.改性塑料：通用塑料工程化改性产品，如改性 ABS、PP、PVC、PC；改性工程塑料，如 PPO、PA、POM、PC、PBT（PET）、PSU；改性特种工程塑料，如 PPS、PEEK、PEI、PSF、LCP。

b.金属壁涂层领域：铁氟龙、PA、PC、PU、PP、PE 涂层用粉末，低温粉碎涂层、高结合涂料。

② 食品、保健品领域。植物果实、动植物提取物、中成药、天然/合成元素的粉碎能保证其原有元素在粉碎过程保持低温，不挥发、不流失。食品物料有胡椒粉、黑胡椒粉、白胡椒粉、绿麻椒粉、红麻椒粉、肉桂粉、孜然粉、草寇粉、大红袍花椒粉、桂皮粉、红蔻粉、红曲米粉、豆蔻粉、蒜香粉、八角粉、丁香粉、砂仁粉、香叶粉、黄姜粉、良姜粉、五香粉、鲜姜粉、咖喱粉、沙姜粉、香葱粉、洋葱粉、芥末粉、白芷粉、大葱粉、小茴香粉、大料粉等。

4.7.4.2 HTG 型低温研磨机

（1）结构与工作原理

冷冻粉碎机主要由液氮罐、电控柜、管道、旋风分离器、送料风机、主机、螺旋送料器、粉碎机、预冷仓、液氮连接软管组成。该低温粉碎机将液氮作为冷却介质，冷却物料到脆性断裂状态后进行粉碎。物料颗粒进入机械粉碎室后，在叶片和齿轮的高速旋转下，进行不断地冲击、碰撞、剪切和研磨，研磨物料到合适的颗粒大小。颗粒研磨后通过气流分级机进行分类和收集，如果颗粒的细度不符合要求则返回粉碎室继续研磨。冷冻粉碎机如图 4-116 所示。

图 4-116　冷冻粉碎机

（2）性能特点与技术参数

HTG 型低温研磨机的主要性能特点有以下几个。

① 研磨后的产品粒度小，研磨损耗的能量低，产量是普通粉碎机的 2～3 倍。

② 可根据物料的性质，如脆化点温度来调节破碎温度，达到节能减排目的。

③ 由于在低温氮气下工作，可有效防止粉尘爆炸和物料氧化。

HTG 型低温研磨机的主要技术参数如表 4-49 所示。

表 4-49　HTG 型低温研磨机的主要技术参数

型号	功率/kW	产品产量/(kg/h)	产品粒度/目	转速/(r/min)	工作温度/℃	尺寸(长×宽×高)/(m×m×m)	质量/t
HTG-50	5.5	20～50		8100		1.6×0.9×1.7	0.5
HTG-250	15	10～150	10～100	7500	−197～0	1.6×1.05×1.1	1.2
HTG-350	30	30～500		6300		2.1×1.4×2.8	2.5
HTG-450	45	100～1000		4600		4.4×2.1×3.3	3

（3）应用领域

① 化工领域：工程塑料、尼龙系列产品、聚酯系列产品、聚丙烯系列产品、聚乙烯系列产品、热塑料、热熔胶、热敏产品、天然橡胶等。

② 食品领域：香料、辣椒粉、胡椒粉、食品添加剂（海藻酸钠粉、木糖醇粉、山梨糖醇粉）、脂肪混合物、烘焙剂、纯咖啡、芥菜籽、八角茴香、全脂大豆等。

③ 制药领域：医药、药品和中草药（包括根、枝和块）。

4.7.4.3　全自动冷冻研磨机

（1）结构与工作原理

全自动冷冻研磨机是用于物料低温冷冻粉碎的研磨机，适用于处理 20mL 以下各种样品的低温粉碎。在物料研磨粉碎前，物料需要在研磨罐中通过先进的预冷程序持续自动用液氮冷冻降温，使物料温度处于临界脆化点温度以下，同时可有效防止物料中挥发性物质的挥发。在研磨过程中，需要通过程序自动完成液氮的消耗和补充，控制物料的温度始终处于 −196℃ 以下，通过强大的球磨冲击力对物料进行研磨粉碎。具体粉碎原理为：研磨罐在水平方向做径向运动，在惯性作用下带动研磨球以高能量撞击弧形面内表面的物料，从而粉碎物料；在粉碎的同时，自动冷冻系统会持续将液氮补充到研磨罐里对物料进行冷却。设备运行时强大的球磨冲击力可保证研磨的有效性，液氮的自动控制避免了手动操作的接触危险，物料粉碎效果更好。全自动冷冻研磨机的实物如图 4-117 所示。

图 4-117　全自动冷冻研磨机的实物

（2）性能特点与技术参数

全自动冷冻研磨机的主要性能特点有以下几个。

① 冷冻粉碎时采用高速撞击和摩擦，粉碎效果好，最大频率为 30Hz。

② 拥有冷冻研磨、常温干磨、常温湿磨三种研磨形式，可以根据需要自由切换。

③ 液氮的加入和补充采用全自动化控制，安全方便，避免手动操作的危险。

④ 全自动冷冻研磨机可采用不同的研磨罐和研磨球尺寸，液氮消耗量低，节能减排。

全自动冷冻研磨机的主要技术参数如表 4-50 所示。

表 4-50　全自动冷冻研磨机的主要技术参数

应用	粉碎、混合、均化以及细胞粉碎
样品特征	硬性、中硬性、软性、脆性、弹性、含纤维
进料粒度/mm	≤8
出料粒度/μm	<5
批次处理量/mL	20
振动频率范围/Hz	5~30
粉碎时间/min	4~10
研磨罐种类	旋盖型研磨罐

续表

应用	粉碎、混合、均化以及细胞粉碎
研磨罐尺寸/mL	5/10/25/35/50
机体尺寸(宽×高×深)/mm×mm×mm	395×373×577
净重/kg	45

（3）应用领域

全自动冷冻研磨机可以用于农业、化学（合成材料）、医药品、地质、冶金、电子、建筑原料、陶瓷、生物、食品等领域。

低温粉碎机适合粉碎热熔、热变质、多油、多糖、强纤维、海绵体、蛋白质、高分子材料，成品的粒度在80～800目之间，最小可达1500目，处理量最大为600kg/h，低温粉碎可达到的粒度举例如表4-51所示。

表 4-51　低温粉碎可达到的粒度举例

名称	粒度/目	名称	粒度/目	名称	粒度/目
乳香/没药	350	油菜花粉	400	甘草	250
熟地	300	羚羊角	300	特种涂料	325
树脂类	400	小麦	400	海带根	200
枸杞	200	胚芽	300	咖啡豆	300
五味子	300	苦杏仁	300	孢子粉	1000
鹿骨	300	核桃	200	灵芝	300
胎盘	500	芝麻	200	荞麦	400

◆ 参考文献 ◆

［1］蔡艳华，马冬梅，彭汝芳，等.超音速气流粉碎技术应用研究新进展［J］.化工进展，2008，27（5）：671-674.

［2］张瑞宇.超微细粉碎技术及其在食品领域中的重要应用［J］.重庆工商大学学报（自然科学版），2003，20（2）：11-15.

［3］卢寿慈.粉体技术手册［M］.北京：化学工业出版社，2004.

［4］郑水林.超细粉碎工程［M］.北京：中国建材工业出版社，2006.

［5］吉晓莉，叶菁.流化床对喷式气流磨的粉碎机理［J］.化学与生物工程，1999，16（3）：35-36.

［6］言仿雷.超微气流粉碎技术［J］.材料科学与工程学报，2000，18（4）：145-149.

［7］曹绪章.超细气流粉碎技术在化妆品中的应用［J］.中国粉体技术，2015，21（3）：93-95.

［8］李凤生.微纳米粉体制备与改性设备［M］.北京：国防工业出版社，2004.

［9］郑水林.超细粉碎工艺设计与设备手册［M］.北京：中国建材工业出版社，2002.

［10］杨培广，刘锐.气流粉碎及配套工艺装备介绍［J］.陶瓷，2008（5）：46-48.

［11］李光霁.超高压微型撞击流技术的理论与应用研究［D］.广州：华东理工大学，2010.

［12］佘启明.超高压撞击流技术应用研究进展［J］.哈尔滨师范大学自然科学学报，2013，29（4）：83-86.

［13］代永忠，赵永强，马国涛，等.超高压对撞技术装备在食品和生物工程中的应用［J］.包装与食品机械，2004，22（3）：30-33.

［14］李光霁.新型超高压微型撞击流发生器制备微乳液的研究［J］.化工机械，2013，40（5）：600-604.

［15］凌芳，顾小焱，柯德宏，等.微通道反应器的发展研究进展［J］.上海化工，2017，42（4）：35-38.

［16］王习魁，张裕中.射流撞击粉碎原理及其关键技术［J］.轻工机械，2004（4）：32-34.

［17］王习魁.高压微射流超细粉碎关键技术研究［D］.无锡：江南大学，2005.

［18］刘丽萍，王祝炜.高压水射流切割技术及应用［J］.农业机械学报，2000，31（5）：117-119.

［19］裘子剑，张裕中.基于超高压对撞式均质技术的物料粉碎机理的研究［J］.食品研究与开发，2006，27（5）：186-187.

［20］郑水林.超细粉碎设备现状与发展趋势［J］.中国非金属矿工业导刊，2004（3）：3-6.

［21］尹小冬，王长会，谭涌，等.超细粉碎技术现状与应用［J］.中国非金属矿工业导刊，2009（3）：46-49.

［22］刁雄，李双跃，黄鹏，等.超细粉碎分级系统设计与实验研究［J］.现代化工，2011，31（4）：83-86.

［23］祝战科，王长会，谭涌.一种新型超细粉磨设备的研制［J］.中国粉体技术，2013，19（3）.

［24］孙成林.冲击式粉碎机在超细粉碎中的应用［J］.硫磷设计与粉体工程，2001（6）：31-37.

［25］张伟敏，蒲云峰，钟耕.低温粉碎技术在水产品加工中的应用［J］.冷饮与速冻食品工业，2005，11（4）：9-11.

［26］郑水林.超细粉碎［M］.北京：中国建材工业出版社，1999.

［27］顾林，陶玉贵.食品机械与设备［M］.北京：中国纺织出版社，2016.

［28］申盛伟，汪洋，朱兵兵，等.超细粉体制备技术研究进展［J］.环境工程，2014，32（9）：102-105+ 124.

［29］李小莹.立式振动磨机的运动分析与设计［D］.咸阳：陕西科技大学，2016.

［30］张娜，曾琴，杨小兰，等.振动磨机磨介球的离散元法仿真与比较分析［J］.南京工程学院学报（自然科学版），2017，15（1）：23-28.

［31］侯彤.振动磨在粉体加工中的应用［J］.化工矿物与加工，2014，43（10）：46-47.

［32］张世礼.特大型振动磨及其应用［M］.北京：冶金工业出版社，2007.

［33］盖国盛.超细粉碎分级技术［M］.北京：中国轻工业出版社，2000.

［34］顾林，陶玉贵.食品机械与设备［M］.北京：中国纺织出版社，2016.

［35］沈培玉.高剪切均质机机理与结构参数的研究［D］.无锡：江南大学，2000.

［36］徐凯，高友生，张裕中.基于剪切原理的湿法粉碎设备机理研究［J］.轻工机械，2003（03）：23-25.

［37］万燕君.基于受控切割机理的食品物料超细粉碎技术的研究［D］.无锡：江南大学，2007.

［38］赵浩.高速切割粉碎技术及其应用的研究［D］.无锡：江南大学，2008.

［39］颜景平，易红，史金飞，等.行星式球磨机研制及其节能机理［J］.东南大学学报（自然科学版），2008，38（1）：27-31.

［40］吴光瑞，张林进，叶旭初.卧式行星球磨机粉磨水泥熟料的试验研究［J］.中国粉体技术，2010，16（6）.

［41］叶菊兰，董海，张林进，等.卧式行星磨粉磨过程的无因次量及数学模型分析［J］.中国粉体技术，2013，19（6）.

［42］Zyryanov V. Processing of oxide ceramic powders for nanomaterials using high-energy planetary mills［J］.Interceram，2003，52（1）：22-27.

［43］徐凯，高友生.基于剪切原理的湿法粉碎设备机理研究［J］.轻工机械，2003（3）：21-23.

［44］徐凯，高友生.含纤维食品物料的湿法粉碎［J］.包装与食品机械，2003，21（3）：1-3.

［45］张裕中.食品加工技术装备［M］.北京：中国轻工业出版社，1999.

［46］胡长鹰.均质机湍流均质机理研究［J］.包装与食品机械，2001，19（4）：11-14.

［47］张玲玲，赵浩，张裕中.叶类物料湿法微细粉碎技术研究［J］.农机化研究，2008（11）：76-80.

［48］Vishwanathan K H, Singh V, Subramanian R. Wet grinding characteristics of soybean for soymilk extraction［J］.Journal of Food Engineering，2011，106（1）：28-34.

第**5**章 | 微纳粉体分级技术与装备

5.1 涡流空气分级机

5.1.1 概述

5.1.1.1 国内外研究现状

随着现代科技的发展，对微纳粉体的需求不断增加，推动粉体制备技术向细化、窄粒级化的趋势发展。涡流空气分级机（简称分级机）作为分离粗细粉体的重要设备，其分级性能影响着产品的粒度分布。根据实际调查，目前市场上大多数分级机的产品粒度可以达到 $75\sim150\mu m$，无法满足精细加工单位对粉体颗粒粒度的要求。因此，进行涡流空气分级机的流场特性分析及结构改进，对提高分级机的分级效率具有重要意义。

（1）国内空气分级机研究现状

1990 年我国就引进了旋流式空气分级机，刘家祥等学者对分级理论进行了研究，并用"空气动力筛"概念说明分级原理，指出改善物料分散性有助于改进流场均匀性。

杜妍辰等学者对粉体颗粒在分级轮中的轨迹进行初步模拟，结果表明分级轮转速、风量、叶片间距和叶片角度是影响物料颗粒运动轨迹的主要因素。

通过对分级机的理论研究和颗粒运动模拟后，郭丽杰等学者对分级机进料预分散进行研究，发现预分散物料可以使环形区上部区域的轴向速度明显降低，轴向速度分布更加均匀，提高了分级机的分级性能。

冯永国等学者首先采用激光多普勒测速仪测量颗粒的速度，提高了分级实验结果的准确性。陈海焱等学者对分级轮叶片的安装角度、宽度和高径比进行研究，发现分级轮会出现部分气流外溢，外溢位置、大小与分级轮的高度相关。

焦渤等学者滑移网格技术，模拟分级轮内气流的运动轨迹，用结构网格与非结构网格结合的方法对气流分级机进行网格划分，显著提高模拟结果的准确性。

杨庆良等学者对分级轮转笼进行改进，将分级轮的叶片设计成流线型，减少了气流与叶片的碰撞。

黄强等学者对分级轮叶片进行改进，将分级轮叶片的安装形式改为交错安装后，能有效改善分级轮外缘上的切向速度分布，从而提高分级精度。

赵斌等学者从分级轮直径入手，改变内外半径的尺寸和分级轮叶片间距，发现适当减小分级轮内外半径，有助于增大环形区气流的切向速度。

刘利军研究了两段串联涡流空气分级机的操作参数对分级机性能的影响，将传统涡流空气分级机的圆柱形分级轮改进为圆台形，使涡流空气分级机内环形区切向速度更加稳定。

黄亿辉等学者对 O-SEPA 选粉机的分级轮底盘结构进行研究，发现转子底盘结构为闭合型时流场更加稳定。

高利苹等学者研究发现将分级轮叶片改为弯曲分级轮叶片，有效地减弱了叶片间的反旋涡，使得流场更加均匀。

国内粉体分级技术发展较快，许多研究工作者在分级理论、分级设备以及相关技术的结合应用方面做出了巨大的贡献。

（2）国外空气分级机研究现状

粉体分级技术在国外发展较早，1885 年英国人发明了动态空气分级机，1889 年德国人将分级机应用于水泥工业生产。粉体分级体发展历程就分级机工作原理而言，可以概括为三代产品，即离心式分级机、旋风式分级机和 O-SEPA 分级机三大类型。第一代分级机是 1885 年英国人 Mumford 和 Moody 发明的离心式分级机，最终以美国的 Sturtevant 公司生产的分级机最为经典。第二代分级机是由 1960 年德国维达格公司推出的旋风式分级机，该机是在离心式分级机的基础上改进而来的。第三代分级机是涡流式分级机，以 1979 年由日本小野田公司开发的 O-SEPA 分级机为代表，之后日本 Hiroshi Morimoto 等学者提出了一种新的气动式超细分级机，并利用油点法使得分级机内部流场可视化，测量了气流速度，研究了性能与流态之间的关系，结果表明新的分级机具有更大的旋流速度，能够准确地对超细粉体进行分级。

以色列 M. Shapiro 等学者概述了现代空气分级装置的工作原理、特点和参数（包括切割尺寸、清洁程度和回收情况），并概述了分级机的特性。

伊朗 Sun-Sheng Yang 等学者采用计算流体力学（CFD）对单级离心泵的正反向模态性能进行预测。

德国 Petya Toneva 等学者对空气分级磨中颗粒的两相流和受力情况进行了深入的研究，研究了在不同的磨盘形式和分级轮转速下分级机的分级效率。

5.1.1.2　涡流空气分级机设备特点

① 涡流空气分级机采用中心对称的结构，气流由两个相差 $180°$ 的进风（料）口进入分级机，分级区通过分级轮旋转后，所以会在分级区形成均匀的水平旋流，更加有利于粗细颗粒的分级。部分涡流空气分级机装有导风叶片，有利于气流速度分布更加均匀，从而提高涡流空气分级机的分级精度。

② 粗细颗粒进入涡流空气分级机后，由分级轮上方安装的撒料盘进行分散，撒料盘上安装有凸棱结构，在分级轮转动时，会产生强大的剪切应力对物料进行分散，颗粒分散后可以更好地进行分级，防止颗粒发生团聚导致分级精度和细粉产率降低。

③ 涡流空气分级机的处理量大。

④ 装置操作方便。通过改变分级轮转速和进风速度，就可以对分级后产物的粒度大小进行调节。

5.1.2 工作原理

涎流空气分级机的工作原理如图5-1所示。物料从加料槽进入加料口与切向气流充分混合、分散后，随引风机气流进入分级室，在分级室内物料颗粒受到三个不同方向力的作用，即负压气流经过分级轮叶片产生的向心力F_1、随气流在分级室内做圆周运动产生的离心力F_a以及自身的重力F_w。在三个力的作用下，不同粒度大小的物料颗粒由于所受外力的大小及方向各有差异，从而产生分离作用，完成分级作业。粒度较小颗粒随气流通过转子和弯管进入下一分级室或排出机外，最终由袋滤器将细粒和气体分离，得到细粒。粒度较大颗粒由于受到的离心力大于向心力，所以被甩向分级室内壁最终落入锥形漏斗内。

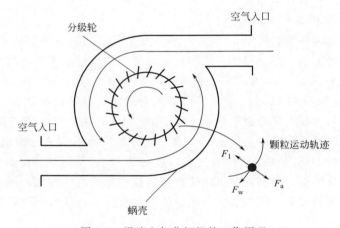

图 5-1 涎流空气分级机的工作原理

5.1.3 典型设备及应用

（1）HTC型涡轮空气分级机

① 结构与工作原理。HTC型涡流空气分级机主要由细粉出口、粗粉出口、分级轮、蜗壳、进风（料）口等组成。物料从进风（料）口进入分级室内，在气流作用下充分分散后，随着气流到达分级区（通过分级轮的旋转在转笼附近形成的流场区域），在分级区附近粗细颗粒受到不同作用力，粒度较小的颗粒通过涡轮被收集，粒度较大的颗粒会下落。其中设备采用特殊密封机构对涡轮和上箱体进行密封，因此密封效果更好，分级后收集的颗粒粒度更加细小和均匀。HTC型涡轮空气分级机的实物如图5-2所示。

② 性能特点与技术参数。

a.HTC型涡流空气分级机属于干法分级机，装置结构简单且合理，分级后得到的粉体颗粒粒度小、分布范围窄，装置的分级效率高。

图 5-2 HTC型涡流空气
分级机的实物

b.分级轮叶片采用特殊的高强度耐磨材料制作而成，分级轮运转时更加稳定，设备使用寿命更长，因此可以更好地处理黏性及凝聚性物料，可以极大地防止颗粒沉积在出料管。

c.分级范围较广，可以根据实际要求收集特定粒度大小的颗粒，所能调节的颗粒粒度范围可以在 $3\sim150\mu m$ 之间，产品获得 $\leqslant5\mu m$ 的超微粉体达到 91%。

d.分级机运行时，设备振动小、运行平稳噪声低，装置还具有清洗方便、人工成本小以及自动化程度高的优点。

HTC 型涡轮空气分级机的主要技术参数如表 5-1 所示。

表 5-1　HTC 型涡轮空气分级机的主要技术参数

	型号	HTC-132	HTC-250	HTC-315	HTC-400	HTC-500	HTC-630	HTC-800
技术参数	转子直径/mm	132	250	315	400	500	630	800
	转速/(r/min)	1100~11000	700~7000	500~5000	450~4500	350~3500	250~2500	150~1500
	电动机功率/kW	4	5.5~7.5	7.5~11	11~15	22~30	30~37	37~45
	风量/(m³/h)	500	2000	3200	5000	7000	9000	12500
	处理量/(kg/h)	5~300	20~500	50~1500	100~3000	200~4500	300~6000	400~8000
	分级范围/μm	3~150						

③ 应用领域。HTC 型涡流空气分级机被广泛应用于化工、医药、食品、非金属等行业，用于对超微粉体进行分离、除铁、精选。

详细物料举例：非金属矿中石膏粉、碳酸钙等的精选；长石、石英、氧化铝、重晶石、微晶石进行除铁加工和分级；针对易沉淀的粉体物料，例如颜料、染料、杀虫剂、树脂、水泥、石灰石、白垩等进行分级；针对不同密度的物料，例如再生橡胶等纤维杂质进行分离与分级；对特种工业超细粉体进行分级，例如磁粉等。

（2）FJC 型刚性单叶轮分级机

① 结构与工作原理。FJC 型刚性单叶轮分级机运作时，气流与物料在喂料器中充分混合分散后，采用高速空气输送物料，之后用分散板再一次进行分散，充分分散后物料在分级轮附近进行粗细颗粒的分级，细颗粒通过分级轮内部后由旋风分离器进行收集，粗颗粒下落通过收集装置收集。

② 性能特点与技术参数。

a.分散效率高，颗粒随着气流运动进入分散叶片分散，到达分散板再一次进行分散，两次分散可以使细颗粒进行充分分散，因此细粉回收率高，避免不必要的粉体循环。

b.利用涡流和空气整流理论，可以使得分级机内部离心力场和气流力场分布均匀，分级精度更高。

c.应用范围广，调整方便。可以通过调整叶轮转速和空气量，可获得较宽范围的分级粒径。

d.能耗低，易损件（分级轮等）寿命长，对粉体颗粒污染小。

e.拥有更高的转速和更大的装机功率，风阻更小，保证产品的高细度。

FJC 型刚性单叶轮分级机的主要技术参数如表 5-2 所示。

③ 应用领域。FJC 型刚性单叶轮分级机可对 $d_{97}=8\sim10\mu m$，$d_{50}=1.5\sim2\mu m$ 的各种硬度且具有腐蚀性的物料进行分级作业。

表 5-2　FJC 型刚性单叶轮分级机的主要技术参数

型号	分级粒径 d_{97}/μm	产量/(kg/h)	转速/(r/h)	功率/kW	风量/(m³/h)
FJC200	3~5	50~100	6600	7.5	1000
FJC200×3	3~5	150~300	6600	7.5×3	3000
FJC200×4	3~5	200~400	6600	7.5×4	4000
FJC200×6	3~5	300~600	6600	7.5×6	6000
FJC315	4~5	100~200	4400	18.5	2500
FJC315×3	4~5	300~600	4400	18.5×3	7500
FJC315×4	4~5	400~800	4400	18.5×4	10000
FJC315×6	4~5	600~1200	4400	18.5×6	15000
FJC400	4~6	120~250	3470	22	4000
FJC400×3	4~6	360~750	3470	22×3	12000
FJC400×4	4~6	480~1000	3470	22×4	16000
FJC400×6	4~6	720~1500	3470	22×6	24000
FJC500	5~6	360~500	2800	30	6250
FJC500×3	5~6	1080~1500	2800	30×3	18750
FJC500×4	5~6	1440~2000	2800	30×4	25000
FJC500×6	5~6	2160~3000	2800	30×6	37500
FJC630	6~8	800~1200	2400	45	10000
FJC630×3	6~8	2400~3600	2400	45×3	30000
FJC630×4	6~8	3200~4800	2400	45×4	40000
FJC630×6	6~8	4800~7200	2400	45×6	60000
FJC750	7~9	2520~3920	2100	55	14000
FJC750×3	7~9	7560~11760	2100	55×3	42000
FJC750×4	7~9	10080~16800	2100	55×4	56000
FJC750×6	7~9	15150~23520	2100	55×6	84000

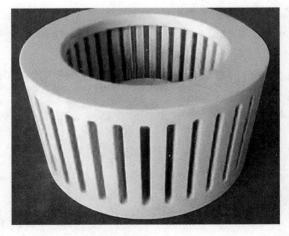

图 5-3　FJT 型陶瓷叶轮分级机的陶瓷叶轮

（3）FJT 型陶瓷叶轮分级机

① 结构与工作原理。FJT 型陶瓷叶轮分级机运作时，气流与物料在喂料器中充分混合分散后从管子进入分级室中。空气在陶瓷叶轮作用下，围绕叶轮产生回转运动，对物料进行充分分散。叶轮分级机内接细粉排出口，在排出口负压作用下，叶轮内外形成压力差，物料在气流作用下做径向运动，在分级轮作用下做离心运动，从而在分级轮附近实现分级。FJT 型陶瓷叶轮分级机的陶瓷叶轮如图 5-3 所示。

② 性能特点与技术参数。FJT 型陶瓷叶轮分级机的分级轮采用氧化铝、氧化锆、

碳化硅等材质，用于超硬材料的分级，陶瓷分级叶轮可采用整体结构和组合结构。FJT 型陶瓷叶轮分级机的主要技术参数如表 5-3 所示。

表 5-3　FJT 型陶瓷叶轮分级机的主要技术参数

型号	分级粒径 $d_{97}/\mu\text{m}$	产量/(kg/h)	转速/(r/h)	功率/kW	风量/(m³/h)
FJT-100	4～100	45～70	11500	3	250
FJT-100×3	4～100	135～210	11500	3×3	750
FJT-100×4	4～100	180～280	11500	3×4	1000
FJT-100×6	4～100	270～420	11500	3×6	1500
FJT-160	4～100	90～140	8000	4	500
FJT-160×3	4～100	270～420	8000	4×3	1500
FJT-160×4	4～100	360～560	8000	4×4	2000
FJT-160×6	4～100	540～820	8000	4×6	3000
FJT-200	5～120	180～280	6000	4	1000
FJT-200×3	5～120	540～760	6000	4×3	3000
FJT-200×4	5～120	720～1120	6000	4×4	4000
FJT-200×6	5～120	1080～1520	6000	4×6	6000
FJT-250	5～120	250～300	4000	5.5	1000
FJT-250×3	5～120	540～760	4000	5.5×3	3000
FJT-250×4	5～120	720～1120	4000	5.5×4	4000
FJT-250×6	5～120	1080～1520	4000	5.5×6	6000
FJT-315	6～150	450～700	4000	11	2500
FJT-315×3	6～150	1350～2100	4000	11×3	7500
FJT-315×4	6～150	1800～2800	4000	11×4	10000
FJT-315×6	6～150	2700～4200	4000	11×6	15000
FJT-400	7～150	720～1120	3150	15	4000
FJT-400×3	7～150	2160～3360	3150	15×3	12000
FJT-400×4	7～150	2880～4480	3150	15×4	16000
FJT-400×6	7～150	4320～6720	3150	15×6	24000
FJT-500	10～150	720～1120	2000	22	7500
FJT-500×3	10～150	2160～3360	2000	22×3	22500
FJT-500×4	10～150	2880～4480	2000	22×4	30000
FJT-500×6	10～150	4320～6720	2000	22×6	45000

③ 应用领域。FJT 型陶瓷叶轮分级机适用于超硬物料的分级，例如碳化硅、云母等物料。

（4）FT 型碳纤维叶轮分级机

① 结构与工作原理。FT 型碳纤维叶轮分级机运作时，用高速空气分散粉体颗粒，用分散板再次对粉体颗粒进行分散，粉体颗粒充分分散后在分级轮附近进行粗细颗粒的分级，细颗粒通过分级轮内部后由旋风分离器进行收集，粗颗粒下落通过收集装置收集，分级后产品

颗粒粒度更加细小、粒度分布更加窄。FT 碳纤维叶轮分级机中碳纤维分级叶轮的实物如图 5-4 所示。

图 5-4　FT 型碳纤维叶轮分级机中碳纤维分级叶轮的实物

② 性能特点与技术参数。FT 型碳纤维叶轮分级机采用钛合金和碳纤维复合材料制成的高强度转子，当转速达到 3750～6000r/h 时，可用于去除微纳米粉体中的大颗粒。FT 型碳纤维叶轮分级机的主要技术参数如表 5-4 所示。

表 5-4　FT 型碳纤维叶轮分级机的主要技术参数

型号	分级粒径 $d_{97}/\mu m$	产量/(kg/h)	功率/kW	风量/(m³/h)
FT100	0.7	5	15	250
FT100×3	0.7	15	45	750
FT100×4	0.7	20	60	1000
FT100×6	0.7	30	90	1500
FT160	0.8	10	18.5	400
FT160×3	0.8	30	55.5	1200
FT160×4	0.8	40	66	1600
FT160×6	0.8	60	112	2400
FT250	0.9	15	30	1000
FT250×3	0.9	45	90	3000
FT250×4	0.9	60	120	4000
FT250×6	0.9	90	180	6000
FT315	1	20	55	2500
FT315×3	1	60	165	7500
FT315×4	1	80	220	10000
FT315×6	1	120	330	15000
FT400	1.5	35	75	4000
FT400×3	1.5	105	225	12000

续表

型号	分级粒径 $d_{97}/\mu m$	产量/(kg/h)	功率/kW	风量/(m³/h)
FT400×4	1.5	140	300	16000
FT400×6	1.5	210	450	24000

③ 应用领域。FT 型碳纤维叶轮分级机被广泛用于去除微纳米粉体中的大颗粒，例如纳米锌粉、纳米钨粉、纳米硅粉等物料的分级。

（5）FJWL 型立式分级机

① 结构与工作原理。FJWL 型立式分级机利用涡流和空气整流理论进行粗细粉体的分级。随气流运动的粉体物料在分散叶片的作用下进行分散，分散后在分散板作用下进行第二次分散以充分分散物料。设备利用涡流和空气整流理论，可以使得分级机内部离心场和气流力场分布均匀，细粉收集率高，分级精度高。

② 性能特点与技术参数。

a. 加强了分散作业，回收率高。

b. 应用范围广，方便工人调节；通过改变叶轮转速和进风量加宽分级粒径。

c. 设备能耗低，使用寿命长，污染小。

d. 实惠耐用，机中主要部件均可探及，因此保修和维修方便简单。

e. 结构紧凑，设备占地面积较小，易安装。

f. 拥有一级的分级质量，在分级机高速旋转时也可以保证很高的分级精度；当全部的分级系统的气压降至 6000～8000Pa 时，也可以保证系统低能耗运行。

g. 拥有较好的防磨系统，在设计时就将磨损降至最低程度，在使用需要时可以对设备零件表面的耐磨材料进行防磨保护。

FJWL 型立式分级机的主要技术参数如表 5-5 所示。

表 5-5　FJWL 型立式分级机的主要技术参数

型号	产量/(kg/h)			转速/(r/min)	功率/kW	风量/(m³/h)
	$d_{97}=20\mu m$	$d_{97}=63\mu m$	$d_{97}=90\mu m$			
FJWL315	600	1400	1800	4000	5.5	2500
FJWL400	1000	2200	2800	3200	7.5	4000
FJWL500	1600	3500	4500	2500	11	6300
FJWL630	2500	5500	7000	2000	15	10000
FJWL750	4000	9000	11000	1600	22	16000
FJWL1000	6000	14000	18000	1200	37	25000
FJWL1200	10000	22000	28000	1000	55	40000
FJWL1500	14000	30000	39000	850	90	56000
FJWL1800	—	80000	10000	700	132	82000

③ 应用领域。FJWL 型立式分级机主要用于 10～200μm 各种硬度、甚至带腐蚀性的物料的分级。

5.1.4 应用领域

涡流空气分级机被广泛应用于化工、医药、食品以及非金属等行业，用于对超微粉体行分离、除铁、精选等对超细粉体进行有效分级得到微纳米颗粒，对现代食品、医疗、化工、矿业等行业的发展具有重要的意义，对纳米级材料的应用与发展有重要的影响。

5.2 静电场分级装置

5.2.1 概述

静电场分级是利用电场力对大小不同的带电超细粒子具有不同的吸引力或排斥力，从而对超细粒子进行分级处理的一种分级方法。按照工作介质不同，静电场分级可分为干法分级和湿法分级。

静电场干法分级基本原理是以空气为流体介质，通常在高电压下使得粉体荷电，保证颗粒荷电密度趋向均匀；然后在静电场作用下，利用大小颗粒所受静电场力不同，造成不同粒径颗粒的运动轨迹不同，实现超细粉体的精细分级。

静电场湿法分级基本原理是胶体中的固体颗粒在静电场作用下发生迁移（即电泳），其颗粒荷电特性与胶体化学现象有关。研究发现，在某一特定条件下，胶体中的固体颗粒在电场力作用下，其运动速度与颗粒大小有关。因此，利用这一特点可以对超细粉体进行分级处理。

5.2.2 工作原理

超细粉体颗粒在湿法和干法两种不同状态时，其荷电机理不同，下面详细介绍在这两种状态下超细粉体的分级原理。

5.2.2.1 静电场干法分级原理

静电场干法分级是在高电压作用下使超细粉体充分荷电，保证粉体颗粒表面电荷密度近似相同；然后在静电场作用下，利用粗细颗粒所受静电场力大小不同，实现超细粉体的精细分级。

（1）粉体颗粒荷电机理

研究表明，大部分的颗粒（不论是自然状态的或是生产加工的）都带有大量电荷，实际上未荷电的或中性的粒子是很少的。一般而言，颗粒荷电机理主要有电晕荷电、粉碎荷电和接触荷电。

电晕荷电是指在不均匀电场中，由于高电压使周围空气产生电离，当颗粒随着气流进入其中后，与放电所产生的离子相互碰撞，当离子附着在颗粒上时，颗粒便带上与电极同极性的电荷。粉碎荷电是指在材料粉碎制备粉体颗粒过程中时，连接质点的链被打破，呈现带电量不等、符号不同的断裂面，同时在粉碎过程中还存在颗粒间、颗粒与设备壁面间的相互摩擦而引起摩擦荷电。接触荷电是指颗粒与其他物体接触时，因不同原子得失电子的能力不同，其外层电子的费米能级不同，故发生电荷的转移。其中电晕荷电可分为场致荷电和扩散荷电两种方式。普遍认为，对于粒径大于 $0.5\mu m$ 的粒子，场致荷电起主导作用；对于粒径小于 $0.2\mu m$ 的粒子，扩散荷电起主导作用；而介于两者之间的粒子，电场荷电和扩散荷电都起作用。尽管粉体颗粒的荷电机理不同。但是无论采用哪一种荷电方式，粉体颗粒充分荷电后，其荷电量最终会达到一个稳定状态，即饱和荷电状态。

（2）颗粒饱和荷电量计算

由于静电场干法分级一般采用电晕荷电方式对粉体颗粒进行人工强制荷电，因此下面仅讨论电晕荷电方式下场致荷电和扩散荷电的颗粒饱和荷电量计算方法。

① 场致荷电是离子在电场力作用下做定向运动与粒子相碰撞的结果。场致荷电过程为：假设把一个未荷电的球形颗粒放置在电晕放电电场中，颗粒就会获得带有电荷的离子，这种荷电作用将会一直存在，直到颗粒上所聚集的电荷产生一个有排斥力的电场为止。随着颗粒荷电量的增加，该电场的强度会增大到足以阻碍离子到达颗粒，此时电荷达到饱和。对于球形颗粒，其场致荷电的饱和荷电量计算公式为

$$q_s = \frac{3\varepsilon_r}{\varepsilon_r + 2} \pi \varepsilon_0 d^2 E \tag{5-1}$$

式中　q_s——球形颗粒场致荷电饱和荷电量，C；

　　　d——颗粒直径，m；

　　　ε_r——粒子的相对介电常数；

　　　ε_0——真空介电常数；

　　　E——荷电区域平均电场强度，V/m。

② 扩散荷电是离子做不规则热运动与粒子碰撞的结果。它不依赖外加电场，而只与气体热运动决定的离子运动速度以及粒子附近的离子密度有关。由于电场荷电时所荷的电量与外加电压密切相关，而且随着粒径的减小而迅速减小，因而扩散荷电只是在弱电场及微小粒子时才予以考虑。对于球形颗粒，其扩散荷电的饱和荷电量计算公式为

$$q_p = 2\pi \varepsilon_0 d k T \tag{5-2}$$

式中　q_p——球形颗粒扩散荷电饱和荷电量，C；

　　　d——颗粒直径，m；

　　　ε_0——真空介电常数；

　　　T——热力学温度，K；

　　　k——玻耳兹曼常数。

（3）静电场干法分级原理

静电场干法分级的工作过程是：首先将超细粉体与空气混合形成气溶胶，然后将该气溶胶送入荷电区，尽可能使粉体颗粒荷电达到饱和状态，颗粒荷电量与粒径大小正相关。然后粉体颗粒进入电场强度大小均匀的分级区，超细颗粒由于所受电场力的不同，在电场方向移动距离不同，从而实现超细粉体的精细分级。值得注意的是，由于高压荷电使得粉体颗粒携带同种电荷，极大地提高了超细粉体颗粒的分散性，减少了团聚现象，在一定程度上有利于超细粉体的分级。

5.2.2.2　静电场湿法分级原理

静电场湿法分级，其实质就是电泳现象在粉体分级领域的应用。其基本要求是颗粒在液体介质中能自发或通过表面改性呈现一定电性，进而在静电场作用下进行分级处理。

（1）粉体颗粒荷电机理

根据胶体化学相关知识，在液-固界面处，固体颗粒表面上与其附近的液体内通常会分别带有电性相反、电量相同的两层离子，形成双电层。通常用 Zeta 电位表征固体颗粒表面带电情况。

固体颗粒表面电荷的来源主要有以下五个方面：

① 电离作用。有些粒子是电解质，它在水中可离解成带正电荷的离子或带负电荷的离子，从而使整个大分子带电。如蛋白质的羧基或氨基在水中解离成 $-COO^-$ 或 $-NH_4^+$，从而使蛋白质分子的剩余部分成为带电的离子；硅酸盐类无机物在水中电离 H^+ 后，生成 SiO_3^{2-}。

② 固体表面对离子的吸附。固体表面对电解质正、负离子的不等量吸附可获得电荷。如石墨和纤维等从水中吸附 H^+、OH^- 或其他离子，从而带电。胶体颗粒的带电也多属这种类型。

③ 离子晶体的溶解。由离子型固体物质（如金属氧化物或氢氧化物的溶胶）。所形成的溶胶具有两种电荷相反的离子，如果这两种离子的溶解是不等量的，那么溶胶表面上也可以获得电荷。

④ 晶格取代。晶格取代是黏土粒子带电的一种特殊情况，在其他溶胶中很少见到。

⑤ 摩擦带电。在非水介质中，固体表面的电荷来源于固体与液体介质间的摩擦。由于两相在接触时对电子有不同亲和力，这就使电子由一相流入另一相。一般，介电常数较大的相将带正电，另一相则带负电。例如玻璃小球（$\varepsilon=5\sim6$）在水（$\varepsilon=81$）中带负电，在苯（$\varepsilon=2$）中带正电。

（2）颗粒荷电量计算

在电场作用下溶液里的粒子定向迁移运动，与带有电荷的溶胶粒子的电泳现象，从本质上看是一致的。在电场强度为 E、粒子所带电荷量为 q 时，粒子所受电场力为 $F=qE$。当粒子达到匀速运动时，其所受电场力 F 与介质阻力 R 相同，即有 $qE=F=R=fv=6\pi\mu dv$。所以有 $v=qE/6\pi\mu d$，令 μ_0 为粒子单位电场强度下的移动速率，μ_0 称为电泳淌度，可导出 $\mu_0=q/6\pi\mu d$。

电动现象是指溶胶粒子的运动与电性能之间的关系，主要包括电泳和电渗两种情况，静电场湿法分级即是应用了电泳原理。产生电动现象的根本原因是在外力作用下，使液-固相界面内的双电层沿着移动界面分开，从而产生电位差。电动现象是在电场力作用下，使固体与液体向相反方向做相对移动。固体颗粒移动必然携带着吸附的离子和溶剂化层的液体，所以由电动现象产生的电位差取决于固-液之间的移动位置，这种界面称为切面。通常用 Zeta 电位来表示电动电位。Zeta 电位显然不是恒定的，它的数值取决于切面位置。

分散在水性体系中的大部分颗粒将通过表面基团的电离或带电粒子的吸附等方式而获得表面电荷。这些表面电荷会改变周围粒子的分布情况，在微粒周围形成不同于本体溶液的一层。如果微粒发生移动（例如做布朗运动），这层也将作为颗粒的一部分发生移动。Zeta 电位是在滑移面的电位，滑移面以内的颗粒和离子作为一个整体运动。在该平面的电荷将对溶液中离子的浓度和类型非常敏感。Zeta 电位是主要的粒子间相互作用力之一。具有较高 Zeta 电位的同电荷号颗粒，不论正负，都将互相排斥。通常来说，正负电荷符号都可以形成高 Zeta 电位，即小于 $-30\mathrm{mV}$ 和大于 $+30\mathrm{mV}$ 都将视为高 Zeta 电位。对于足够小、低密度足以停留在悬浮液中的分子和颗粒来说，高 Zeta 电位意味着较高稳定性，即溶液或分散液具有抗凝聚性。

为了讨论方便，将颗粒近似简化为球形粒子，且认为颗粒是不导电的。在不同浓度的溶液中，颗粒表面 Zeta 电位与电泳淌度存在不同的对应关系，其颗粒荷电量计算方式也不相同。令 d 为粒子半径，k^{-1} 为扩散成厚度，下面分别针对不同浓度下的颗粒荷电量计算方法进行讨论。

① $kd < 0.1$ 时，即在粒子半径较小的稀溶液中，扩散双电层的分布较宽，把粒子表面水化层也包括在粒子半径之内不会有很大的误差，所以粒子表面的电位可以看作是 ξ （Zeta）电位。根据 Hückel 公式，$\mu_0 = \varepsilon\xi/1.5\mu$，此时颗粒表面荷电量 q 与 ξ 电位存在如下关系：

$$q = 4\pi\varepsilon\xi d \tag{5-3}$$

式中　q——球形颗粒荷电量，C；

　　　d——颗粒直径，m；

　　　ε——水的介电常数；

　　　ξ——颗粒表面 Zeta 电位，mV；

② $kd > 100$ 时，粒子半径 d 远大于扩散成厚度 k^{-1}，可近似将颗粒表面看作平面或曲率较小的情况。根据 Helmholtz-Smoluchowoski 公式，$\mu_0 = \varepsilon\xi/\mu$，此时颗粒表面荷电量 q 与 ξ 电位存在如下关系：

$$q = 6\pi\varepsilon\xi d \tag{5-4}$$

③ $0.1 < kd < 100$ 时（这是存在较多的情况），可变参数较多，数学处理困难。此时电泳淌度 μ_0 和 Zeta 电位的关系由 Henry 公式给出：

$$
\begin{aligned}
\mu = \frac{\varepsilon\xi}{1.5\mu} &\left\{ 1 + \frac{1}{16}(kd)^2 - \frac{5}{48}(kd)^3 - \frac{1}{96}(kd)^4 + \frac{1}{96}(kd)^5 \right. \\
&\left. - \left[\frac{1}{8}(kd)^4 - \frac{1}{96}(kd)^6 \right] \exp(kd) \int_{\infty}^{kd} \frac{\exp(-t)}{t^n} \mathrm{d}t \right\}
\end{aligned}
\tag{5-5}
$$

进一步根据电泳淌度 μ_0 和电荷量 q 的关系可计算颗粒荷电量。

在实际进行分级操作时，为了提高粉体颗粒的分散性和保证良好的分级效果，超细粉体颗粒分级通常是在颗粒浓度较低的稀溶液中进行的。因此，超细粉体颗粒的荷电量可近似采用 $kd < 0.1$ 的情况计算。

必须注意，粉体颗粒荷电量计算是一个较为复杂的胶体化学工程，本书所述荷电量计算方法是根据胶体化学知识进行的简要总结，详细内容请读者自行参考相关书籍。

（3）静电场湿法分级原理

根据胶体化学相关知识，粉体颗粒在水中会呈现一定电性，用 Zeta 电位表示其表面电性大小，颗粒荷电量大小通常与颗粒表面 Zeta 电位和颗粒直径成正比的关系。静电场湿法分级就是利用这一原理，通过施加静电场使粉体颗粒具有不同的运动速度，增加了粗细颗粒间的运动速度和运动速度差，从而改善现有分级装置的分级性能。

5.2.3 典型设备及应用

静电场分级装置包括具有新型结构的分级设备和改进型分级设备。所谓改进装置结构，是指在原有分级设备的基础上，合理增设电极结构、增加静电场而制作出的分级设备。

目前，静电场分级技术尚未在工业生产中得到广泛应用，仅有部分学者在实验研究中做过一些相关工作。其中，静电场干法分级设备有静电旋风器和高压荷电静电场干法分级装置，静电场湿法分级设备有静电水力溢流分级机、静电水力旋流器以及该领域学者设计的其他静电场湿法分级装置。

5.2.3.1　静电旋风器

静电旋风器是在普通旋风器内部特定位置加上电晕极构成的。它利用离心力和电场力的联合作用来进行颗粒气固分离，电场力起作用的范围在电晕极附近以外的区域，主要应用在静电除尘领域。采用静电旋风器是提高普通旋风器分级效率的一种有效途径。它兼顾了旋风分级和静电分级的优点，并且结构简单、投资低廉、效益明显，是多机理联合粉体分级中值得重视的研究方向。

如图 5-5 所示为青岛理工大学张吉光教授设计的静电旋风器的结构示意。该静电旋风器由长筒体旋风子和芒刺型电晕极构成，电晕极采用钢筋构成，其框架与旋风器外形尺寸相似，在钢筋上焊接一定长度的短细钢丝形成芒刺。对于图示结构的静电旋风器，原物料气流经切向入口进入旋风器内，在旋风器内旋转并向下流动。在此过程中，颗粒相物质在离心力、静电力、气体的黏滞阻力和惯性力等共同作用下，粗颗粒运动到达壁面，在下行气流带动下，沿外壳进入灰斗而被排出；同时，细颗粒随气流旋转向上，经过排气管离开静电旋风器，从而实现了粗细颗粒的分级。静电旋风器筒体直径为 400mm，入口尺寸为 270mm×110mm，排灰口直径为 116mm，排气管直径为 200mm。电晕极采用 4mm 的钢筋构成，其框架与静电旋风器外形尺寸相似，钢筋上焊接 2~3mm 长的细钢丝形成芒刺。

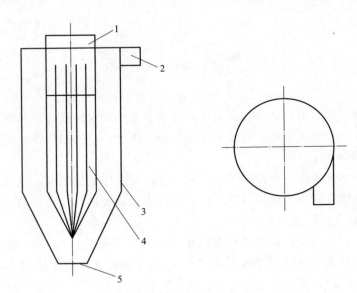

图 5-5　静电旋风器的结构示意

1—溢流口（排气口）；2—进料口；3—筒体；4—电晕极；5—底流口（排灰口）

采用图示结构的静电旋风器对中值粒径 $d_{50}=11.59\mu m$ 的滑石粉进行分级研究，滑石粉密度为 $2750kg/m^3$，比电阻为 $9.6\times10^{10}\Omega\cdot cm$。控制粉体浓度为 $5g/m^3$，在进口风速为 18.7m/s 条件下，得到电晕极电压分别为 0kV 和 60kV 时的分级效率曲线如图 5-6 所示。从图中可以看出，在 60kV 高电压下，粉体的分级效率明显提高。其中，粒径 $1\mu m$ 粉体的部分分级效率提升了约 43%，且分级粒径降低到 $2\mu m$ 以下。

静电旋风器主要应用在静电除尘领域，也可应用于超细粉体的分级，但由于其荷电过程和分级过程同时进行，有可能存在粉体荷电不充分的现象，这对分级效果存在一定影响。

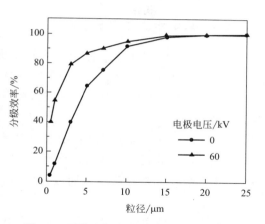

图 5-6　两种电极电压下的分级效率曲线

5.2.3.2　高压荷电静电场干法分级装置

图 5-7 所示为北京航空航天大学学者徐政等人设计的粉体静电分级实验装置，它是一种利用高电压场致荷电粒子在静电场中运动轨迹不同而进行分级的静电场干法分级装置。粉体在高压电场下充分荷电后进入静电分级区进行分级，在一定程度上克服荷电与分级同时进行的缺点。

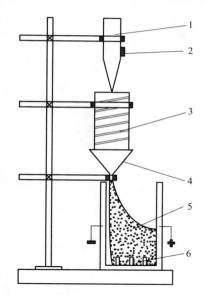

图 5-7　高压荷电静电场干法分级装置
1—进料漏斗；2—振动器；3—高压荷电区；
4—出料漏斗；5—静电分级区；
6—颗粒收集区

该装置的供料系统包含进料漏斗和振动器，进料漏斗的出口大小可根据出粉情况调节，进料漏斗中的粉体在振动器的抖动作用下进入高压荷电区。高压荷电区呈圆筒形，可调高压电源的负极与导电的金属丝相连，金属丝螺旋环绕在圆筒上，在金属丝上分布着金属探针，其一端与金属丝相连位于圆筒的外表面，另一端插入圆筒内部。当接通高压电源时，金属丝上的探针会通过尖端放电产生高压电场。高压荷电区的各个方向均分布有金属探针，保证进入荷电区的粉体颗粒都能荷电。荷电粉体从高压荷电区底部的漏斗出口进入静电分级区。静电场分级区为长方体，其中有两个相对的竖直面为金属铁网，分别与直流稳压电源的正负极相连，形成静电场。通过调节电极电压和极板间距，可以改变电场强度大小。粉体颗粒荷电（通常为负电荷）后，从靠近负电极极板的一方进入静电分级区，在电场力、重力和空气阻力的作用下运动。由于不同粒度粉体所荷电的电荷量不同，因此不同粒径粉体的运动轨迹不同，运动中的粉体颗粒将按粒径发生分级。颗粒收集区的位置视粉体在静电分级区内的运动轨迹而定。在分级区底部设置若干竖向挡板，形成收集槽。可根据需要确定挡板数，将颗粒收集区划分成若干区域，得到不同粒度范围的分级产品。

采用该装置，在荷电电压为 32kV、分级电压为 55V、极板间距为 15cm 时，对 W40（金刚砂牌号，颗粒粒径在 $40\sim28\mu m$）和 W20（$20\sim14\mu m$）按 $1:1$ 比例混合的 SiC 粉体进行分级，粒径为 $25\mu m$ 的颗粒的分级效率为 62.6%；在相同条件下，对 W40 的 SiC 粉体进行分级，其分级效率为 32.3%。

5.2.3.3　静电水力溢流分级机

水力溢流分级机作为一种传统的分级设备，具有分级过程平稳、低能耗、无噪声等优点，可应用于微米级甚至亚微米级颗粒的分级。但是由于在重力场中分级，颗粒沉降速度较慢，当粉体粒度在微米级时，颗粒所需沉降时间可能长达数十小时，分级速度较慢，作业效率低。

静电水力溢流分级机是在传统水力溢流分级机的基础上，增设上、下开孔金属板，分别连接直流稳压电源两极，从而在重力方向上产生静电场，然后利用颗粒表面荷电量的差异，提高粗细颗粒的沉降速度，从而改善分级性能。静电水力溢流分级机的结构示意如图5-8所示。

静电水力溢流分级效果与颗粒质量分数有关：当颗粒质量分数小于3%时，为自由沉降分级；反之为干涉沉降分级。本书仅讨论自由沉降分级，即分级过程中颗粒质量分数小于3%。在静电水力溢流分级机内，颗粒处在流场、重力场和静电场的共同作用下，受到的外力主要有流体曳力、重力和静电场力，其沉降受力示意如图5-9所示。

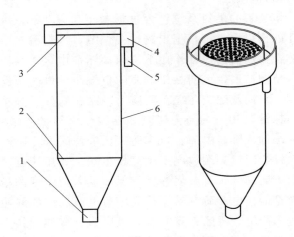

图 5-8　静电水力溢流分级机的结构示意

1—进料口；2—下电极板；3—上电极板；
4—溢流槽筒；5—溢流出口；6—机体

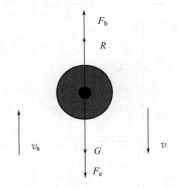

图 5-9　球形颗粒受力示意

图5-9中v_a表示匀速上升的垂直介质流的流速，m/s；v表示球形颗粒在静止介质中的终端沉降速度，m/s；F_b表示颗粒所受浮力，N；R表示颗粒沉降所受介质阻力，N；G表示颗粒自身重力，N；F_e表示颗粒所受静电场力，N。显然，颗粒在静电水力溢流分级机内的运动状况与v_a和v的大小有关：

当$v_a > v$时，球形固体颗粒下沉；

当$v_a = v$时，球形固体颗粒在上升介质流中悬浮；

当$v_a < v$时，球形固体颗粒随上升介质流上升。

根据斯托克斯定律，颗粒在水中的终端沉降速度为

$$v = \frac{d^2(\rho_p - \rho)g}{18\mu}$$

(5-6)

式中　v——球形颗粒在静止介质中的终端沉降速度，m/s；

　　　d——颗粒直径，m；

　　　ρ_{p}——固体颗粒密度，kg/m³；

　　　ρ——液体密度，kg/m³；

　　　μ——水的动力黏度，常温取 $\mu = 1.01 \times 10^{-3}$ Pa·s。

施加较高电压时，会产生较大的焦耳热，此时水的动力黏度与温度存在如下关系：

$$\mu = \frac{0.001779}{1 + 0.03368t + 0.0002210t^2} \tag{5-7}$$

式中　t——水的温度，K。

施加静电场后，颗粒的最终沉降速度为斯托克斯终端沉降速度与电迁移速度之和，即

$$v = \frac{d^2(\rho_{\mathrm{p}} - \rho)g}{18\mu} + \frac{2e\varepsilon\xi}{3\mu}E \tag{5-8}$$

式中　v——球形颗粒在静止介质中的终端沉降速度，m/s。

较传统的水力溢流分级机而言，静电水力溢流分级机具有以下优点：一方面，在竖直方向上增加了静电场作为分级力场，在一定程度上加快了粗细颗粒的沉降速度差，对于提高分级效率和分级精度具有积极的促进作用；另一方面，设计开孔电极板，起到布水孔的作用，有利于形成层流效果，保证流动的稳定性。然而，静电水力溢流分级机仍然没有解决粗颗粒在分级装置内富集的问题。随着分级工作的进行，大量粗颗粒富集在装置内部，必然对后续物料的分级产生较大影响。

5.2.3.4　静电水力旋流器

水力旋流器是目前工业化使用最普遍湿法分级设备。随着粉体微纳米化技术的发展，水力旋流器也在朝着微型化的方向发展。目前已制造出直径 5mm 的微型旋流器，其分级粒径可以达到 3μm；采用多级旋流器进行串联的方式分级，可将分级粒径减小至 2μm。然而，目前水力旋流器分级效果仍不能满足粉体微纳米化的技术发展要求。

日本广岛大学学者 Hideto Yoshida 等设计了静电水力旋流器实验装置，其结构如图 5-10（a）所示。静电水力旋流器是在旋流器内壁和中心分别增设电极片和电极棒，分别连接直流稳压电源的两极，用于在旋流器内产生静电场，增大分级力场。

静电水力旋流器实际上是采用重力场、离心力场和电场相结合进行分级的。在分级过程中，重力相较于离心力和电场力较小，颗粒主要受到强离心力和电场力共同作用，物料中的粗颗粒沿旋流器锥形内壁向下旋转下沉至底流口排出，细颗粒由于受向心力的作用向旋流器中心集中并随液流上升从出口排出。在静电场力作用下，更多乃至更小的细颗粒由旋流器中心移动到旋流器内壁进入底流物料，从而大大提高传统水力旋流器的分级效率和分级精度。

在传统水力旋流器中，不施加电压时颗粒的离心沉降速度为

$$v_1 = \frac{d^2(\rho_{\mathrm{p}} - \rho)}{18\mu} \times \frac{u^2}{r} = v_0 \times \frac{u^2}{gr} \tag{5-9}$$

式中　v_1——球形颗粒的离心沉降速度，m/s；

　　　d——固体颗粒的直径，m；

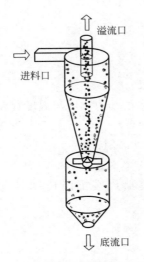
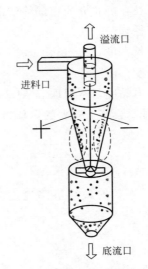

(a) 传统水力旋流器的结构　　　　　　(b) 静电水力旋流器的结构

图 5-10　传统水力旋流器与静电水力旋流器的结构示意

ρ_p——固体颗粒密度，kg/m^3；

ρ——液体介质密度，kg/m^3；

u——固体颗粒的切线速度，m/s；

v_0——球形颗粒在静止介质中的终端沉降速度，m/s；

$u^2/(gr)$——离心加速度与重力加速度之比（分离因素 j）；

u——固体颗粒的切线速度，可近似等于固体颗粒随液相进入水力旋流器的入口速度。

施加电压后，颗粒在旋流器内的运动主要受到离心力和静电场力的共同作用，此时颗粒的径向电迁移速度为

$$v_1 = \frac{d^2(\rho_p - \rho)}{18\mu} \times \frac{u^2}{r} + \frac{2\varepsilon\xi e}{3\mu}E_r \tag{5-10}$$

式中　E_r——静电水力旋流器内的电场强度。

影响静电水力旋流器分级效果的因素众多，主要结构因素有圆柱段直径、圆锥段长度、溢流口直径和底流口直径等，主要操作因素有进料流速、分流比及电极电压等，主要物性参数有进料浓度、颗粒表面 Zeta 电位等。

如图 5-11 所示为不同进料流量和不同电极电压下的分级效率曲线。图 5-11(a) 显示了在电极电压为 100V 时，三种进料流量下的分级效率曲线，减小进料流量则可以提高分级效率和分级精度。图 5-11(b) 显示了在进料流量为 0.1L/min 时，三种电极电压下的分级效率曲线，增大电极电压则同样可以提高分级效率和分级精度。

5.2.3.5　其他静电场湿法分级装置

除了静电水力溢流分级机、静电水力旋流器等设备，还有一些相关研究领域学者设计的静电场湿法分级装置，相应地对超细粉体分级也取得了良好的分级效果。如图 5-12 所示为水平流动静电场湿法分级实验装置的结构示意，图 5-14 所示为竖直流动静电场湿法分级实

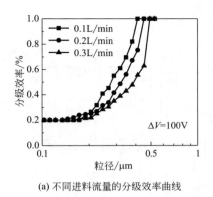

(a) 不同进料流量的分级效率曲线

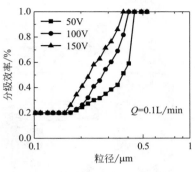

(b) 不同电极电压的分级效率曲线

图 5-11　进料流量和电极电压对分级效率的影响

验装置的结构示意，图 5-12 所示为南京理工大学超细粉体中心设计的静电场湿法分级实验装置原理。

如图 5-12 所示，分级室底部和顶部设有电极板，分别连接直流稳压电源两极，用于在分级室中产生竖直方向的静电场。在分级室中，水平方向颗粒由于受流体曳力作用向前运动，竖直方向颗粒在重力和电场力作用下沉降。由于颗粒所受重力和电场力不同，粗颗粒从下侧出料口排出收集（因为所受重力、电场力较大，沉降速度较快），而细颗粒从上侧出料口排出收集，实现粗细颗粒分级的目的。

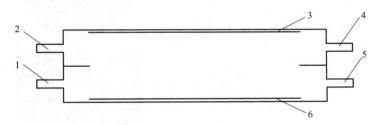

图 5-12　水平流动静电场湿法分级装置的结构示意
1—进水口；2—进料口；3—上电极板；4—上出料口；5—下出料口；6—下电极板

采用图 5-12 所示的实验装置对 SiO_2 粉体进行分级，电极板间距 3cm，长度 100cm，不同电压的分级效率曲线如图 5-13 所示。在一定条件下，施加 10V 电压，可将粒径为 $1\mu m$ 的颗粒的沉降时间从 24h 缩短到 1h，将分级粒径减小到约 $1.2\mu m$。

如图 5-14 和图 5-15 所示，分级室中设有两块开孔金属板，分别连接直流电源两极用于产生静电场。原物料经过特制的喷头结构后形成竖直向上的射流，在流场、电场和重力场的共同作用下，粗颗粒沉降至底流口排出收集，细颗粒随水流从溢流口排出收集，从而实现粗细颗粒的分级。采用该装置对 $0.5\sim7\mu m$ 粒径范围的 SiO_2 粉体分级，在一定条件下，可将分级粒径减小至约 $0.55\mu m$。

如图 5-16 所示，悬浮液从一侧底部进入分级室后，从另一侧的上、中、下三个出料口流出，对应颗粒粒径

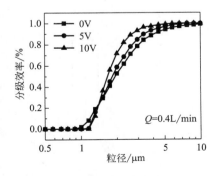

图 5-13　不同电压的分级效率曲线

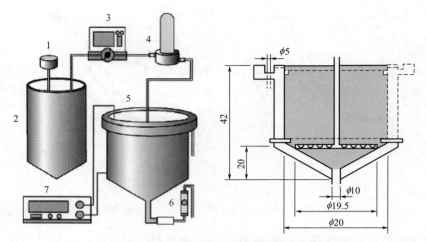

图 5-14 竖直流动静电场湿法分级实验装置的结构示意

1—混合器；2—原料罐；3—转子流量计；4—缓冲罐；5—分级室；6—流量计；7—直流电源

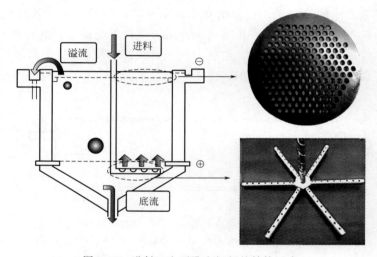

图 5-15 进料口和开孔电极板的结构示意

分别为较细颗粒、细颗粒和粗颗粒。采用该装置对超细黑索金颗粒进行分级实验，原物料的

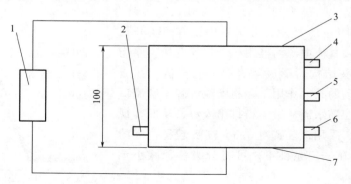

图 5-16 静电场湿法分级实验装置原理

1—直流稳压电源；2—进料口；3—上电极板；4—上出料口；5—中出料口；6—下出料口；7—下电极板

质量分数为 3%，中值粒径 $d_{50}=5.53\mu m$，最大颗粒直径为 $13.26\mu m$，电压为 300V，电场强度为 38.2V/m，分级时间为 20min（即物料流经分级池的时间）。分级后，从上出料口收集的细产品中最大颗粒直径为 $3.95\mu m$，d_{50} 为 $2.77\mu m$。而在不施加静电场的条件下，收集到的细产品中最大颗粒直径为 $6.25\mu m$，d_{50} 为 $3.57\mu m$。另外，静电场湿法分级的牛顿分级效率比同样条件下的自由沉降分级效率提高了 50%～100%。

5.2.4　影响因素

静电场干法分级和湿法分级由于分级介质、粉体颗粒的荷电机理等因素不同，其分级效果的关键影响因素也不尽相同。

5.2.4.1　静电场干法分级影响因素

影响静电场干法分级效果的关键因素有荷电均匀性、粉体分散性、荷电电压、空气湿度以及进料流量，各因素主要是通过影响粉体的荷电而影响静电场干湿分级效果的。

① 荷电均匀性。颗粒能否均匀、完全荷电是超细粉体静电分级的关键性影响因素。粉体颗粒荷电越均匀，即表面平均电荷密度相同，则粗细颗粒所受静电场力之差越大，分级效果越好。

② 粉体分散性。粉体的团聚是影响荷电的均匀性、完全性的主要因素。粉体颗粒的分散性越好，其荷电越均匀，分级效果越好。

③ 荷电电压。随着电压的增大，粉体颗粒的荷质比逐渐增大，当电压过高时，粉体的荷质比反而会下降。这是由于当电压过高时，荷电区放电开始向流注放电转化。放电时，放电电极附近形成很薄的等离子区（电晕层），当产生流注放电时，等离子区迅速向外扩大。等离子区对颗粒的带电性有中和作用，因此虽然电压增高，颗粒的荷电量反而降低。

④ 空气湿度。空气湿度对粉体颗粒的荷电有显著影响，当湿度很大时，粉体受潮，颗粒间的液体桥力会增大，使粉体的团聚倾向增大，对荷电造成不利影响。同时由于湿度大，空气的导电性显著增强，电荷很容易丢失。

⑤ 进料流量。粉体进料流量的变化对颗粒荷电量影响很大。进料不均匀会使荷质比测量结果有很大波动。一般而言，进料流量大，粉体难以均匀完全地荷电；进料流量越小，粉体荷电效果越好，则分级效果越好。

5.2.4.2　静电场湿法分级影响因素

影响静电场湿法分级效果的关键因素有被分散颗粒的特性、颗粒的分散性、分散介质、电介质、电场强度等。

① 分散性的影响。被分级的颗粒在水中的分散性越好，就越容易分级。如果颗粒团聚结块，必须事先采用特殊措施进行分散处理，否则分级效果变差。

② 颗粒本身特性的影响。颗粒的密度越大，则粒径不同的颗粒间运动速率差异越大，越有利于分级。颗粒表面电性的正负及电位值的大小影响颗粒在电场中的运动速率及运动方向（正、负极的选择）。

③ 分散介质的影响。分散介质的黏度越低，越有利于分级；其密度越低，也越有利于分级。

④ 电解质的影响。电解质的浓度及离子价数直接影响颗粒表面的双电层厚度、滑动面上的电荷密度。双电层厚度控制适当，则由电场引起的颗粒之间的运动速率将更加明显；滑动面上的电荷密度在一定程度上越高，则分级越容易。

⑤ 电场强度的影响。电场强度越大，分级速度越快，分级效率越高。但必须以安全为前提。此外，电压过大，易产生焦耳热，需注意采取冷却措施。

5.2.5 应用领域

静电场分级技术目前主要集中在实验室研究阶段，尚未在工业生产中得到广泛应用。一般而言，静电场干法分级要求粉体物料易在高压电场下荷电，同时为保证安全，要求粉体颗粒不能易燃易爆，因此静电场干法分级可应用于碳酸钙、碳化硅等有机粉体以及铜粉等金属粉体的分级。

对于静电场湿法分级，其基本要求是颗粒在液体（如水）中能自发或通过研磨处理、添加表面活性剂、调节 pH 等表面改性方法而呈现一定电性。因此，静电场湿法分级主要应用于在液体中具有较大 Zeta 电位绝对值的粉体物料的分级，如超细炸药、超细易燃易爆粉体及超细有机粉体等。

5.3 旋流分级

5.3.1 概述

旋流分级技术的关键在于旋流器，根据使用介质的不同（气体或液体），旋流分级技术可分为干法分级和湿法分级两大类。当使用干法分级时，通常使用气体为介质，称之为旋风分级，旋风分级所使用的气体可以是空气或者其他任意气体；当使用湿法分级时，通常使用液体为介质，称之为旋液分级，旋液分级所使用的液体可以是水或者其他液体（如甲苯等）。旋流分级技术是最早研究并应用于超微粉体分级的技术，旋液分级相较于旋风分级有更广的应用范围，因此本节以旋液分级为主。

旋流分级技术广泛应用于各种行业内的两相或者多相混合物的分离与分级，而旋流分离器（以下简称旋流器）是旋流分级技术中应用最广泛的设备。19 世纪末 E. Bretney 在美国申报了第一篇关于旋流器的专利，1914 年旋流器正式应用于工业生产。但是旋流器的发展并不是一直都备受关注的，早期的发展并不迅速，只有少数厂家使用。到了 1939 年，荷兰人 Driessen 首次在煤泥的澄清作业中将水力旋流器以商品的形式应用于分离任务，当时旋流器是被用作固-液两相的分离设备，从水中分离固体介质。这次的应用使得人们对于旋流器有了一定的认识与了解，也慢慢地有专家学者开始对旋流器的一些性能进行研究，但是这还只是局限在采矿工业，并没有引起其他行业的重视。直到 1953 年，即旋流器诞生半个多世纪时，Van Rossum 将旋流器用于脱出油中的水分，此后旋流器有了广阔的市场空间。旋流器开始逐渐被广泛地使用起来，不仅有大量的旋流器投放市场，而且还有很多相关的研究报道。随后各国专家学者以及政府、企业都开始了对旋流器的研究开发工作，例如前苏联、瑞典、日本和英国等国家在食品、化学和生物化学等工业领域广泛地使用旋流器，并取得了显著的社会效益和经济效益。

1960 年，人们开始将旋流器用于试验设备以及其他更广泛的工业领域，主要有矿冶行业中的颗粒分级、矿物质回收与水处理，化学工业中液-液萃取、固-液滤取、结晶，空间技术中的零重力场分离，机械加工行业中回收润滑油及贵重金属，电子工业中回收稀有金属，生物化学工程中的酶、微生物的回收，食品与发酵工业的淀粉、果汁、酵母等水的分离，以及石油工业中的油水分离、油水气分离与油水泥分离等。

1980 年，有更多的科技工作者致力于旋流器的研究和推广应用。英国 BHRA 流体工程中心发起的旋流器国际学术研讨会，更是将旋流器的发展推到了极致。在高速发展的科学技术带动下，旋流器也正在逐步发展成具有高技术含量的分离与分级设备。在我国，从 20 世纪 90 年代以来掀起了对旋流器特别是多相分离旋流器的研究和开发热潮。

旋流器已经经历了一个多世纪的发展，如今旋流分级技术不仅在化工、石油、选矿等领域广泛应用，在环保、制药、食品、轻工、废水处理、造纸等诸多行业同样具有宽广的潜在应用市场。

5.3.1.1　旋流器的优点

旋流器具有以下优点。

① 功能全面、分级效率高。旋流器可根据实际应用的需要在不同场合下使用。目前已经研制出固-液、液-液、气-液、固-气、液-气等分离用旋流器。在气-固分离方面，用于去除气体中粉尘的旋风分离器早已使用多年。旋流器在应用中分级效率可达 90% 以上，用途十分广泛。

② 结构简单。旋流器内部没有任何需要维修的运动件、易损件和支撑件，也无需滤料。其结构与容器十分相似，管线连接、阀门控制可实时操作。成本低，在处理量相同时只相当于其他分离设备的几分之一甚至几十分之一。

③ 占地面积小、安装方便、运行费用低。与处理量相同的其他装置相比，旋流器的体积只有其他处理装置的十几分之一，质量只有三十分之一，这对于许多受空间限制的场合（如海洋平台等）有着特殊的意义。同时，由于质量轻，不需要特殊的安装条件，只需简单的支撑及管线连接即可工作。另外，旋流器运行费用很低，只需要管路中存在一定的压力即可，不需要其他动力设备即可正常运行。

④ 使用方便灵活。旋流器可以单独使用，也可并联使用来加大处理量，或串联使用增加处理深度。同时还可以根据不同的处理要求改变其结构参数，以达到更好的分级效果。

⑤ 工艺比较简单。运行参数确定后可长期稳定运行，管理方便，有着明显的社会效益和经济效益。特别值得指出的是，这种分级过程完全是在封闭状态下进行的，不产生二次污染。

5.3.1.2　旋流器的功能

① 澄清或者浓缩。通过由旋流器溢流口获得的液体，可实现矿业和各种污水中杂质的分离；将底流口中获得的高浓度产品作为下一步提纯的产品。旋流器可被用于预增浓或预脱水。

② 分离。旋流器可应用于不同密度差的相或者颗粒的分离，其中包括固-固、固-液、固-气、液-液、液-气等混合物的分离。

③ 分级。由颗粒动力学可知，不同粒度的颗粒具有不同的沉降速度，因此可以使用旋流器对不同粒径的颗粒进行分选。

④ 强化传递过程。由于旋流器内具有强烈的流体剪切、湍流，旋流器在分离的同时还具有强化传质作用。因此，旋流分级技术还可以用于分离和传热传质的组合过程，如旋流干燥器、旋流吸收器等。

5.3.1.3　旋流器的分类

旋流器的应用领域从最初的石油化工领域不断扩展，开始在航天工业、武器弹药、生物制药以及核工业等领域发挥重要作用，如马铃薯淀粉生产中的分级与稠化、核工业反应堆中大颗粒的分级、船舶底舱水和油轮压舱水的油水处理等。旋流器的种类繁多，常见的旋流器的种类如表 5-6 所示。

表 5-6　旋流器分类

分类方法	种类	说明
按分散相类型	固-液旋流器	连续相为液体，分散相为固体
	液-液旋流器	两相均为液体气体
	气-液旋流器	不相溶气液体
按混合物组分密度	轻质分散相旋流器	分散相的密度低
	重质分散相旋流器	分散相的密度高
按有无运动部件	静态	—
	动态	加有旋转装置
按旋流管直径	除砂器	直径在 150mm 以上
	除泥器	直径在 15~150mm
	微旋流器	直径在 15mm 以下

5.3.1.4　研究方向

进入 21 世纪后，随着分级理论的研究趋于稳定和科学技术的迅猛发展，人们对旋流器的研究开始向实用化发展。目前旋流器研究现状可以概括为内部流场的模拟、应用技术的拓展和结构参数的优化 3 个方面。

（1）内部流场的模拟研究

旋流器因内部流场的复杂而无法完全通过数学模型来描述，直到数值模拟方法的出现，才准确高效地解决了流场研究的问题。使用计算流体动力学（CFD）软件对旋流器的实际工况进行模拟，分析流场特点，可以达到预测分级性能、优化结构设计的目标。数值模拟虽然不等同于实际的实验，但是因为模型的优选和条件的设定而具有较高的精度。

（2）应用技术的拓展研究

1960 年旋流器就作为高效固-液分离设备广泛应用于矿物的分选，目前主要的应用包括：澄清作业，如化学工业催化剂的回收、机械密封系统中的液体除砂、盐液中盐的回收等；浓缩作业，如矿坑回调料的脱水、碳酸氢钠的浓缩等；颗粒分级，如磷矿石的脱泥、高岭土的分级等；颗粒分选，如黄金浮选、净化滑石等；液-液分离和液-气分离等。随着研究的不断深入，旋流技术也在不断发展，新的应用领域与技术不断出现。旋流器从最初的两相分离装置到如今出现的气-液-固三相分离分级装置，同时分离分级的精度也在不断提高，从粗分离到细分离再到如今的超细分离，分离分级技术不断发展。

（3）结构参数的优化研究

旋流器的结构参数主要包括入口形式、溢流管形式、锥角和锥段长度等。因为旋流器的分离过程尚没有建立通用的数学模型，其结构参数对分级性能的影响关系式只能定性或在一定条件下使用。为了达到更好的分级效果，研究人员不断通过实验等手段来优化其结构参数，进一步挖掘旋流器的潜能。如入口形式的变化、通过筛网辅助分离、过滤式水力旋流器等新型结构的出现。

5.3.1.5　发展趋势

（1）技术控制的自动化与信息化

在旋流器的使用过程中，主要的操作参数包括进口压力、进料流量、进料浓度和进料粒度。这些参数可通过检测设备来实时获取，并反馈给控制模块，由控制模块来实时控制这些参数，以此来保证旋流器能够以最佳的状态持续稳定的工作。由于实际运行时的各种未知性，来料的物性参数可能变化很大，旋流器在复杂的工况下长期运行容易发生故障甚至损毁。而信息化控制技术的应用，可以让操作人员能够实时了解旋流器的工作状态，更好地保证旋流器的正常工作。自动化和信息化的运用在一定程度上也可以节约人工成本。

（2）规格的大型化和微型化

两极化是工业设备的主要发展趋势，大型化可以拥有更大的处理和生产能力，获得更高效率；微型化可以更加精细的生产。旋流器亦是如此，大型化的旋流器（$D \geqslant 2000\text{mm}$）可以处理的流量更大而且效率更高，如英国萨拉公司生产的 D2032mm 的旋流器；微型化的旋流器（$D \leqslant 20\text{mm}$）可以用于超细分级、生物制药等方面。随着纳米技术和基因技术的发展，微型旋流器的优势也可以体现在精细行业中，如目前研究热度比较高的 D10mm 级水力旋流器，其分级粒径为 $3 \sim 5\mu m$。

（3）设备的模块化和组合化

在很多的分级操作中，由于旋流器自身条件所限，使用单级旋流器无法达到满意的效果。串联可以提高分级效率，也可以分级完成不同的分离任务，如一级从事澄清作业，二级从事浓缩作业。并联虽然无法提高处理效率，但是可以扩大生产能力，并联设置相当于一个冗余设计，这样旋流器可以处理更复杂的工况。将微型旋流器并联设置而构成的微型旋流器组已经得到广泛应用，其在提高生产能力的同时，还缩小占地面积。

（4）材料的现代化和多样化

材料科学一直制约和带动着其他行业的发展，新材料的引入可以提高工程设备的物理化学性能。目前投入生产使用的旋流器多为钢铁等金属材料，这就对来料产生了本质上的限制。如果引入高分子材料、复合材料或生物材料，旋流器就可以处理工况更加恶劣的来料且不容易磨损，或者使用亲和性的材料用于生物制药工程，避免对来料的性质产生破坏。

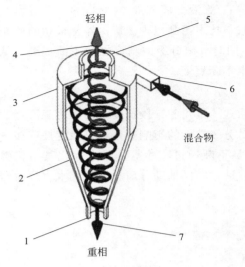

图 5-17　旋流器原理

1—底流出口；2—锥筒部分；3—圆筒部分；

4—上升旋流；5—溢流出口；

6—入口；7—下降旋流

5.3.2　工作原理

5.3.2.1　旋流器的工作原理

旋流器的工作机理主要是采用离心力场、重力场和各相之间密度差来进行分级。在分级过程中，混合物由泵或者风机推动沿切向方向进入旋流器内，混合物内重相在旋转过程中受到较大的离心力，会逐渐靠近旋流器壁，而轻相向轴线附近靠近。当旋转运动逐渐稳定后，体积大的重相将在半径较大处做旋转运动，而轻相则在轴线附近做回转运动。气流或液流沿圆形分离器内壁做高速旋转运动。在强离心力的作用下，物料中重相沿旋流器锥形内壁向下旋转下沉至出料口排出，轻相由于受向心力的作用向旋流器中心集中并随气液或液流上升从上出口排出，从而达到分级的目的。旋流器原理如图 5-17 所示。

5.3.2.2　旋流器的理论研究

对于旋流器的理论的研究从很早以前就已经开始，人们对旋流器分级性能的研究成果归结为分离模型和分级模型的建立。各国学者在致力于总结实验数据、归纳经验模型的基础上，提出了一些纯粹由数学推导而获得的理论数学模型。目前，已提出的理论模型有经验模型、平衡轨道理论模型、滞留时间理论模型、底流拥挤理论模型、内旋流理论模型和两相湍流理论模型。平衡轨道理论模型和滞留时间理论模型发展得较为成熟，两相湍流理论近期发展较为迅速。通过对这些模型进行分析并建立方程求解，可以得出多种不同的数学模型。

（1）经验模型

经验模型都是由实验数据进行拟合得到的，不同的经验模型所依据的理论也不同。例如，Bohnet 模型根据平衡轨道理论模型定义了临界颗粒尺寸，用以区分颗粒是否能被分级，该临界尺寸的颗粒被分级的概率为 50%；Braun 模型是在 Bohnet 模型基础上建立的，并将旋流器分为入口、下降流和上升流三部分，且每一部分用不同的公式表达；Mueller 模型通过考虑旋流器溢流管附近顶部的二次流从而发展了 Bohnet 模型；Schuber 模型是依靠湍流两相理论所得的半经验模型；Plitt 模型则是由 297 个实验所得数据确定的经验模型。

（2）平衡轨道理论模型

平衡轨道理论由来已久，最早由 Drissen 和 Criner 提出，其深入研究旋流器的分级理论，并同时发现了旋流器的"平衡半径"现象，提出"平衡半径"概念，即颗粒的沉降速度和径向速度在旋流器内部的某一半径处相等时，该颗粒在该半径位置处于"静止"状态。在旋流器不同的半径位置会有不同的颗粒处于平衡状态，这个平衡状态的轨迹面即为零轴速包络面（LZVV）。零轴速包络面是一个分离面，分级粒径 d_{50} 指的就是零轴速包络面与平衡轨道重合处颗粒的粒径。旋流器的半径越大，颗粒的回转半径也就越大，在 LZVV 内的小颗粒受力进入溢流管，而在 LZVV 外侧的大颗粒则会向下运动进入底流口。显然，固体颗粒在零轴速包络面所处的半径位置具有相同的机会进入溢流管和底流，以此为基础，科研工作者们相继进行了拓展研究。

D. Braley 根据平衡轨道理论提出另外一种分级粒径模型：

$$d_{50} = k \left[0.389DD_i \frac{\mu\lambda^{1.5}}{Q(\rho_s - \rho)} \right] \tag{5-11}$$

式中 k——常数（当使用 SI 时，$k = 2.85 \times 10^8$）；
　　D——旋流器直径，mm；
　　D_i——进口直径，mm；
　　μ——液体黏度，Pa·s；
　ρ, ρ_s——液相、固相密度，kg/m³；
　　λ——颗粒质量浓度，kg/L；
　　Q——生产能力，m³/h。

（3）停留时间理论模型

时间停留理论是由 Rietema 与 1961 年提出的。该理论认为若颗粒在旋流器的停留时间内能够在径向到达旋流器的壁面区域，则认为颗粒能够分级。在进行分级粒径计算公式的推导过程中，将该过程看作自由沉降过程，因而适合分散相体积浓度较低的情况，实际上旋流器内部为干涉沉降。Holland-Batt 则对该模型进行了改进，先求解携岩钻井液的有效停留时间，再根据角位移求解颗粒流方程得到颗粒径向速度，从而得到分级粒径的公式。

（4）底流拥挤理论模型

底流拥挤模型理论是由 Fahlstrom 提出的，该模型认为分级粒径是底流流量与入口处分散相粒度分布的函数。当入口分散相体积浓度较高时，底流口处的堵塞效应是分级粒径的主要影响因素，其底流拥挤效应会完全抵消旋流器内其他因素的作用。根据进料颗粒的 Rosin-Rammler 分布假设，导出分级粒径的计算公式，如式（5-12）所示：

$$d_{50} = De(-\ln Et)^{\frac{1}{f}} \tag{5-12}$$

式中 d_{50}——分级粒径；
　　De——颗粒粒度范围量度常数；
　　Et——总效率，即固料在底流的回收率；
　　f——物料特性的常数。

（5）两相湍流理论模型

两相湍流理论充分利用旋流器的分级特征，同时也利用了前述理论的优势，较为全面地反映了分离器内流体的运动规律。为更接近实际的计算模型来估算旋流器的分级效率，Rietema 通过利用 Kelsall 测得的流体切向速度分布来近似估算流体湍流黏度对旋流器的分级效率的影响。Neesse 和 Schubert 以两相湍流为理论基础推到了分级模型，提出的分级粒径 d_{50} 的计算公式如式（5-13）所示：

$$d_{50} = 2.688K_d \frac{D\ln[0.91(D_o/D_u)^3]}{(\rho_s - \rho)(1 - C_v)^3 \Delta p^{0.5}} \tag{5-13}$$

式中 d_{50}——分级粒径；
　　K_d——系数；

D，D_o，D_u——旋流器直径、溢流口直径和底流口直径，mm；

ρ，ρ_s——液、固相密度，kg/m^3；

Δp——压力降，MPa；

C_v——悬浮液固相体积浓度，g/mL。

Svarovsky 对比了该模型与众多实验的结果，发现当底流口为伞形排料时，式(5-13) 的计算值与实验值相符合。多相湍流理论模型十分复杂，是学术界研究的重点和难点。

(6) 内旋流模型

内旋流法是把旋流器内旋流面作为颗粒分级过程中的平衡轨道面而推导出分级粒径计算公式，主要有陶尔扬公式和波瓦洛夫公式。

Tarjan 把半径等于旋流器溢流管半径、高度等于旋流器总高度范围内所形成的面规定为平衡轨道面，推导出的分级粒径公式为

$$d_{50} = \frac{80D_i^2}{\sqrt{Q(\rho - \rho_s)\left[H_c + (D - D_o)/\tan\theta\right]}}\left(\frac{D_o}{D}\right)^n \tag{5-14}$$

式中　d_{50}——分级粒径；

Q——生产能力，m^3/h；

ρ，ρ_s——液、固相密度，kg/m^3；

D，D_o，D_i——旋流器直径、溢流口直径和进料口直径，mm；

H_c——旋流管高度，mm；

θ——旋流器的半锥角，rad；

n——指数，$n \approx 0.64$。

波瓦洛夫公式和 Tarjan 公式基本相似，但是考虑了底流口附近大颗粒的堆积对分离面高度的影响。基于这一影响进行了修正，当进料浓度小于 15% 时可以使用此公式计算：

$$d_{50} = 1.45\sqrt{\frac{DD_o\mu\tan\theta}{D_i(2\theta)^{0.6}K_D K_\theta(\rho - \rho_s)\Delta p^{0.5}}} \tag{5-15}$$

式中　d_{50}——分级粒径；

ρ，ρ_s——液、固相密度，kg/m^3；

θ——旋流器的半锥角，rad；

K_D——直径 D 的修正系数；

K_θ——锥角 θ 的修正系数；

Δp——压力降，MPa。

波瓦洛夫认为，当考虑浓度对分级粒径的影响时，旋流器的分级粒径与底流口直径的平方根呈负相关，与待分级物料浓度的平方根成正比。

(7) 旋流器的流场特征

旋流器的分级过程其实就是流体旋涡的产生、发展与消散的过程，涡流运动其实就是流场的旋转运动。流体的旋转运动依据质点在旋转时有无自转现象，而被分成了自由涡运动与强制涡运动两种类型。一般认为在外旋流区切向速度的流动为准自由涡，在内旋流区切向速度的流动为准强制涡。

① 自由涡。自由涡是势涡，其流体质点在所有运动过程中没有围绕自身瞬时轴线的自转，亦称为无旋运动。其只有围绕主轴的公转，是没有外部能量补充的圆周运动。其标志就

是角速度矢量为零，即 $\omega=0$。式(5-16)为旋流器理想自由涡运动的速度分布式：

$$u_t r = C \tag{5-16}$$

式中　u_t——内部流体切向速度，m/s；

　　　r——旋转半径，m；

　　　C——常数量。

从式(5-16)中可知，在自由涡运动中，内部流体切向速度与旋转半径成反比。

而理想自由涡运动的压力分布可由式(5-17)来表示：

$$p = p_\infty - \frac{\rho}{2} u_t^2 = p_\infty - \frac{\rho}{2} \frac{C^2}{r^2} \tag{5-17}$$

式中　p_∞——无穷远处的压力，Pa；

　　　u_t——内部流体切向速度，m/s；

　　　r——旋转半径，m；

　　　C——常数量。

② 强制涡。强制涡与自由涡不同，除了有围绕主轴的公转和围绕自身瞬时轴线的自转，最主要的还是在外力连续作用下形成和发展的流体旋转运动。做强制涡运动时的理想流体，与刚体的运动很类似，即流体质点的切线速度与其旋转半径不成反比。强制涡运动的速度分布表达式如下所示：

$$u_t = \omega r \tag{5-18}$$

强制涡运动的压力分布表达式如下所示：

$$p = p_\infty + \frac{\rho}{2} u_t^2 \tag{5-19}$$

③ 组合涡。旋流器内部为组合涡运动，旋流器中的旋转运动可以用组合涡运动来说明；外部为半自由涡运动，可以用半自由涡运动速度及压强分布规律。组合涡运动的表达式为

$$u_t r^n = C \tag{5-20}$$

指数 n 指定各种大小，表现出各种各样的组合涡运动。当 $n=-1$ 时，是理想强制涡运动；当 $n=1$ 时，是理想自由涡运动；当 $0<n<1$ 时，是一般组合涡运动。从式(5-20)表明，在强制涡和半自由涡的相交地方，切向速度最大，因此相交点组成了最大切向速度轨迹面。这个是评价旋流分离器分级能力不可缺失的条件之一。

④ 二次流。在旋流器中，除上述主要旋转流态外，还存在着各种轴向和径向的二次流，旋流器内的二次流与其结构参数有关。二次流的存在将影响旋流器的分级效率，这也是旋流技术研究领域一直致力于克服的问题。二次流主要有以下 2 种类型，如图 5-18 所示。

a. 循环流。旋流器上部环形空间内的旋涡

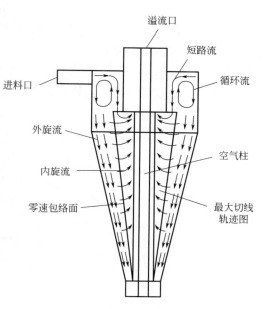

图 5-18　旋流器内部流场

使一部分含有固相颗粒的流体在入口附近循环，形成所谓的"上灰环"。上灰环的存在增加了器壁面的磨损，减小了入口处的有效流通面积，不利于分离。在锥筒内部的旋涡称为"下灰环"，这部分流体流动方向与主流动方向垂直，能将已到达壁面的固相颗粒甩到外旋流中。

b. 短路流。由于旋流器壁面静压梯度的作用，一部分携带相当数量固相颗粒的流体沿着溢流管外表面直接进入溢流而排出，这部分未经分级的流体严重地影响了分级效率。

（8）旋流器内速度分布情况

国内外专家学者对常规旋流器的研究发现，常规旋流器内流场的速度有以下几个特点。

① 旋流器内的三维速度分量为切向速度、轴向速度和径向速度，其中切向速度值最大，轴向速度值次之，径向速度值最小。

② 径向速度的分布规律性不强，其大小一般比切向速度小一个数量级。一般认为径向速度的方向，在外旋流区向内、在内旋流区向外。

③ 轴向速度在溢流管下口附近反向，在内为上行流、在外为下行流，最大轴向速度一般在内外旋流分界处。

如图 5-19 所示，当流体绕着垂直的轴线进行旋转运动时，在其半径为 r 的地方取一个宽度为 dr 和厚度为 dz 的长方形流管，则在此微单元上同一水面上的伯努利方程为

$$H_b = \frac{p}{\rho g} + \frac{u_t^2}{2g} \tag{5-21}$$

式中　H_b——总压头，m；

p——半径 r 处的压力，Pa；

ρ——流体的密度，kg/m^3；

g——重力加速度，m/s^2。

对式（5-21）中的半径 r 进行微分，可得

$$\frac{dH_b}{dr} = \frac{dp}{\rho g\, dr} + \frac{u_t}{g}\frac{du_t}{dr} \tag{5-22}$$

从式（5-22）可以看出，流体在进行旋转运动时，沿径向总压头的变化率与径向的压力和速度变化率有直接的关系。

如图 5-19 中所取的微元流体而言，当作用于该体积上的压力和离心力平衡时，则沿着径向的外力之和便会为零，这样公式就可改写为

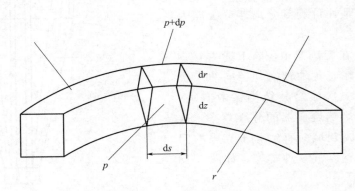

图 5-19　旋转流运动微单元

$$p\,\mathrm{d}s\,\mathrm{d}z-(p+\mathrm{d}p)\mathrm{d}s\,\mathrm{d}z+\rho\,\mathrm{d}r\,\mathrm{d}s\,\mathrm{d}z\,\frac{u_\mathrm{t}^2}{r}=0 \tag{5-23}$$

$$\mathrm{d}p\,\mathrm{d}s\,\mathrm{d}z=\rho\,\mathrm{d}r\,\mathrm{d}s\,\mathrm{d}z\,\frac{u_\mathrm{t}^2}{r} \tag{5-24}$$

将式(5-24)代入式(5-23)，可得

$$\frac{\mathrm{d}H_\mathrm{b}}{\mathrm{d}r}=\frac{u_\mathrm{t}}{g}\times\frac{\mathrm{d}u_\mathrm{t}}{\mathrm{d}r}+\frac{u_\mathrm{t}^2}{gr} \tag{5-25}$$

　　方程（5-25）是流体在旋转运动中的微分方程，它反映出流体在旋转运动过程中的能量变化。方程（5-25）也是流体在旋转运动中的基本方程，根据该方程可以在不同条件下导出不同流体旋转运动的基本规律。

　　流体的流动是一个复杂多变的现象，到目前为止还不能利用数学方法来准确地描述流体流动的规律。在实际研究工作中，往往都是在很多假设的基础上对 Navier-Stokes 方程进行求解，然后得到一个近似解，再通过大量的实验数据进行修正，得到一个半经验的数学描述。

　　旋流器正常进行分级工作的过程中，其内部的流场情况一般比较复杂，因此对旋流器内部流场的研究也就变得较为重要。而针对旋流器内分级相的运动轨迹、理论上预测分级效率等一些问题都是需要基于旋流器内部速度流场的研究来进行的，所以对旋流器内部速度流场的了解与学习是必不可少的。

　　旋流器内的流体流动是一个三维不对称的湍流流动，而且旋流器内部一般都是比较复杂的多相流动。但是，为了研究的便捷，通常一般情况下，除了入口区域外，旋流器内部的多相流动常常被近似地看作是轴对称的。旋流器内的切向、轴向和径向的三个分量可被任一点的流体速度分解。早在 20 世纪 50 年代，凯尔萨尔就对透明旋流器内悬浮于水介质中的微粒铝粉运动的三维速度做了系统的测定，得出了旋流器三维速度的分布模型。

　　图 5-20 是目前国内各旋流器专著都广泛引用的旋流器三维速度分布图。定性给出了各个速度的分布规律，但是没有给出速度量度的比较，仅从图中看很容易让人产生旋流器内部切向速度和径向速度在数量上差不多的误解，但实际上径向速度和切向速度在数值上几乎要相差一个数量级，并且该图中的径向速度还与旋流器内部径向速度的实际分布规律不太符合。

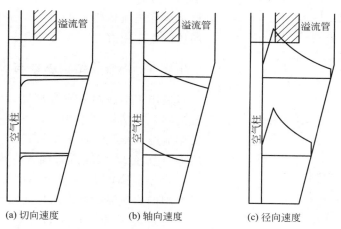

图 5-20　旋流器三维速度分布规律

随着不同专家学者对旋流器研究的不断深入和科学技术的不断进步，对旋流器内部流体流动的速度分布研究也变得越来越准确与符合实际。例如庞学诗、舍别列维奇、徐继润和顾方历等相关学者利用流体力学理论分析法和激光测速法，对旋流器的三维速度进行了系统的分析和测定。

（9）固体颗粒在旋流器中的受力情况

在旋流器中，颗粒相的离心加速度与重力加速度的比值用离心强度 I 来表示，其表达式如下：

$$I = \frac{u_t^2}{gr} \qquad (5\text{-}26)$$

式中　I——离心强度。

在一般来说，I 值的大小可以达到几百甚至几千。由式（5-26）可知旋流器的公式推导，可以不考虑地心引力的作用；由于粒子的运动特征是在径向运动作用下实现的，所以这个过程中离心惯性力的作用是重点分析对象。

在旋流器径向上，固体颗粒所受的作用力很复杂，然而在流体中固相的体积分数较低（一般不超过 25%）的情况下，主要有三种力对分级效率有重要的作用：流体阻力 F_s、向心浮力 F_b 和离心惯性力 F_c，其中使粒子向筒壁上运动的力是离心惯性力 F_c。F_c 表达式如下：

$$F_c = m\frac{u_t^2}{r} = \frac{\pi d^3 \rho u_t^2}{6r} \qquad (5\text{-}27)$$

式中　d——颗粒直径，m；

　　　ρ——颗粒密度，kg/m³。

由于颗粒在径向上表里的压力值不同，从而产生了向心浮力 F_b。F_b 方程式如下：

$$F_b = \frac{\pi d^3 dp}{6dr} = \frac{\pi d^3 \rho u_t^2}{6r} \qquad (5\text{-}28)$$

流体介质与粒子间发生相对运动产生流体阻力 F_s，其方程式如下：

$$F_s = 3\pi \mu d v_r \qquad (5\text{-}29)$$

式中　v_r——径向方向颗粒相与流体的相对速度。

旋流器流场在轴向上，重力、轴向浮力及阻力是固体颗粒所受的主要作用力；而在切向上，粒子仅仅承受被流体带动的力。但是在轴向上和切向上颗粒所受作用力对分级效果没有大的影响。

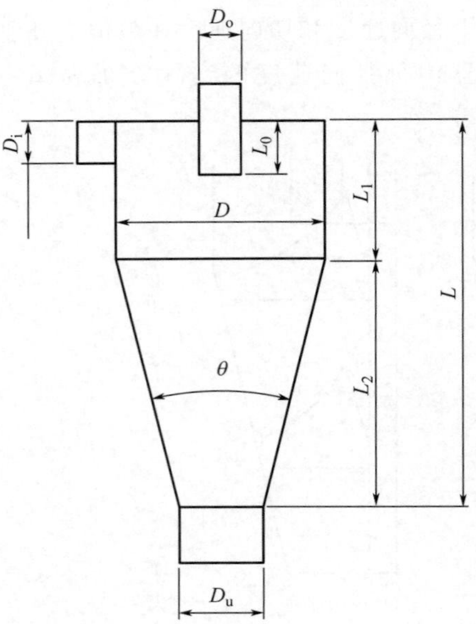

5.3.2.3　旋流器结构参数与设计

适用于干法的旋风分离器与适用于湿法的水力旋流器，其结构基本相同，均包括以下参数：旋流器旋流腔的直径 D、入口直径 D_i、溢流口直径 D_o、底流口直径 D_u、溢流管插入深度 L_0、圆柱段高度 L_1、圆锥段高度 L_2、整体高度 L 和锥段角度 θ。直径典型的旋流器的基本结构如图 5-21 所示。

（1）旋流器主直径 D 确定

旋流器的主直径主要影响生产能力和分级粒径

图 5-21　旋流器基本结构示意图

的大小。一般来说，生产能力和分级精度会随着旋流器直径增大而增大，在分级粒径较大、处理能力较高的场合一般采用大直径旋流器；当分级粒径较小时，可以采用小直径旋流器。不能简单地利用几何相似准则在实验室或半工业实验厂内用小直径旋流器来模拟工业规模的大直径旋流器。利用庞学诗导出的旋流器主直径的计算公式，来确定旋流器的主直径。有两种方法来计算，分别为利用生产能力和分级粒径来确定旋流器主直径。

① 依据分级粒径计算旋流器直径：

$$D = 2.0 \times 10^{-5} \times \frac{d_m^2 (\delta - \rho_m) \Delta p_m^{0.5}}{\rho_m \mu_m} \qquad (5\text{-}30)$$

② 依据生产能力计算旋流器基本直径：

$$D = \frac{1.95 q_m^{0.5} \rho^{0.25}}{\Delta p_m^{0.25} [C_w + \rho(1 - C_w)]^{0.25}} \qquad (5\text{-}31)$$

式中　D——旋流器主直径，cm；

　　　d_m——分级粒径，μm；

　　　q_m——处理量，m^3/h；

　　　Δp_m——出入口压差，MPa；

　　　ρ——固相密度，kg/m^3；

　　　C_w——固相质量分数，%。

（2）料口尺寸确定

① 入口直径 D_i。旋流器的入料口，其尺寸用 D_i 表示。圆形和长方形是旋流器进口最常用的两种方式。应用较为广泛的是长方形进口，这是因为长方形进口可以起到减小能量消耗和减弱紊流干扰的作用。安装时一定要尽可能地将其边长同旋流器的器壁相平衡，有利于物料更好地进入旋流器。入口直径对旋流器的性能影响较大，适当增大入口尺寸有利于提高处理量和旋流器的分级性能，但是尺寸过大反而会降低旋流器的分级性能。在一般情况下，旋流器的最佳入口直径 $D_i = (0.15 \sim 0.2)D$，在此基础之上，考虑旋流装置对于处理量的要求，旋流装置的连接管道的尺寸，综合多方面因素，确定旋流器的入口直径。

② 溢流口直径 D_o。旋流器的溢流口，即低浓度液体（相）介质出口。它位于旋流腔顶部的中心处，其尺寸用 D_o 表示。不仅对旋流器的生产能力和分级粒径有影响，还对旋流器的分级效率、产物分配和产物浓度等产生影响。溢流口直径对旋流器的分级性能影响较大，随着溢流口直径的增大，旋流器的处理量和分级粒径均会增加，致使底流口浓度增大、分级效率相应降低。设计时需考虑旋流装置的工作参数以及连接管件的尺寸，综合多方面因素，确定旋流器的溢流口直径。旋流器溢流口的直径选择应该遵循溢流产率和给矿中欲分粒级产率相适应的原则，理想选择是溢流产率小于给矿中欲分粒级产率的 3%～5%。

通常，对一般分级、脱泥和浓缩作业的标准型旋流器，其溢流口直径为

$$D_o = (0.20 - 0.30)D \qquad (5\text{-}32)$$

对细粒分级、澄清的长锥型旋流器，其溢流口直径为

$$D_o = (0.20 - 0.32)D \qquad (5\text{-}33)$$

③ 底流口直径 D_u。旋流器的底流口，即高浓度液体（相）介质出口。它位于圆锥段的下方，其尺寸用 D_u 表示。旋流体、溢流管和底流管位于同一轴线上，在一定的同轴度要求，以满足旋流器的分级性能需要。旋流器的底流口直径对其分级性能有重大的影响，随底流口直径的减小，溢流中悬浮颗粒的粒度变大，溢流的流量增大，底流的颗粒浓度上升，底

流的流量减小，旋流器的分级效率降低。在一般情况下，底流口直径小于溢流口直径，在此基础之上，综合多方面因素，确定旋流器的底流口直径。

通常，对一般分级、脱泥和浓缩作业的标准型旋流器，其溢流口直径为

$$D_u = (0.07 - 0.10)D \tag{5-34}$$

④ 溢流管结构与插入深度 L_0。常见的溢流管采用轴向溢流管，但是存在溢流跑粗、循环流等问题，造成溢流产物中粗细颗粒混合、能量耗损大等问题，不能很好地进行相关分级。因此出现了渐扩式溢流管、厚壁溢流管等结构，对抑制短路流和提高分级精度有不错的效果。

溢流管深度对旋流器的分级性能也有较大的影响，溢流管插入过浅，会产生短路流量增加、液固分离时间缩短等问题，从而导致溢流中大粒度固体颗粒含量增加，分级效率下降。

对一般分级、脱泥和浓缩作业的标准型旋流器，其溢流管的插入深度为

$$L_0 = (0.50 - 0.80)D \tag{5-35}$$

对细粒分级、澄清的长锥型旋流器，其溢流管的插入深度为

$$L_0 = (0.33 - 0.57)D \tag{5-36}$$

（3）筒体结构尺寸确定

① 柱段高度 L_1。旋流器的圆柱段部分是流体进入锥段前起稳流作用的部分，柱段的高度用 L_1 表示。旋流器的圆柱段是一个有益于固相颗粒分级的有效离心沉淀区，柱段高度会对旋流器的分级性能产生影响。加长圆柱段可以使分级粒径降低，并使处理能力增大；但是圆柱段过长，会增加能量的消耗，使得旋流器内切向速度减小，所受到的离心力减小。对于圆柱段的长度，还要进行进一步的实验与理论研究。在一般情况下，柱段高度 $L_1 = (0.7 \sim 2.0)D$。使用时可根据实际情况，准确选取圆柱段的高度。

② 锥段角度 θ。锥段是旋流器中颗粒重要的分级区。锥段角度（简称锥角）用 θ 表示，锥角的大小会对旋流器的分级性能产生影响。随着锥角的增大，腔内流体阻力变大，在同样的进口压力下，旋流器的底流流量会有所减小，分级粒径变大，分级时间变短。使用时可根据实际情况，准确选取锥角。水力旋流器锥角的分类如表 5-7 所示。

表 5-7　水力旋流器锥角的分类

类型	锥角/(°)	主要用途	备注
长锥型	<20	细小颗粒分级、澄清和脱泥；密度小和粒度细物料的分级工作	最小锥角为 1.5°
标准型	20	一般物料分级、浓缩或脱泥工作	—
短锥型	>20	粗粒物料分级工作	最大锥角为 140°

5.3.3　典型设备

5.3.3.1　水力旋流器

水力旋流器是如今应用最广泛的旋流器，广泛应用于各个行业。水力旋流器的上部呈圆筒形、下部呈圆锥形，目前通用的水力旋流器如图 5-22 所示。水力旋流器使用液体作为介质进行分级工作时，液体与颗粒以一定的压力从旋流器切线方向进入，在内部高速旋转时，产生很大的离心力。在离心力和重力的作用下，粗粒物料被抛向器壁做螺旋向下运动，最后由底流口排出；较细的颗粒以及大部分水分形成旋流，沿中心向上升起，到达溢流管排出。

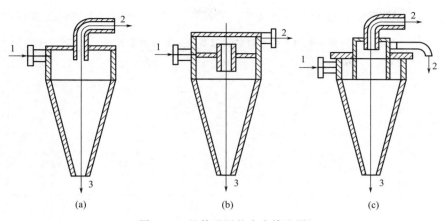

图 5-22　目前通用的水力旋流器

1—液流与物料入口；2—溢流与细粒出口；3—底流粗料出口

下面介绍几种常见水力旋流器。

（1）宁津 HC 型小直径旋流器

宁津 HC 型小直径聚氨酯旋流器的主要技术参数如表 5-8 所示。

表 5-8　宁津 HC 型小直径聚氨酯旋流器的主要技术参数

规格型号		HC1006	HC1057	HC2506	HC2510	HC5006
处理能力/(m³/h)		1~1.5 (6 个/组)	10~16 (5~7 个/组)	2.4~6 (6 个/组)	4~10 (10 个/组)	12~24 (6 个/组)
结构参数	直径/mm	10		25		50
	锥度/(°)	7		7		7
	溢流口直径/mm	3.2、2.6、2		7、5.5、3		14、11、8
	底流口直径/mm	2、1.5、1		3.2、2.2、1.5		8、6、3

（2）LS 型水封式旋流器

随着对水力旋流器研究的深入，又逐渐出现了一种离旋式旋流器（水封式旋流器），其外形如图 5-23 所示。普通旋流器的一个重要特征是底流呈伞状喷出的同时，从底流口吸入空气并穿过溢流管，在其流场内形成空气柱以及固-液-气三相流场。由于空气柱受到进料压力、浓度、粒度组成及结构参数等多种因素的影响，致使在整个工作过程中旋流器处于不稳定状态，并难以严格控制。而水封式旋流器则切断了气体进入旋流器的通道，使得固-液-气三相流转为固-液两相，并以溢流柱代替了空气柱。水封式旋流器的特点是：两相、两场和具有足够大的底流口直径。

LS 型水封式旋流器的主要技术参数如表 5-9 所示。

（3）旋流器组

在工业生产中，为了弥补小直径旋流器处理能力小的缺点，通常采用若干小直径旋流器并联安装形成旋流器组，

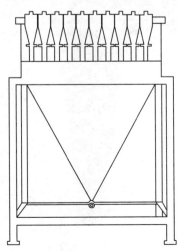

图 5-23　水封式旋流器的外形

这种旋流器组可由几个或者数十个小直径旋流器组成。图 5-24 为海王牌旋流器组的实物。

表 5-9　LS 型水封式旋流器的主要技术参数

型号	处理量		直径/mm	分级效率/%	颗粒回收率/%	沉砂浓度/%	浓缩比
	t/h	m³/h					
LS-2	0.5～0.7	11～13	25	92	80.0	20～28	7.1
LS-3	0.9～1.2	20～22	50	92	95.7	45.7	12.2
LS-4	2.1～2.4	40～44	50	92	95.7	45.7	12.2
LS-5	1.3～1.5	25～28	75	92	97.6	43.1	12.7
LS-6	2.5～2.8	50～55	75	92	97.6	43.1	12.7

图 5-24　海王牌旋流器组的实物

5.3.3.2　旋风分离器

图 5-25　XP 型旋风分离器的实物

旋风分离器的工作原理：含有细小颗粒的气体从进口导入旋风分离器的外壳，形成旋流向下的外旋流，悬浮于外旋流的较大物料在离心力的作用下改变方向，转到旋风分离器的下部，由排料口排出，净化后的气体和较小颗粒形成上升的内旋流，由溢流管排出。旋风分离器的分级性能较水力旋流器较差，一般将多个旋风分离器连接起来，经过多级处理后进行物料的收集。旋风分离器能够较好地应用于粉体分离分级领域，如今越来越多地应用于粉体粉碎后收集和除尘领域。下面介绍两种旋风分离器。

（1）XP 型旋风分离器

XP 型旋风分离器的实物如图 5-25 所示。设备由带蜗壳的筒体、锥体、进气管及排气管组成。本装置是一种结构简单、分级效果明显、操作使用方便、体积小的旋风分级设备，能够分级多种不同粒径的颗粒，分级效果好。

XP 型旋风分离器的主要技术参数如表 5-10 所示。

（2）XFG 型旋风分离器

XFG 型旋风分离器的外形如图 5-26 所示。它是一种通用的气体固体分离设备，其可根据需求采用 PVC 材料和不锈钢制造，采用不锈钢制造的内壁根据需要可喷涂聚氨酯和高分子材料，内切线可以贴陶瓷。耐磨性好，收集率高，广泛用于各种超微粉体气固分离的收集；一般连接在捕集器的前级，用于相关物料的分级。

表 5-10　XP 型旋风分离器的主要技术参数

参数 ＼ 机型	XP200	XP300	XP400	XP500	XP600
进口流速/(m/s)	12～22	12～23	12～24	12～25	12～26
处理风量/(m³/h)	320～590	720～1320	1280～2340	2000～3660	2880～5290
设备阻力/Pa	487～1342	487～1342	487～1342	487～1342	487～1342
分级效率/% 粒度 5～20μm	50～80	50～80	50～80	50～80	50～80
分级效率/% 粒度 15～40μm	80～95	80～95	80～95	80～95	80～95
设备质量/kg	20	40	70	100	140
外形尺寸($L \times B \times H$)/(mm×mm×mm)	350×300×940	510×430×1350	600×505×1500	745×700×1900	890×820×2600

XFG 型旋风分离器的主要技术参数如表 5-11 所示。

5.3.4　影响因素

5.3.4.1　结构参数的影响

（1）入口尺寸 D_i 与结构形式对分级性能影响

旋流器入口直径对其分级效果有重要影响。相同处理量时，入口直径越小，流体初速度越大，分级效果也就越好，但同时能耗越高。研究发现，旋流器入口个数增加，可以有效降低其内部流场的湍流强度，增加流场的稳定性；但入口个数越多，对于入料的均匀分配、现场的管路布置等要求也越高，因此常用的旋流器仍然是单入口。旋流器入口截面形状决定着流体进入旋流器内腔之后动量矩的分布，常用的旋流器入口截面形状为圆形或矩形，圆形入口加工简单，但矩形入口能使液流进入旋流器内腔时具有更大的角动量，也更有利于流场的稳定。

（2）溢流口直径 D_o 对分级性能影响

溢流口直径对泥沙分级效率有着非常重要的影响，过大或者过小的溢流口直径，都会对旋流器的分级效率产生不利影响。溢流口直径的大小将影响短路流

图 5-26　XFG 型旋风
分离器的外形

表 5-11　XP 型旋风分离器的主要技术参数

型号	收集效率/%	处理气量/(m³/h)
XFG-200	≥80	215～325
XFG-310	≥80	600～900
XFG-400	≥80	1100～1650
XFG-500	≥80	1900～2900
XFG-600	≥80	2800～4200

和循环流的产生，若溢流口直径过小，分级之后的液体不能从溢流管及时排出，溢流口附近的湍流强度会增大，循环流加剧，导致发生抑制现象，增加了能耗，从而使分级性能降低；若溢流口直径过大，溢流压力会变低，流体越容易通过溢流口流出，短路流将会更严重，细小的颗粒会随短路流从溢流口流出，从而降低旋流器的分级效率。因此选用旋流器时，需确定一个最佳的溢流口直径。

（3）溢流管插入深度 L_o 对分级性能影响

溢流管插入深度会对分级性能产生影响，过深或者过浅的溢流管深度都会减小旋流器的分级效率。当溢流管深度过短时，会减小预分离的空间，导致混合液仍然处于紊流状态，若流体以紊流状态进入锥段，会造成一部分液体直接从溢流口逃逸。旋流器的分级效率不增反减，此时的溢流率也开始逐渐增加。主要是因为随着溢流管插入深度进一步的增长，分级区域进一步减小，可能出现混合液尚未分级完全就进入溢流管的现象，甚至会破坏旋流器内部流场的稳定性。因此，与溢流口直径的影响相比，溢流管深度对分级效果的影响更为直接。所以，对于溢流管深度选取要合适，不宜过深或者过浅。

（4）底流口直径 D_u 对分级性能影响

底流口直径对分级效率的影响较大。在一定的范围内，底流口直径越大，分级效率越高，当底流口直径较小时，反映在流体的流型上有较多的回流且回流早，使得颗粒的平均停留时间缩短，从而使粒度小或密度小的颗粒来不及完成沉降而从溢流口排出，分级效率低。随着底流口直径进一步增大，底流分率超过 50%，流体旋转运动削弱，轴向速度增加，反而使离心加速度和颗粒的停留时间减小，使分级效率有所下降。

（5）圆柱段高度 L_1 对分级性能影响

旋流器的圆柱段主要能容纳、稳定并缓冲入口液流，同时还可以预旋液流、稳定溢流。在一定范围内，圆柱段长度应该是越长越好，因为此时的混合液有更多的时间留在预分级区，使得分级进行更彻底，以达到更好的分级效果。当圆柱段长度过短时，入口液流还比较紊乱时即进入锥段，柱锥结合部的尺寸突变将进一步加强流体的紊乱程度，使此处湍流程度变大，短路流和循环流的影响加大，降低分级效率。当圆柱段长度过长时，入口液流的切向速度下降较多，也不利于分级的进行，因此圆柱段应选择合适的长度。

（6）锥角 θ 对分级性能影响

研究表明，随锥角的减小，锥段内内旋流和外旋流的轴向流速均增大，最大切向流速明显提高，对小颗粒固体的分级有促进作用。但过小的锥角却会使锥段内的涡流强度增加，反而降低了最大切向流速，对颗粒的分级不利。过大的锥角还会引起固相颗粒在底流口附近的拥堵，因此需选择合适的锥角。

5.3.4.2 操作参数的影响

（1）入口流量 Q_i 对分级性能影响

随着入口流量的增大，颗粒分级效率下降，溢流颗粒产率升高；底流中固体颗粒浓度下降，溢流颗粒浓度升高。从不同入口流量的流场特征可知，随着入口流量的增大，流场的径向速度和轴向速度均增大，湍流流动加剧，不利于固相颗粒的沉降，底流固体颗粒浓度降幅较大，分级效率降低。随着入口流量增大，中间区域的轴向速度增幅变大，内旋流增强，增加了颗粒的溢出，溢流固体颗粒浓度增加，溢流流量增大，使得溢流颗粒产率升高。

（2）进料压力 p_i 对分级性能影响

旋流管进料压力对分级效率影响较大，进料压力可以明显改善分级效果。进料压力高，则离心力大，而且由此产生较大的剪切力有利于颗粒的分级。但是，当进料压力过高时，进料流量会相应增加，湍流加剧，短路流增加，进料压力增加到一定程度后，分级效率不再继续增加，但能耗上升，旋流管的磨损也加剧，影响设备使用寿命，所以应把进料压力控制在合适的范围内。

（3）分流比 F 对分级性能影响

分流比也是一个直接影响旋流器分级效率的重要操作参数。它是指旋流器溢流口流量与进料口流量的比值，反映了溢流口与底流口的流量平衡程度。分流比 F 表达式为

$$F = \frac{Q_u}{Q_i} \times 100\% \tag{5-37}$$

式中　F——旋流器分流比，%；

　　　Q_u——旋流器的底流口流量，kg/h；

　　　Q_i——旋流器的溢流口流量，kg/h。

分流比会对旋流器分级性能产生影响，主要是因为分流比的大小会对旋流器内流体的流型产生影响，流型主要反映回流区的大小与位置。分流比较小时，一定程度上的增大，会增大回流区的范围，延长颗粒的停留时间，有利于分级过程的进行；但是分流比过大时，回流区范围过大，停留时间过长，在底流口附近会引起夹带，导致分级效率的降低。

（4）温度 T 对分级性能影响

温度的高低影响物性参数，特别是流体的黏度、表面张力等。这些物性参数的变化将直接改变流场中流体的黏性力和离心力。但在工业应用中，都是在旋流器入口处含有分散相的多相流介质的温度下进行操作，很少在进入旋流器之前对含有分散相的多相流介质进行换热。

（5）安装角度对分级性能影响

安装角度是指工作中的旋流器，其中轴线与地平线的配置情况。一般常用的中小型水力旋流器，其安装角度对分级效果没有明显影响，因此工业上常用的小型旋流器常采用与地面垂直安装。但有研究表明，在某些情况下改变旋流器的安装角度，使其倒置或水平安装能够提高其生产能力，降低底流口的磨损和堵塞等；另外，当旋流器水平安装时，还能降低其安装高度。

5.3.4.3　物料参数的影响

（1）入口浓度对分级性能影响

随着入口浓度的增大，底流固体颗粒分级效率下降，溢流颗粒产率升高。从不同入口浓度的流场特征可知，随着入口浓度的增大，流体的速度减小，颗粒间的作用效果变得明显，特别是锥段处的下行轴向速度明显减小，颗粒在筒体内滞留时间变长，不利于颗粒的分级，分级效率降低。随着入口浓度增大，滞留颗粒浓度增大，增加了颗粒的溢出，溢流固体颗粒浓度增加，使得溢流颗粒产率升高。

（2）颗粒粒径对分级性能影响

分级效率都是随着颗粒粒径的增大而呈现上升的趋势。从定量上来说，大颗粒在分级过

程中受到流量的影响程度要比小颗粒小，当粒径增加到一定程度时，分级效率增加的幅度变得非常缓慢。出现这一情况可能是由于在旋流器进口速度一定的情况下，流体在旋流器内部流动产生的内旋流提供向上的离心力能量有限，当颗粒粒径增加时颗粒本身在流场中受到的力也在有所增加，所以在进口速度一定的情况下，颗粒粒径增加到一定的程度时，分级效率不再变化。

5.3.5 应用领域

（1）煤矿开采

煤炭作为最重要的战略能源之一，一直占有特殊地位。随着我国工业水平的稳步提升，工业用煤的要求也在不断变化。因此，选煤也就成为煤炭工业生产中不可或缺的环节，旋流器的开发与应用也就逐步进入到选煤行列。旋流器在煤矿行业应用较早，目前几乎所有的选矿厂都在使用旋流器，而且是应用在所有的磨矿阶段。当前，旋流器已经基本取代了一些陈旧的选煤方式，配合使用球磨机，已经成为一种比较成熟的选煤方法。

（2）高岭土生产

高岭土是一种重要的非金属矿产，含有丰富的高岭石以及其他一些矿石，如埃洛石、伊利石、石英等。高岭土具有十分广泛的作用，如瓷器、耐火砖、防水材料、橡胶、水泥、日用化妆品、农业、制药、化工等领域都在使用。高岭土的纯度和细密程度决定了所生产的产品质量，为了获得高纯、超细的优质高岭土，世界上主要的高岭土生产厂家逐渐采用直径较小的旋流器对高岭土进行分级。我国在20世纪后期才开始将小直径旋流器应用于超细分级工作中。

（3）非金属矿加工和粉体加工

进入21世纪，技术不断更新，产业不断升级，化工、能源、机械、冶金等传统产业需要引进和使用新材料，而这些新材料都需要精细或超精细的非金属粉体作为原料。颗粒制备技术是非金属矿物材料加工的必要步骤，目的是通过一系列的技术、工艺和设备生产出具有一定大小粒度的符合要求的金属矿物粉体材料。当前，一部分小直径旋流器已成功地分离出粒径小于 $15\mu m$ 的颗粒。在工业生产中，为了提高产品的纯度，通常采用二级分离工艺，第二段采用直径更小的旋流器。

（4）食品加工

淀粉的颗粒粒度大小不均，小颗粒小到几微米，大颗粒甚至大到上百微米。小型旋流器可完成淀粉加工的整套工序：分离、洗涤、浓缩、精制、去砂、除石。另外，在制糖业、乳制品生产、饮料加工、肉骨加工、植物油生产等领域也应用了旋流器。

5.4 振动筛

5.4.1 概述

大小不一的物料通过一层筛面，小于筛面孔隙的物料穿过筛孔进入下一步工艺，而大于筛面孔隙的物料则截留在筛面上，从而对物料进行分级的过程称为筛分。

筛分时并不是筛面上所有筛下级别的颗粒都能通过筛孔，只有那些接触筛面而且在运动过程中颗粒的投影完全进入筛孔，或者颗粒重心已经进入筛孔的颗粒才有可能通过筛孔。

5.4.1.1　筛分的分类

在整个社会生产过程中，几乎所有行业均需要用到筛分。因此，为了满足各行业的要求，各国学者不断研究筛分，创造出多种筛分方式。

（1）普通筛分

普通筛分是工业上较为常用的一种筛分方法。根据物料的大小进行筛分，直径小的物料可以透过筛孔；直径大的物料难以穿过筛孔留在筛面上，并最终卸出。普通筛分时间长，效率低，但适用性广。

（2）厚层筛分

厚层筛分在 1970 年后被广泛用于国外工业中。该方法筛面物料层较厚，并且随着筛分的进行，物料层厚度逐渐增大。

（3）概率筛分

概率筛分是利用物料颗粒通过筛子的概率差来完成筛分过程的一种筛分方法。其采用了多层筛面，筛分时间短，筛分产量高。

5.4.1.2　筛分效率

筛下级别：理论上应筛下的物料。筛上级别：理论上应留在筛面上的物料。筛过物：实际筛下的物料。筛余物：实际留在筛面上的物料。

为了评价筛分过程的好坏，人们提出"筛分效率"这一概念。

筛分效率指实际筛下物料质量占原物料中能透筛物料总量的比例，具体可以表示为

$$\eta = \frac{M_1}{M_2} \times 100\% \tag{5-38}$$

式中　η——筛分效率，%；

　　M_1——实际筛下物料质量，kg；

　　M_2——理论上应筛下的物料总量，kg。

5.4.1.3　筛面种类与组合

（1）筛面种类

常用的筛面有栅筛面、板筛面、编织筛面、波浪筛面以及条缝筛面等，在面粉行业中还会用绢筛面筛分粉料。

① 栅筛面。栅筛面又称棒条筛面。栅筛面是用一定截面形状的棒料，按一定间距排列而成的，如图 5-27 所示。棒条截面形状如图 5-28 所示，适用于粒度较大物料的筛分，例如常用于小麦等的初步筛分。

优点：结构简单、成本低、利用率高。

缺点：只能物料初筛，比较笨重。

② 板筛面。板筛面又称平板冲孔筛面，利用冲孔装置在金属薄板上冲出一系列的孔，用作振动筛的筛面。

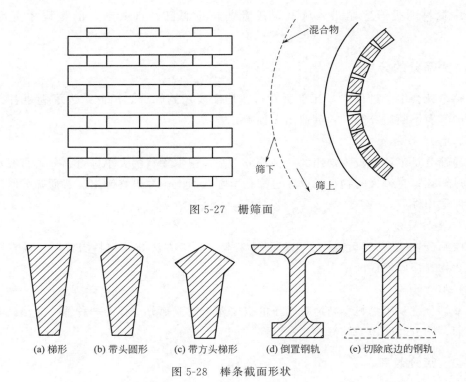

图 5-27　栅筛面

(a) 梯形　　(b) 带头圆形　　(c) 带方头梯形　　(d) 倒置钢轨　　(e) 切除底边的钢轨

图 5-28　棒条截面形状

优点：可以设计较小的筛孔，分级较细，筛孔不易堵塞，筛孔固定，使用寿命长，筛面强度、刚度大，寿命长。

缺点：不适合对粉状物料的筛分，筛面利用率不高；开孔率低，工作噪声大。

③ 编织筛面。编织筛面是由金属丝相互交叉织成网孔的筛面。一般用铁、锌、铜、铅等金属作为金属编织网的材料，通常用作高频振动筛、谷糙分离筛的筛面。编织筛面有平纹编织和斜纹编织两种编织形式，如图 5-29 所示。

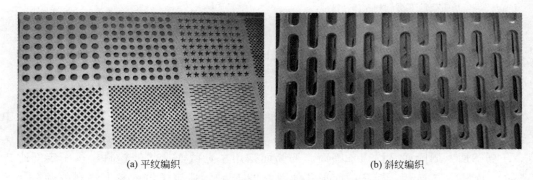

(a) 平纹编织　　　　　　　　　　　　　　　　(b) 斜纹编织

图 5-29　编织筛面

优点：筛孔小，筛面利用率高，物料透过强，轻便，成本低，可用于筛分粉料，也可用于过滤。

缺点：筛孔易堵塞，筛面刚度强度差，易变形。

④ 绢筛面。绢筛面（图 5-30）由绢丝织成，通常用蚕丝和锦纶（尼龙）丝作为材料。

蚕丝筛网弹性好且孔眼尺寸不易变形，筛网具有良好的吸湿性及放湿性、不易产生静电；尼龙筛网耐磨、使用寿命长。

优点：筛孔细，可用于粉状物料的筛分。

缺点：筛孔易堵塞，易破损。

⑤ 条缝筛面。条缝筛面一般由梯形断面的不锈钢条（通常为 304）或尼龙条等平行排列而成。条缝筛面结构形式有穿条式、焊接式和编织式三种。我国生产的条缝筛面的缝宽有 0.25mm、0.5mm、0.75mm、1mm 和 2mm 等。条缝筛面主要用于中等或粒度较小的物质的筛分，例如煤炭、冶金、化工等行业。

图 5-30　绢筛面

⑥ 非金属筛面。目前，我国非金属筛面主要有聚氨酯、天然橡胶、尼龙这三种，其中聚氨酯性能最佳。聚氨酯全称为聚氨基甲酸酯，是主链上含有重复氨基甲酸酯基团的大分子化合物的统称。聚氨酯筛面耐磨，因此具有磨损率低、寿命长等优点；同时聚氨酯筛面堵塞率低，强度好，工作时噪声小，生产成本低。

尼龙又称聚酰胺，密度为 $1.15g/cm^3$，是分子主链上含有重复酰胺基团的热塑性树脂总称。尼龙筛面质量轻，磨损率低，但长度一般有限。虽然非金属筛面优点众多，但是在我国使用还不是很广泛。

（2）筛面组合

为了提高筛分效率，通常物料的筛分需要进行多级筛分。每一级筛分都会将物料分为筛过物和筛余物两部分。通常将筛面组合分为三种：筛余物法、筛过物法、混合法，如图 5-31 所示。

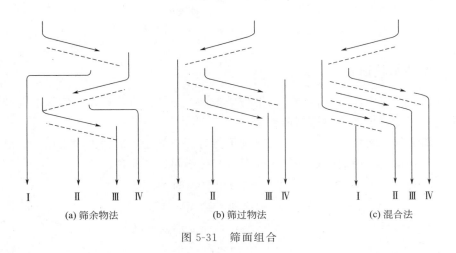

(a) 筛余物法　　　　(b) 筛过物法　　　　(c) 混合法

图 5-31　筛面组合

筛过物法：将上一道筛面留下的筛过物送入下一道筛面进一步筛分。筛过物法筛孔逐渐减小，所得物料粒度逐渐减小，小颗粒筛分路线长。

筛余物法：将上一道筛面留下的筛余物送入下一道筛面进一步筛分。筛余物法筛孔逐渐增大，所得物料粒度逐渐增大，大颗粒筛分路线长。

混合法：将筛过物法和筛余物法结合起来进行筛分。这种方法综合了筛过物法和筛余物法的优点，灵活方便。

5.4.2　工作原理

5.4.2.1　振动筛工作原理

振动筛工作时，电动机带动振动器振动，通过振子的上旋转重锤和下旋转重锤将振子的振动转化为筛体的水平、垂直、倾斜的空间运动。物料随着筛体的运动，在筛面上时而向上时而向下。通过大小不同的筛孔，分级出不同粒度级别的物料。

振动筛主要由进料装置、筛体、清筛装置、传动以及除尘装置组成。圆形振动筛的结构示意如图 5-32 所示。

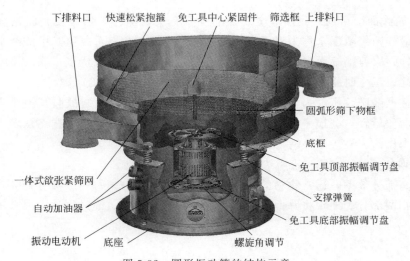

图 5-32　圆形振动筛的结构示意

5.4.2.2　振动筛转速要求

振动筛通常可以实现各种振动：简谐直线振动、非简谐直线振动、圆周振动和椭圆振动等。通过这些振动，可使物料沿筛面移动。

以摆动筛为例，物料在振动筛上的运动可能有相对静止、沿筛面向上运动、沿筛面向下运动、跳动四种运动。因此，振动筛操作参数必须满足以下条件。

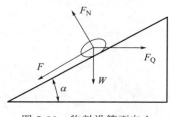

图 5-33　物料沿筛面向上
运动时受力分析

① 物料能沿筛面向上运动。

② 物料能沿筛面向下运动。

③ 物料在筛面上不发生跳动。

（1）物料向上运动临界条件

物料沿筛面向上运动时受力情况如图 5-33 所示。

物料向上运动时有

$$F_Q \cos\alpha \geqslant F + W\sin\alpha \tag{5-39}$$

$$n_1 \geqslant 30 \sqrt{\frac{g \tan(\alpha + \phi)}{\pi^2 r}} \approx 30 \sqrt{\frac{\tan(\alpha + \phi)}{r}} \tag{5-40}$$

式中　F_Q——物料所受惯力；

　　　F——物料所受摩擦力；

　　　W——物料的重力；

　　　n_1——物料向上运动时的临界工作转速，r/min；

　　　α——筛面倾角；

　　　ϕ——筛面振动倾角与水平线的夹角；

　　　r——惯性半径，m。

（2）物料下滑临界条件

物料下滑运动时有

$$F_Q \cos\alpha + W \sin\alpha \geqslant F \tag{5-41}$$

$$n_2 \geqslant 30 \sqrt{\frac{g \tan(\phi - \alpha)}{\pi^2 r}} \approx 30 \sqrt{\frac{\tan(\phi - \alpha)}{r}} \tag{5-42}$$

式中　n_2——物料向下运动时的临界工作转速，r/min。

（3）物料不跳动条件

物料不跳动时有

$$W \cos\alpha \geqslant F_Q \sin\alpha \tag{5-43}$$

$$n_3 \leqslant 30 \frac{1}{\sqrt{r \tan\alpha}} \tag{5-44}$$

式中　n_3——物料不跳动时的临界工作转速，r/min。

因此，摆动筛传动机构工作转速一般取 $n = (1.5 \sim 2) \, n_1$。

5.4.2.3　影响振动筛分的因素

影响筛分过程的因素主要有原料性质、振动筛操作参数以及结构参数。

（1）原料性质

① 硬度。不同原料的硬度不同。硬度较小的原料在振动筛作用下，易破碎成粉末，堵塞筛孔，不利于筛分的进行。硬度较大的原料经振动筛后不易破碎，容易通过筛孔，筛分效率较高。

② 原料形状。规则、饱满的原料颗粒容易通过筛孔，筛分效率高。形状不规则（如长条形、片状等）异形颗粒透过性差，不适合振动筛分。

③ 原料含水量。含水量较高的原料在筛分过程中，易相互黏黏成糊状物质，堵塞筛孔，不利于筛分的进行。

（2）振动筛操作参数

振动筛操作参数对筛分过程的影响主要指传动机构的转速和振动筛振动方向角的影响。

① 转速。

当 $n_1 > n_{传动} > n_2$ 时，物料沿着筛面向下运动，此时振动筛生产效率高，但分级效率较低。

当 $n_3 > n_{传动} > n_1$ 时，物料既可以沿筛面向上运动，也可以沿筛面下滑，此时分级效率较高。

当 $n_3 \approx n_{传动} > n_1$ 时，物料做轻微跳动。

② 振动方向角。振动方向角主要根据物料性质以及粉碎要求进行选择。对于粒度小、易粉碎的物料，应选用较小的振动方向角；对于含水量高、耐磨的物料，为减少筛面磨损应选用较大的振动方向角。通常一般振动方向角选取 45°。振动强度与振动方向角之间的关系如表 5-12 所示。

表 5-12 振动强度与振动方向角之间的关系

振动强度 K	2	3	4	5	6	7
较有利的振动方向角 δ /(°)	40~50	30~40	26~36	22~32	20~30	18~28

③ 筛分时间。筛分时间是影响筛分过程的重要参数。在筛分初始时期，增加筛分时间，大量能透筛的物料透过筛孔，筛分效率显著增长；随着时间的延长，能透筛的物料逐渐减少，筛分效率缓慢增长，直至停止。筛分时间过短，物料筛分效率低；筛分时间过长，虽然筛分效率高，但是花费了大量的时间，降低生产效率。图 5-34 所示为筛分效率与筛分时间的关系。

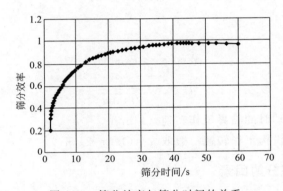

图 5-34 筛分效率与筛分时间的关系

（3）振动筛结构参数

① 筛面长度。筛面长度与筛分时间息息相关。筛面越长，物料在筛面上停留的时间越长，透过筛孔的概率越大。在一定范围内，筛面越长，筛分效率越高。因此，应适当选择筛面长度以控制筛分时间，达到最佳筛分效果。

② 筛孔形状及尺寸。筛孔形状和尺寸是筛分过程中的重要参数。筛孔形状主要有圆形和矩形两种。对于粒度较小且颗粒形状较为规则的物料，圆形筛孔筛分效率高。但矩形筛孔的处理量较高，透过的物料粒度相对较大。

若筛孔尺寸过小，物料难以通过筛孔，筛分效率低；若筛孔尺寸过大，则在单位面积上筛孔数量较少，在一定程度上影响筛分效率。因此，需要合理地选用筛孔尺寸。

③ 筛面倾角。筛面倾角与原料不同方向受力的大小息息相关。同时，筛面倾角还影响着筛孔在水平方向与竖直方向上的投影大小。筛面倾角越大，原料运动速率越大，筛孔在水平方向上的投影越小，减小物料通过筛面的概率。而原料运动速率越大，单位时间内的处理量高，但原料筛分效率低，粒度不均匀。所以为了提高生产效率，工业上振动筛的筛面倾角一般选用 10°~20°。

振动筛生产效率高，分级粒径细，分级能力强。但由于振动产生不平衡力，需要平衡装置。随着振动筛频率的上升，噪声逐渐增大，需要考虑噪声污染的问题。此外，在振动过程中可能会产生粉尘，需要配备除尘装置。

5.4.3　典型设备及应用

目前国内自主研制的振动筛产品种类很多，如有圆振动筛、直线振动筛、椭圆振动筛、高频振动筛、弧形筛、等厚筛、概率筛、概率等厚筛、冷矿筛等，在许多行业得到广泛使用。

（1）ZS/FS 型振动筛

ZS/FS 型振动筛（图 5-35）是国内广泛使用的高效筛分设备，应用于冶金、化工、制药、粮食等领域。

图 5-35　ZS/FS 型振动筛的实物

ZS 型振动筛的主要技术参数如表 5-13 所示。

表 5-13　ZS 型振动筛的主要技术参数

型号	产量/(kg/h)	过筛目数/目	功率/kW	外形尺寸/mm×mm×mm
ZS-365	60～150	12～200	0.55	540×540×1060
ZS-515	100～1300	12～200	0.75	710×710×1290
ZS-650	180～2000	12～200	1.50	880×880×1350
ZS-800	250～3500	4～325	1.50	900×900×1200
ZS-1000	300～4000	5～325	1.50	1100×1100×1200
ZS-1500	350～4500	5～325	2.00	1600×1600×1200

（2）直线振动筛

直线振动筛原理如图 5-36 所示。

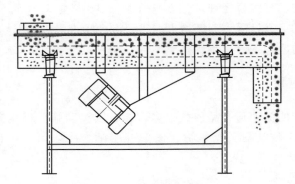

图 5-36 直线振动筛原理

直线振动筛具有筛分效率高、操作方便、结构较简单、能耗少和可连续作业的优点，广泛用于化工、金属、食品行业。RA 型直线振动筛的主要技术参数如表 5-14 所示。

表 5-14 RA 型直线振动筛的主要技术参数

型号	尺寸/mm×mm	物料粒度/μm	筛面倾角/(°)	振幅/mm	层数	功率/kW
RA-520	500×2000					2×(0.37~0.75)
RA-525	500×2500					2×(0.37~0.75)
RA-1020	1000×2000	0.74~10	0~7	4~10	1~6	2×(0.37~0.75)
RA-1025	1000×2500					2×(0.37~1.1)

（3）超声波振动筛

超声波振动筛（图 5-37）由超声波谐振电源、振荡器、共振环组成，如图 5-37 所示。超声波谐振电源产生高频振荡通过振荡器转换成水平、竖直、倾斜方向的振荡，并传递到共振环，由共振环均匀输送到筛面上。

图 5-37 超声波振动筛的实物

超声波振动筛功能原理如图 5-38 所示。

超声波振动筛筛分效率较高，有效解决堵塞问题，减少筛选分级层数。它适用于食品、金属、医药等行业。

超声波振动筛的主要技术参数如表 5-15 所示。

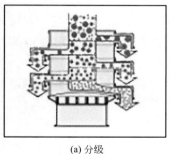
(a) 分级

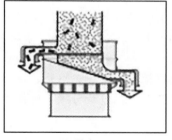
(b) 除杂

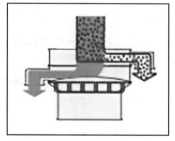
(c) 过滤

图 5-38　超声波振动筛功能原理

表 5-15　超声波振动筛的主要技术参数

型号	功率/kW	筛面直径/mm	有效面积/m²	外形尺寸/mm×mm	筛网规格/目	网层数
RA-600	0.55	560	0.2375	600×720		1～5
RA-800	0.75	760	0.4416	800×820	2～800	1～5
RA-1000	1.1	950	0.7085	1000×900		1～5
RA-1200	1.5	1150	1.0385	1200×1020		1～5
RA-1500	2.2	1430	1.6052	1500×1160	2～800	1～5
RA-1800	3	1700	2.4593	1800×1320		1～5

5.4.4　应用领域

（1）冶金方面

在冶金工业，一般使用振动筛进行矿石的初步筛分和产品的分级筛分。由于矿石天然形成，大小不一，粒度各不相同。而针对不同粒度的矿石，需进行不同的处理。粒度小的矿石直接进入下一道工序，粒度过大的矿石需要进行预先粉碎，以适应设备的进料粒度要求。振动筛根据粒度的大小对矿石进行分级。而在粉碎工艺的末端，通常加入分级设备进行检测，剔除不符合要求的产品，确保达到产品的粒度要求。

（2）煤炭方面

为了提高煤炭质量以及煤炭利用效率、减少燃煤污染物排放、节约能源，在煤炭生产过程中需要对煤炭进行洗选，即从煤中去除矸石或其他杂质。煤炭洗选一般是利用煤与矸石的物理性质不同来进行的，在不同密度或特性的介质中使煤与矸石（杂质）分开。

筛分是煤炭洗选的重要环节。振动筛作为煤炭洗选工业的主要设备之一，主要用于煤炭的分级、脱泥及磁选介质的回收，目前在我国选煤厂中得到了普遍应用。

（3）建筑方面

随着我国建筑行业的飞速发展，对砂石的需求越来越多。根据建筑用砂国家标准，砂按细度模数分为粗、中、细、特细四种规格，砂不宜混有树叶、树枝、塑料品、煤块、炉渣等杂物。对于砂中杂质的去除和砂按细度的分类，一般采用振动筛分。

（4）食品方面

在食品行业中，原料或产品均需要用到筛分技术。振动筛是食品行业中应用最广泛的筛分设备。

在茶叶生产行业，对碎茶末的含量有着严格的规定。为了减少碎茶末的含量，需要对茶叶产品进行筛分。根据国家标准 GB/T 8311—2013，茶粉末和碎茶含量测定需要用茶叶筛分机完成。

在糖、味精粉、食盐、果汁、淀粉、奶粉、豆浆、蛋粉、米粉、酱油、鱼粉、凤梨汁等产品的生产中，也通常使用振动筛对产品进行分级，确保产品纯度。

◆ 参考文献 ◆

[1] 应德标.超细粉体技术 [M].北京：化学工业出版社，2006.

[2] 李玉海，赵旭东，张立雷.粉体工程学 [M].北京：国防工业出版社，2015.

[3] 齐利民.胶体与界面化学 [M].广东：华南理工大学出版社，2017.

[4] 冯绪胜.胶体化学 [M].北京：化学工业出版社，2005.

[5] 张雪梅.颗粒荷电对绝缘子积污特性影响的数值模拟研究 [D].保定：华北电力大学，2017.

[6] 刘远杨.深锥型干扰沉降分级机的研究及工业化设计 [D].焦作：河南理工大学，2015.

[7] Nenu R K T, Yoshida H, Fukui K, et al. Separation performance of sub-micron silica particles by electrical hydrocyclone [J]. Powder Technology, 2009, 196（2）: 147-155.

[8] Yoshida H, Hayase Y, Fukui K, et al. Effect of conical length on separation performance of sub-micron particles by electrical hydro-cyclone [J]. Powder Technology, 2012, 219（1）: 29-36.

[9] Shirasawa N, Matsuzawa M, Fukazawa T, et al. Fine particle classification by a vertical type electrical water-sieve with various particle dispersion methods [J]. Separation & Purification Technology, 2017, 175: 107-114.

[10] Yoshida H, Fukui K, Yamamoto T, et al. Continuous fine particle classification by water-elutriator with applied electro-potential [J]. Advanced Powder Technology, 2009, 20（4）: 398-405.

[11] 罗子芳，王文誉，桂华侨，等.基于积分响应模型的气溶胶静电分级器设计与粒径分布测量 [J].环境科学研究，2018, 31（10）: 1771-1778.

[12] 张吉光.静电旋风分离器气相流场的数值模拟及实验研究 [D].上海：东华大学，2005.

[13] 张吉光，李华，王道连，等.静电旋风分离器流场的实验研究 [J].流体机械，2002, 30（10）: 4-7.

[14] Jiwu L I, Cai W. Study of the cut diameter of solid-gas separation in cyclone with electrostatic excitation [J]. Journal of Electrostatics, 2004, 60（1）: 15-23.

[15] 徐政，谢涛，卢寿慈，等.粉体的静电分级 [J].过程工程学报，2007, 7（1）: 105-109.

[16] 刘建平，王成端.超细粉体静电切向分级研究 [J].中国粉体技术，2003, 9（2）: 32-33.

[17] 李玉海，赵旭东，张立雷.粉体工程学 [M].北京：国防工业出版社，2015.

[18] Gediminas M, Klaus W, Paul B, et al. Induction charging and electrostatic classification of micrometer-size particles for investigating the electrobiological properties of airborne microorganisms [J]. Aerosol Science and Technology, 2002, 36（4）: 13.

[19] 任文静.涡流空气分级机流场分析及结构优化 [D].北京：北京化工大学，2016.

[20] 庞学诗.根据分级粒度计算水力旋流器直径的半经验算法 [J].现代矿业，2010, 26（7）: 46-47+ 117.

[21] 庞学诗.水力旋流器技术与应用 [M].北京：中国石化出版社，2011.

[22] 徐继润.水力旋流器流场理论 [M].北京：科学出版社，1998.

[23] 褚良银，罗倩.水力旋流器式浮选机的研究进展 [J].国外金属矿选矿，1993（11）: 6-15.

[24] 褚良银.水力旋流器应用开发 [J].过滤与分离，1998（2）: 25-29.

[25] 褚良银，陈文梅，李晓钟，等.水力旋流器结构与分离性能研究（一）—进料管结构 [J].化工装备技术，1998, 19（3）: 1-5.

［26］褚良银，陈文梅，李晓钟，等.水力旋流器结构与分离性能研究（二）—溢流管结构［J］.化工装备技术，1998，19（4）：1-3.

［27］褚良银，陈文梅，李晓钟，等.水力旋流器结构与分离性能研究（三）—锥段结构［J］.化工装备技术，1998，19（5）：1-4.

［28］褚良银，陈文梅，李晓钟，等.水力旋流器结构与分离性能研究（四）—底流管结构［J］.化工装备技术，1998，19（6）：16-18.

［29］褚良银，陈文梅，李晓钟，等.水力旋流器结构与分离性能研究（五）—强制涡区辅助件结构［J］.化工装备技术，1999，20（1）：22-25.

［30］Delgadillo J A, Rajamani R K. A comparative study of three turbulence-closure models for the hydrocyclone problem［J］. International Journal of Mineral Processing, 2005, 77（4）：217-230.

［31］Dyakowski T, Williams R A. Prediction of high solids concentration region within a hydrocyclone［J］. Powder Technology, 1996, 87（1）：43-47.

［32］Yunus S B M, Syafri. Improvement of oil and water separation in three-phase conventional separator using hydrocyclone inlet device［J］. Nihon Ketsueki Gakkai Zasshi Journal of Japan Haematological Society, 1988, 51（8）：1505-1514.

［33］罗建国.旋流器分离的平衡轨道理论研究［J］.选煤技术，2016（3）：1-5+9.

［34］卫伟.底流再选水介旋流器结构优化与试验研究［D］.太原：太原理工大学，2017.

［35］王爽.水-砂旋流器液固分离数值模拟及结构优化［D］.武汉：武汉工程大学，2017.

［36］李树君.全旋流分离马铃薯淀粉试验研究及计算机模拟［D］.北京：中国农业大学，2002.

［37］何相逸.基于CFD的水产养殖水体固液旋流分离装置流场模拟与参数优化［D］.杭州：浙江大学，2018.

［38］邹小艳.水力旋流器分离过程性能的研究［D］.长沙：长沙理工大学，2016.

［39］宋傲.旋流器超细分级及离心重选试验研究［D］.徐州：中国矿业大学，2017.

［40］Hsieh K T, Rajamani R K. Mathematical model of the hydrocyclone based on physics of fluid flow［J］. Aiche Journal, 2010, 37（5）：735-746.

［41］王勇，曾涛，徐银香，等.水力旋流器固液分离特性的数值模拟与优化［J］.食品与机械，2018，34（1）：78-83+208.

［42］袁惠新.分离过程与设备［M］.北京：化学工业出版社，2008.

［43］李雪斌，袁惠新.影响水力旋流器分离性能因素分析［J］.化工装备技术，2005（5）：11-13.

［44］刘洋，王振波.水力旋流器分离效率影响因素的研究进展［J］.流体机械，2016，44（2）：39-42.

［45］屈克.食品振动筛主要动力参数的选择［J］.河北化工学院学报，1986（1）：118-127.

［46］赵环帅.我国振动筛的市场现状及发展对策［J］.矿山机械，2018，46（4）：1-6.

［47］冯志伟，张博，姜大超.影响振动筛分选效率的因素及提高分选效果措施［J］.内蒙古煤炭经济，2014（5）：142-147.

［48］郑堂飞，刘雨微.振动筛工作原理及其研发进展［J］.化工管理，2018（12）：11-12.

［49］朱江涛，李瑞.振动筛结构参数性能及影响因素分析［J］.四川水泥，2018（2）：317.

［50］周宏涛，邢建领.振动筛筛面分析及应用［J］.煤炭加工与综合利用，2014（9）：49-51.

［51］闻邦椿，刘树英.现代振动筛分技术及设备设计［M］.北京：冶金工业出版社，2013.

第6章 | 微纳粉体输送技术

粉体输送技术也是粉体领域的研究重点，其中以气力输送技术最为广泛。气力输送是指利用具有静压力能的气体作为媒介，通过管道输送固体颗粒的技术。该技术不仅能够输送不同种类颗粒和粉体物料，而且在实际输送中具有设备简单、输送过程密封环保、操作方便、管道布置灵活多样等优点，被广泛应用到电厂、化工、粮食以及航运等行业中，具有重要的现实意义，并且已经发展成为一种先进的输送手段。

6.1 气力输送技术简介

6.1.1 气力输送系统的特点

气力输送是一种通过气体携带物料在管道中进行运动输送的技术。与其他输送方式（如机械输送）相比较，气力输送具有以下优点。

① 组成设备简单紧凑，可以根据厂区的实际工况，结合各种管道（如水平管、弯管、渐变管、分支管等）灵活布置，便于加工、改装和修理，可以实现向任意方向输送物料，能够更加合理地利用厂区空间，减小占地面积，实现空间利用的最大化。

② 气力输送能够适用各种尺寸物料的输送，不仅可以对直径几毫米、几微米甚至更加细小的粉体（如水泥、炭黑等）进行输送，而且可以对直径为几厘米的固体颗粒进行输送，如将粮食等颗粒物料由车辆运送至粮仓中。惰性气体作为输送介质可以在输送一些特殊粉体时使用。

③ 气力输送系统可以通过中控室对整个输送过程进行自动化控制，对人工的要求降低，减少人工管理，自动化程度高，且相应的输送与控制设备较简单，节省设备成本费及人工管理费。

④ 在进行运输任务的同时，还可以对物料进行二次操作，如加热、冷却、吸湿以及吸热等。在保持颗粒原本的物性同时，可以间接地改变下一步操作的设备工作环境。其末端可以连接包装机，对物料进行装袋散装处理，如对水泥、粮食等进行包装，提高了工作效率。

⑤ 在利用管道输送物料时，系统是密闭的，设备具有一定的封闭性，减少了物料的损耗以及对环境的粉尘污染，减少了着火点与爆炸源，增大了厂区的安全性。

⑥ 气力输送系统的管道布置相对灵活，在工况条件下，可以集中或分散输送，实现一

点至多点或多点至一点的长距离输送，节约空间和能源。

气力输送技术经过多年的发展，已经广泛应用于各个行业，但是在实际的应用中也存在以下不足之处。

① 由于气力输送需使用大型空气压缩机或真空泵设备，相较于提升机及其他机械输送设备，在短距离、稀相气力输送上所需的动力较大，能源的消耗也较大。

② 对于不同的物料，气力输送的输送距离也有所不同。在输送过程中由于受压力损失、物料之间的相互作用等因素影响，无法实现超远距离输送，对于气力输送应用较为成熟的粉煤灰领域，其输送距离能够达到 3000m，但是对于其他物料的输送尤其是物性较差、不易流动的物料来说，其输送距离要远远小于 3000m，使得气力输送技术的应用受到一定限制。

③ 气力输送对所输送的物料是有所限制的。通常在工业生产中，对一些物料的输送是不允许其颗粒破碎的，这就对气力输送的输送方式有所要求，通常采用密相输送方式来减少或避免输送物料的破碎问题。但这种密相输送方式对系统的参数设定和设备要求较高，所需要的成本较高；同时在对一些特殊物料进行输送时，需要对输送系统进行特殊化处理，从而保证特殊物料在管道中不发生吸潮、化学性质变化等。

6.1.2　气力输送技术的应用

气力输送技术由于具有效率高、环保节能、自动化程度高、结构简单、成本低等优点，被应用到电厂、食品、粮食和航运等行业。

① 气力输送技术较早使用在粮食行业，相关设备和技术的开发利用较为成熟可靠。在输送过程中，既可以对粮食进行物理处理（如干燥、去砂、除杂等），又可以达到输送的目的。

② 在化工行业，由于化工原料和成品的特殊性，从原料的运输和加工到成品的储存和包装都需要气力输送，因此气力输送技术在化工行业应用最为广泛，在产品制备和后期处理间起纽带作用。采用气力管道输送可以减小原料破碎以及飞丝现象的出现，气力输送与机械输送相比可以较好地满足化工厂的需求。

③ 在电力行业，气力输送技术主要应用在发电厂。SO_2 等指标随着环保要求的提高而受到严格控制，这就要求采用脱硫技术来改善含硫量较高的火力发电厂的生产状况。而脱硫需要的原材料从入库到喷入硫化锅炉或烟道大多采用气力输送技术。

④ 在港口行业，气力输送技术可以输送船舶上的散装物料，具有卸货速度快的特点，可以有效地缩短船舶停港时间。

总的来说，气力输送技术在许多领域中被广泛使用。虽然气力输送技术的使用存在一定的局限性，但是随着对气力输送技术研究的不断深入，对于新设备的开发与优化、新的理论和模型的建立，都将会推动气力输送技术的不断发展并应用于更多的领域。

6.2　气力输送系统分类

气力输送系统有多种不同的分类方法，可按气力输送的输送装置来分类，也可按物料流动状态来分类。对于不同类型的气力输送系统，其流动差异很大，相互间的流动规律也不能通用。

6.2.1 按输送装置分类

(1) 负压（吸送）式气力输送系统

在系统末端安装风机或者真空泵，通过风机抽吸使系统内的空气在系统内形成负压环境，物料与空气同时从吸嘴或诱导式接料器进入系统，物料在负压作用下沿管道运行。当物料被吸送到输送终点后，管道末端的分离器使气体与物料相分离，气体经过除尘器等设备处理后，可直接排入大气。负压（吸送）式气力输送系统示意如图 6-1 所示。

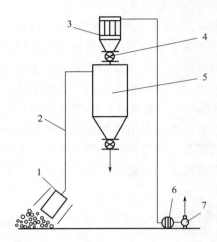

图 6-1　负压（吸送）式气力
输送系统示意

1—吸嘴；2—输料管；3—袋滤器；
4—旋转式卸料器；5—分离器；
6—过滤器；7—气源

负压（吸送）式气力输送装置有如下特点。

① 在应用负压输送时，通过安装换向阀等装置，可以实现从多处取料点取料，实现物料的集中运输，便于在实际工况中的应用；另外，取料位置也可以根据工况来设定。对于取料位置较低且需要从低处吸取的物料，负压输送具有较大的优点。从多处取料时，分支运输管数目可以是一个或者几个，并且可以按照事先安排进行有顺序的输送。

② 在负压输送设备密封良好的情况下，管道内的物料是与风机等处的不纯净空气隔绝的，这就使管道内的物料能够保持卫生、清洁，对于一些食品加工厂（如面粉厂等食品级别）的粉体输送，是卫生安全的保证。

而且由于整个管道和设备都处在低于外界大气压的状态，因此在输送过程中管道中的粉体不会泄漏到外界，这就使得某些有毒物料的输送有了安全保障。

③ 虽然负压输送设备具有显著优点，但是由于其系统设备的条件限制，负压输送压差有一定的限制，一般输送的上限真空度在 -45kPa 左右，且多用于距离较短的稀相输送。

(2) 正压（压送）式气力输送系统

正压输送在实际工况中应用得最为广泛，是一种最基本的输送方式。压缩设备将压缩空气通入输送系统中，同时粉体物料定量进入高速运行的气流中，压缩空气与粉体物料混合，在气流的带动下在管道内运动，通过分离、除尘等工序，最终将粉体输送到收料罐内，其中空气排入大气，而一些惰性气体能够通过装置循环利用。正压（压送）式气力输送系统如图 6-2 所示。

正压（压送）式气力输送装置有如下特点。

① 输送压强大于一个大气压，为正压环境。根据压力的大小，又可以分为低压和高压两种。其中低压输送压强为 0～0.1MPa，常选用空气斜槽作为供料设备；高压输送压强一般小于 0.7MPa，常选取螺旋泵作为供料设备。

② 正压输送具有比较高的容量，并且适用于较远距离的输送。在实际应用中，当需要由同一物料库向多处使用地输送物料时，正压输送具有明显优势，通过安装换向阀，实现了一点对多点的物料输送。

③ 由于正压输送的末端可以直接与料仓相连接，相比负压输送来，其分离装置的结构

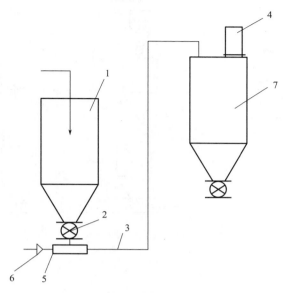

图 6-2　正压（压送）式气力输送系统

1—储料仓；2—旋转式卸料器；3—输送管；4—排放袋滤器；5—喷射给料器；6—气源；7—分离器

较为简单，节约了制造成本。同时，由于空气压缩机的位置在输送起点，物料到达目标位置后不会再进入风机而损坏风机，保证了系统的稳定性，延长了设备的使用寿命。

（3）混合式气力输送系统

混合式气力输送系统内结合了正压（压送）和负压（吸送）两种输送方式，两种输送方式同时存在于一个输送系统内。混合式气力输送方式不仅具有正压输送方式的优点，而且结合了负压输送方式的优点，在工业生产中有着突出的优势。但由于造价相对高、使用范围小、混合式气力输送仅在一些复杂特殊环境下使用。混合式输送设备的一部分是利用负压输送系统把物料从原始位置吸送到各个料仓，进入料仓后，再利用正压（压送）式输送系统进行高效率的输送。图 6-3 所示的混合式输送系统采用双级混合式输送方式，双级混合式输送利用中间料仓，使负压和正压两个输送系统分开，并且两个输送系统分别安装有独立的风机作为空气动力源。一方面可以利用负压吸送方式的优点，从多点进行物料的吸送，同时输送过程中不会发生物料的泄漏；另一方面当物料到达中间料仓后，利用正压压送的方式进行长距离、多点的输送。在实际的应用过程中，可根据具体的生产情况，设置相应的输送设备来高效地完成生产。

6.2.2　按物料流动状态分类

在气力输送系统中，稀相流动与密相流动的划分界限尚未形成统一的看法。比较典型的说法有以下几种：一是按照颗粒的体积分数来划分，当物料的体积分数大于 40% 或 50% 时，对气相流场会有较显著的影响，就可以认为是密相流动。二是按照料气比来划分，当料气比大于 10、15 或 25 时，可以认为是密相流动。三是按照输送状态来划分，对于水平输送，气量不足以使所有物料处于悬浮状态；对于垂直输送，有颗粒回落现象，即可认为是密相流动。所以根据物料在管道内的流动状态，可将气力输送系统分为以下四类。

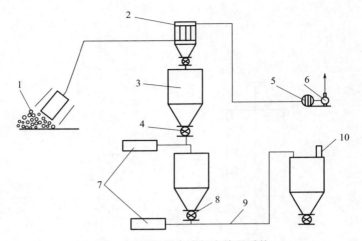

图 6-3　双级混合式气力输送系统

1—吸嘴；2—分离器；3—储料器；4—旋转送料器；5—排放袋滤器；6—风机；

7—气源；8—喷射供料器；9—输料管；10—排放过滤器

（1）稀相气力输送

稀相气力输送状态是在气力输送技术发展最初期应用比较广泛的一种形式。稀相输送的物料的浓度较小，物料在管道内均匀分散悬浮，系统内空隙大，流速快，高速的气流（气体速度较大，通常为 20～35m/s，最大可达 40m/s）带动物料快速地进入收料仓内。因此采用稀相气力输送的方法时，需要的气量较大，且由于管道内物料的状态较为分散，其输送能力较低，料气比通常不超过 10。

稀相气力输送可以对大多数物料进行输送，其适用范围较广。在输送过程中，由于管内气速较高，所以整个输送过程的压力损失相比其他输送方式是较低的，设备的密封性要求也相比其他输送方式低，这就有效地降低了生产成本。但由于稀相气力输送的气速高，增加了物料在管道内的摩擦和碰撞，对于破碎率要求较高的物料不能采用稀相气力输送形式；另外稀相气力输送的气速较高，同时管道末端的分离和除尘设备需要进行特殊的设计来满足大气量的处理，增加了能耗。

（2）密相气力输送

密相气力输送是一种较为先进且应用前景很好的输送方式，是随着气力输送技术不断发展而出现的一项新技术。物料在管道的状态是聚集存在的，作为一个整体在管道内移动，而物料颗粒之间的相对运动几乎没有。因此，密相气力输送的输送速度较低，通常在 3～12m/s。由于输送时物料几乎充满整个管道，料气比很高，通常在 15 以上，最高时可以达到 100 左右。采用密相气力输送时，管道内的运动状态是由气源动能所决定的。在目前所应用的密相气力输送中，较多的情况是以柱流形式存在的，在输送前会使物料在压送罐内实现充分的流态化，后使用压缩空气将压送罐内的物料进行输送，这样的输送形式可以使物料的输送相对稳定，避免在管道发生堵塞的情况。

密相气力输送形式并不能应用于所有物料，需要对物料进行物性分析和研究后才能决定，以免发生管道堵塞等事故。密相气力输送相比稀相气力输送，其输送的速度较低，因此物料的破碎率和磨损较小，所需要的风量也较小，避免了管道末端需要安装大型除尘器的弊端，能耗大大降低。但密相气力输送的管道压力损失较大，要求管道的密封性较好，在管道连接处等位置需要增加成本来保证密封性。在密相气力输送的过程中，由于管道内的压力较大，会使管道发生振动，在管道与固定设备的连接处需要改装软连接来消除振动。同时，密相气力输送会有一定的不稳定性，在输送过程中会出现管道堵塞，若不增加旁通管来对管道进行侧吹，可能无法使管道恢复畅通，这就增加了整套设备的成本。

（3）栓流气力输送

栓流气力输送是一种在理论上最为高效、最佳的输送方式，这种输送方式主要应用于中等距离的物料输送。栓流状态的物料输送形式并不是自然形成的形态，而是人为通过安装气力装置，使管道内的物料被切割成一段一段形式的栓状结构，不同物料段之间存在一定空气而形成一个空气栓，这也是推动料栓在管道内运动的动力源，这种输送形式的输送效率很高，管道内的料气比可以达到 200 以上。相比起其他形式的输送来讲，栓流气力输送是效率最高的，但输送的速度较低，通常为 4~5m/s，输送长度也由于物料状态的原因，无法进行长距离输送。在工况中应用时，需要对所输送的物料进行实验研究，找出该物料在管道输送最佳的料栓长度，从而安装相应的气力装置，以实现最佳的输送效果。但因栓流气力输送的技术要求较高，同时对于物料物性的限制等条件，在实际工况并没用大范围的应用，还需要对其进行深入的研究。

（4）集装容器式气力输送

根据不同类型的装料容器，该类型的输送装置主要包括带轮集装容器车和无轮的传输筒两种形式。其原理与栓流气力输送相仿，通过运用气压来实现集装容器车或者传输筒在气力输送管道中比较快速地向前输送。

6.3　气力输送两相流理论

在气力输送过程中，由于载气性质、颗粒物性、输送装置以及操作条件等的差异，在管道中可呈现不同的流动形态。而流动形态与输送过程中的稳定性联系紧密。因此，针对气固两相流流动形态的研究，对气力输送装置的设计以及工业运行有重要的指导意义。

6.3.1　颗粒行为

流动形态，即管道内颗粒（群）运动行为的集合。因此，理解气力输送流动形态，需先知晓颗粒的运动方式。总的来讲，在流场中颗粒的运动行为分为两种，即静止或运动。著名风沙物理学奠基人 Bagnold 对气流场中颗粒运动行为进行划分，提出单颗粒在气流场中的运动可分为悬移、跃移以及表层蠕移三种形态。

① 悬移：较大的颗粒由于自身重力作用显著，一般不会真正悬浮；而较小的颗粒受到向上的气流旋涡，能在气流中悬浮移动较长时间，并随着气流方向运动。

② 跃移：部分不能长时间悬浮的颗粒，沉降过程中通过与其他颗粒碰撞获得动量，而再次跃起运动，这种运动方式对气流有阻力作用。

③ 表层蠕移：在静止颗粒层表面的颗粒，主要依靠跃移颗粒的碰撞作用获得切向应力而产生缓慢移动，这种颗粒几乎不会对气流产生阻力。

Bagnold 认为大部分运动的颗粒处于跃移状态，悬移与表面蠕移只占运动的颗粒中的很少一部分。在气力输送过程中，必然期望大部分颗粒保持着工艺要求的速度运动。悬移只是其中细小颗粒的运动方式，而表面蠕移甚至静止，意味着颗粒沉积在管道底部，占据管道流道，降低装置输送能力。有研究者认为颗粒发生启动以及沉积的速度是气力输送设计的重要参数，因此开始研究颗粒启动以及沉积行为的机理。

颗粒启动时，对应的表观气速被称作拾起速度（pickup velocity）。经过研究表明，拾起速度越大，即静止颗粒被吹起的难度越大；同样跃移着的颗粒保持运动的难度也越大。经过相关研究可知，当颗粒粒度大于 $55\mu m$ 时，由于颗粒的重力效应显著，粒度越大，拾起速度越大；当颗粒粒度在 $15\sim 55\mu m$ 时，由于粒度减小，粉体颗粒之间黏聚力作用增强，因此拾起速度增大；当颗粒粒度低于 $15\mu m$ 时，颗粒的黏聚力过大，从而发生团聚，主要以颗粒聚团的形式运动，很难将单颗粒吹起，因此拾起速度大。

研究颗粒启动与沉积不是孤立的，一般来讲，容易启动的颗粒就不容易发生沉积，反之则越容易沉积。同种物质中粒度越小更容易沉积；同粒度的颗粒则是黏聚性越大的更容易沉积；在相同物料、相同气速下，固相质量流率越高的更容易沉积。尽管颗粒的启动与沉积看似是相反的两种行为，但是拾起速度与沉积速度并不相等。在颗粒发生沉积后，重新启动所需的能量较大，因此在某些生产工艺中此类情况应该尽量避免。

6.3.2　两相流流型

气力输送过程可以看作是气固两相流的运动，其流动模型、压力损失计算、流变分析、测试技术等与气固两相流具有一定的共性。随着系统输送风速变化，输送物料的运动状态也随之变化。当输送物料的风速比较高时，物料处于悬浮状态，输送气流把呈均匀分布状态的物料输送前进；当输送物料的风速有所降低时，物料就开始汇集；随后部分物料开始在输送管道聚集，呈现出脉动集团式输送；输送物料的风速继续降低，管道截面被物料堵塞，开始产生不稳定的料栓，此时空气的压力推动料栓向前输送；输送物料的风速如果再继续下降，之前状态不稳定的料栓就会开始形成相对比较稳定的料栓，这时稳定状态的料栓在空气压力的推动下向前输送。

气固两相间的相互作用决定了两相间存在着不断变化的相面，相面的不断变化使两相流流型不固定，两相流流型不止一种，同时伴随着随机性。这也是两相流与单相流的重要区别之一。

两相流在管道内的流动较复杂，由于流动的不稳定性、两相间的相互作用、物料颗粒性质不同等原因，在管道内形成湍流，现有的模型并不能完全描述气固两相湍流流动。因此，根据流型建立合适模型以及检测识别流型是气力输送研究的重点方向。

根据研究，气力输送的水平管内流动模型可以分为以下几种，如图6-4所示。

① 悬浮流。当料气比较小、气体速度大时，在低压低真空环境下，物料在管道内均匀悬浮分散，这种流动状态称为悬浮流。只在稀相气力输送中才会出现悬浮流。

② 线条流。气流速度减小，伴随着气固两相流之间的作用力减小，有些粉体物料由于所受气体曳力减小，会在重力的作用下沉积，但并没有停滞不前。水平管内的流型呈现线条（对于弯管和垂直管则发生在外侧管壁），随着料气比增大线条流会变多。

③ 疏密流。当物料的浓度增大及气速减小时，疏密流流型出现。由于管道内的湍流作用，粉体会出现呈现旋涡前进（管底速度小，管上部速度较大，上部物料输送速度快），管底物料富集但未停滞不前，而是缓慢滑动，物料在管底悬浮直至形成沙丘。

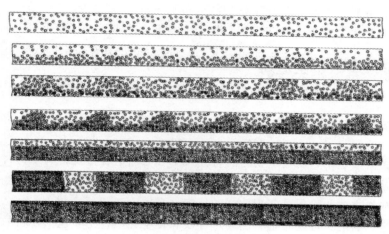

图 6-4　水平管内的流动模型

④ 沙丘流。由于气速减小，物料颗粒出现分层，管底为运动缓慢的物料，上部为气固混合物，输送不稳定，输送方式由稀相方式转为密相方式输送。

⑤ 沉积流。物料几乎都沉积在管底，上部几乎不存在物料，管底物料形成物料层，气体在上部流动，物料层在管底运动速度较慢。

⑥ 料栓流。不易悬浮的物料（如水泥）等物料在管道可呈现料栓流。该流型的推动力通过料栓前后两边的压力差实现。与悬浮流输送相比，两者在根本上是有区别的，料栓流靠前后料栓间的压力差推动，而悬浮流则通过气流带动。

⑦ 柱塞流。对于黏度较小的物料在管道内形成间断的柱塞，物料形成的柱塞充满管道，管道上半部分顶部为气体，底部为静止的物料层，管道内上部的气流会携带少量物料输送，底部物料形成的料栓会连同前部所有物料一起运动，而在料栓移动后的部位形成新的静止的物料层。柱塞流在密相气力输送中较常见。

相对于水平管，垂直管内因重力与运输方向在同一直线上，所以其流动模型相对简单，主要有 3 类，如图 6-5 所示。

① 均匀流：颗粒沿着管道向上运动，在管道内呈现均匀分布的状态。

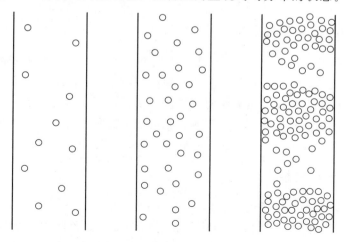

图 6-5　垂直管内的流动模型

② 疏密流：颗粒在管道中呈现不均匀的分布状态。

③ 栓状流：颗粒在管道中堆积形成料栓，依靠静压差推动颗粒沿垂直方向运动。

6.4 气力输送系统相关参数

6.4.1 粉体物料性质

在气固两相流输送中，所输送物料的特性对于气力输送有重要影响。物料的流动主要由物料特性决定，因此对于不同物料的特性研究有助于气力输送的选型和操作。对于不同的物料选择正确的输送方式，确保了气力输送的稳定、高效。

常见的输送物料的特性是指物料的物理性质和化学性质，主要包括物料的粒度、颗粒形状、几何结构、透气阻力、粉体静力学、粉体动力学以及粉体磨损等，同时对于一些物料还需考虑静电效应、黏附和凝聚以及易爆易燃性等。这些物料颗粒性质与气力输送之间关系如表 6-1 所示。

表 6-1 颗粒性质与气力输送的关系（A—密切相关，B——一般相关）

颗粒性质	吸送式	压送式	栓流式	特种	压送罐和料斗	直管和弯管	分离除尘器
粒度	A	A	A	A	A	B	A
颗粒形状	A	A	A	A	B	A	A
几何结构	B	B	A	B			
透气阻力	B	A	A	B	A		B
粉体静力学	B	A	A	A			
粉体重力学	A	A	A	A	A		
粉体磨损	A	A	A	A		A	A
黏附和凝聚	A	B	A	B	B	A	A
颗粒静电	A	B	B	A	B		A
粉尘爆炸	A	B		B	B		A

6.4.1.1 物料颗粒尺寸及其分布

物料颗粒尺寸是物料最基本的性质，颗粒尺寸的大小可以用粒度来表示。对于规则球形颗粒而言，其尺寸就是它的直径；但是对于不规则颗粒，其粒度的测定方法不同，测定值也会不同。比较常用的颗粒粒度测定方法有沉降法、扬析法、显微镜法等。

物料颗粒的粒度以及粒度分布往往影响物料的流动性和气力输送的难易程度。在选择气力输送形式、风速以及除尘设备时，物料颗粒尺寸和尺寸分布是重要的考虑因素。

6.4.1.2 物料的堆积特性

物料中的颗粒以某种空间排列组合形式构成一定的堆积状态，并表现出如空隙率、堆积密度、填充物存在形态以及空隙的分布状态等堆积性质。堆积性质由物料的物理性质所决定，它与物料层的压缩性、流动性等物料特性密切相关，并直接影响到单元操作过程参数和成品及半成品的质量，如流体通过料层阻力。料仓储存粉料时的"起拱"现象以及铸造砂型的透气性和强度等，都与物料的堆积特性有密切联系。

物料的堆积密度定义为物料质量与物料堆积体积之比，是指散状物料在堆积状态或松散状态下，含颗粒间隙在内的单位体积物料所具有的质量，如式(6-1)所示：

$$\rho_s = \frac{M}{V_s} \tag{6-1}$$

式中　ρ_s——堆积密度，kg/m^3；

M——物料质量，kg；

V_s——堆积体积，m^3。

物料的堆积密度不仅仅与物料颗粒的粒度以及粒度分布有关，还与物料的堆积方式有关。堆积方式主要分为松动堆积方式和紧密堆积方式。松动堆积方式是指物料在重力作用下缓慢沉积后所形成的堆积，而紧密堆积方式是指物料在机械振动作用下所形成的紧密堆积。

物料的堆积密度还与所处的状态密切相关。这几种状态分别是：物料从设备流出时的流出状态密度、流出的物料在沉降积聚时的沉聚状态密度、物料在料仓中储存时的储存状态密度和物料在充气状态下的密度。物料在不同状态下堆积密度值不同，反映了物料的流动性能以及能否被充气流态化的特性。

6.4.1.3 物料的输送特性

在水平管道中，物料颗粒所受重力方向与气流方向垂直，空气动力对颗粒的悬浮不起直接作用，但实际上物料颗粒还是能被悬浮输送的，这是由于物料颗粒除受到水平推力之外，还有其他对抗重力的力的作用。在垂直管道中，物料颗粒主要受到气流向上的推力作用，当气流速度大于物料的悬浮速度时，物料颗粒向上运动。同时，由于气流中存在与流向相垂直的分量，以及受颗粒本身形状不规则的影响，所以物料颗粒并不是直线上升，而是呈现不规则的曲线上升。

（1）悬浮速度

当物料与气体两相流在水平管道中流动时，气流速度分布有显著变化，最大速度的位置移至管道中心线以上。这主要是由于物料在运动过程中受到自身重力的作用，不断向管底沉积，造成管道底部的气流速度较低。输送过程中气流的速度分布是随着物料颗粒运动状态的改变而不断变化的。在水平输送管中，越靠近管底，空气受到的阻力越大，速度越小。在垂直输送管中，要使物料能与气流同向运动，气流的速度必须大于物料的悬浮速度。

物料悬浮速度是进行气力输送系统设计时确定气流速度的依据。由于物料颗粒之间和物料与管壁之间的摩擦、碰撞和黏着，以及管道断面上气流速度分布不均匀和边界层的存在，实际物料悬浮所需的气流速度要比理论计算值大，所以各种物料的实际悬浮速度仍需要通过实验来确定。

（2）物料在管道中的运动状态

在水平输送管中，一般来说输送气流速度越大，物料分布越均匀。但根据不同条件，当输送气流速度不足时，流动状态会有显著变化。在输料管的起始段按管底流大致均匀地输送，越到后段就越接近疏密流，最后终于形成沉积流或柱塞流。水平输送管越长，在水平输送管的沿程，这一现象越明显。根据经验，若将输送气流速度降低到一定限度时，则伴有明显的脉动，在弯头处产生周期性的强烈的冲击压力。由于输送气流速度的不同，物料在水平管道中呈现出不同的运动状态。

在垂直输送管中，物料颗粒受到自身重力以及气体向上推力的共同作用，只有当气体向上的推力大于物料的自身重力时，物料才会不断地向上运动。由于管道中气流运动的不稳定性、物料颗粒尺寸的不规则性、物料颗粒间的相互作用以及物料颗粒与管壁的相互作用，会使得物料颗粒在垂直管道中的运动状态呈现出不规则特性。由于输送气流速度的不同，物料在垂直管道中呈现出不同的运动状态。

6.4.1.4 物料的摩擦特性

物料的摩擦性质是指物料固体颗粒之间以及颗粒与固体边界表面因摩擦而产生的一些特殊物理现象，以及由此表现出的一些特殊的力学性质。物料的静止堆积状态、流动特性及对料仓壁面的摩擦行为和滑落特性等摩擦性质是气力输送系统设计过程中的重要参考。摩擦角是表示物料摩擦特性的物理量，用于表征物料静止及运动力学特性，在设计气力输送装置时是非常重要的参考。物料的摩擦角主要有四种：休止角、内摩擦角、壁面摩擦角和滑动角。

（1）休止角

休止角是指物料在自然堆积状态下的自由表面在静止状态下与水平面所形成的最大角度。休止角常用来衡量和评价物料的流动性。休止角有两种形式：堆积角和排出角。堆积角是指在某一高度下将物料注入到一个理论上无限大的平板上所形成的休止角；排出角是指将物料注入到某一有限直径的圆板上，当物料堆积到圆板边缘时，如再注入物料，则多余物料将由圆板边缘排出而在圆板上形成的休止角。

一般而言，物料颗粒球形度越大，其流动性越好，它的休止角就越小；对于同一种物料而言，粒度越小则其休止角越大，这是因为粒度较小的粉体颗粒间黏附性较强，导致流动性减弱。当物料受到冲击或振动等外部作用时，其休止角会减小，致使流动性增加，工业生产过程中常利用这一特性来解决储料仓下料困难问题。同样，可以将压缩空气通入物料内使其流动性大大提高，有助于储料仓下料及空气斜槽输送物料。表6-2为几种常见物料的休止角。

表 6-2 常见物料的休止角

物料名称	休止角 $\varphi/(°)$	物料名称	休止角 $\varphi/(°)$
煤渣	35	锯末	45
无烟煤	22	大豆	27
棉籽	29	小麦	23
飞灰粉	42	石块	45

（2）内摩擦角

物料层的活动局限性很大，这主要是由于物料内部粒子间存在着相互摩擦力。物料层中粒子的相互啮合是产生切断阻力的主要原因，所以内摩擦角受到颗粒表面粗糙度、附着水分、粒度分布以及空隙率等内部因素和粉体静止存放时间及振动等外部因素的影响。对同一种物料，内摩擦角一般随空隙率的增加近似成线性关系减小。

（3）壁面摩擦角

壁面摩擦角表示料层与固体壁面之间的摩擦。在工业生产中，经常碰到物料与各种固体材料壁面直接接触以及相对运动的情况，如物料从储料仓中流出时与仓壁的摩擦。因此，在物料储料仓设计和气力输送阻力计算时，壁面摩擦角是一个很重要的参数。

壁面摩擦角的影响因素有颗粒的大小和形状、壁面的粗糙度、颗粒与壁面的相对硬度以及物料的静置存放时间等。

（4）滑动角

滑动角是指将载有物料的平板逐渐倾斜，当物料开始滑动时，平板与水平面之间所形成的夹角。物料颗粒与倾斜壁面间的摩擦行为可以通过滑动角来进行研究，如对于物料颗粒在旋风分离器中下降行为的研究。

物料摩擦角的影响因素非常复杂。虽然各种摩擦角都有其一定的定义，但由于测定方法的不同，所得摩擦角亦不同；即使同一种物料也会因生产加工处理情况不同而导致摩擦角改变。例如颗粒粒度变小，黏附性、吸水性增加，都会使摩擦角增大；反之，颗粒表面光滑呈球形、空隙率大、对粉料充气等，都会使摩擦角变小。

6.4.2 料气比

料气比是气力输送过程中的一个重要参数，是指管道输送物料的质量流量与气体的质量流量之比，用字母 m 来表示，如式（6-2）所示：

$$m = \frac{G_s}{G_a} \tag{6-2}$$

式中　m——料气比；

　　　G_s——物料的质量流量，kg/min；

　　　G_a——气体的质量流量，kg/min。

常见的气力输送料气比的选择范围如表 6-3 所示。

表 6-3　料气比的选择范围

输送方式	压力	料气比（m）
吸送式	低真空	1～10
	高真空	10～50
压送式	低压	1～10
	高压	10～40
	液态化压送	40～80

料气比对于气力输送系统的设计过程有着重要的研究意义，同时对于输送状态的表征有着重要意义。它把物料的流动状态数字化，在实际生产的过程中根据实际的消耗量进行计算来验证气力输送系统的经济性。

从理论上讲，当设计输送系统时料气比越大越好，这样可以以最小的耗气量和能源消耗实现最大的输送能力；同时料气比越大，输送系统所需要的管径就会相应减小，除尘器的选择也会相应降低成本，整体投资大大降低。在实际生产中，料气比的选择并不能做到尽量大，因为需要考虑在实际输送过程中的相关因素。料气比选择过大后，物料在管道内发生堵管的概率也会上升，一旦发生堵管，整个生产流程都会受到影响。在进行气力输送系统设计时，料气比的选择应当考虑实际工况，并对物料进行充分的物性研究之后得出，并需要进行验证性试验来检验所选料气比对系统稳定性的影响。

6.4.3　输送气量

输送气量，即输送一定量的物料所需的压缩气体量，一般用 Q_a 表示，如式（6-3）所示：

$$Q_a = \frac{G_a}{\rho_a} \tag{6-3}$$

式中　Q_a——输送气量，m^3/min；

　　　ρ_a——气体的密度，kg/m^3。

6.4.4　输送能力

在气力输送系统中，物料的输送能力也可以用另外定义的参数来表示，和物料的质量流量接近。主要是指在管道内，某一截面在单位时间内通过的物料质量。常用电子称重仪测量物料的质量变化，如式（6-4）所示：

$$G_s \approx M_s \tag{6-4}$$

式中　M_s——系统的输送能力，kg/min。

输送能力的大小受多种因素的影响，输送压力、粒径、管径等都会对系统的输送能力产生影响，其中对设计已经成型的系统，调节输送压力是最简单的调节输送能力的手段。

在工程中，需要考虑输送能力。根据输送能力来选择设备，确保能够满足生产需要。实际选择时，需要增加 10% 左右的设计余量。

6.4.5　输送气流速度

输送气流速度是气力输送系统中较为关键的设计参数，气力输送系统能否稳定运行在一定程度上也取决于输送气流速度。输送气流速度的确定对于整个系统的成本控制（如能源消耗方面）有着决定性的影响。

气力输送系统中的输送气流速度主要包含表观气速、真实气速、最大输送气速以及最小输送气速。通过对气速的控制可以使输送系统运行更加平稳并且能够节省能量。为了降低系统能耗、减少管道的磨损和降低颗粒破碎，采用的输送气速越小越好。但是由于过小的输送气速会导致系统动力不足，产生管道的堵塞。因此存在一个最优气流速度，即最小输送气速，使系统的各项参数实现最佳配置。最小输送气速是系统重要的参数。研究可知，降低最小输送气速可增加输送量。

输送物料的最小气速是依据物料颗粒的物性、系统的结构配置以及输送管道的管径和长度来确定的。一般根据设计计算或者实际测量的颗粒悬浮速度 v_0，再根据输送距离和料气比，选取经验系数来确定的输送气流速度 v_a。输送气流速度的经验系数如表 6-4 所示。

表 6-4　输送气流速度的经验系数

输送物料情况	输送气流速度 $v_a/(m/s)$	输送物料情况	输送气流速度 $v_a/(m/s)$
松散物料在铅垂管中	$\geqslant(1.3\sim1.7)v_0$	在两个弯管的垂直或者倾斜管	$\geqslant(2.6\sim1.7)v_0$
松散物料在倾斜管中	$\geqslant(1.8\sim2.0)v_0$	管道布置较复杂时	$\geqslant(2.6\sim5.0)v_0$
松散物料在铅水平中	$\geqslant(1.5\sim1.10)v_0$	大密度成团的黏结性物料	$\geqslant(5.0\sim10.0)v_0$
在一个弯管的上升管	$\geqslant2.2v_0$	细粉状物料	$\geqslant(50\sim100)v_0$

表观气速是指在一定压力下，气体的体积流量与管道的横截面积之比，其表达式如式(6-5) 所示：

$$U_{ST} = \frac{60Q_a}{A} \tag{6-5}$$

式中　U_{ST}——表观速度，m/s；

　　　Q_a——气体的体积流量，m^3/min；

　　　A——管道的横截面积，m^2。

气体的真实气速是指在一定压力下，气体的体积流量除以管道中气体所占的横截面积。实际上由于不清楚管道横截面中的空隙率，所以很难计算真实气速。在密相悬浮输送中，其值稍大于表观气速，其表达式如式(6-6) 所示：

$$U_g = \frac{60Q_a}{60(A - A_s)} \tag{6-6}$$

式中　U_g——真实气速，m/s；

　　　A_s——管道横截面上物料所占的面积，m^2。

最大气流速度的定义也是通过考虑具体的物料在输送中的破碎率以及管道的磨损、距离、能量消耗等来确定的。

6.4.6　输送管道的参数

输送管道的参数较多，主要有输送管道的直径大小、管道的制造材料、管道内衬等。同时在设计过程中，对于管道的布置也是有着严格的要求的，根据实际布置的情况来进行等效换算，推算出当量长度。

气力输送系统中输送管道内径是根据输送形式和管道末端速度来决定的，其关系如式(6-7) 所示：

$$D = \sqrt{\frac{4Q_a}{60\pi v_a}} \tag{6-7}$$

式中　D——输送管道直径，m。

　　　v_a——输送气流速度，m/s。

但如果输送管道的距离过长，通常的做法是把管道做变径处理，在输送末端采用直径较小的管道输送，以防止在输送末端由于管道直径与前段大小相同，造成输送气流速度降低。

在设计输送系统时所用的输送管道长度是指管道的当量长度，当量长度与输送管道的几何长度是不相同的。其计算方法如下：

$$L_{eq} = L_x + kL_s + \delta D \frac{\theta}{90°} \tag{6-8}$$

$$k = 1 + 0.08m$$

$$\delta = 70 + 2m$$

式中　k——竖直管道当量长度系数；

　　　δ——输送弯管当量长度系数；

　　　L_{eq}——当量长度，m；

　　　L_x——管道水平段长度，m；

m——料气比；

L_s——管道竖直段长度，m；

θ——输送弯管总弯曲角度，°。

在气力输送系统设计时，理论上讲，管道的最佳布置方案采用两点最短距离的直线布置，这样既便于管道的安装，又能高效地进行物料的输送。但在实际工况中，由于受车间的建筑条件限制或者已安装设备的阻挡，管道布置必须考虑实际情况作调整，但仍然尽量以采用直线、减少管道的弯头为原则。在管道的布置中必须采用弯头时，由于物料在弯头处的磨损和运动受到较大影响，因此尽可能增大弯头处管道的布置直径。当弯头布置直径和管道内径的比值为5～30时，管道的压力损失较小，对物料的运动状态影响较小。同时，在管道布置时，两个管道弯头的间隔距离至少是管道直径的40倍，才能不影响物料的输送，防止发生堵管现象。

6.4.7 输送管道的压损

在气力输送粉体过程中，压力损失主要是由于气体和物料颗粒在管道中流动造成的，压力损失在整个气力输送参数中是比较重要的一个参数。对于压力损失的计算有助于针对性地降低能量损耗，提高输送效率。物料粒度、管长、管径、管网布置以及料气比和气流速度等都对压力损失有影响。

物料输送过程中产生的压力损失伴随着整个输送过程。从物料开始输送时，在下料口与压缩气体混合，至将物料输送至收料罐内，整个过程要保持连续稳定输送，在设计计算时必须对各部分的压力降进行分析计算。物料与气体混合形成的两相流在输送管道内流动时，物料颗粒在悬浮时的相互碰撞、气固两相与管道内壁的摩擦、物料在垂直管中上升等都会造成压力损失。在输送管道中，气体的压力随着输送的不断进行而逐渐减小。例如在正压输送系统中，输送管道内的压力在下料口位置最大，沿着管道克服作用力而逐渐变小，在除尘器处压力最小。设计计算时，一般按一个标准大气压计算。

（1）水平管压力降

对于水平管来说，物料颗粒悬浮流动，物料在气流带动下在管内流动，之间存在多种力的作用，同时对管壁的摩擦等都会产生阻力损失。水平管内颗粒运动产生的压力损失的经验方程如式（6-9）所示：

$$\Delta p_1 = \Delta p_2 (1 + mK) \tag{6-9}$$

式中　Δp_1——水平管压力损失，Pa；

Δp_2——纯气体产生的压力降，Pa；

m——料气比；

K——阻力系数。

阻力系数 K 主要与管径、物料颗粒料性以及气流速度有关，一般由实验测定。表6-5为不同物料的阻力系数 K 值。

表6-5　不同物料的阻力系数 K

物料类别	细粒状	粉状（低真空）	粉状（高真空）	粉状	纤维状
气流速度/(m/s)	25～35	16～25	20～30	16～22	15～18
K	0.5～1.0	0.5～0.7	0.3～0.5	0.5～1.5	1.0～2.0

（2）垂直管压力降

对于垂直管，物料在管中上升，压力降主要为两相流沿程压力损失以及克服重力作用（提升力）产生的压力损失。常用以下公式计算：

$$\Delta p_3 = \Delta p_4(1+mK) + \Delta p_5 \tag{6-10}$$

$$\Delta p_5 = mh\frac{v_1}{v_2}\rho_1 g$$

式中　Δp_3——垂直管压力损失，Pa；

Δp_4——物料自重产生的压力降，Pa；

Δp_5——物料提升产生的压力降，Pa；

h——上升高度，m；

v_1——气体输送速度，m/s；

v_2——物料在垂直稳定输送速度，m/s。

因此，有

$$\Delta p_3 = \Delta p_4(1+mK) + mh\frac{v_1}{v_2}\rho_1 g \tag{6-11}$$

（3）弯管压力损失

对于弯管，物料在气流带动下流经弯管时，由于弯头角度、曲率半径、内径等弯管几何结构的作用，两相流速度方向发生变化。由于受弯管向心力和物料惯性力的作用，两相流间相互摩擦、碰撞，造成动力损耗和物料损耗、弯头磨穿，物料的运动状态改变重新在弯管内分布、加速。物料流经弯管造成的压力降不仅与弯管几何结构有关，还与物料性质有关。弯管处的压力降相较于水平管来说变化最大，尤其是在弯头由水平管连接垂直管时达到最大的压力损失。压力降经验方程如式（6-12）所示：

$$\Delta p_6 = \zeta_6\frac{\rho_1 v_6^2}{2}(1+mK_6) \tag{6-12}$$

式中　Δp_6——弯管压力损失，Pa；

v_6——弯管处初始位置气速，m/s；

ζ_6——弯管阻力系数（纯气体）；

ρ_1——弯管处初始位置气体密度，kg/m³；

K_6——弯管阻力系数（气固两相流）。

6.5　气力输送系统组成

气力输送装置一般由气源、供料装置、管道和管件、气固分离器、除尘器以及各测试仪器组成。这些部件结构性能的合理选择、配置与正确计算，对气力输送装置运行的经济性和可靠性有很大的影响。

6.5.1　气源

气源是气力输送系统运行的能量来源。它向系统提供一定压力和流量的气体，以克服系统中的各项压力损失。因此，正确地选择气源装置对系统的稳定运行十分重要。选择气力输送系统气源装置的首要条件是当输送管内压力变化较大时气体流量变化较小。考虑到系统的沿程压损及局部压损，气源的工作压力应比系统的最高工作压力高 20% 左右；对于系统工作压力要求较低的场合，可以经减压阀减压后再供入系统中。

空气压缩机、鼓风机和离心通风机都是空气处理机械，可分别作为各种气力输送系统的气源，在气力输送工程领域具有广泛的应用。但离心通风机输送气体的压力很小，可将气体看作是不可压缩的；鼓风机与空气压缩机输送气体的压力很大，气体是可压缩的。三者输送的气体压力大致如下：离心通风机的排气压力小于鼓风机的排气压力大于压缩机的排气压力。离心通风机与鼓风机的排出流量大，压力较低，一般适用于短距离的稀相输送和除尘过程；空气压缩机主要为容积式，它包括往复式压缩机和螺杆式压缩机，适合于一般的密相气力输送系统。

（1）空气压缩机

空气压缩机种类有很多，常用的有活塞式空气压缩机、螺杆式空气压缩机和离心式空气压缩机。其中螺杆式空气压缩机的结构示意如图 6-6 所示，空气的压缩主要是依靠机壳内相互平行啮合的阴阳转子的齿槽容积的变化来实现的。转子副在与它精密配合的机壳内转动，使转子齿槽之间的气体不断地产生周期性的容积变化，并沿着转子轴线由吸入侧推向排出侧，完成吸入、压缩、排气三个工作过程。

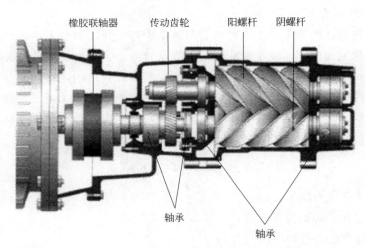

图 6-6　螺杆式空气压缩机的结构示意

螺杆式空气压缩机广泛用作气力输送系统的气源设备，它具有其他类型空气压缩机无可比拟的优点，具体如下。

① 螺杆式空气压缩机的转速较高，而且体积小、质量轻，因而经济性好。

② 螺杆式空气压缩机没有往复质量惯性力，动力平衡性能好，故体积可以很小。

③ 螺杆式空气压缩机结构简单紧凑，易损件少，所以运行周期长，使用可靠。

④ 螺杆式空气压缩机具有强制输气的特点，即输送量几乎不受压力的影响。在较宽的工作范围内，仍可保持较高的效率。

（2）罗茨鼓风机

对于罗茨鼓风机，它主要是依靠两个"8"字形转子的转动，使进气侧工作室的容积增大形成负压而进行吸气，使出口侧工作室容积减少来压缩气体以及输送气体的，故称之为定容式鼓风机，其结构如图 6-7(b) 所示。罗茨鼓风机的两个转子之间以及转子与机壳之间均

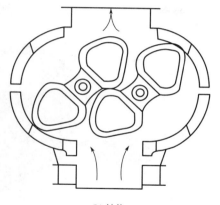

(a) 实物　　　　　　　　　(b) 结构

图 6-7　罗茨鼓风机

保持一定的间隙，间隙的大小前者一般为 0.4~0.5mm，后者一般为 0.2~0.3mm。一方面可以避免转子与转子之间和转子与机壳之间的摩擦，另一方面可以保证输送风量不致因空隙过大造成泄漏而影响机械效率。

罗茨鼓风机现已经广泛应用于气力输送系统中，与常规的低压旋转阀组成理想的组合。它的出口与入口的静压差称为风压，单位为 Pa。工作状态时，罗茨鼓风机所产生的压力取决于管道中的阻力。当转速一定时，随着压力的变化，风量的变化值较小，这种工作特性适用于气力输送装置工作时压力损失变化很大而风量变化很少的情况，不会对系统的稳定性造成影响。同时其轴功率随着静压力的增加而增大，应空载启动，逐渐增压，以防事故的发生。

（3）离心式通风机

对于离心式通风机，由于其一级压缩比值较小，为了适应高料气比或长距离的气力输送，必须采用高速或多级压缩的离心式通风机。离心式通风机的风量受风压的影响很大。在气力输送系统中，压力的波动是很正常的，对于离心式通风机，压力的波动会造成风量的变化。当输料管中的阻力明显增大时，通风机排出口的压力会提高以克服输送阻力，这样会使其出口风量相应减小，从而使料气比增大，导致管道堵塞。因此，这类气源机械设备在气力输送系统中的运用不太可靠。

6.5.2　供料装置

供料装置是气力输送系统的主要部件之一，用以将物料连续地供入输送管道中，它的设计是否得当对系统的性能会产生显著的影响。常用的发料器主要有仓式泵、文丘里式供料装置以及旋转叶片供料装置等，这些供料装置在实际中都得到广泛的应用。设计供料装置时需要考虑很多方面的因素，要能够均匀定量地供料、降低装置的漏气率、减少物料的破碎、降低功率消耗、进出料要通畅等。综合考虑这些要求并分析其主次进行设计，同时还应该考虑物料性质随温度、湿度、压力等因素的变化，以及物料的黏附性、磨削性和腐蚀性等。

（1）仓式泵

仓式泵是输送系统的重要部件之一，如图 6-8 所示。它主要应用于正压（压送）式输送中，其操作使用性能与料气比、输送稳定性以及输送能力等密切相关。在实际工况中，仓式泵主要有上引式和下压式两种出料方式，两种不同的仓式泵在结构和出料方式的不同造成了

图 6-8 仓式泵

不同的给料特性和流动特性。上引式是物料经下部吸料、流化后，从泵体上部引出；下压式主要是利用物料的重力作用和压力进入输送管道，料气比较大。两种不同的仓式泵都被广泛使用。

（2）文丘里供料器

文丘里供料器是最简单的供料设备，其结构示意如图 6-9 所示。文丘里供料器的工作原理主要是利用喷嘴或收缩段喷出的气流在喉部产生负压（低于一个大气压），依靠物料颗粒的重力作用下落和喉部产生的负压环境将物料吸入文丘里供料器中，高速气流在渐扩管内将物料颗粒加速并转化为输送压力，从而对物料进行输送。由于动能转化为输送压力效率较低，因此输送距离和输送量有限。但是文丘里供料器具有设备构造简单紧凑、设备价格便宜、输送稳定性和连续性好、占地面积小等优点，广泛应用到各种工况系统中。

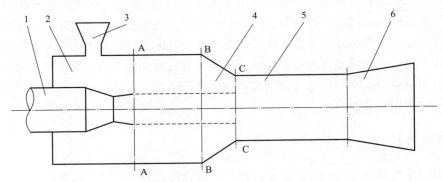

图 6-9 文丘里供料器的结构示意

1—喷嘴；2—接收室；3—下料口；4—混合室入口；5—混合室；6—扩散室

（3）旋转供料器

旋转供料器作为一种气密性供料装置，广泛地应用于粉体气力输送系统中。旋转供料器的结构如图 6-10 所示，主要部件有叶轮和机壳。它依靠上部料仓的物料充填在叶片之间的空隙中，随着叶片的旋转而在下部卸出物料，均匀连续地向输送管供料，保证气力输送管内料气比的稳定，同时又可将供料器的上下部气压隔断而起到锁气作用。它的特点是结构较为简单，保养较为方便，可通过转速的调节改变供料量，适用于流动性较好、磨琢性较小的粉粒块状物料。

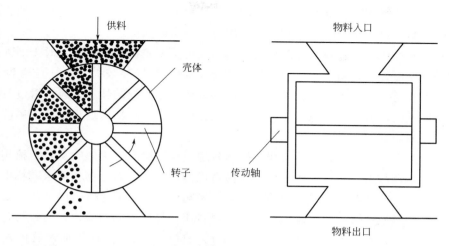

图 6-10 旋转供料器的结构

叶轮转速与供料量之间的关系如图 6-11 所示。在一定的数值范围内，供料器的供料能力随着叶轮转速的增加而增大；但是当超过这一数值时，供料能力随着叶轮转速的增加而降低。产生这一现象的原因有以下几点：一是当转子叶片的速度过大时，物料颗粒向下卸料的过程中未落下而被带回，导致供料量减少；二是由于叶轮转速较高，供料器的容积效率下降，导致供料量减少；三是由于叶轮转速增加，使得供料器的漏气量增加。考虑到系统运行时的稳定性问题，叶轮转速的数值一般在直线段范围内选取。

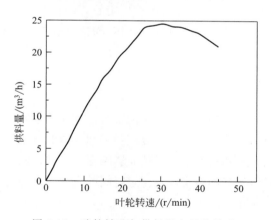

图 6-11 叶轮转速与供料量之间的关系

6.5.3 管道

气力输送管道主要用以输送物料，按照输送工艺的特点，一般由直向输送管和转向输送管组成。对气力输送管道的基本要求是要有足够的强度和刚度、较高的气密性和耐磨性、内表面要光滑、能够快速安装及拆卸以及便于清理堵塞等。

（1）输送直管的设计

输送直管一般都采用圆形截面，相对于其他类型的截面，其阻力较小且制作简单。对于一般物料的输送，可选用无缝钢管来输送；对于食品行业以及石油化工行业的粉粒体，可以采用不锈钢管来输送；对于磨蚀性较大的物料，可以采用陶瓷内衬复合钢管来输送；对于黏附性较大的物料，可以采用带有橡胶内衬的铝合金管来输送。

输送直管壁厚应根据物料的性质以及气力输送的类型来确定。例如，对于磨蚀性较小的物料，输送管壁厚较小；对于磨蚀性较大的物料，输送管壁厚较大。在输送管设计的过程中，要考虑到管道内壁的平滑；在管道连接的部分要考虑焊缝的处理，应平滑过渡，不能出现凸出管道内壁的焊渣；在法兰连接处不能安装错位，以免在输送过程中产生局部涡流，增加阻力造成堵塞现象。

在气力输送系统中，管道材质及粗糙度对输送过程同样有很大影响。对于稀相输送，物料在管道中呈悬浮状态，颗粒在管道内壁碰撞造成能量损耗；对于密相输送，特别是静压输送，管道材质及粗糙度对输送效果和输送能耗的影响更大。在输送管道中常用材质包括不锈钢材质、铝合金材质橡胶内衬、碳钢材质、塑料材质，材质不同的管道，物料与它们之间的摩擦系数就不同，比如在输送管道中常用的不锈钢材质、铝合金材质加橡胶内衬、碳钢材质、塑料材质。各种材质的管道与物料之间的摩擦系数相差很大，管道的磨损率也相差较大，选择时需要正确选用。

（2）输送弯管的设计

输送弯管应用在需要改变物料输送方向的场合，弯管的横截面可以做成圆形或矩形。输送弯管的压力损失及磨损量均比输送直管大，输送弯管处的压力损失除与风速和料气比有关外，还取决于其弯曲半径及弯曲角度。在一般情况下，弯曲半径越大，则压力损失越小。但是当弯曲半径超过弯管当量直径的 10 倍时，压力损失的变化不太显著。

黏附性较强的粉料容易在输送弯管壁面产生附着，因此需要在结构上采取适当措施，以防止物料在弯管处产生堆积。当黏附比较严重时，需要安装振动机构或捶打装置，并采用拆卸方便的连接方式。

6.5.4　料气分离装置

料气分离装置是气力输送系统中必不可少的部分。气流将物料输送至目标位置后需要将物料从气流中分离出来，有时也称作卸料器。分离物料和气体的设备称为分离器。分离器的设计应保障其分离效率，不会造成物料的堆积，从而影响输送效率，能够迅速高效地将物料从气流中分离出来；同时还要具有较好的稳定性、一定时间的连续工作能力以及对一定工况变化的适应能力。常用的卸料器按工作原理来分，可分为重力式、惯性分离式、离心式等若干种。

6.5.5　除尘器

除尘器是气力输送装置的重要组成部分。除尘器种类有很多，按作用原理可分为重力式、惯性式、离心式、滤袋式、静电式等。对于同一种形式的除尘器，使用条件和安装地点不同，其达到的效果就会不同。在选择除尘设备时，一般应考虑下列因素：一是需净化气体的物理化学性质，如温度、含尘浓度、处理量、湿度以及腐蚀性等；二是气体中粉尘的物理化学性质，如粒度分布、亲水性、黏结性、爆炸性、摩擦角等；三是净化后气体的允许含尘浓度要求。由于袋式除尘器清灰能力强、除尘效率高、阻力较小、漏风率小、占地面积小、运行稳定可靠，从而得到广泛的应用。

袋式除尘器是利用有机或无机纤维织物制作的滤袋将气流中的粉尘过滤出来的一种高效

净化设备。袋式除尘器的类型很多，按进气口位置不同分为下进风、上进风和侧进风，按清灰方式不同分为机械振打式、气环吹洗式和脉冲喷吹式等，按过滤方向不同分为内滤式和外滤式，按通风方式不同分为负压式和正压式。袋式除尘器的除尘机理主要包括重力沉降作用、筛滤作用、惯性力作用、扩散效应和静电效应等。在实际的过滤过程中，以上各种效应往往是综合发挥作用的。随着滤料材质、滤料孔隙、粉尘特性、气流速度等因素的变化，各种效应对过滤性能的影响程度也不同。一般来讲，袋式除尘器的高效率主要依靠滤袋表面的粉尘层，粉尘层的过滤作用比滤袋本身更为重要。影响袋式除尘器性能的因素有很多，表 6-6 为各种因素对袋式除尘器性能的影响。

表 6-6　影响袋式除尘器性能的各种因素

影响因素	减小压力损失	提高搜集效率	延长滤袋寿命	降低成本
除尘效率	小	大	大	小
清灰方式	大	小	大	小
处理风量	高	高	高	高
过滤速度	低	高	低	高
气体温度	低	低	低	低
气体相对湿度	—	高	低	低
气体压力	低	—	—	大气压
粒径	大	大	小	大
入口含尘浓度	小	大	小	小
粉尘相对密度	—	大	小	—

6.6　气力输送发展趋势

进入 21 世纪之后，科学技术发展的突飞猛进，物料运输方式也得到了快速发展，其中气力输送得到了长足的进步。现阶段虽然气力输送发展迅速，但是仍有许多问题尚未探究清楚，存在一些不足之处。气力输送技术的发展趋势有以下几个方面。

（1）新兴气力输送技术的研发

近几十年来，一些新兴的气力输送技术发展迅速，其中之一就是低速高浓度的密相气力输送装置不断涌现。如联邦德国葛泰（Gattys）公司的内重管式装置和布勒（Buhler）公司的外重管式装置以及英国华伦-斯普林（Warren Spring）研究所的脉冲气力输送装置等。这些研究成果，使散装物料的气力输送技术进入一个崭新的阶段。随着新兴的气力输送技术不断出现，越来越多地应用于各个行业之中。

（2）管道磨损问题的研究

管道磨损过于严重是气力输送中常见且难以解决的问题，如何解决该问题是使气力输送得到更多的应用的关键一步。而且在气力输送中两相流运动情况十分复杂，颗粒间的相互碰撞、颗粒和管道间的碰撞，甚至速度过高的气体也会对管道造成一定的磨损。所以，目前对于如何能够减缓磨损、预测磨损区域、了解管道磨损机理的研究越来越多。

（3）输送控制方式的研究

气力输送的整个过程是在管道中完成的，因此输送过程是操作人员无法实时监控的。虽然现阶段有科研人员在管道上加装压力传感器等检测工具,但是由于输送过程的不稳定性和传感器的自身条件限制,无法很好地在线检测,实现整个输送过程的控制。同时,压力传感器等设备反馈回来的信号仅代表了某段管道一时的压力上升或下降,无法真实地还原和展现管道内物料的输送状态,对于输送过程的控制是没有实质意义的。

随着工业生产自动化、智能化等要求的不断提出,对于气力输送系统的控制,也有了更高的要求。如何实现控制系统的闭环控制,从而实现其自动化和智能化,是气力输送技术向更高层次发展的新要求,也是如今研究的热点所在。

(4)输送参数的计算研究

气力输送参数的确定很大一部分是在系统设计时进行的理论计算,而气力输送技术又属于相对较为复杂的一门学科,仅靠单纯的理论计算并不能准确表征输送参数。前人在大量实验的基础上,得到了一些经验公式,但这些经验公式并不是对所有物料都是适用的,其适用性较差。在实际生产过程中,输送参数也仅依靠输送系统的流量表或压力表来确定,对于管道内的空占比等参数的确定并没有较好的方法。因此实际生产过程中的输送参数大多通过理论公式进行估算,这就使实际管道内的物料流动状态缺乏准确的表征参数。而在实际生产中,如输送量、空占比对于输送稳定运行和系统控制具有重要意义。如何较为准确地计算输送参数,也是制约气力输送发展的一个重要方面,对于此方面的研究也在不断深入。

◆ 参考文献 ◆

[1] Francissco J C, George E K. Pickup and saltation mechanisms of solid particles in horizontal pneumatic transport [J]. Powder Technology, 1994, 79 (2): 173-186.

[2] Hayden K S, Park K, Curtis J S. Effect of particle characteristics on particle pickup velocity [J]. Powder Technology, 2003, 131 (1): 7-14.

[3] Hubert M, Kalman H. Experimental determination of length-dependent saltation velocity in dilute flows [J]. Powder Technology, 2003, 134 (1-2): 156-166.

[4] Rabinovich E, Kalman H. Pickup critical and wind threshold velocities of particles [J]. Powder Technology, 2007, 176 (1): 9-17.

[5] Cabrejos F J, Klinzing G E. Incipient motion of solid particles in horizontal pneumatic conveying [J]. Powder Technology, 1992, 72 (1): 51-61.

[6] Yah Y, Byme B. Measurement of solids deposition in pneumatic conveying [J]. Powder Technology, 1997, 91 (2): 131-139.

[7] 杨伦,谢一华. 气力输送工程 [M]. 北京:机械工业出版社,2006.

[8] 陈宏勋. 管道物料输送与工程应用 [M]. 北京:化学工业出版社,2003.

[9] 程克勤,陈宏勋. 气力输送装置 [M]. 北京:机械工业出版社,1993.

[10] Konrad K. Dense-phase pneumatic conveying: A review [J]. Powder Technology, 1986, 49 (1): 1-35.

[11] 何智翔. 粮库气力输送机供料器的设计与优化 [D]. 长沙:湖南大学,2015.

[12] 唐勇. 标准化气力输送系统设计与实现 [D]. 保定:华北电力大学,2015.

[13] 谢锴. 工业级粉煤密相气力输送系统特性研究 [D]. 上海:华东理工大学,2013.

[14] 彭宗祥. 连续密相气力输送系统设计及实验研究 [D]. 青岛:青岛科技大学,2013.

[15] 刘腾飞. 微正压气力输送给料系统模拟分析及设计应用 [D]. 郑州:河南工业大学,2015.

[16] 杨丹,秋实,沈继阳,等. 开放式气力吸送系统设计方法 [J]. 化学工程,2012,40 (6): 51-55.

[17] 林江. 气力输送系统中加速区气固两相流动特性的研究 [J]. 浙江大学学报(工学版),2004,38 (7): 893-898.

[18] 王彦丽. 气力输送的应用分析及发展前景 [J]. 山东化工, 2017, 46 (7): 91-92.

[19] 黄芬霞, 靳世平. 管道内颗粒气力输送的研究现状与热点分析 [J]. 中国粉体技术, 2017 (5): 87-92.

[20] Straub M, Mcnamara S, Herrmann H J. Plug conveying in a horizontal tube [J]. Granular Matter, 2007, 9 (1-2): 35.

[21] Mallick S S, Wypych P W. Minimum transport boundaries for pneumatic conveying of powders [J]. Powder Technology, 2009, 194 (3): 181-186.

[22] 程克勤. 粉粒状物料性能与其气力输送特性 [J]. 硫磷设计与粉体工程, 2004 (6): 13-25.

[23] 梁财, 陈晓平, 蒲文灏, 等. 高压浓相粉煤气力输送特性研究 [J]. 中国电机工程学报, 2007, 27 (14): 31-35.

第 **7** 章 | 粉体设备仿真设计技术

7.1 FLUENT 模拟计算

7.1.1 涡流空气分级机内部流场模拟

7.1.1.1 案例简介

涡流空气分级机是由 20 世纪 70 年代末日本发明的，属于第三代动态干式分级机，具有能耗低、流场稳定等特点，广泛应用于建材、精细化工、食品、医药以及矿物加工等领域。涡流空气分级机可以对超细粉体进行粗细颗粒的分级。为了进一步提高分级效率，需要对涡流空气分级机内部的流场进行模拟研究，通过应用 FLUENT 17.0 软件研究不同结构和工艺参数对涡流空气分级机分级性能的影响，期许获得颗粒分级的最佳参数条件。

涡流空气分级机的结构如图 7-1 所示。粉体颗粒进行气流预分散后，通过气流从两个平行对称安装在转笼两侧的进风口进料，使待分级的物料和转笼处于同一平面上，形成平面涡流场。利用粗细颗粒大小不同，粗颗粒所受离心力大于向心力，被甩到分级轮外；细颗粒所

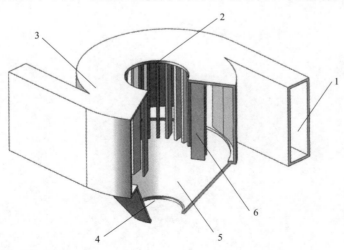

图 7-1 涡流空气分级机的结构

1—进风口；2—细粉出口；3—分级区；4—粗粉出口；5—锥形出料口；6—分级轮叶片

受离心力小于向心力，进入分级轮内，从而实现粗细颗粒的分离。

本案例对涡流空气分级机内部流场进行数值模拟分析，本例中涡流空气分级机模型的参数如下，叶片的长度、宽度、厚度分别为 95mm、27mm、3mm，采用径向垂直安装方式均匀分布在半径为 38mm 的转笼上。转笼的分级区直径为 168mm，进风口的长度、宽度、高度分别为 120mm、30mm、95mm，进风口处蜗壳的开角为 15°，粗粉出口和细粉出口的直径均为 60mm。通过 SoildWorks2017 软件建立了涡流空气分级机流体区域三维模型，如图 7-2 所示。

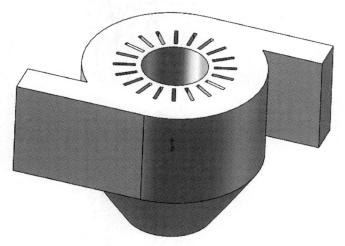

图 7-2　涡流空气分级机流体区域三维模型

7.1.1.2　网格划分基本思路

由于涡流空气分级机的几何模型较为复杂，为了得到高质量的网格，采用 ICEM CFD 三维结构化网格生成方法，利用定义 Interface 对的方法将计算域切分成多个区域进行网格划分，包括机架、转笼区和出口区，如图 7-3～图 7-5 所示。

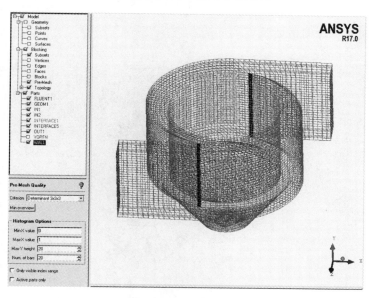

图 7-3　机架网格划分

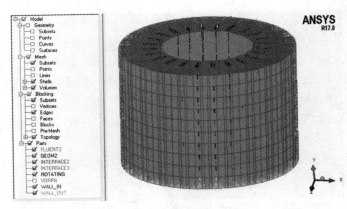

图 7-4　转笼旋转区网格划分

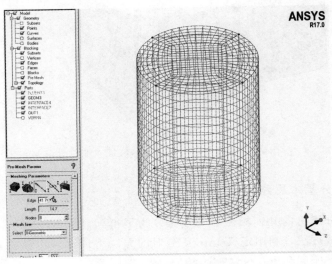

图 7-5　中心出口区网格划分

涡流空气分级机整体网格如图 7-6 所示。

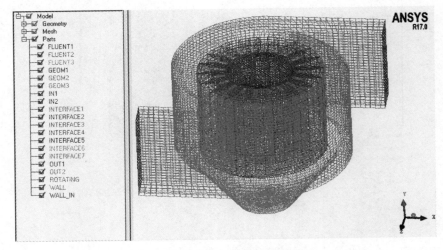

图 7-6　涡流空气分级机整体网格

7.1.1.3　FLUENT 求解设置

（1）启动 FLUENT 软件

双击桌面 FLUENT 图标进入启动界面，弹出"FLUENT Launcher"窗口。"Dimension"选项选择"3D"，修改相应的工作目录"Working Directory"，其余选项保持默认值，最后单击"OK"按钮确定，如图 7-7 所示。

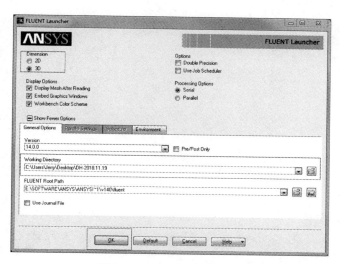

图 7-7　FLUENT 软件启动

（2）导入并检查网格

① 单击菜单栏"File"→"Read"→"Mesh"，读取 msh 格式网格文件，如图 7-8 所示。

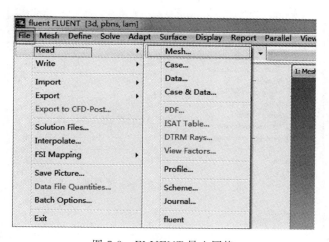

图 7-8　FLUENT 导入网格

② 单击模型操作树下的"General"选项，出现"General"参数设置面板，单击"Mesh"子面板下的"Check"，TUI 窗口显示出网格信息，最小体积和最小面积为正数即可。

（3）通用设置

① 单击模型操作树下的"General"选项，出现"General"参数设置面板，单击"Mesh"子面板下的"Scale"，弹出"Scale Mesh"对话框。在"Mesh Was Created In"栏选择"mm"，"View Length Unit In"栏也选择"mm"，单击"Scale"按钮完成比例缩放，单击"Close"按钮结束，如图 7-9 所示。

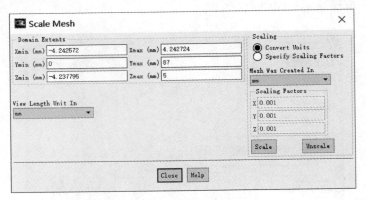

图 7-9　"Scale Mesh"对话框

② 单击模型操作树下的"General"选项，分别设置"Type"为"Pressure-Based"，"Velocity Formulation"为"Absolute"，"Time"为"Steady"，勾选"Gravity"，设置重力加速度为 9.8m/s^2。"General"选项的设置如图 7-10 所示。

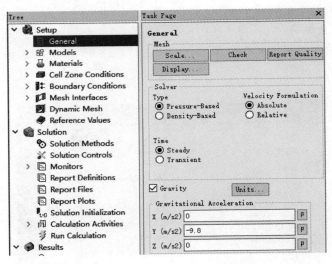

图 7-10　"General"选项的设置

（4）设置基本物理模型

单击模型操作树下的"Models"选项，单击"Viscous-RNG k-e, Standard Wall Fn"，选择"k-epsilon（2 equ）"选项，选择 RNG k-epsilon 模型，选择标准壁面运算模型，如图 7-11 所示。

（5）定义材料属性

涡流空气分级机的分级属于气固分离领域，是固体颗粒在空气带动下的运动，所以材料

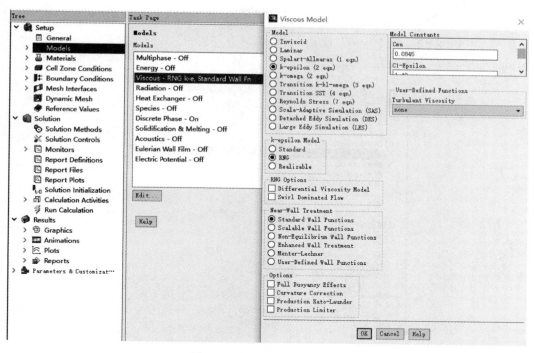

图 7-11　"Models"设置界面

属性无需定义，默认设置即可。

（6）设置计算区域条件

选择模型操作树下的"Cell Zone Conditions"，出现"Cell Zone Conditions"参数设置面板，双击 fluent，勾选"Frame Motion"后，设置旋转轴为 Y 轴，如图 7-12 所示。

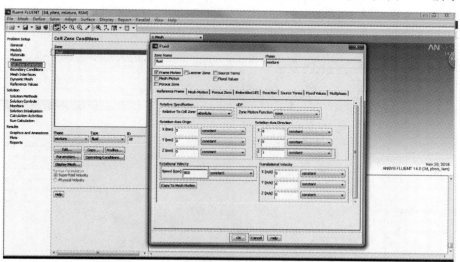

图 7-12　计算区域设置界面

（7）设置边界条件

单击模型操作树下的"Boundary Conditions"，在右侧"Zone"选项框中单击"in1"，在下方"Type"选项中设置类型为"velocity-inlet"，如图 7-13 所示。重复上述步骤，将 in2 的

"Type"设置为"velocity-inlet"，out1的"Type"设置为"Pressure-outlet"，out2的"Type"设置为"wall"，rotating的"Type"设置为"wall"，在"Wall"选项中设置"Wall Motion"为"Moving Wall"，"Motion"为"Rotational"，设置旋转轴为Y轴，其他边界条件为wall。

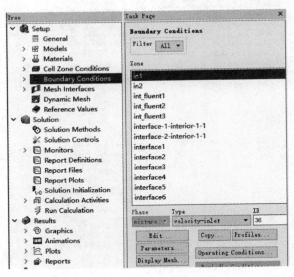

图 7-13　边界条件的设置

（8）Interface 的设置

选择工具栏上的"Interfaces"按钮，在弹出的"Create/Edit Mesh Interfaces"对话框中输入"Mesh Interface"的名称为"interface1"，分别选择"interface1"和"interface2"，勾选"Coupled Wall"和"Mapped"选项框，单击"Create"按钮确认，创建 Interface 如图 7-14 所示。按上述步骤分别关联 interface3 和 interface4 为一对，interface5 和 interface6 为一对。

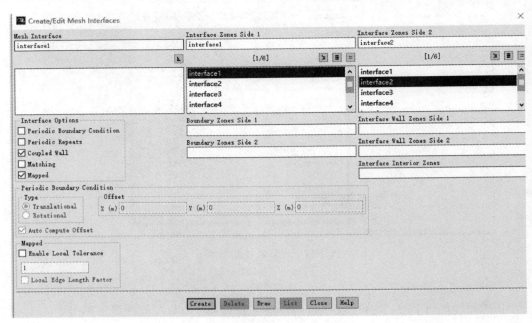

图 7-14　创建 Interface 界面

7.1.1.4　求解计算

（1）求解方法设置

选择模型操作树下的"Solution Methods"，出现"Solution Methods"参数设置面板，求解算法选择 SIMPLEC 压力-速度耦合算法，其余离散方法等设置如图 7-15 所示。

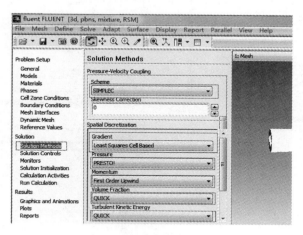

图 7-15　求解方法设置

（2）求解控制设置

选择模型操作树下的"Solution Controls"选项，出现"Solution Controls"参数设置面板，各项松弛因子保持默认值，如图 7-16 所示。

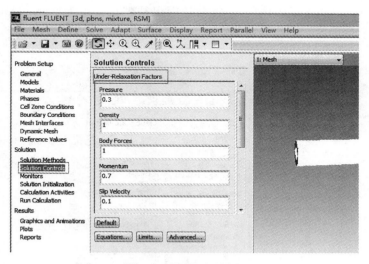

图 7-16　松弛因子设置

（3）收敛条件设置

选择模型操作树下的"Monitors"选项，出现"Monitors"参数设置面板。在"Residuals, Statistic and Force Monitors"选项选择"Residuals-Point，Plot"，双击弹出"Residual Monitors"窗口，收敛标准均设置为 0.001，单击"OK"按钮完成设置，如图 7-17

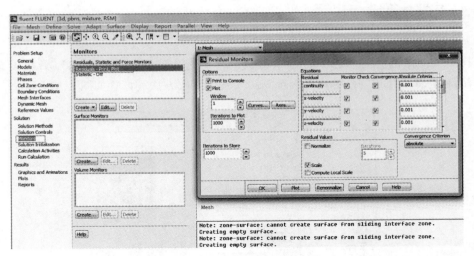

图 7-17　收敛条件设置

所示。

（4）流场初始化设置

选择模型操作树下的"Solution Initialization"，出现"Solution Initialization"参数设置面板。在"Computer from"选项选择"inlet"，其余选项保持默认，单击"Initialize"按钮进行初始化，如图 7-18 所示。

（5）计算

单击模型操作树下的"Run Calculation"，出现"Run Calculation"参数设置面板。设置"Number of Iterations"为 10000，其余选项保持默认，单击"Calculate"按钮进行计算，如图 7-19 所示。

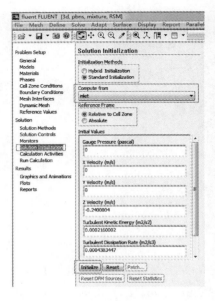

图 7-18　求解初始化

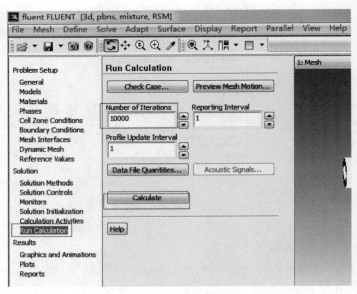

图 7-19　迭代计算

7.1.1.5 计算结果后处理

（1）残差

单击"Calculate"按钮进行计算后，FLUENT图形显示主窗口就会弹出残差监视窗口，如图7-20所示。

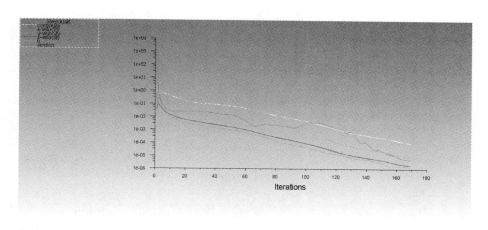

图 7-20 残差监视窗口

（2）速度云图与压力云图

① 创建云图显示面。单击功能区的"Surface"，单击"Create"中的"Plane"，如图7-21所示。输入平行于分级轮水平面上的三个点，输入三个点坐标后，输入"New Surface Name"的名字"plane-20"，单击"Create"按钮，如图7-21所示。

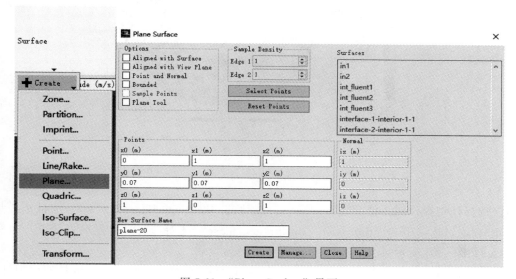

图 7-21 "Plane Surface"界面

② 创建速度云图。选择模型操作树下的"Results"中的"Graphics"，单击"Contours"，弹出"Contours"界面，选择"Velocity"，选择上述创建的界面，单击"Display"

按钮查看速度云图，如图 7-22 所示。

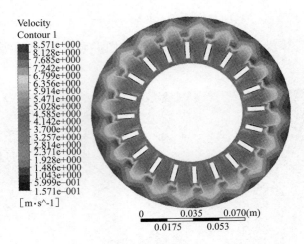

图 7-22　速度云图

③ 创建压力云图。选择模型操作树下的"Result"中的"Graphics"，单击"Con-tours"，弹出"Contours"界面，选择"Pressure"，单击"Display"按钮查看压力云图，如图 7-23 所示。

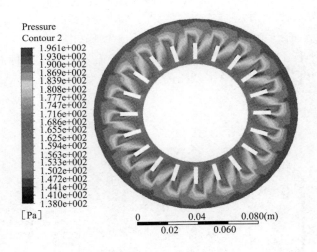

图 7-23　压力云图

（3）分离级效率的计算

① 选择模型操作树下的"［Models］"选项的"Discrete Phase"（On），激活离散相模型（DPM），勾选"Interaction with Continuous Phase"选项，同时设置最大计算步数和每步步长，如图 7-24 所示。

② 选择离散相计算的物理模型，勾选"Erosion/Accretion"选项用于颗粒的模拟计算，如图 7-25 所示。

③ 设置发射粒子的各项参数，包括对发射面、颗粒直径和密度等参数进行设置，如图 7-26 所示。

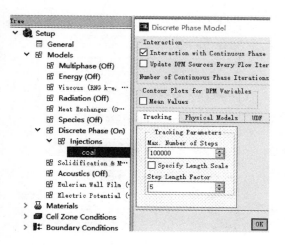

图 7-24　离散相模型

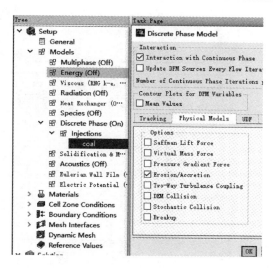

图 7-25　选择离散相模型

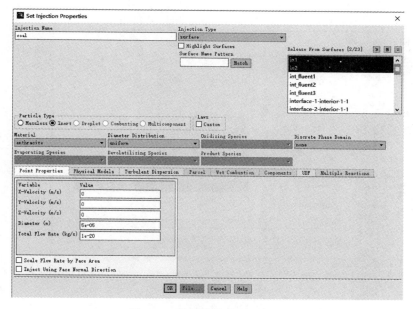

图 7-26　发射颗粒的设置界面

④ 计算参数设置完后，将溢流出口的 DPM 边界类型设为"escape"，将底流出口的 DPM 边界类型设为"trap"，对颗粒进行分级模拟，如图 7-27 所示。

⑤ 选择模型操作树下的"Result"选项中的"Graphics"，双击"Particle Tracks"按钮，在弹出的对话框中单击"coal"确定，单击"Display"按钮开始计算颗粒的分级情况，如图 7-28 所示。

7.1.1.6　涡流空气分级机分级性能影响因素分析

对涡流空气分级机分级性能进行分析，模拟不同粒径淀粉的分级。具体步骤如下，分别发射粒径（单位 μm）为 1、5、10、15、20、25、30、35、40、45、50、55、60、65、70

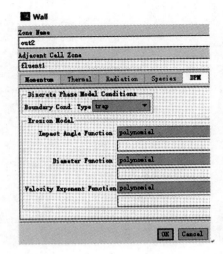

图 7-27　出口面 DPM 设置

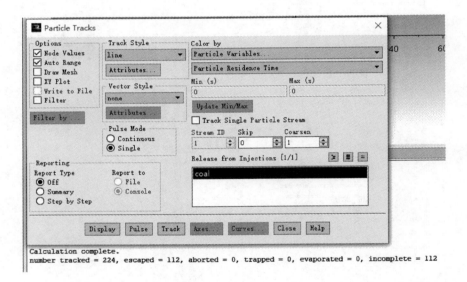

图 7-28　颗粒追踪结果

的淀粉颗粒，模拟在进风速度不变、改变分级轮转速时淀粉颗粒的分级效率。分级效率的公式如下：

$$G(d_j) = \left(1 - \frac{n_1}{n_2}\right) \times 100\%\tag{7-1}$$

式中　$G(d_j)$——颗粒直径为 d_j 的分级效率，%；

　　　n_1——颗粒直径为 d_j 的逃脱颗粒总数；

　　　n_2——颗粒直径为 d_j 的发射颗粒总数。

　　不同粒径的分级效率如图 7-29 所示。从图中可以看出，在进风速度不变时，存在一个分级轮转速使涡流空气分级机的分级效率最佳。

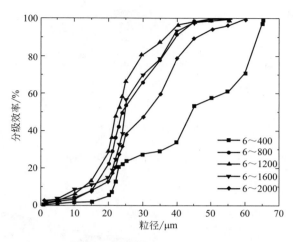

图 7-29　不同粒径的分级效率

7.1.2　动态旋流器内部流场数值模拟

7.1.2.1　案例简介

动态旋流器是具有动力部件的一种多相分离设备，主要包含旋转栅及转筒等动力部件。传统的 Total 型动态旋流器主要用于含油污水的处理，含油污水通过轴向中心进料口进入动态旋流器的分离腔内，在旋转栅及转筒的作用下产生涡流，由于离心力的作用，存在密度差的油与水发生分离，重相的油向壁面聚集，从出油口排出；轻相的水向中间聚集，从出水口排出。Total 型动态旋流器的结构示意如图 7-30 所示。

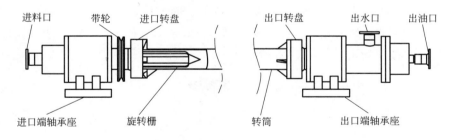

图 7-30　Total 型动态旋流器的结构示意

本案例提取 Total 型动态旋流器旋转栅和转筒部分的流场进行数值模拟分析，主要分析在不同长径比条件下，进料流量、旋转速度和分流比对植物油与水两相混合物分离效率的影响。通过 SolidWorks2017 软件建立动态旋流器的三维模型，如图 7-31 所示。在本案例中，动态旋流器转筒内径为 50mm，长度有 800mm、900mm 和 1000mm 三种规格。

7.1.2.2　网格划分基本思路

由于几何模型较为复杂，为了得到高质量的网格，采用 ICEM CFD 三维结构化网格生成方法，利用定义 Interface 对的方法将计算域切分成多个区域进行网格划分，共分为旋转

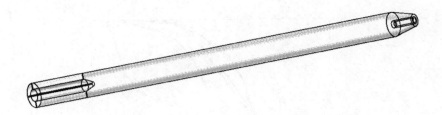

图 7-31　动态旋流器流体区域三维模型

栅区、旋转栅锥区、转筒区和出口区等几个六面体子网格模型，如图 7-32 所示。

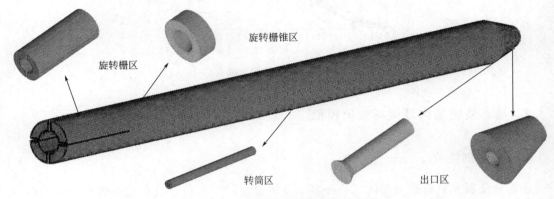

图 7-32　动态旋流器网格划分示意图

7.1.2.3　FLUENT 求解设置

（1）启动 FLUENT 软件

双击桌面 FLUENT 图标进入启动界面，弹出"FLUENT Launcher"窗口。"Dimension"选项选择"3D"，修改相应的工作目录"Working Directory"，其余选项保持默认值，最后单击"OK"按钮确定，如图 7-33 所示。

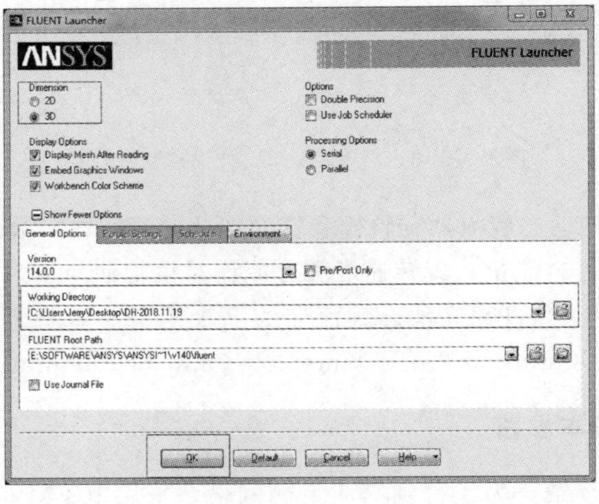

图 7-33　FLUENT 软件启动

（2）导入并设置网格、检查网格

① 单击菜单栏"File"→"Read"→"Mesh"，读取 msh 格式网格文件，如图 7-34 所示。

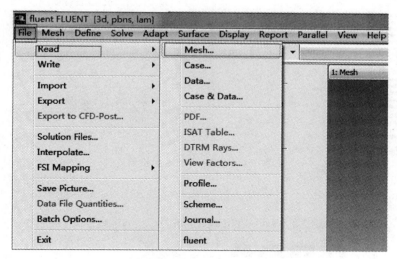

图 7-34　FLUENT 导入网格

② 单击模型操作树下的"General"，出现"General"参数设置面板，单击"Mesh"子面板下的"Check"，TUI 窗口显示出网格信息，最小体积和最小面积为正数即可。

（3）通用设置

① 单击模型操作树下的"General"，出现"General"参数设置面板，单击"Mesh"子面板下的"Scale"，弹出"Scale Mesh"窗口。在"Mesh Was Created In"栏选择"mm"，"View Length Unit In"栏也选择"mm"，单击"Scale"按钮完成比例缩放，单击"Close"按钮结束，如图 7-35 所示。

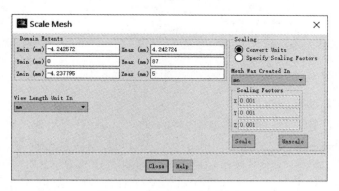

图 7-35　设置网格比例尺寸

② 单击模型操作树下的"General"，出现"General"参数设置面板，单击"Units"按钮，弹出"Set Units"窗口。在"Quantities"栏选择"angular-velocity"，在"Units"栏选择"rpm"，单击"Close"按钮完成设置，如图 7-36 所示。

③ 单击模型操作树下的"General"选项，分别设置"Type"为"Pressure-Based"，"Velocity Formulation"为"Absolute"，"Time"为"Steady"，勾选"Gravity"，设置重力

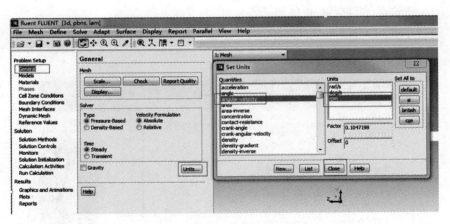

图 7-36　FLUENT 转速单位设置

加速度为 9.8m/s^2。"General"选项的设置如图 7-37 所示。

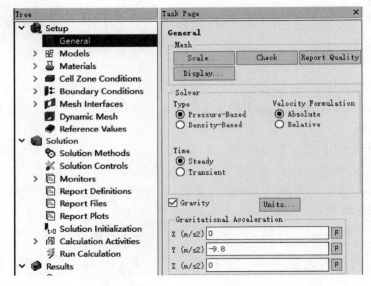

图 7-37　"General"选项的设置

（4）设置求解器参数

① 设置多相流计算模型。单击模型操作树下的"Models"，出现"Models"参数设置面板，双击"Multiphase-Off"，弹出"Multiphase Model"窗口；选择 Mixture 混合相模型，其余参数保持默认，单击"OK"按钮完成设置，如图 7-38 所示。

② 设置湍流计算模型。选择模型操作树下的"Models"，出现"Models"参数设置面板，双击"Viscous-Laminar"，弹出"Viscous Model"窗口，选择"Reynolds Stress (7eqn)"，其余参数保持默认，单击"OK"按钮完成设置，如图 7-39 所示。

（5）定义材料属性

单击模型操作树下的"Materials"，出现"Materials"参数设置面板，单击"Create/Edit..."按钮，弹出"Create/Edit Materials"窗口，单击"FLUENT Database..."按钮，弹出"FLUENT Database Materials"窗口，选择"water-liquid（h2o＜l＞）"和"diesel-

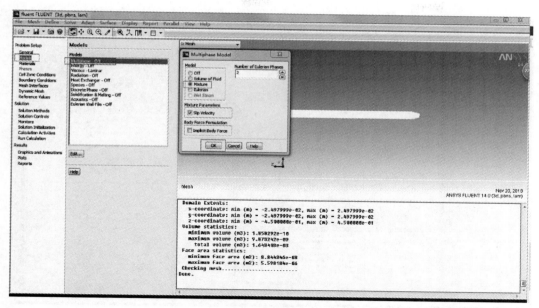

图 7-38　选择多相流计算模型

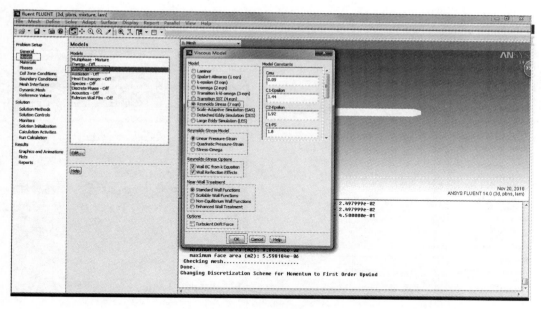

图 7-39　选择湍流计算模型

liquid（c10h22＜l＞）"，并修改"diesel-liquid"密度为 $920 \mathrm{kg/m^3}$，黏度为 $0.1 \mathrm{kg/(m \cdot s)}$，单击"Copy"按钮完成水和植物油材料的设置，单击"Close"按钮关闭窗口，如图 7-40 所示。

（6）设置相属性

① 设置主相——水的属性。单击模型操作树下的"Phases"，出现"Phases"参数设置面板，双击"water-Primary Phase"，弹出"Primary Phase"窗口，将名称改为"water"，"Phase Material"选为"water-liquid"，单击"OK"按钮完成设置，如图 7-41 所示。

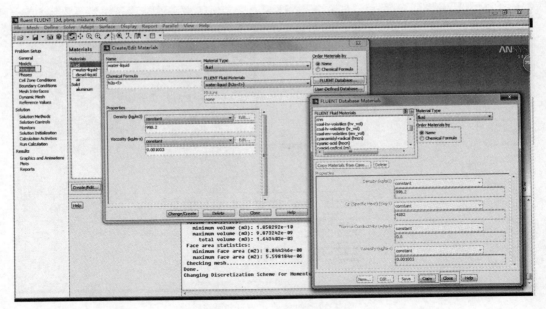

图 7-40　设置材料属性

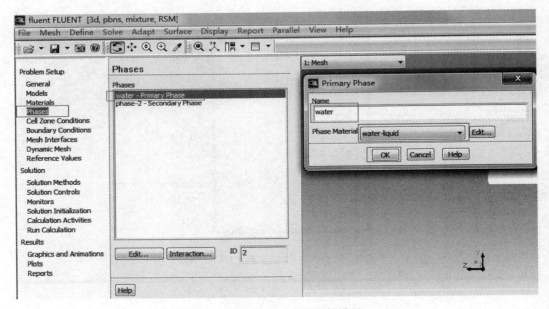

图 7-41　主相——水的属性设置

② 设置次相——油的属性。单击模型操作树下的"Phases"，出现"Phases"参数设置面板，双击"Phase-2-Secondary Phase"，弹出"Secondary Phase"窗口，将名称改为"diesel"，"Phase Material"选为"diesel-liquid"，"Diameter（mm）"设置为 0.1mm，单击"OK"按钮完成设置，如图 7-42 所示。

（7）设置计算区域条件

单击模型操作树下的"Cell Zone Conditions"，出现"Cell Zone Conditions"参数设置

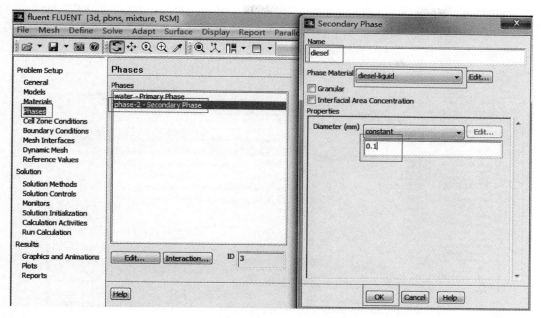

图 7-42　次相——油的属性设置

面板，双击"fluid"，弹出"Fluid"窗口，勾选"Frame Motion"选项，设置"Speed（rpm）"为 800r/min，单击"OK"按钮完成设置，如图 7-43 所示。

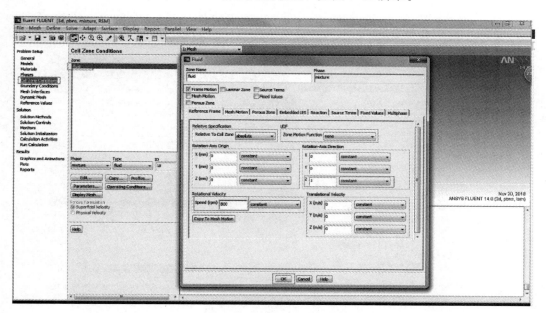

图 7-43　流体区域转速设置

（8）设置边界条件

① 设置进口。单击模型操作树下的"Boundary Conditions"，出现"Boundary Conditions"参数设置面板，单击"inlet"，"Phase"选项选择"mixture"，单击"Edit"按钮，弹出"Velocity Inlet"窗口，设置湍流参数，如图 7-44 所示。"Phase"选项选择"water"，

单击"Edit"按钮，弹出"Velocity Inlet"窗口，"Momentum"→"Velocity Magnitude（m/s）"设置为0.24，如图7-45所示。"Phase"选项选择"diesel"，单击"Edit"按钮，弹出"Velocity Inlet"窗口，"Momentum"→"Velocity Magnitude（m/s）"设置为0.24，"Multiphase"→"Volume Fraction"设置为0.1，如图7-46所示。

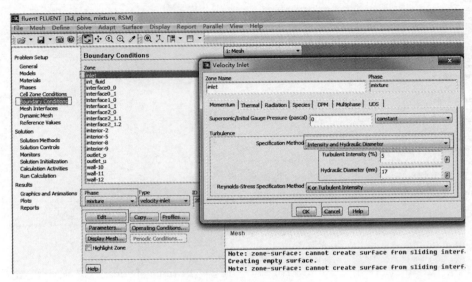

图7-44　设置进口湍流参数

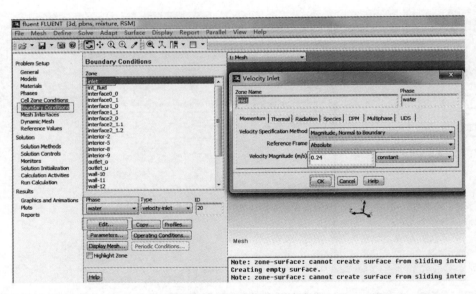

图7-45　设置进口水相速度

② 设置出口。单击模型操作树下的"Boundary Conditions"，出现"Boundary Conditions"参数设置面板，单击"outlet_o"，"Phase"选项选择"mixture"，"Type"选项选择"outflow"，单击"Edit"按钮，弹出"Outflow"窗口，设置"Flow Rate Weighting"为0.3，单击"OK"按钮完成设置，如图7-47所示。同理设置"outlet_u"，其"Flow Rate Weighting"设置为0.7。

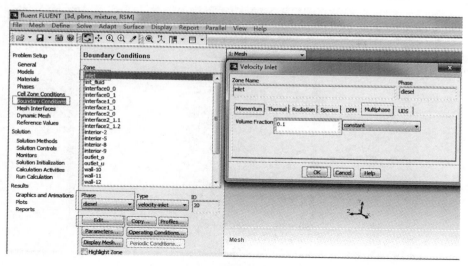

图 7-46　设置进口油相速度及含量

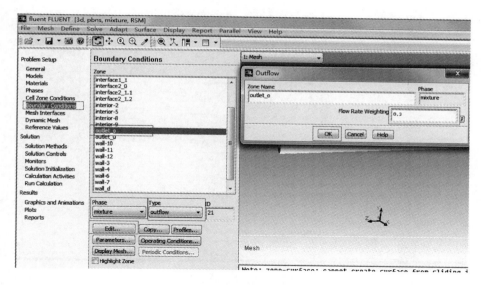

图 7-47　设置出口权重

③ 设置壁面。单击模型操作树下的"Boundary Conditions",出现"Boundary Conditions"参数设置面板,单击"wall_d","Phase"选项选择"mixture","Type"选项选择"wall",单击"Edit"按钮,弹出"Wall"窗口,"Wall Motion"选择"Moving Wall",其余选项设置如图 7-48 所示,单击"OK"按钮完成设置。同理设置"wall_s"壁面,设置如图 7-49 所示。

(9) Interface 的设置

单击模型操作树下的"Mesh Interfaces",弹出"Create/Edit Mesh Interfaces"窗口,在"Mesh Interface"栏输入拟创建面的名称,"Interface Zone 1"选择交界面的一个侧面,"Interface Zone 2"选择交界面的另一个侧面,单击"Create"按钮创建 Interface。本例一

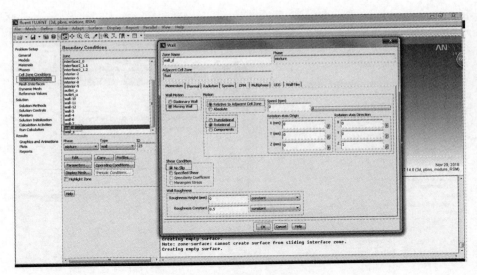

图 7-48　设置动壁面

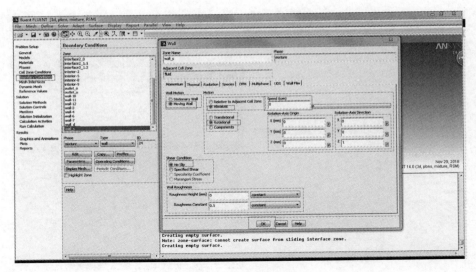

图 7-49　设置静壁面

共存在 3 个 Interface 对，因此需要创建 3 次。创建完成后，参数设置面板会显示已创建的 Interface 对，如图 7-50 所示。

（10）设置操作压力

单击"Define"→"Operating Conditions"，弹出"Operating Conditions"窗口，"Operating Pressure（pascal）"设置为 0，单击"OK"按钮完成设置，如图 7-51 所示。

7.1.2.4　求解计算

（1）求解方法设置

单击模型操作树下的"Solution Methods"，出现"Solution Methods"参数设置面板，求解算法选择"SIMPLEC"压力-速度耦合算法，其余离散方法等设置如图 7-52 所示。

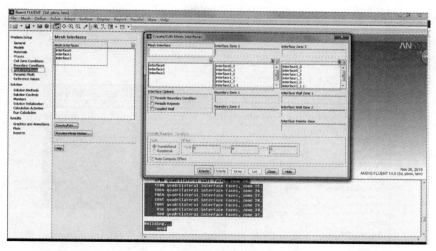

图 7-50　创建 Interface 对

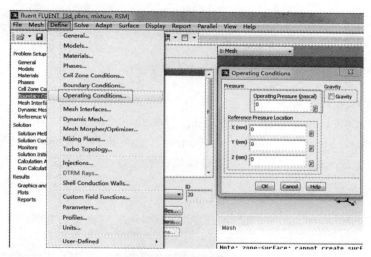

图 7-51　操作压力设置

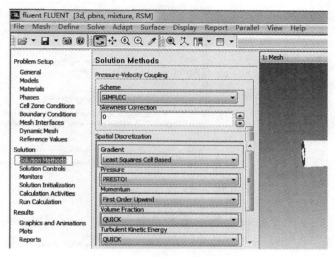

图 7-52　求解方法设置

（2）求解控制设置

单击模型操作树下的"Solution Controls"，出现"Solution Controls"参数设置面板，各项松弛因子保持默认值，如图 7-53 所示。

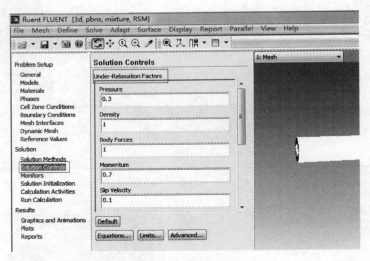

图 7-53　松弛因子设置

（3）收敛条件及监控设置

① 收敛条件设置。单击模型操作树下的"Monitors"，出现"Monitors"参数设置面板。在"Residuals，Statistic and Force Monitors"选项选择"Residuals-Point，Plot"，双击弹出"Residual Monitors"窗口，收敛标准均设置为 0.001，单击"OK"按钮完成设置，如图 7-54 所示。

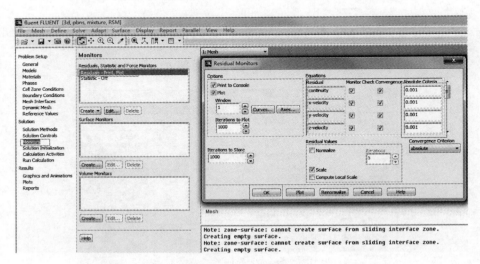

图 7-54　收敛条件设置

② 出口压力、质量流量监控设置。单击模型操作树下的"Monitors"，出现"Monitors"参数设置面板。在"Surface Monitors"选项单击"Create..."按钮，弹出"Surface Monitors"窗口，"Name"选项修改为"p-outlet _ o"，勾选"Plot"和"Write"选项，

"File Name"修改为"p-outlet_o.out","Report Type"选项选择"Integral","Field Variable"选项选择"Pressure..."和"Static Pressure", "Phase"选项选择"mixture","Surfaces"选项选择"outlet_o",单击"OK"按钮完成设置,如图 7-55 所示。同理完成出油口"q-outlet_o"质量流量、出水口"p-outlet_u"压力、出水口"q-outlet_u"质量流量的监控设置。

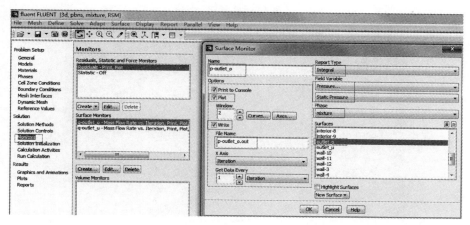

图 7-55　出油口压力监控设置

（4）流场初始化设置

单击模型操作树下的"Solution Initialization",出现"Solution Initialization"参数设置面板。在"Computer From"选项选择 inlet,其余选项保持默认,单击"Initialize"按钮进行初始化,如图 7-56 所示。

（5）计算

单击模型操作树下的"Run Calculation",出现"Run Calculation"参数设置面板。设置"Number of Iterations"为 10000,其余选项保持默认,单击"Calculate"按钮进行计算,如图 7-57 所示。

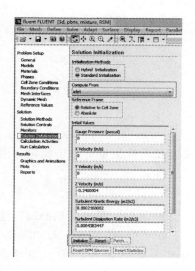

图 7-56　求解初始化

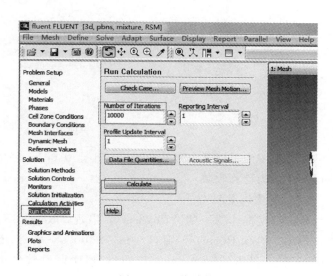

图 7-57　迭代计算

7.1.2.5 计算结果后处理

（1）残差与出口流量曲线

单击"Calculate"按钮进行计算后，FLUENT 图形显示主窗口就会弹出残差监视窗口、出口压力和质量流量监视窗口，如图 7-58～图 7-62 所示。

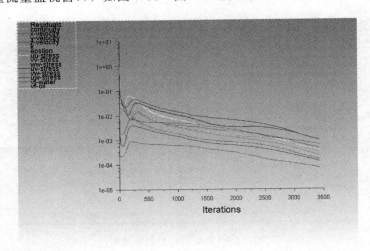

图 7-58 残差监视窗口

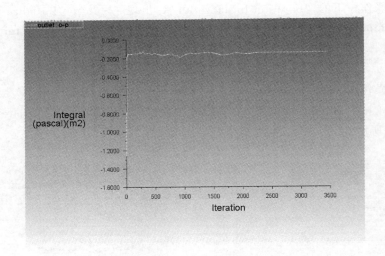

图 7-59 出油口压力监视窗口

从以上图中可以看出残差曲线均减小至 0.001，且出口压力及质量流量均趋于稳定，因此可基本认为计算收敛。

（2）质量流量报告

单击模型操作树下的"Reports"，出现"Reports"参数设置面板。双击"Fluxes"选项，弹出"Flux Reports"窗口，在"Boundaries"栏选择"inlet""outlet _ o"和"outlet _ u"三项，单击"Compute"按钮后 TUI 窗口就会出现如图 7-63 所示的进出口质量流量报告。

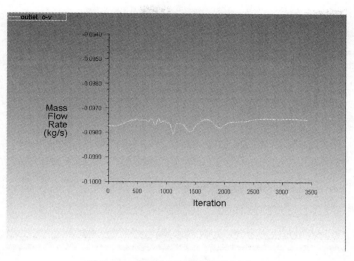

图 7-60　出油口质量流量监视窗口

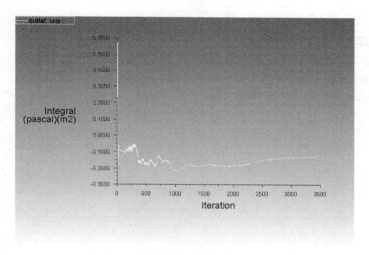

图 7-61　出水口压力监视窗口

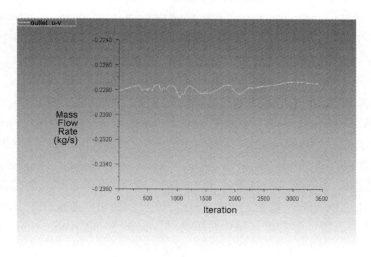

图 7-62　出水口质量流量监视窗口

```
Calculation complete.

                    mixture
              Mass Flow Rate           (kg/s)
      ------------------------------------------
                    inlet            0.32578702
                 outlet_o           -0.097455967
                 outlet_u           -0.22751753
      ------------------------------------------
                      Net         0.00081352235
```

图 7-63　质量流量报告

（3）计算结果云图

① 创建云图显示面。单击菜单栏"Surface"→"Plane..."，出现"Plane Surface"窗口。设置如图 7-64 所示，单击"Create"按钮完成云图显示面的创建。

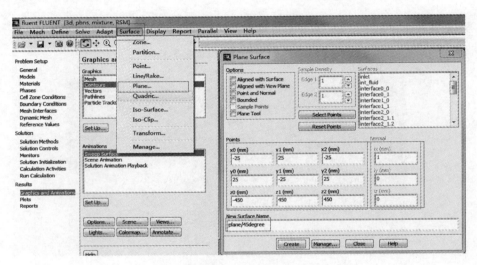

图 7-64　创建云图显示面

② 创建压力云图显示。单击模型操作树下的"Graphics and Animations"，出现"Graphics and Animations"参数设置面板。双击"Graphics"栏中的"Contours"选项，弹出"Contours"窗口，"Options"栏勾选"Filled""Node Values""Global Range"和"Auto Range"选项，"Contours of"栏选择"Pressure..."和"Static Pressure"选项，"Phase"栏选择"mixture"选项，在"Surfaces"栏选择之前所创建的"plane/45 degree"选项，单击"Display"按钮，出现如图 7-65 所示的压力分布云图。

③ 创建切向速度云图。单击模型操作树下的"Graphics and Animations"，出现"Graphics and Animations"参数设置面板。双击"Graphics"栏中的"Contours"选项，弹出"Contours"窗口，"Options"栏勾选"Filled""Node Values""Global Range"和"Auto Range"选项，"Contours of"栏选择"Velocity..."和"Tangential Velocity"选项，"Phase"栏选择"mixture"选项，在"Surfaces"栏选择之前所创建的"plane/45 degree"选项，单击"Display"按钮，出现如图 7-66 所示的切向速度分布云图。

④ 创建油浓度云图。单击模型操作树下的"Graphics and Animations"，出现"Graphics and Animations"参数设置面板。双击"Graphics"栏中的"Contours"选项，弹出"Contours"窗口，"Options"栏勾选"Filled""Node Values""Global Range"和"Auto

图 7-65　压力分布云图

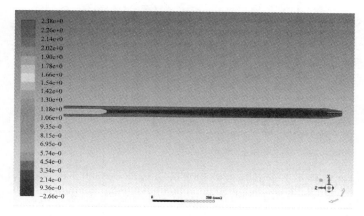

图 7-66　切向速度分布云图

Range"选项,"Contours of"栏选择"Phase..."和"Volume Fraction"选项,"Phase"栏选择"diesel"选项,在"Surfaces"栏选择之前所创建的"plane/45 degree"选项,单击"Display"按钮,出现如图 7-67 所示的油相浓度分布云图。

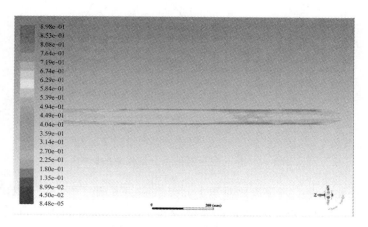

图 7-67　油相浓度分布云图

7.1.2.6 油水分离效率影响因素分析

进料流量、旋转速度和分离比是影响动态旋流器的重要操作参数，同时长径比也是影响动态旋流器的重要结构参数。本小节主要通过数值模拟的方法，探究在不同长径比条件下，进料流量、旋转速度和分离比对动态旋流器油水分离效率的影响。

① 在不同长径比条件下，进料流量对油水分离效率的影响。图 7-68 表示在 3 种不同长径比（$R=16$、18、20）的条件下，当转筒旋转速度为 800r/min 和分流比为 30% 时，油水分离效率随着进料流量的变化而变化的曲线。

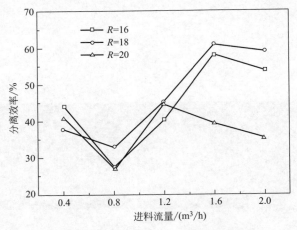

图 7-68　进料流量对油水分离效率的影响

② 在不同长径比条件下，旋转速度对油水分离效率的影响。图 7-69 表示在 3 种不同长径比（$R=16$、18、20）的条件下，当进料流量为 1.6m³/h 和分流比为 30% 时，油水分离效率随着转筒旋转速度的变化而变化的曲线。

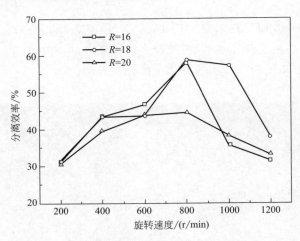

图 7-69　旋转速度对油水分离效率的影响

③ 在不同长径比条件下，分流比对油水分离效率的影响。图 7-70 表示在 3 种不同长径比（$R=16$、18、20）的条件下，当转筒旋转速度为 800r/min 和进料流量为 1.6m³/h 时，油水分离效率随着分流比的变化而变化的曲线。

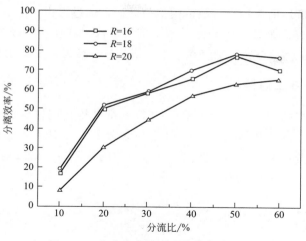

图 7-70　分流比对油水分离效率的影响

7.1.3　水力旋流器内部流场模拟

7.1.3.1　案例简介

　　水力旋流器是一种应用广泛的分离装置，广泛应用于各个行业。水力旋流器上部呈圆筒形，下部呈圆锥形。目前通用的水力旋流器如图 7-71 所示。水力旋流器使用液体作为介质进行分离工作时，液体与颗粒以一定的压力从旋流器切线方向进入，在内部高速旋转，产生很大的离心力。在离心力和重力的作用下，粗粒物料被抛向器壁做螺旋向下运动，最后由底流口排出；较细的颗粒以及大部分水分形成旋流，沿中心向上升起，到达溢流管排出。

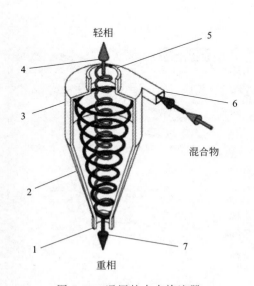

图 7-71　通用的水力旋流器
1—底流出口；2—锥筒部分；3—圆筒部分；4—上升
旋流；5—溢流出口；6—入口；7—下降旋流

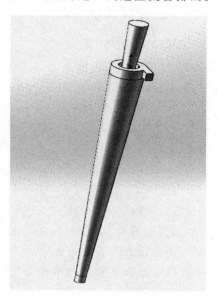

图 7-72　水力旋流器
流场的三维模型

343

本案例对水力旋流器的流场进行数值模拟与分析，通过 Solid Works2017 软件建立水力旋流器流场的三维模型，如图 7-72 所示。本案例中，水力旋流器直径为 8mm，圆柱段长度为 3.5mm，圆锥段长度为 85mm，锥角为 3.5°，溢流口直径为 4mm，底流口直径为 2.5mm。

7.1.3.2　网格划分基本思路

对于微旋流器网格的划分，采用 ICEM CFD 三维结构化网格生成方法，可以将微旋流器的主体部分当作一个圆筒状结构，通过 O 形块划分的方法对主体部分进行划分，剩下的入口部分与溢流管部分可以采用面拉伸的方式进行块的构建与网格的划分。网格划分的最终结果如图 7-73 所示。

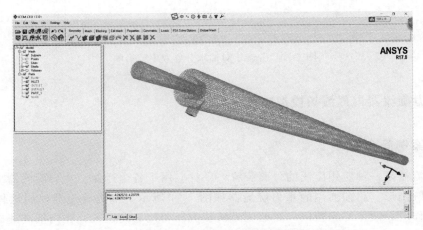

图 7-73　微旋流器主体部分的网格划分的最终结果

7.1.3.3　FLUENT 求解设置

（1）启动 FLUENT 软件

双击桌面 FLUENT 图标进入启动界面，弹出"FLUENT Launcher"窗口。"Dimension"选项选择"3D"，修改相应的工作目录"Working Directory"，其余选项保持默认值，单击"OK"按钮确定，如图 7-74 所示。

（2）导入并设置网格、检查网格

① 单击菜单栏"File"→"Read"→"Mesh"，读取 msh 格式网格文件，如图 7-75 所示。

② 单击模型操作树下的"General"选项，出现"General"参数设置面板，单击"Mesh"子面板下的"Check"，TUI 窗口显示出网格信息，最小体积和最小面积为正数即可。

（3）通用设置

① 读取网格文件后，进入 FLUENT 模拟操作界面。单击模型操作树下的"General"选项，单击

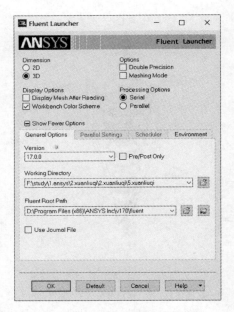

图 7-74　FLUENT 软件启动

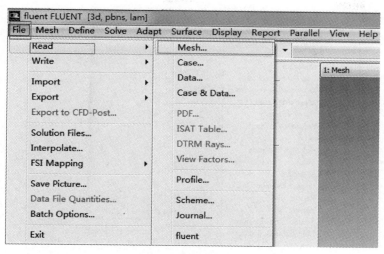

图 7-75 FLUENT 导入网格

"Scale"按钮，在弹出的"Scale Mesh"对话框中定义设备尺寸单位为 mm，单击"Scale"按钮确定，如图 7-76 所示。

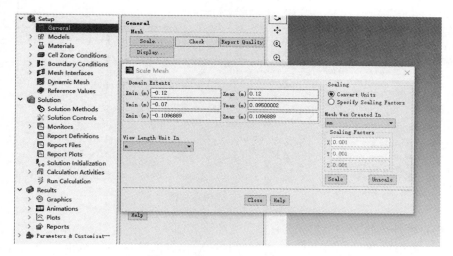

图 7-76 "Scale Mesh"对话框

② 单击模型操作树下的"General"选项，分别设置"Type"为"Pressure-Based"，"Velocity Formulation"为"Absolute"，"Time"为"Steady"，勾选"Gravity"，设置重力加速度为 9.8m/s²。"General"选项的设置如图 7-77 所示。

（4）选择基本物理模型

单击模型操作树下的"Models"选项，打开"Models"面板，可以选择模型。水力旋流器流场涉及强旋转、各向异性湍流，所以使用雷诺应力模型进行湍流模拟。由于雷诺应力模型计算量大，收敛较为困难，所以计算时可以采用 RNG K-E 模型，待收敛后再使用雷诺应力模型。选择"Viscous Model"，"Model"选择"k-epsilon（2 eqn）"，"k-epsilon Model"选择"RNG"按钮，以及标准壁面函数进行计算，如图 7-78 所示。

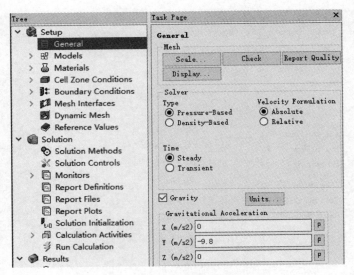

图 7-77 "General" 选项的设置

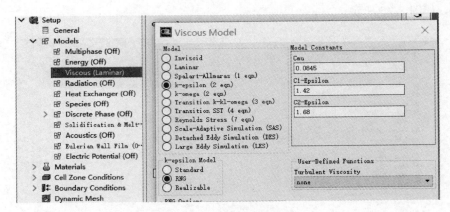

图 7-78 选择物理模型

（5）定义材料属性

单击项目树中的 "Materials" 选项，打开 "Materials" 面板。单击 "Materials" 面板中的 "Creat/Edit" 按钮，可以打开材料编辑对话框，如图 7-79 所示。单击 "Fluent Database..." 按钮，可以打开 FLUENT 的材料库选择材料，在 "Fluent Fluid Materials" 列表中选择 "water-liquid（h2o<1>）"。

（6）设置计算区域条件

单击模型操作树下的 "Cell Zone Conditions"，打开 "Cell Zone Conditions" 面板设置，在 "Materials Name" 选择 "water-liquid" 选项，单击 "OK" 按钮，如图 7-80 所示。

（7）边界条件的确定

单击模型操作树下的 "Boundary Conditions" 选项，打开 "Boundary Conditions" 面板，可以选择边界类型。

① 入口的边界条件。设置 inlet 入口部分采用 velocity inlet，指定入口速度为 12m/s，同时设置入口的水力直径，如图 7-81 所示。

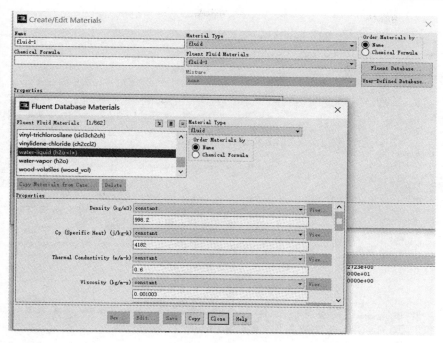

图 7-79　材料的选择

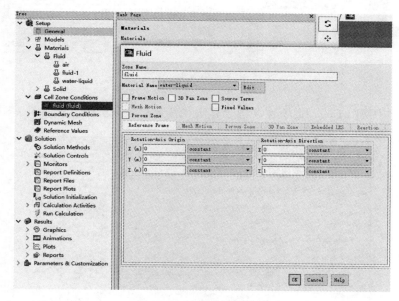

图 7-80　计算区域的选择

②　出口的边界条件。设置出口的边界 overlet（溢流）为自由出流边界。设置 outlet（底流）为 wall，其余部分保持默认设置，如图 7-82 所示。

7.1.3.4　求解计算

（1）求解方法设置

单击模型操作树下的"Solution Methods"，出现"Solution Methods"参数设置面板，

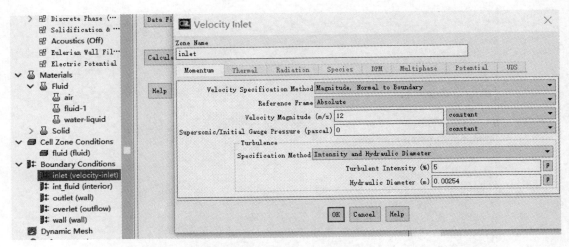

图 7-81　入口边界的设定

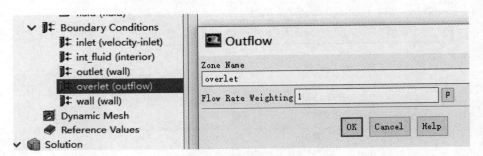

图 7-82　出口边界的设定

求解算法选择"SIMPLEC"压力-速度耦合算法，其余离散方法等设置如图 7-83 所示。

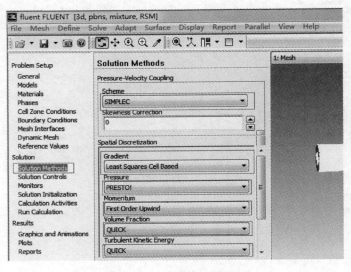

图 7-83　求解方法设置

（2）求解控制设置

单击模型操作树下的"Solution Controls"，出现"Solution Controls"参数设置面板，各项松弛因子保持默认值，如图 7-84 所示。

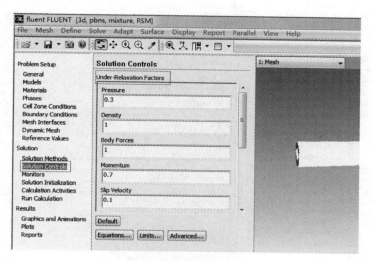

图 7-84　松弛因子设置

（3）收敛条件及监控设置

单击模型操作树下的"Monitors"，出现"Monitors"参数设置面板。在"Residuals, Statistic and Force Monitors"选项选择"Residuals-Point，Plot"，双击弹出"Residual Monitors"窗口，收敛标准均设置为 0.001，单击"OK"按钮完成设置，如图 7-85 所示。

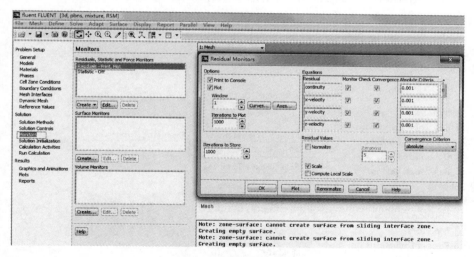

图 7-85　收敛条件设置

（4）流场初始化设置

单击模型操作树下的"Solution Initialization"选项，打开"Solution Initialization"（流场初始化）面板，如图 7-86 所示。设置相关参数，单击"Initialize"按钮进行初始化计算。

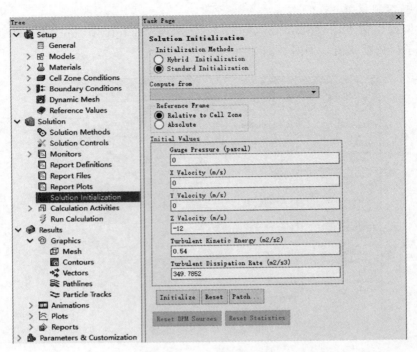

图 7-86　初始化计算面板

（5）计算

单击模型操作树下的"Run Calculation"，出现"Run Calculation"参数设置面板。设置"Number of Iterations"为 2000，其余选项保持默认，单击"Calculate"按钮进行计算，如图 7-87 所示。

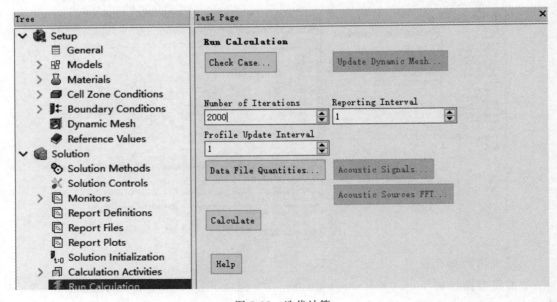

图 7-87　迭代计算

7.1.3.5 计算结果后处理

（1）残差

单击"Calculate"按钮进行计算后，FLUENT 图形显示主窗口就会弹出残差监视窗口，如图 7-88 所示。

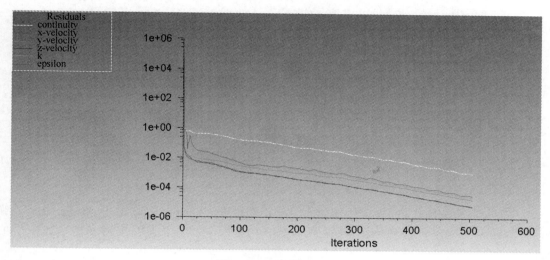

图 7-88　残差监视窗口

（2）速度云图与压力云图

① 创建云图显示面。单击功能区的"Surface"，单击"Create"中的"Plane"，如图 7-89 所示。输入平行于分级轮水平面上的三个点，输入三个点坐标后，输入"New Surface Name"的名字，单击"Create"按钮，如图 7-89 所示。

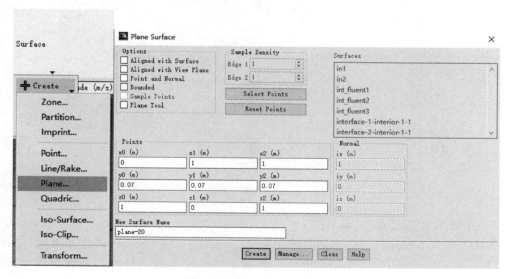

图 7-89　Create Plane 界面

② 创建速度云图。单击模型操作树"Result"中的"Graphics"，单击"Contours"，弹

出"Contours"界面，选择"Velocity"，选择上述创建的界面，单击"Display"按钮查看速度云图，如图7-90所示。

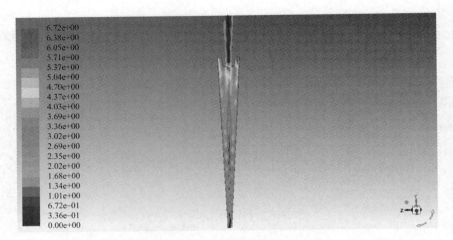

图7-90 速度云图

③ 创建压力云图。单击模型操作树"Result"中的"Graphics"，单击"Contours"，弹出"Contours"界面，选择"Pressure"，单击"Display"按钮查看压力云图，如图7-91所示。

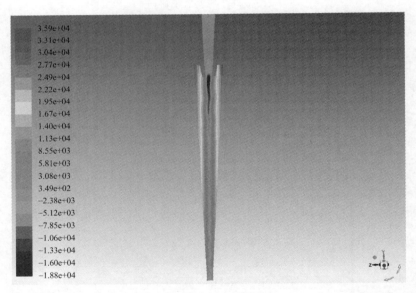

图7-91 压力云图

（3）分离级效率的计算

① 单击模型操作树下"Models"选项的"Discrete Phase"，激活离散相模型（DPM），勾选"Interaction with Continuous Phase"选项，同时设置最大计算步数和每步步长，如图7-92所示。

② 选择离散相计算的物理模型，勾选"Erosion/Accretion"选项用于颗粒的模拟计算，如图7-93所示。

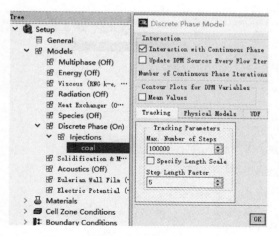

图 7-92　离散相模型

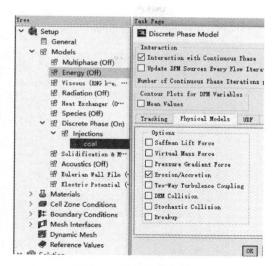

图 7-93　选择离散相模型

③ 单击 "Models" → "Discrete Phase（On）"，进入 "Discrete Phase Model" 界面，设置粒子追踪步数，设置 "Max Number of Steps" 数目为 200000，单击 "Injections" 按钮，进入 "Injections" 界面，单击 "Create" 按钮，进入射入粒子属性设置界面，如图 7-94 和图 7-95 所示。设置射入粒子速度、直径与数量，然后单击 "OK" 按钮确认。

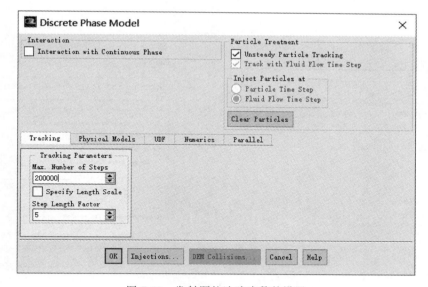

图 7-94　发射颗粒追踪步数的设置

④ 计算参数设置完后，将溢流出口的 DPM 边界类型设为 "escape"，将底流出口的 DPM 边界类型设为 "trap"，对颗粒进行分级模拟，如图 7-96 所示。

⑤ 单击模型操作树 "Result" 选项中的 "Graphics"，双击 "Particle Tracks" 选项，在弹出的选项框中，单击 "Display" 按钮开始计算颗粒的分级情况，如图 7-97 所示。

⑥ 粒子追踪计算完成后，在信息框中会出现计算结果，如图 7-98 所示。

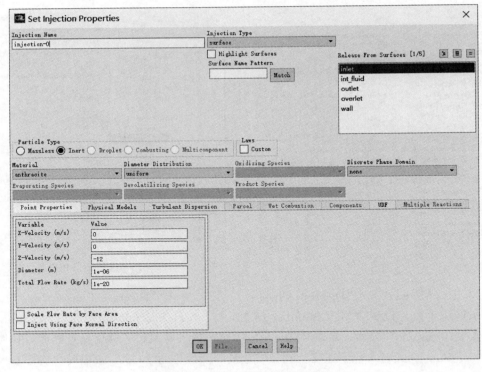

图 7-95　发射颗粒的设置界面

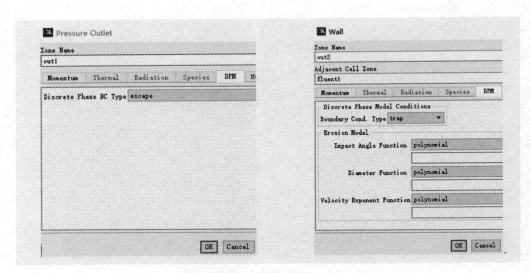

图 7-96　出口面 DPM 设置

⑦ 粒子在旋流器内的运动轨迹如图 7-99 所示。

7.1.3.6　水力旋流器分离性能影响因素分析

（1）进料流量的影响

对水力旋流器分离性能进行分析，模拟在进料流量不同的情况下水力旋流器分离效率。

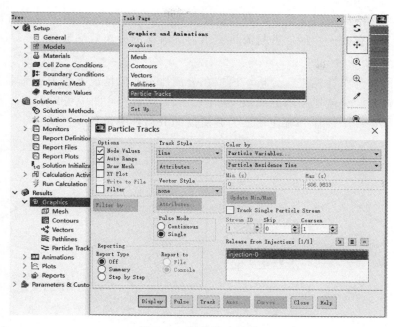

图 7-97　颗粒追踪结果

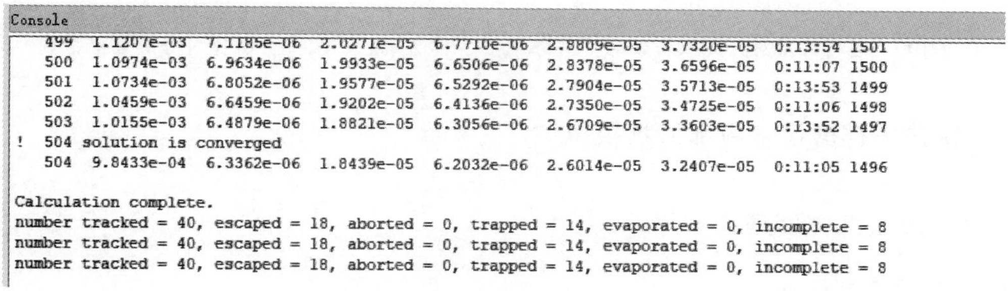

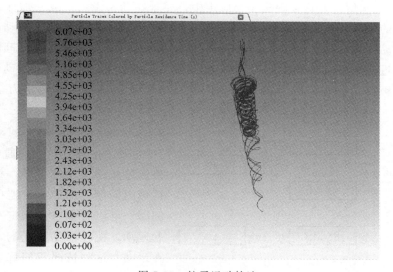

```
Console
    499  1.1207e-03  7.1185e-06  2.0271e-05  6.7710e-06  2.8809e-05  3.7320e-05  0:13:54 1501
    500  1.0974e-03  6.9634e-06  1.9933e-05  6.6506e-06  2.8378e-05  3.6596e-05  0:11:07 1500
    501  1.0734e-03  6.8052e-06  1.9577e-05  6.5292e-06  2.7904e-05  3.5713e-05  0:13:53 1499
    502  1.0459e-03  6.6459e-06  1.9202e-05  6.4136e-06  2.7350e-05  3.4725e-05  0:11:06 1498
    503  1.0155e-03  6.4879e-06  1.8821e-05  6.3056e-06  2.6709e-05  3.3603e-05  0:13:52 1497
!   504 solution is converged
    504  9.8433e-04  6.3362e-06  1.8439e-05  6.2032e-06  2.6014e-05  3.2407e-05  0:11:05 1496

Calculation complete.
number tracked = 40, escaped = 18, aborted = 0, trapped = 14, evaporated = 0, incomplete = 8
number tracked = 40, escaped = 18, aborted = 0, trapped = 14, evaporated = 0, incomplete = 8
number tracked = 40, escaped = 18, aborted = 0, trapped = 14, evaporated = 0, incomplete = 8
```

图 7-98　粒子追踪计算结果

图 7-99　粒子运动轨迹

经过相关计算，在不同进料流量下的分离效率如图 7-100 所示。从图中可以看出，在其他条件不变的情况下，存在一个最佳进料流量使水力旋流器的分离效率最佳。

（2）分流比的影响

对水力旋流器分离性能进行分析，模拟在分流比不同的情况下水力旋流器分离效率。经过相关计算，在不同分流比下的分离效率如图 7-101 所示。从图中可以看出，在其他条件不变的情况下，存在一个最佳分流比使水力旋流器的分离效率最佳。

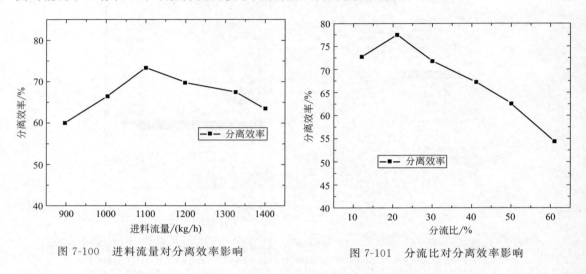

图 7-100　进料流量对分离效率影响　　　图 7-101　分流比对分离效率影响

7.1.4　湿法搅拌磨设备内部流场模拟

7.1.4.1　湿法搅拌磨理论

（1）动网格坐标系

ANSYS FLUENT 在求解流体流动及热传递方程时，在通常情况下采用固定参考系（或者惯性系）来求解。在许多现实工程应用中，要求在动参考系（或非惯性系）下进行求解，例如运动的汽车，杯中液体的晃动，旋转的叶片、搅拌桨以及类似的运动面，而且这些运动部分的流动状态是我们重点要了解的。在固定参考系中求解这样的运动问题为瞬态求解问题，需要通过使用运动参考系，将流体运动转化为稳态问题进行求解。当动参考系被激活时，运动方程被修改为包含额外加速度项，这是由于从静态参考系转化为动参考系所形成的。

图 7-102　ANSYS FLUENT 的动参考系

ANSYS FLUENT 的动参考系如图 7-102 所示，其允许用户通过在选择的网格区域激活运动参考系，模拟求解运动区域的问题。例如搅拌器中流体的流动问题，可以将参考系固定在搅拌器上一起运动，搅拌器是静止的，外部的流体在运动，这种情况我们称之为单参考系模型（Single Reference Frame，SRF）。

当搅拌容器内存在多个搅拌器时，采用单参考系是不方便的，FLUENT 中包含的多参考系模型（Multiphase Reference Frame，MRF）可以用来求解此类流动。FLUENT 还提供了滑移网格（sliding mesh）。滑移网格对于运动区域之间的相互作用十分有效，但是滑移网格并不是真正的动网格，滑移网格只是模拟流体区域的运行而不是边界运动，边界运动需要用到动网格模型（dynamic mesh）。

（2）搅拌磨局部研磨效果指标

超细搅拌磨机的内部流场的流动类型属于多相流范畴，内部的流动介质由水、浆料和研磨介质组成。但考虑到物料的粒径小，可近似看成一种在水中添加磨料成分的流体。在搅拌磨机内磨球之间的间隙非常小，彼此之间的相对运动可以忽略，磨球的浓度分布基本不发生变化。在分析中一般将搅拌磨机内部流场看作单一流场进行模拟。

评价搅拌磨机局部研磨效果指标是速度梯度和剪切率分布，在不可压缩的各向同性湍流能量流动过程中，黏性能量耗散率 P 是动力黏度和平均速度梯度的函数。可以用来分析研磨腔中各部分的研磨效果，其定义：

$$P = \mu \varphi_v \tag{7-2}$$

式中　φ_v——能量耗散函数。

能量耗散函数 φ_v 的定义为

$$
\begin{aligned}
\varphi_v = {} & 2\left[\left(\frac{\partial u}{\partial x}\right)^2 + \left(\frac{\partial v}{\partial y}\right)^2 + \left(\frac{\partial w}{\partial z}\right)^2\right] \\
& + \left(\frac{\partial u}{\partial y} + \frac{\partial v}{\partial x}\right)^2 + \left(\frac{\partial v}{\partial z} + \frac{\partial w}{\partial y}\right)^2 + \left(\frac{\partial u}{\partial z} + \frac{\partial w}{\partial x}\right)^2
\end{aligned}
\tag{7-3}
$$

式中　u——x 方向分速度，m/s；

　　　v——y 方向分速度，m/s；

　　　w——z 方向分速度，m/s。

在 FLUENT 中不能直接取得黏性能量耗散率 P 的定义，而是选用剪切率 S 来替代表征：

$$S = \sqrt{P/\mu} \tag{7-4}$$

由于水为牛顿流体，动力黏度是一常量，剪切率 S 与黏性能量耗散率 P 平方根成正比，可以用来表征搅拌磨机研磨腔局部研磨效果。

7.1.4.2　案例简介

在本案例中，分析的设备为棒销式搅拌磨机的研磨腔部分，搅拌磨机（又称砂磨机）具有研磨效率高、能量利用率高的优点，被广泛应用于涂料、制药、冶金和选矿等行业。物料在旋转研磨盘作用下与研磨介质混合并旋转，经与研磨介质之间及与粉碎室各部分之间产生的研磨、剪切而粉碎，而常见的研磨介质一般有氧化锆珠、玻璃珠、硅酸锆珠等。本案例中的研磨腔结构尺寸如图 7-103 所示。

利用 Solid Works2017 相关软件建立了搅拌磨机研磨腔的三维结构模型，如图 7-104 所示。

7.1.4.3　网格划分基本思路

在 FLUENT 流体仿真中的绝大多数问题都是在静态坐标系下的，而本案例中旋转区域是研究的重点。本案例采用动参考系下滑移网格方法来解决旋转流动问题，滑移网格将计算

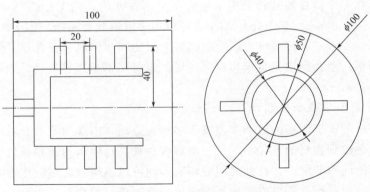

图 7-103　研磨腔几何模型

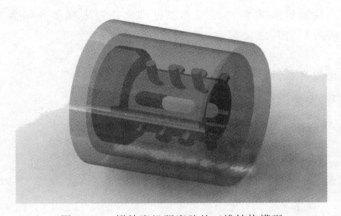

图 7-104　搅拌磨机研磨腔的三维结构模型

图 7-105　研磨腔几何模型

区域分为两部分，包含搅拌器在内的旋转区域和静止区域。划分网格后定义静止区域与旋转区域的动静耦合交界面（interface），旋转区域与旋转元件的接触表面为无相对运动。

应用 FLUENT 17.0 的前处理软件 ICEM 来建立搅拌研磨流体计算域网格模型。为了简便运算和节省时间，省略了圆角、倒角等细节。为提高计算效率和计算精度，仿真计算中采用非结构化网格，共划分 1357691 个单元，233655 个节点。流体区域结构网格划分如图 7-105 所示。计算区域分为两部分，包含搅拌器在内的旋转区域和静止区域，两区域之间由 Interface 面间隔。

7.1.4.4　FLUENT 求解设置

（1）启动 FLUENT 软件

双击桌面 FLUENT 图标进入启动界面，弹出"Fluent Launcher"窗口。"Dimension"选项选择"3D"，修改相应的工作目录"Working Directory"，其余选项保持默认值，单击

"OK"按钮确定，如图 7-106 所示。

（2）导入并设置网格、检查网格

① 单击菜单栏 "File" → "Read" → "Mesh"，读取 msh 格式网格文件，如图 7-107 所示。

② 单击模型操作树下的 "General"，出现 "General" 参数设置面板，单击 "Mesh" 子面板下的 "Check"，TUI 窗口显示出网格信息，最小体积和最小面积为正数即可。

③ 单击模型操作树下的 "General" 选项，出现 "General" 参数设置面板，单击 "Units" 按钮，弹出 "Set Units" 窗口，在 "Quantities" 栏选择 "angular-velocity"，"Units" 栏选择 "rpm"，单击 "Close" 按钮完成设置，如图 7-108 所示。

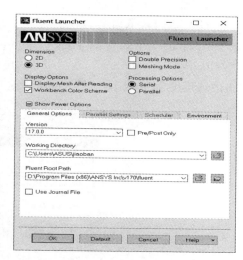

图 7-106　FLUENT 软件启动

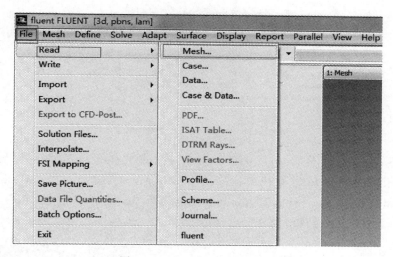

图 7-107　FLUENT 导入网格

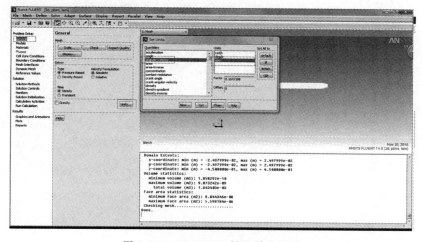

图 7-108　FLUENT 转速单位设置

（3）通用设置

① 单击模型操作树下的"General"选项，分别设置"Type"为"Pressure-Based"，"Velocity Formulation"为"Absolute"，"Time"为"Transient"，勾选"Gravity"，设置重力加速度为 $9.8m/s^2$。"General"选项的设置如图 7-109 所示。

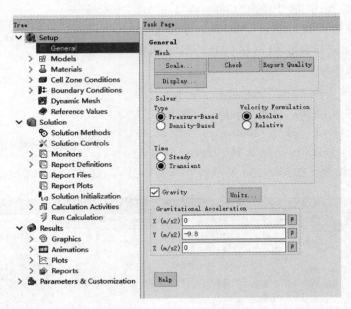

图 7-109　"General"选项的设置

② 单击模型操作树下的"General"选项，出现"General"通用设置面板，单击"Mesh"子面板下的"Scale..."按钮，弹出"Scale Mesh"窗口，在"Mesh Was Created In"栏选择"mm"，"View Length Unit In"栏也选择"mm"，单击"Scale"按钮完成比例缩放，单击"Close"按钮结束，如图 7-110 所示。

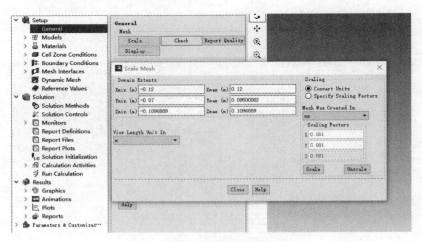

图 7-110　设置网格比例尺寸

（4）选择基本物理模型

单击模型操作树下的"Models"选项，打开"Models"面板，可以选择模型。选择

"Viscous Model"，"Model"选择"k-epsilon（2 eqn)"，"k-epsilon Model"选择"RNG"选项，以及选择标准壁面函数进行计算，如图 7-111 所示。

（5）定义材料属性

单击模型操作树下的"Materials"选项，打开"Materials"面板，可以看到材料列表，如图 7-112 所示。单击"Materials"面板中的"Creat/Edit"按钮，可以打开材料编辑对话框，单击"Fluent Database"按钮，可以打开 FLUENT 的材料库选择材料，在"Fluent Fluid Materials"列表中添加材料，设置相关的参数包括流体密度、流体黏度等。

（6）设置计算区域条件

① 流体材料设置。单击模型操作树下的"Cell Zone Conditions"，打开"Cell Zone Conditions"面板设置，在"Material Name"选择流体材料。

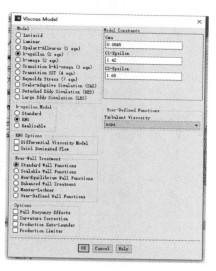

图 7-111　选择物理模型

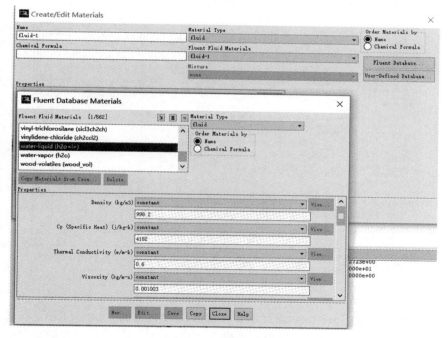

图 7-112　材料的选择

② 流动区域设置。将包含搅拌器在内的区域设置为转动，勾选"Mesh Motion"，设置旋转轴（本例中旋转方向为 z 轴方向，将 z 方向改为 1），设置转动速度（rotational velocity speed，即输入转速），如图 7-113 所示。

③ 静止区域设置。类似于流动区域设置，可以设置流动方向，也可以不用设置。

（7）边界条件的确定

将搅拌器壁面 rator 设置为与流场区域一起转动（Moving Wall），其壁面设置为相对速

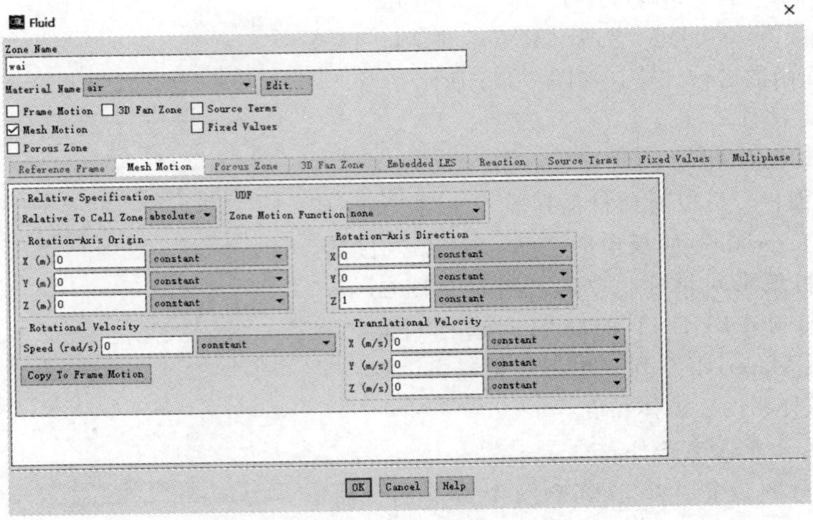

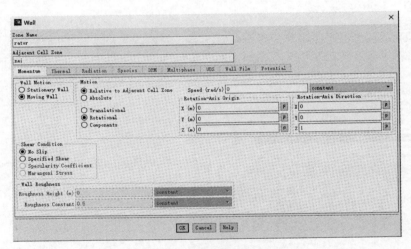

图 7-113　流体区域运动方式设置

度为 0m/s。本例不需要设置进出口边界，如图 7-114 所示。

图 7-114　搅拌器壁面条件设置

（8）Interface 的设置

对网格划分时建立的 Interface 进行设置，选择工具栏上的"Interfaces"按钮，在弹出的"Create/Edit Mesh Interfaces"选项框中输入"Mesh Interface"的名称为"interface1"，分别选择"interface1"和"interface2"，勾选"Coupled"和"Mapped"选项框，单击"Create"按钮，创建 interface。

7.1.4.5　求解计算

（1）求解方法设置

单击模型操作树下的"Solution Methods"，出现"Solution Methods"参数设置面板，求解算法选择"SIMPLEC"压力-速度耦合算法，其余离散方法等设置如图 7-115 所示。

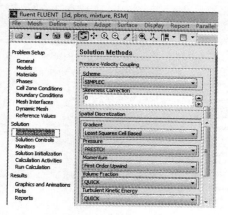

图 7-115 求解方法设置

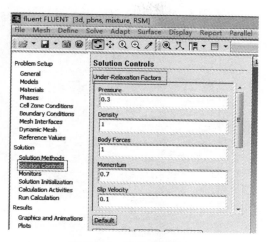

图 7-116 松弛因子设置

（2）求解控制设置

单击模型操作树下的"Solution Contrds"，出现"Solution Contrds"参数设置面板，各项松弛因子保持默认值，如图 7-116 所示。

（3）收敛条件设置

单击模型操作树下的"Monitors"，出现"Monitors"参数设置面板。在"Residuals，Statistic and Force Monitors"选项选择"Residuals-Point，Plot"，双击弹出"Residual Monitors"窗口，收敛标准均设置为 0.001，单击"OK"按钮完成设置，如图 7-117 所示。

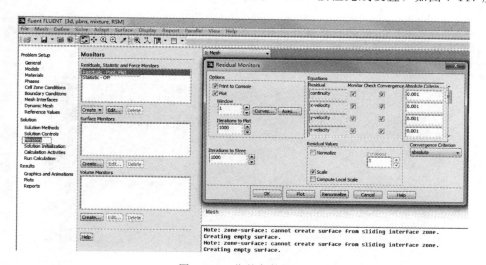

图 7-117 收敛条件设置

（4）流场初始化设置

单击模型操作树下的"Solution Initialization"，出现"Solution Initialization"参数设置面板。在"Computer From"选项选择"inlet"，其余选项保持默认，单击"Initialize"按钮进行初始化，如图 7-118 所示。

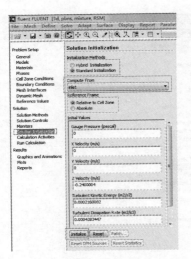

图 7-118　求解初始化

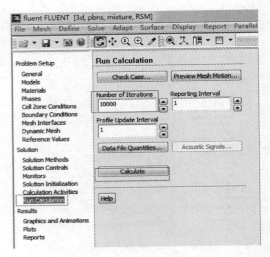

图 7-119　迭代计算

（5）计算

单击模型操作树下的"Run Calculation"，出现"Run Calculation"参数设置面板。设置"Number of Iterations"为 10000，其余选项保持默认，单击"Calculate"按钮进行计算，如图 7-119 所示。

7.1.4.6　计算结果后处理

（1）残差

单击"Calculate"按钮进行计算后，FLUENT 图形显示主窗口就会弹出残差监视窗口，如图 7-120 所示。

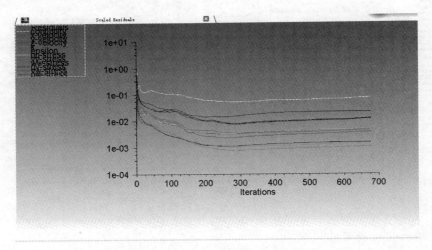

图 7-120　残差监视窗口

（2）速度云图与压力云图

① 创建云图显示面。单击功能区的"Surface"，单击"Create"中的"Plane"。输入平行于研磨腔水平面上的三个点，输入三个点坐标后，输入"New Surface Name"的名字，

单击"Create"按钮，创建一个新的面。以同样的方法创建一个垂直于研磨腔水平面的点。

② 创建速度梯度图。选择模型操作树"Result"中的"Graphics"，单击"Contours"，弹出"Contours"界面，选择"Velocity"，选择上述创建的界面，勾选"Global Range"，单击"Display"按钮查看速度梯度图，如图 7-121 所示。

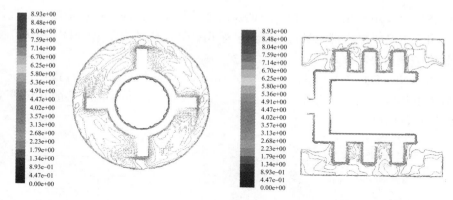

图 7-121　速度梯度图

图 7-121 为 1000r/min 时的速度梯度分布，可以看到在搅拌器附近的速度梯度曲线密集，表示在这些区域速度变化较大，颗粒之间相对速度较大，研磨介质碰撞剧烈，研磨效果较好。

③ 创建剪切率分布云图。单击模型操作树"Result"中的"Graphics"，单击"Contours"，查看研磨腔的流场剪切率分布云图，如图 7-122 所示。

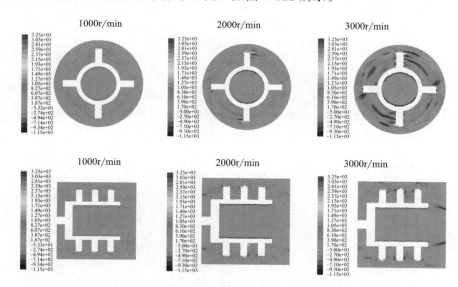

图 7-122　剪切率分布云图

图 7-122 显示的是 1000r/min、2000r/min、3000r/min 时的剪切率分布。搅拌器与研磨腔筒壁之间的区域剪切率较大，特别是棒销末端剪切率最大。而且随着搅拌转速增大，研磨区域明显扩大，荷叶粉被捕捉破碎的概率增大，研磨效果加强。但是较大转速的能量耗散也在增加，能量利用效率反而降低。

7.1.5 搅拌桨的流场分析

7.1.5.1 案例简介

搅拌设备广泛应用于化工、机械、石油及冶金等行业，提高搅拌效率是设备设计的最终目标。由于实践中难以对内部流场进行观察，采用计算流体动力学（CFD）来研究搅拌设备内部流场就成了最主要的方式。

本例采用 ANSYS FLUENT17.0 软件对 Rushton 桨的搅拌流场进行模拟，研究不同转速对搅拌效率的影响。反应釜直径为 100mm，高为 150mm。Rushton 桨的几何模型及尺寸如图 7-123 所示，单位 mm。

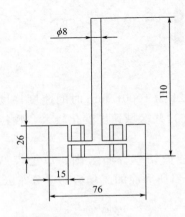

图 7-123　搅拌桨几何模型及尺寸

7.1.5.2 网格划分基本思路

① 由于几何结构比较复杂，在 Solid Works 创建流体区域时可以采用布尔计算。首先划分好搅拌桨，如图 7-124 所示。

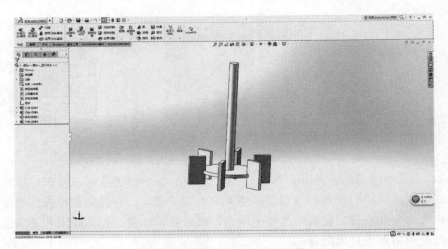

图 7-124　搅拌桨 Solid Works 模型

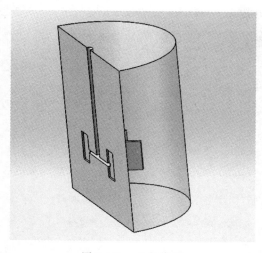

图 7-125　几何模型

② 然后画出一个筒体，在筒体零件中插入搅拌桨，并设置好两个零件的相对位置。依次单击"插入"→"特征"→"组合"，准备进行两个零件的布尔运算。在组合选项中点选"删减"，即将两个零件重合的部分去除。将"主要实体"选择为筒体圆柱，将"要组合的实体"选择为搅拌桨，这样在执行组合后就将保留圆柱上除公共部分外的材料。这样可以得到流场区域，如图 7-125 所示。

③ 本例在 ICEM CFD 中采用非结构化网格划分的方法进行划分，流体区域结构网格划分结构如图 7-126 所示。

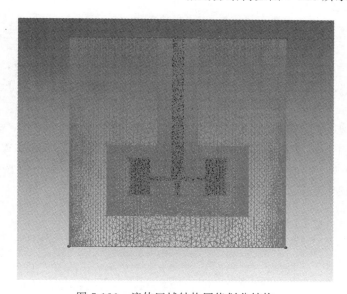

图 7-126　流体区域结构网络划分结构

7.1.5.3　FLUENT 求解设置

（1）启动 FLUENT 软件

双击桌面 FLUENT 图标进入启动界面，弹出"Fluent Launcher"窗口。"Dimension"选项选择"3D"，修改相应的工作目录"Working Directory"，其余选项保持默认值，单击"OK"按钮确定，如图 7-127 所示。

（2）导入并设置网格、检查网格

① 单击菜单栏"File"→"Read"→"Mesh"，读取 msh 格式网格文件，如图 7-128 所示。

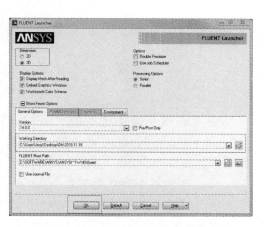

图 7-127　FLUENT 软件启动

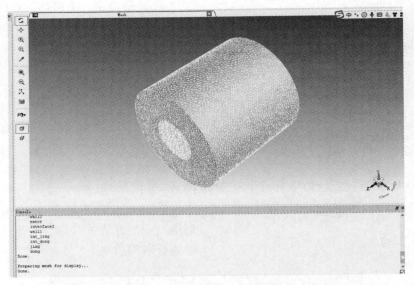

图 7-128　导入 FLUENT 模型

② 单击模型操作树下的"General"，出现"General"参数设置面板，单击"Mesh"子面板下的"Check"，TUI 窗口显示出网格信息，最小体积和最小面积为正数即可。

(3) 通用设置

① 单击模型操作树下的"General"，参数设置面板出现"General"参数设置面板，单击"Mesh"子面板下的"Scale"，弹出"Scale Mesh"窗口。在"Mesh Was Created In"栏选择"mm"，"View Length Unit In"栏也选择"mm"，单击"Scale"按钮完成比例缩放，单击"Close"按钮结束，如图 7-129 所示。

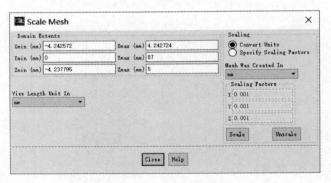

图 7-129　设置网格比例尺寸

② 单击模型操作树下的"General"选项，分别设置"Type"为"Pressure-Based"，"Velocity Formulation"为"Absolute"，"Time"为"Steady"，勾选"Gravity"选项，设置重力加速度为 $9.8\mathrm{m/s^2}$。"General"选项的设置如图 7-130 所示。

(4) 选择基本物理模型

单击模型操作树下的"Models"选项，打开"Models"面板，可以选择模型。计算时采用 RNG K-E 模型，待收敛后再使用雷诺应力模型。选择"Viscous Model"，"Model"选

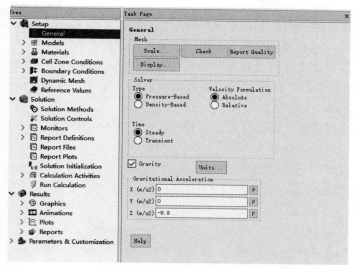

图 7-130　"General" 选项的设置

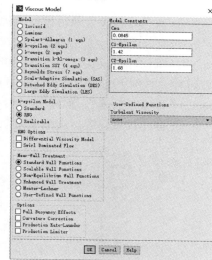

图 7-131　设置湍流模型

择 "k-epsilon（2 eqn）"，"k-epsilon Model" 选择 "RNG"，以及选择标准壁面函数进行计算，如图 7-131 所示。

（5）定义材料属性

单击模型操作树下的 "Materials" 选项，打开 "Materials" 面板，单击 "Materials" 面板中的 "Creat/Edit" 按钮，可以打开材料编辑对话框，如图 7-132 所示。单击 "Fluent Database" 按钮，可以打开 FLUENT 的材料库选择材料，在 "Fluent Fluid Materials" 列表中选择 "water-liquid（h2o<1>）"。

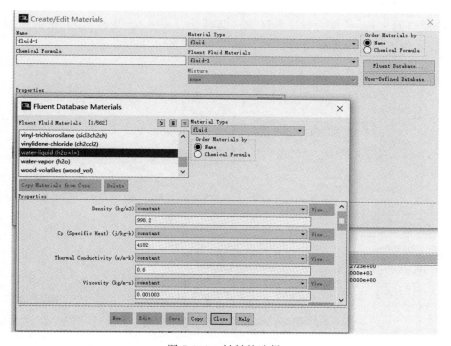

图 7-132　材料的选择

（6）设置计算区域条件

① 流体材料设置单击模型操作树下的"Cell Zone Conditions"，打开"Cell Zone Conditions"面板设置，在"Material Name"选择流体材料"water-liquid"。

② 流动区域设置。将包含搅拌器在内的区域设置为转动，勾选"Mesh Motion"，设置旋转轴（本例中旋转方向为 z 轴方向，将 z 方向改为1），设置转动速度（rotational velocity speed，即输入转速），如图 7-133 所示。

③ 静止区域设置。类似于流动区域设置，可以设置流动方向，也可以不用设置。

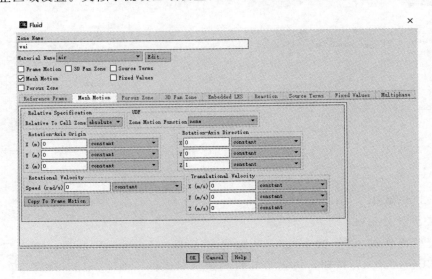

图 7-133　流动区域运动方式设置

（7）边界条件的确定

将搅拌器壁面 rator 设置为与流场区域一起转动（Moving Wall），其壁面设置为相对速度为 0m/s。本例不需要设置进出口边界，如图 7-134 所示。

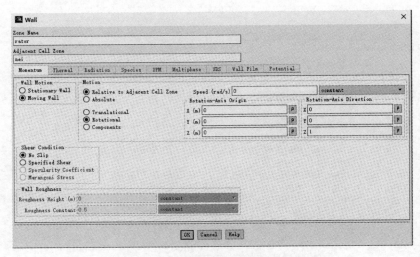

图 7-134　搅拌器壁面条件设置

（8）Interface 的设置

对网格划分时建立的 Interface 进行设置，选择工具栏上的"Interface"按钮，在弹出的"Create/Edit Mesh Interface"选项框中输入"Mesh Interface"的名称为"inter"，分别选择 interface1 和 interface2，勾选"Coupled Wall"和"Mapped"选项框，单击"Create"按钮确认。拥有多组 interface 时设置方法相同，如图 7-135 所示。

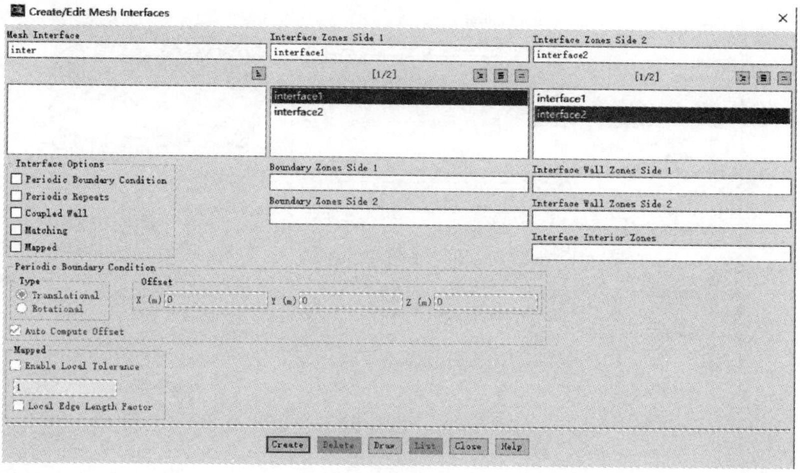

图 7-135　interface 面设置

7.1.5.4　求解计算

（1）求解方法设置

单击模型操作树下的"Solution Methods"，出现"Solution Methods"参数设置面板，求解算法选择"SIMPLEC"压力-速度耦合算法，其余离散方法等设置如图 7-136 所示。

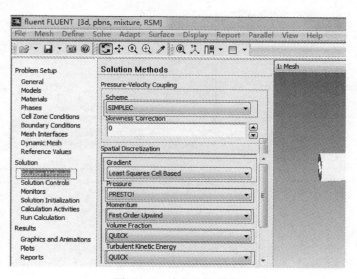

图 7-136　求解方法设置

（2）求解控制设置

单击模型操作树下的"Solution Controls"，出现"Solution Controls"参数设置面板，各项松弛因子保持默认值，如图 7-137 所示。

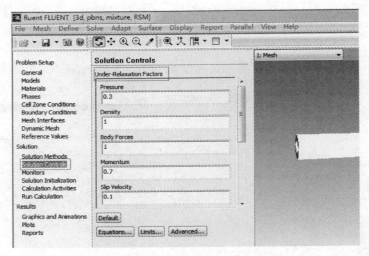

图 7-137　松弛因子设置

（3）收敛条件及监控设置

单击模型操作树下的"Monitors"，出现"Monitors"参数设置面板。在"Residuals，Statistic and Force Monitors"选项选择"Residuals-Point，Plot"，双击弹出"Residual Monitors"窗口，收敛标准均设置为 0.001，单击"OK"按钮完成设置，如图 7-138 所示。

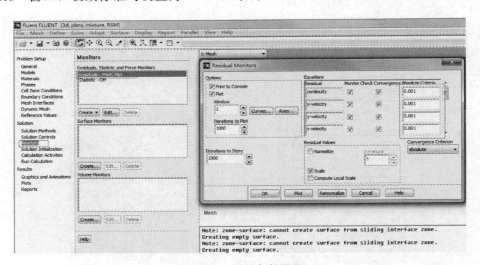

图 7-138　收敛条件设置

（4）流场初始化设置

单击模型操作树下的"Solution Initialization"选项，打开"Solution Initialization"（流场初始化）面板，如图 7-139 所示。设置相关参数，单击"Initialize"按钮进行初始化计算。

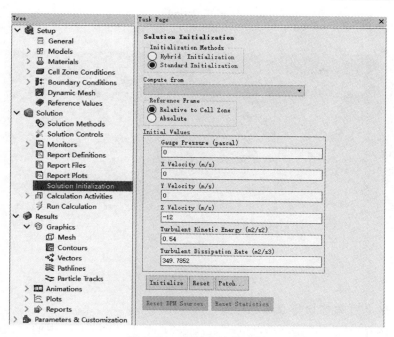

图 7-139　初始化计算面板

（5）计算

单击模型操作树下的 "Run Calculation"，出现 "Run Calculation" 参数设置面板。设置 "Number of Iterations" 为 2000，其余选项保持默认，单击 "Calculate" 按钮进行计算，如图 7-140 所示。

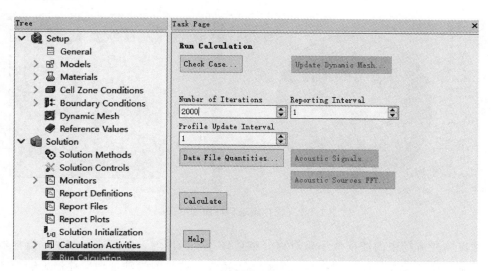

图 7-140　迭代计算

7.1.5.5　计算结果后处理

（1）残差

单击 "Calculate" 按钮进行计算后，FLUENT 图形显示主窗口就会弹出残差监视窗口，如图 7-141 所示。

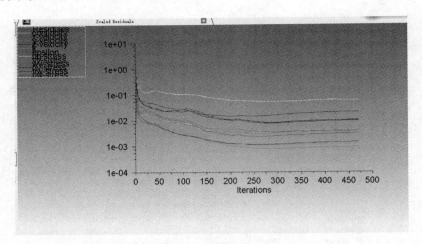

图 7-141　残差监视窗口

（2）速度梯度图与剪切率分布图

① 创建云图显示面。单击功能区的"Surface"，单击"Create"中的"Plane"。输入平行于搅拌桨水平面上的三个点，输入三个点坐标后，输入"New Surface Name"的名字，单击"Create"按钮，创建一个新的面。以同样的方法创建一个垂直于搅拌桨水平面的点。

② 创建速度云图。图 7-142 给出了转速为 2000r/min、流体为水、由 Rushton 搅拌反应釜中的流场速度云图。从图中可以直观地看出牛顿流体在 Rushton 搅拌反应釜中的流动特征。

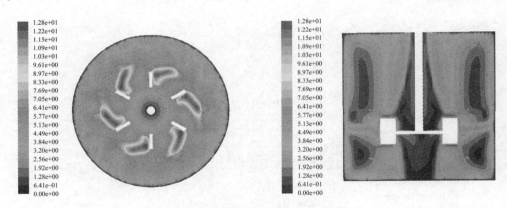

图 7-142　搅拌流场特征面速度云图

牛顿流体在流场中的速度大小呈对称分布且分布较为均匀，壁面速度较小，搅拌器及主轴周围的流体速度较大，并在搅拌器的尖端达到最大，这是因为轴带动搅拌器旋转而产生搅拌作用。图 7-143 给出了反应釜流场的速度矢量图。

从图 7-143 可以很好地理解 Rushton 搅拌桨的混合机理，在搅拌器叶片附近出现了旋涡。这是因为流场内存在压力梯度，使得速度高的流体趋向速度低的流体流动，从而使得该处出现了旋涡。另外在整个搅拌釜中对称出现的旋涡，位于搅拌器的上下位置，反应釜中的流体在径向和轴向都会通过搅拌而进行混合。Rushton 搅拌桨流场中旋涡流区域较多，叶片

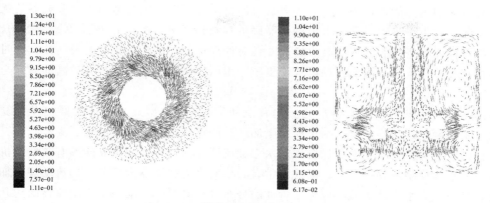

图 7-143　搅拌流场特征面速度矢量图

与壁面间产生湍流旋涡有利于混合液的均匀混合，在反应釜底部的流体也有足够的流速避免流动死角的出现，减少物料堆积。

③ 创建剪切率分布云图。图 7-144 显示了搅拌流场中的剪切率分布云图。

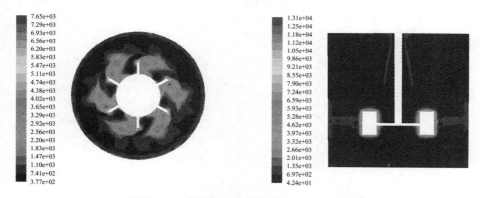

图 7-144　搅拌流场特征面剪切率分布云图

从图中可以看出，在转速为 2000r/min 的搅拌速度下，剪切率在 Rushton 搅拌桨流场中分布相对较为均匀，较高剪切率出现在搅拌器叶片之间以及搅拌器到壁面的径向间隙处，并在搅拌器的尖端区域达到最高剪切率。反应釜的分散混合效率较高。

7.1.6　颗粒水力分级流场分析

7.1.6.1　案例简介

在粉体湿法加工后的固液分离中有重力沉降分离技术、过滤分离技术与离心分离技术等，这些技术存在设备占地较大、能耗较高且加工制造费用高的缺点。水力旋流器是一种基于离心沉降的基本原理在离心力场作用下将非均相的不相溶的混合物中具有密度差的两相或者多相实现分离的机械分离设备。与常规的分离设备相比，它具有结构简单紧凑、体积小、质量轻、安装和使用灵活方便、工艺简单、分离效率高、没有转动部件、处理时间短和运行费用低等优点，尤其是在分离过程能够实现集输工艺流程的密闭。但其中的静态水力旋流器受工艺操作参数波动的影响较大，如进口流量或压力的变化均会造成分离效果的很大变化，而且伴有较大的内部能量损失。动态水力旋流器是结合了离心机与静态水力旋流器的优点而开发出来的，它不仅继承了静态水力旋流器底流口排砂顺畅、几何结构简单紧凑等的优点，而且还能形成离心机具有的强离心力场，并且对处理量的波动具有较高的灵活性，同时分离效率也得到改善，能够分离出的颗粒粒径更小。因而动态水力旋流器具有较高的研究与工程应用价值。

总的来说，动态水力旋流器常见形式有三种：TOTAL 型式、预旋流型式以及复合型式。动态水力旋流器结构主要包括旋流发生部件、静态旋流腔、进料结构、溢流结构、底流结构、机械密封等。为了获取更加合理的水力旋流器几何结构以及建立能够有效地评价其性能的合理的数学模型或物理模型，因此非常有必要对水力旋流器内部流体的流动规律加以研究，也就是说研究水力旋流器内部流场特性的分布是很必要的。动态水力旋流器结构几何形状不规则，并且同时存在静止部件和旋转部件。因此，在结构简化的基础上，本文首先利用三维软件 Solid Works 建立动态水力旋流器的筒体、进料结构、旋转叶轮、溢流结构及腔体中心固棒等三维模型，如图 7-145 所示。

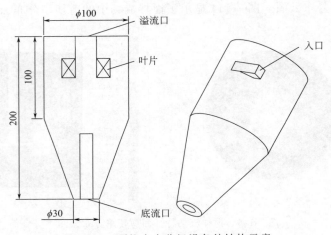

图 7-145　颗粒水力分级设备的结构示意

7.1.6.2　网格划分基本思路

本例采用 ANSYS ICEM CFD 软件对颗粒水力分级设备流场进行网格的划分，利用非结构化网格划分方法进行划分，颗粒水力分级设备流场的网格模型如图 7-146 所示，其中单元数 2109725 个，节点数 358927 个。

7.1.6.3　FLUENT 求解设置

（1）启动 FLUENT 软件

双击桌面 FLUENT 图标进入启动界面，弹出"Fluent Launcher"窗口。"Dimension"选项选择"3D"，修改相应的工作目录"Working Directory"，其余保持默认值，单击"OK"按钮确定，如图 7-147 所示。

（2）导入并设置网格、检查网格

① 单击菜单栏"File"→"Read"→"Mesh"，读取 msh 格式网格文件，如图 7-148 所示。

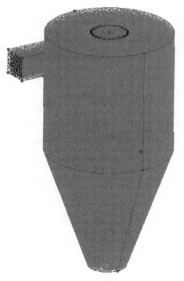

图 7-146　水力分级设备网格模型

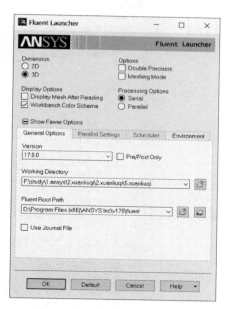

图 7-147　FLUENT 软件启动

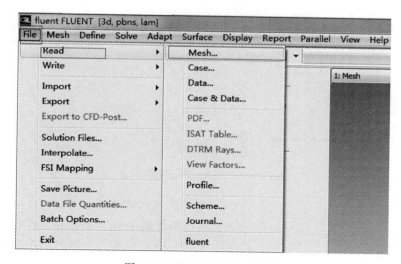

图 7-148　FLUENT 导入网格

②单击模型操作树下的"General"选项，出现"General"参数设置面板，单击"Mesh"子面板下的"Check"，TUI 窗口显示出网格信息，最小体积和最小面积为正数即可。

（3）通用设置

①单击模型操作树下的"General"，出现"General"通用设置面板，单击"Mesh"子面板下的"Scale"，弹出"Scale Mesh"窗口。在"Mesh Was Created In"栏选择"mm"，"View Length Unit In"栏也选择"mm"，单击"Scale"按钮完成比例缩放，单击"Close"按钮结束，如图 7-149 所示。

②单击模型操作树下的"General"选项，分别设置"Type"为"Pressure-Based"，"Velocity Formulation"为"Absolute"，"Time"为"Steady"，勾选"Gravity"，设置重力

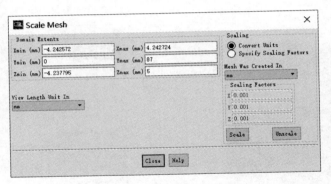

图 7-149　设置网格比例尺寸

加速度为 9.8m/s^2。"General"选项的设置如图 7-150 所示。

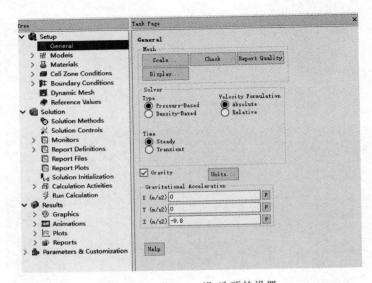

图 7-150　"General"选项的设置

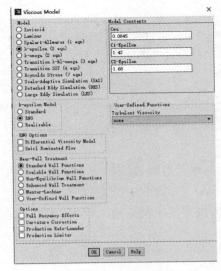

图 7-151　设置湍流模型

（4）选择基本物理模型

单击模型操作树下的"Models"选项，打开"Models"面板，可以选择模型。计算时采用 RNG K-E 模型，待收敛后再使用雷诺应力模型。选择"Viscous Model"，"Model"选择"k-epsilon（2 eqn）"，"k-epsilon Model"选择"RNG"，以及选择标准壁面函数进行计算，如图 7-151 所示。

（5）定义材料属性

单击模型操作树下的"Materials"选项，打开"Materials"面板，单击"Materials"面板中的"Creat/Edit"按钮，可以打开材料编辑对话框，如图 7-152 所示。单击"Fluent Database"按钮，可以打开 FLUENT 的材料库选择材料，在"Fluent Fluid Materials"列表中选择"water-liquid（h2o<1>）"。

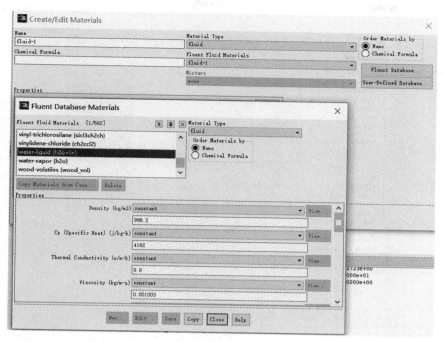

图 7-152　材料的选择

（6）设置计算区域条件

单击模型操作树中找到 "Cell zone Conditions"，打开 "Cell Zone Conditions" 面板设置，在 "Material Name" 选择流体材料 "water-liquid"。勾选 "Mesh Motion"，设置 "Rotation-Axis Direction" 为 "z" 轴，"Rotational Velocity" 中的 "Speed" 设为 3000r/min，其余选项默认。静止区域设置类似于流动区域，在 "Rotational Velocity" 中的 "Speed" 设为 0r/min。

（7）边界条件的确定

单击模型操作树下的 "Boundary Conditions"，Inlet 设置为速度进口条件 "velocity-inlet"，设置进口速度为 0.4m/s。

设置溢流口（Overflow）和底流口（Underflow）为 outflow。

搅拌器 rator 壁面设置时勾选 "Moving Wall"，在 "Relative To Adjacent Cell Zone" 中的 "Speed" 设为 0r/min；其余选项默认。

（8）Interface 的设置

对网格划分时建立的 Interface 进行设置，选择工具栏上的 "Interface" 按钮，在弹出的 "Create/Edit Mesh Interface" 选项框中输入 Mesh interface 的名称为 interface1，分别选择 interface1 和 interface2，勾选 "Coupled Wall" 和 "Mapped" 选项框，单击 "Create" 按钮确认。拥有多组 interface 时设置方法与上相同。

7.1.6.4　求解计算

（1）求解方法设置

单击模型操作树下的 "Solution Methods"，出现 "Solution Methods" 参数设置面板，

求解算法选择"SIMPLEC"压力-速度耦合算法，其余离散方法等设置如图7-153所示。

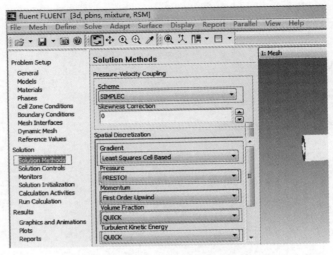

图7-153　求解方法设置

（2）求解控制设置

单击模型操作树下的"Solution Controls"，出现"Solution Controls"参数设置面板，各项松弛因子保持默认值，如图7-154所示。

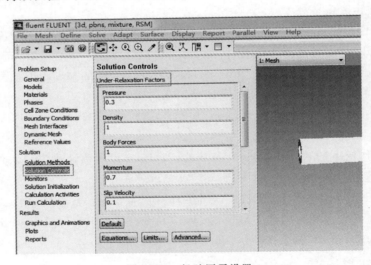

图7-154　松弛因子设置

（3）收敛条件及监控设置

单击模型操作树下的"Monitors"，出现"Monitors"参数设置面板。在"Residuals，Statistic and Force Monitors"选项选择"Residuals-Point，Plot"，双击弹出"Residual Monitors"窗口，收敛标准均设置为0.001，单击"OK"按钮完成设置，如图7-155所示。

（4）流场初始化设置

单击模型操作树下的"Solution Initialization"选项，打开"Solution Initialization"（流场初始化）面板，如图7-156所示。设置相关参数，单击"Initialize"按钮进行初始化计算。

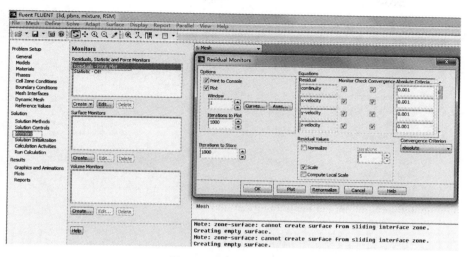

图 7-155　收敛条件设置

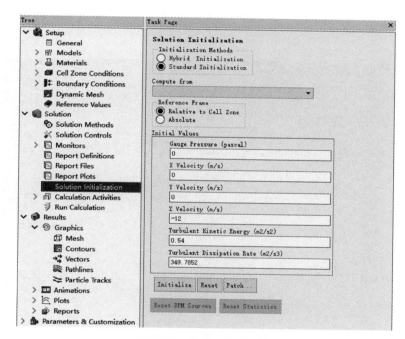

图 7-156　初始化计算面板

（5）计算

单击模型操作树下的"Run Calculation"，出现"Run Calculation"参数设置面板。设置"Number of Iterations"为 2000，其余选项保持默认，单击"Calculate"按钮进行计算，如图 7-157 所示。

7.1.6.5　计算结果后处理

（1）残差

单击"Calculate"按钮进行计算后，FLUENT 图形显示主窗口就会弹出残差监视窗口，

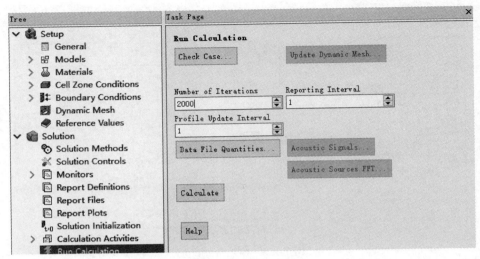

图 7-157　迭代计算

如图 7-158 所示。

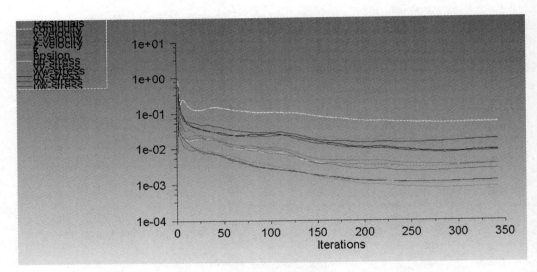

图 7-158　残差监视窗口

（2）速度云图与速度矢量图

① 径向速度。径向速度是旋流器三向速度中最小和最难通过实验测量到的，通过数值模型的方法可以很好地反映出径向速度的分布。$X=0$mm 截面的径向速度分布云图如图 7-159 所示。

② 速度矢量图。通过速度矢量云图可以观察动态旋流器中的液体流向，$X=0$mm 截面的速度矢量图如图 7-160 所示，可以看出外旋流矢量方向沿 Y 轴向下，向底流口流动。从溢流口底部的流体矢量向上，流体向上运动，在溢流管周围湍流激烈。能捕捉到明显的循环流。外旋流和内旋流分布规律与理论分析相一致。

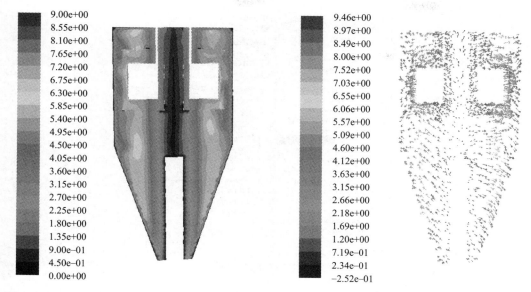

图 7-159　X=0mm 截面的径向速度分布云图　　　　　图 7-160　X=0mm 截面的速度矢量图

（3）分离级效率的计算

① 选择模型操作树中 "Models" 选项的 "Discrete Phase-on"，激活离散相模型（DPM），勾选 "Interaction with Continuous Phase" 选项，同时设置最大计算步数和每步步长，如图 7-161 所示。

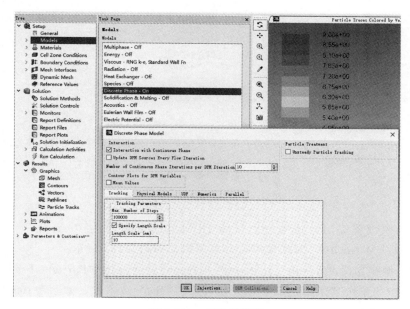

图 7-161　离散相模型

② 选择离散相计算的物理模型，勾选 "Erosion/Accretion" 选项用于颗粒的模拟计算，如图 7-162 所示。

③ 设置发射粒子的各项参数，包括对发射面、颗粒直径和密度等参数进行设置，如

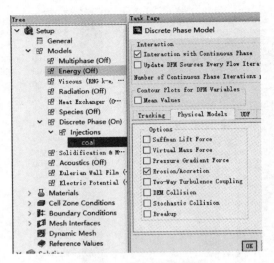

图 7-162　选择离散相模型

图 7-163 所示。

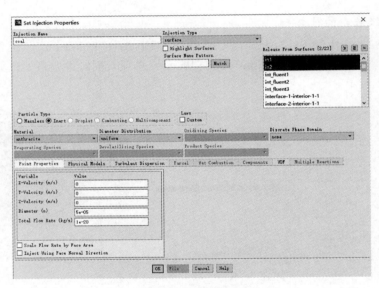

图 7-163　发射颗粒的设置界面

④ 计算参数设置完后，将溢流出口的 DPM 边界类型设为"escape"，将底流出口的 DPM 边界类型设为"trap"，对颗粒进行分级模拟，如图 7-164 所示。

⑤ 选择模型操作树"Result"选项中的"Graphics"，双击"Particle Tracks"按钮。在弹出的选项框中，单击"Display"按钮开始计算颗粒的分级情况，如图 7-165 所示。

（4）颗粒运动轨迹

在进口流速为 3m/s 水相的流场收敛的基础上，加入 DPM 模型对不同粒径（粒径选择 $0.1\mu m$、$1\mu m$）的颗粒进行模拟计算，从而研究颗粒的运动轨迹和分离效率。入口条件保证每次入射的颗粒粒径均一。图 7-166 为直径 $0.1\mu m$ 颗粒在动态旋流器中的轨迹图像，图 7-167 为直径 $1\mu m$ 颗粒在动态旋流器中的轨迹图像。从图中可以看到，随着颗粒增大溢流口

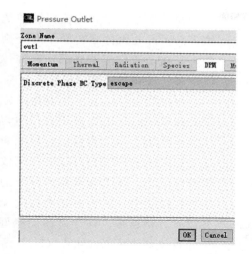

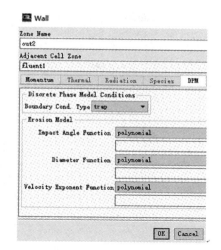

图 7-164 出口面 DPM 设置

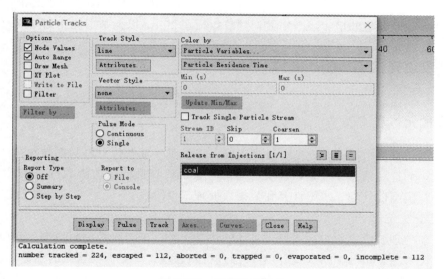

图 7-165 颗粒追踪结果

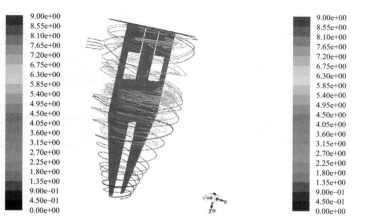

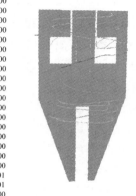

图 7-166 直径 $0.1\mu m$ 颗粒轨迹

图 7-167 直径 $1\mu m$ 颗粒轨迹

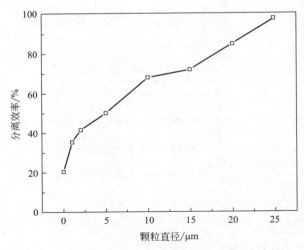

图 7-168　旋流器粒级分离效率与颗粒直径的关系

的颗粒数逐渐减少，底流口颗粒数逐渐增多。大部分固体颗粒粒子在外旋流影响下到达动态旋流器底部，在锥体段逐渐沉降，最后在底流口被捕获分离。

水力旋流器评价的重要指标之一就是粒级效率。先选择粒子直径均匀的固体粒子作为水力旋流器的进口物料，从而可以测出这种颗粒直径的分离效率称为粒级效率。水力旋流器能分离的固体颗粒粒径越小，就说明该水力旋流器的分离能力就越强，其分离性能越好。粒级分离效率计算公式如式（7-1）所示。

水力旋流器的粒级分离效率与颗粒直径的关系如图 7-168 所示，旋流器的粒级分离效率随着颗粒的增大逐渐增大，颗粒粒径在 $20\mu m$ 以上基本能达到分离效果。

7.2　离散单元法 EDEM 模拟

7.2.1　离散元仿真流程

离散元法仿真模拟能够补充部分物理实验，提供了获取散体材料与颗粒物料的内在运动规律的手段，而这些信息往往是物理实验难以考察的。离散元法仿真软件 EDEM 仿真流程需要依次经过模型前处理、求解计算和数据后处理三个阶段。

（1）模型前处理

在模型前处理阶段，用户需要输入具体的仿真参数，确定颗粒物料模型、几何模型参数和其他的相关参数，然后 EDEM 软件对参数进行预处理。一般需要输入的参数有以下几个。

① 颗粒形状（半径及颗粒中心位置）和材料参数（密度、泊松比和剪切模量等）。

② 颗粒产生的区域（颗粒工厂）、颗粒的数量、粒径分布和速度等。

③ 导入几何模型（边界条件）文件、几何模型的颜色、材料参数等。

④ 几何模型的初始位置、运动方式等。

⑤ 颗粒与颗粒接触模型设置，颗粒与几何接触模型设置、接触参数、作用物理场等。

⑥ 仿真时间、时间步长、仿真图像更新和数据写出频率等，判断接触搜索网格数等。

（2）求解计算

在求解计算阶段，一个计算时间步中需要依次经历接触判断、接触力计算、颗粒系统运动更新和边界模型运动更新。将上述求解流程遍历仿真系统中所有的颗粒单元，并在设定的计算时间内反复循环，直至计算结束。

（3）数据后处理

EDEM 后处理程序保存并访问结果数据文件，对结果数据进行分析和处理，可以用来观看仿真动画、绘制图表及输出数据。在后处理模块中主要进行模型显示设置、元素颜色标识、模型网格组定义、模型截断分析、视频资料制作、仿真数据导出和截图生成。其中可以从 EDEM 软件中导出的数据包括碰撞、接触、粘结、颗粒和几何体等属性分量。

表 7-1　碰撞元素的属性、分量

属性	分量	数据类型
平均法向力	n/a	标准值、总量、平均值、最大值、最小值
平均切向力	n/a	标准值、总量、平均值、最大值、最小值
最大法向力	n/a	标准值、总量、平均值、最大值、最小值
最大切向力	n/a	标准值、总量、平均值、最大值、最小值
法向能量损失	n/a	标准值、总量、平均值、最大值、最小值
碰撞数	n/a	n/a
相对法向速度	n/a	标准值、总量、平均值、最大值、最小值
相对切向速度	n/a	标准值、总量、平均值、最大值、最小值
切向能量损失	n/a	标准值、总量、平均值、最大值、最小值
总能量损失	n/a	标准值、总量、平均值、最大值、最小值

7.2.2　球磨机颗粒碰撞模拟

7.2.2.1　案例介绍

本节介绍球磨机中研磨介质碰撞的 EDEM 仿真模型的建立，离散单元法（DEM）可以更好地理解球磨机中研磨介质运动情况。本例主要讨论球磨过程中工艺参数对研磨介质运动特性的影响。球磨机的尺寸为 $\phi900\text{mm}\times600\text{mm}$，内置有 16 块圆弧形衬板，其几何模型如图 7-169 所示。模拟中为减小计算量，截取其中一段进行模拟。

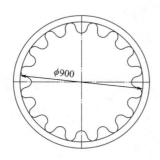

图 7-169　球磨机几何模型

7.2.2.2　EDEM 仿真

（1）文件导入

打开 EDEM 软件，单击"File"→"save as"→保存到"SAG mill"文件夹中，如图 7-170 所示。

（2）全局模型设置（"Tabs"→"Globals"）

① 设置模拟项目名称。单击"Simulation"→"Title"，输入"SAG mill"中。

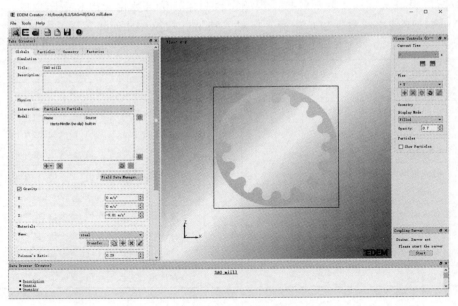

图 7-170　EDEM 软件界面

Physics 中有各种接触模型情况，如 Hertz-Mindlin、Linear Spring、Cohesion、Bonded Particle 和 Moving Surface 等。通过 EDEM API，我们还可以任意添加和修改所需的接触力力学模型和力场。球磨机模拟中接触模型设置包括以下几个。

② 设置颗粒与颗粒之间的碰撞模型。在"Physics"中的"Interaction"下拉选中"Particle to Particle"，在"Model"中确定"Hertz-Mindlin（no slip）built-in"，如图 7-171 所示。

③ 设置颗粒与几何体之间的碰撞模型。在"Physics"中的"Interaction"下拉选中"Particle to Geometry"，在"Model"中确定"Hertz-Mindlin（no slip）built-in"，如图 7-171 所示。

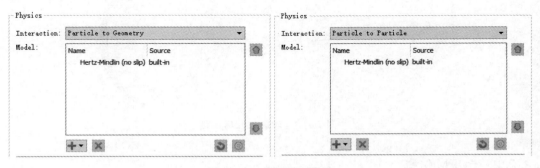

图 7-171　接触模型设置

④ 设置重力。勾选"Gravity"，设置 z 方向重力加速度为 $-9.81\mathrm{m/s^2}$，如图 7-172 所示。

⑤ 添加材料。利用 EDEM Creator，我们可以定义颗粒模型，包括颗粒的形状和物理性质，需要定义的参数包括泊松比、剪切模量和密度。

图 7-172　重力方向设置

找到"Materials"，单击"＋"按钮添加新材料 new materials 1。单击修改名称按钮，将材料名称改为 steel（研磨腔壁面材料为钢）；以同样的方式将颗粒材料定义为 grinding media（研磨介质球材料为钢球），如图 7-173 所示。

图 7-173　添加材料

⑥ 定义材料之间的相互作用（图 7-174），包括接触恢复系数、静摩擦系数和滚动摩擦系数。参数如表 7-2 所示。

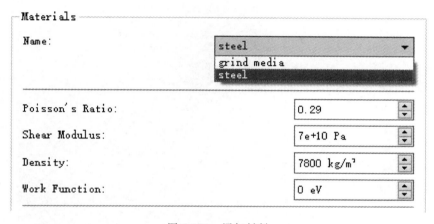

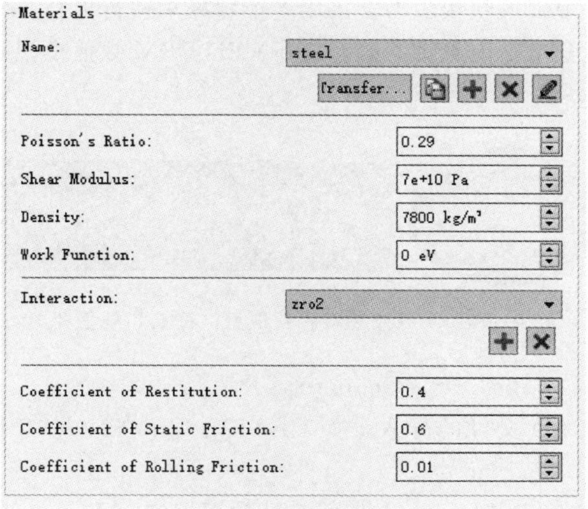

图 7-174　定义材料之间的相互作用

表 7-2　颗粒模型的物理属性

物理参数	密度/(kg/m³)	泊松比	剪切模量/GPa	恢复系数	静摩擦系数	滚动摩擦系数
筒体(钢)	7800	0.29	70	0.4	0.6	0.01
钢球	7800	0.29	70	0.4	0.6	0.01

（3）颗粒设置（"Tabs"→"Particle"）

在此定义的颗粒被称为原型颗粒，在这里主要建立一个新的颗粒类型和定义颗粒表面属性。

单击"Particle"选项，在"Select Particle"单击"+"按钮，在"Surface Radius"选为2mm。找到"Properties"，在"Materials"中选择steel2，单击"Lculate Properties"按钮，如图7-175所示。

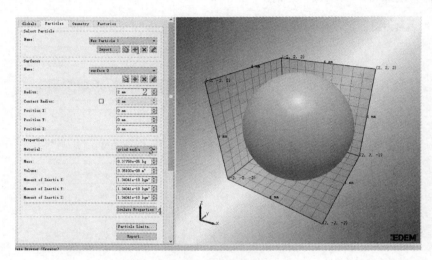

图 7-175　添加颗粒

颗粒可以是由一个或多个球体组成的，在搅拌研磨中采用最广泛的研磨介质是球形，本例中采用球形。对于不规则形状颗粒需要采用多个磨球来进行拟合。例如，蒋恩臣对割前摘脱稻麦联合收获机惯性分离室内谷物的运动进行CFD-DEM数值模拟时，对籽粒和短茎秆建立的模型如图7-176所示。

图 7-176　不规则物料颗粒模型（籽粒和短茎秆）

（4）几何体设置（"Tabs"→"Geometry"）

EDEM支持各种CAD文件的导入，如CATIA、Pro/ENGINEER及Solid Works等。导入模型方式如下。

① 在"Section"中单击"Import"按钮，选择模型"SAG mill"，导入后会提示选择单位，选择"Millimeters"，如图7-177所示。

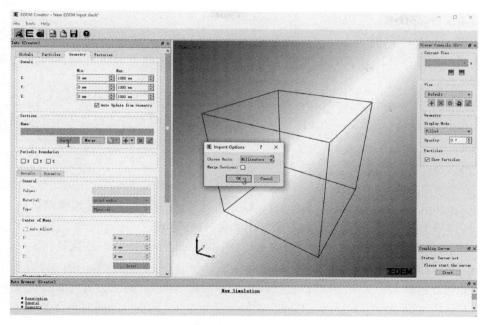

图 7-177　导入模型

② 导入后每一部分都需要制定材料，在"Sections"→"Name"中选择每一个零件。在"Details"中找到"Material"下拉"steel"，指定壁面为钢，所有零件依次指定。

③ 定义运动特征：如图 7-178 所示，在"Sections"→"Name"中选择"rotor"，选择"Dynamics"，单击"+"按钮，选择"Linear Rotation"，转速设为 2000r/min，旋转轴设为 y 轴（勾选"Display Vector"可以显示旋转轴以及旋转方向）。

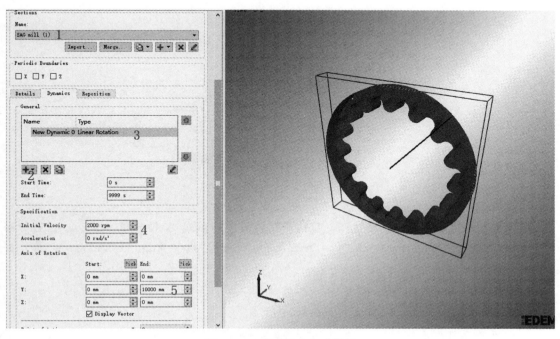

图 7-178　模型运动方式设置

(5) 颗粒工厂设置（"Tabs"→"Geometry"）

在"Section"中单击"Import"，选择一个在 Solid Works 建一个虚拟的几何体。当然，除了从外界导入几何体以外，EDEM 软件还可以提供软件内建立面或几何体等方式来生成一个颗粒工厂。

导入几何体"factory. x＿t"后，将"Details"中的"Type"设置为"Virtual"。这个区域并不是几何体的一部分，只是提供颗粒生成的场所，颗粒在运动过程中也不会与这一部分发生碰撞。

(6) 颗粒生成设置（"Tabs"→"Factories"）

在"Select Factories"中单击"＋"按钮，新建一个颗粒工程 New factory 1，生成方式设置为"dynamic"，设置生成数目为 5000，设置生成速率为 5000，其余选项默认。

如图 7-179 所示，EDEM 中颗粒生成方式中有两种：动态（dynamic）与静态（static）。动态方式需要明确颗粒生成数量，如无限制（Unlimited Number）、总数量（Total Number）或总质量（Total Mass）；同时还需指定生成速率（Generation Rate），如每秒生成个数（Target Number per second）或质量流量（Target Mass）；静态方式可以指定完全填充（Full Section）、总个数（Total Number）或总质量（Total Mass）。同时，无论采用何种生成方式，都需要设置开始时间（Start Time）、放置颗粒的最大尝试次数（Max Attempts to Place Particle）。

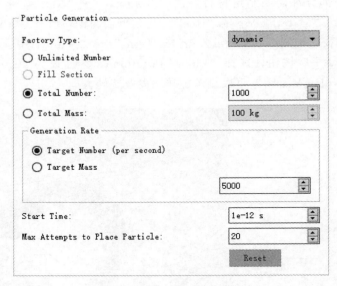

图 7-179　颗粒工厂设置

颗粒参数是指定颗粒的初始状态，包括颗粒类型（Type）、粒径分布（Size）、位置分布（Position）、速度（Velocity）、方向（Orientation）、角速度（Angular Velocity）等，如图 7-180 所示。

(7) 保存

单击"File"→"Save"，保存相关文件。

(8) 仿真运行设置

① 时间步长设置。一般选择 Raleigh 时间步长的 30%～40% 作为时间步长，Raleigh 时

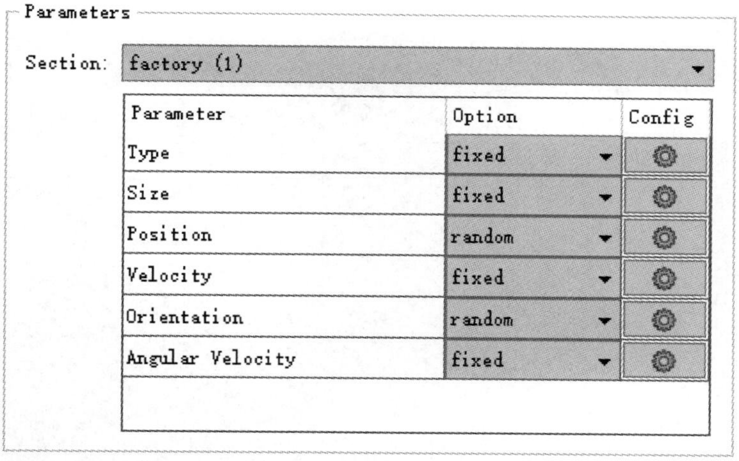

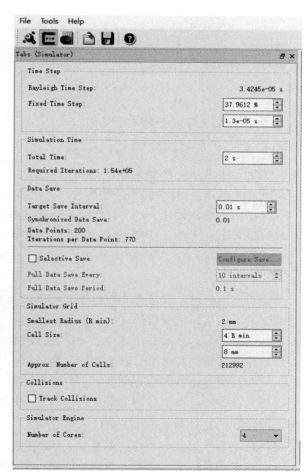

图 7-180 颗粒参数设置

间步长与颗粒的平均半径有关系，由式（7-5）计算决定：

$$T_{R} = \pi R \left(\frac{\rho}{G} \right)^{\frac{1}{2}} (0.1631\sigma + 0.8766)^{-1}$$

（7-5）

式中　R——颗粒半径，m；

　　　ρ——颗粒密度，kg/m³；

　　　G——颗粒材料的剪切模量，Pa；

　　　σ——材料的泊松比。

EDEM 设置中首先在"Time Step"下找到"Fixed Time Step"，然后输入 40%。之后将下面的时间步长调整为一个整数，"Fixed Time Step"会自动调整到 30%～40%。

② 设置模拟总时间和数据保存时间。在"Simulation Time"下找到"Total Time"，设置总的模拟时间为 2s，在"Date Save"中找到"Target Save Interval"，设置每 0.01 s 保存一个数据（此处可根据需要保存想要的数据），如图 7-181 所示。

③ 设置网格和碰撞选项。在"Simulator Grid"中找到"Cell Size"选项，将值改为"4R min"，勾选"Track Collisions"选项（球磨机模拟中碰撞情况是主要的目标信息），如图 7-182 所示。

图 7-181 运行仿真设置

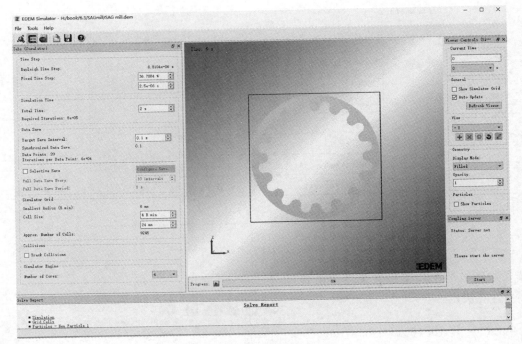

图 7-182　仿真运行设置

7.2.2.3　计算结果后处理与分析

通过 Analyse，我们可以很方便地对 Simulator 获得的结果进行处理，输出任何所需的数据：与机器表面相互作用的颗粒几何的内部行为、颗粒系统组分间碰撞的强度/频率/分布、每个颗粒的速度/位置以及受力等。

此处模拟结果与吉林大学所做实验的结果相对比，吉林大学利用具有透明有机玻璃端盖的球磨机进行研磨实验，并通过高速摄像机对内部介质运动形态进行拍照分析，球磨机的尺寸为 $\phi 900\text{mm} \times 600\text{mm}$，内置有圆弧形衬板，内部颗粒填充率为 30%，转速率为 86%、82%、76%、70%、60%、50%。结果如图 7-183 所示。

球磨机在运转时，研磨介质在衬板的提升以及惯性离心力作用下，外层研磨介质贴在筒体内壁上升，内层研磨介质附在外层研磨介质上升。当研磨介质所受到的惯性离心力与重力的径向分力平衡时，研磨介质开始脱离壁面，沿着筒体的切线方向抛出，在球磨机筒体中抛落，然后重新降落到筒体上。球磨机内研磨介质的冲击特性影响球磨机的工作效率、能耗以及球磨机和衬板寿命，研磨介质的冲击特性主要包括冲击方向以及冲击能量。冲击特性一般用研磨介质在球磨机内部的做抛落运动的研磨介质数量、抛落点高度和研磨介质经提升再次落回到筒体时的速度等参数来考虑。

由高速照相机拍摄的照片可以看到，球磨机的转速越大，做抛落运动的介质数量越多，研磨介质的抛落点高度也越高。另外，高填充率下球磨机内部介质运动复杂，当外层介质处于抛落状态时，其内层研磨介质仍做泻落运动。EDEM 模拟结果如图 7-184 所示。

从 EDEM 模拟结果中可以看出，球磨机中研磨介质存在多种运动状态，外层和内层的介质运动速度存在很大差异，在内部的研磨介质速度最低。随着转速的增加，球磨机研磨介

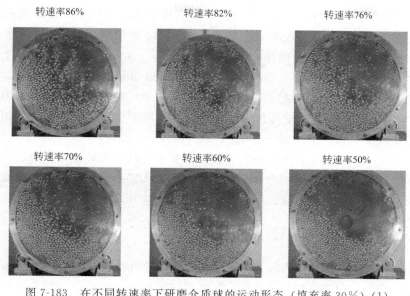

图 7-183　在不同转速率下研磨介质球的运动形态（填充率 30%）（1）

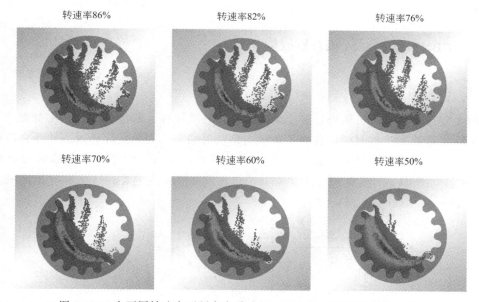

图 7-184　在不同转速率下研磨介质球的运动形态（填充率 30%）（2）

质做抛落运动的数量增加，抛落点高度增加。模拟与照相机拍摄的运动情况相吻合，EDEM
模拟为了解球磨机中介质运动情况提供了一种技术与理论支持。

7.3　湿法搅拌磨设备 Fluent 与 EDEM 耦合

7.3.1　CFD-DEM 耦合法理论基础

CFD-DEM 耦合法是目前较新的一种模拟固液两相流的数值模拟方法。将颗粒与流体耦合计算的 CFD-DEM 模型有两种：Lagrangian 模型和 Eulerian 模型。Lagrangian 模型只考虑了液体相与固体相之间的动量交换，可以认为与 DPM 模型类似；Eulerian 模型除了考虑两者之间的动量交换，还考虑到固体相对液体相的影响。Lagrangian 模型适合于固体相占比小于 10% 的情况，计算密度小，在计算中 CFD 仿真以单相的形式瞬态计算，在每个时间步长内，CFD 迭代至收敛，然后根据 DEM 中颗粒所在单元的流体条件计算作用在颗粒上的力，然后 DEM 进行迭代，依次交替计算。在 Eulerian 模型中因为要考虑固体相的影响，在守恒方程中需要额外加入一个体积分数项 ε。

FLUENT 软件和 EDEM 软件的耦合计算正是基于 CFD-DEM 耦合原理，形成了模拟固液两相流和气固两相流的强有力的分析计算工具。CFD-DEM 耦合在煤粉的燃烧，气力管道输送，流化床、旋风除尘以及气吹式排种器模拟研究中应用广泛。

7.3.2 CFD-DEM 耦合法仿真流程

CFD-DEM 的基本耦合过程为：首先在 EDEM2.7 软件中设置颗粒相关工程参数；然后打开耦合服务，启动 FLUENT17.0 软件设置流体相关参数；而后打开耦合界面设置耦合路径；最后在 FLUENT17.0 启动运算服务。其中 EDEM 仿真时间步长设置要为 FLUENT 步长的整数倍。

7.3.3 FLUENT 与 EDEM 耦合模拟仿真

7.3.3.1 案例简介

本例主要讨论搅拌磨机研磨过程中的研磨介质碰撞特性。研磨腔几何模型如图 7-185 所示。为了简便运算和节省时间，省略了圆角、倒角等细节。为提高计算效率和计算精度，仿真计算中采用非结构化网格，共划分 1357691 个单元，233655 个节点。流体区域结构网格划分如图 7-186 所示。计算区域分为两部分，包含搅拌器在内的旋转区域和静止区域，两区域之间由 Interface 面间隔。

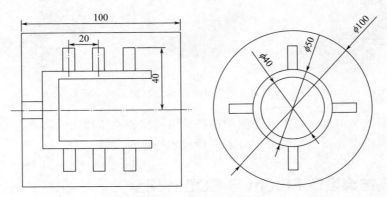

图 7-185 研磨腔几何模型

应用离散单元法模拟软件 EDEM 2.7 对搅拌磨机研磨介质运动进行仿真，离散单元法基于牛顿运动定律来描述每一个颗粒的运动。在 EDEM 和 FLUENT 模拟中采用同一网格模型。搅拌磨机研磨腔体及搅拌器材料为钢，研磨介质材料为氧化锆球。

图 7-186 流体区域结构网格划分

CFD-DEM 的基本耦合过程为：首先在 EDEM2.7 软件中设置颗粒相关工程参数；然后打开耦合服务，启动 FLUENT17.0 软件设置流体相关参数；而后打开耦合界面设置耦合路径；最后在 FLUENT17.0 启动运算服务。其中 EDEM 仿真时间步长设置要为 FLUENT 步长的整数倍。

7.3.3.2 EDEM 相关工程设置

（1）文件导入

打开 EDEM 软件，单击 "File" → "save as"，保存到 "Stirred Media Mill" 中。

（2）全局模型设置（"Tabs" → "Globals"）

① 设置模拟项目名称。单击 "Simulation" → "Title"，输入 "Stirred Media Mill"。

② 设置颗粒与颗粒之间的碰撞模型。在 "Physics" 中的 "Interaction" 下拉选中 "Particle to Particle"，在 "Model" 中确定 "Hertz-Mindlin（no slip built-in）"，如图 7-187（a）所示。

③ 设置颗粒与几何体之间的碰撞模型。在 "Physics" 中的 "Interaction" 下拉选中 "Particle to Geometry"，在 "Model" 中确定 "Hertz-Mindlin（no slip built-in）"，如图 7-187（b）所示。

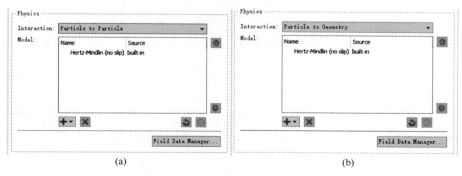

(a)   (b)

图 7-187 EDEM 碰撞模型设置

④ 设置重力。勾选 "Gravity"，设置 y 方向重力加速度为 $-9.81\mathrm{m/s^2}$，如图 7-188 所示。

图 7-188　EDEM 重力方向设置

⑤ 添加材料。找到 "Materials"，单击 "＋" 按钮添加新材料 new materials 1。单击修改名称按钮，将材料名称改为 steel（研磨腔壁面材料为钢）；以同样的方式将颗粒材料定义为 ZrO_2（研磨介质球材料为氧化锆），如图 7-189 所示。

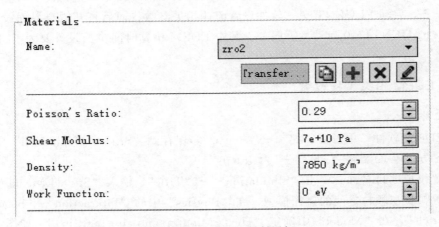

图 7-189　EDEM 材料添加

⑥ 定义材料之间的相互作用，包括接触恢复系数、静摩擦系数和滚动摩擦系数。参数如表 7-3 所示。

表 7-3　颗粒模型的物理属性

物理参数	密度/(kg/m³)	泊松比	剪切模量/GPa	恢复系数	静摩擦系数	滚动摩擦系数
钢	7800	0.29	70	0.4	0.6	0.01
ZrO_2	7850	0.29	70	0.4	0.6	0.01

（3）颗粒设置（"Tabs" → "Particle"）

单击 "Particle" 选项，在 "Select Particle" 单击 "＋" 按钮，"Surface Radius" 选为 2mm。找到 "Properties"，在 "Materials" 中选择 ZrO_2，单击 "Lculate Properties" 按钮。

（4）几何体设置（"Tabs" → "Geometry"）

EDEM 支持各种 CAD 文件的导入，如 CATIA、Pro/ENGINEER 及 Solid Works 等。导入模型方式如下。

① 在 "Section" 中单击 "Import" 按钮，选择划分好的网格模型，主要包括搅拌器 rotor 和研磨腔壁面（wall）等，导入后会提示选择单位，选择 "Millimeters"，如图 7-190

所示。

② 导入后每一部分都需要制定材料，在"Sections"→"Name"中选择每一个零件，在"Details"中找到"Material"下拉"steel"，指定壁面为钢，所有零件依次指定。

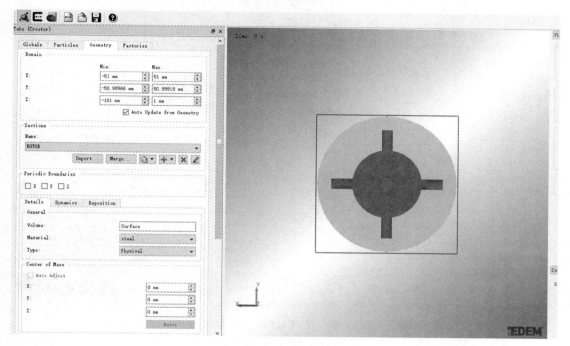

图 7-190　EDEM 指定结构材料

③ 定义运动特征：在"Sections"→"Name"中选择"rotor"，选择"Dynamics"，单击"＋"按钮，选择"Linear Rotation"，转速设为 2000r/min，旋转轴设为 z 轴（单击"Display Vector"可以显示旋转轴以及旋转方向）。

（5）颗粒工厂设置（"Tabs"→"Geometry"）

在"Section"中单击"Import"，选择一个在 Solid Works 建一个虚拟的几何体。当然，除了从外界导入几何体以外，EDEM 软件还可以提供软件内建立面或几何体等方式来生成一个颗粒工厂。

导入几何体"factory．x＿t"后，将"Details"中的"Type"设置为"Virtual"，如图 7-191 所示。

（6）颗粒生成设置（"Tabs"→"Factories"）

在"Select Factories"中单击"＋"按钮，新建一个颗粒工程 New factory 1，生成方式设置为"dynamics"，设置生成数目为 20000，设置生成速率为 20000，其余选项默认。

（7）保存

选择"File"→"Save"，保存相关文件。

（8）运行仿真设置

① 时间步长设置。EDEM 设置中首先在"Time Step"下找到"Fixed Time Step"（图 7-192），然后输入 40%。之后将下面的时间步长调整为一个整数，"Fixed Time Step"会自动调整到 30%～40%。

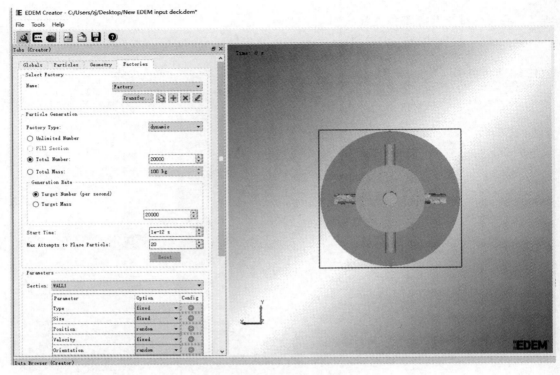

图 7-191　EDEM 颗粒工厂设置

图 7-192　EDEM 运行仿真设置

② 设置模拟总时间和数据保存时间。在 "Simulation Time" 下找到 "Total Time"，设置总的模拟时间为 2s，在 "Date Save" 中找到 "Target Save Interval"，设置每 0.01s 保存一个数据（此处可根据需要保存想要的数据）。

③ 设置网格和碰撞选项。在 "Simulator Grid" 中找到 "Cell Size" 选项，将值改为 "4Rmin"，勾选 "Track Collisions" 选项（球磨机模拟中碰撞情况是主要的目标信息）。

7.3.3.3　耦合模块

单击 "Tools" → "EDEM Coupling Options" → "Show Coupling Server"（图 7-193），在右下角对话框中单击 "Start" 按钮，开启耦合模块，如图 7-194 所示。

7.3.3.4　FLUENT 相关工程设置

相关内容详见本章 7.1.4.4 节。

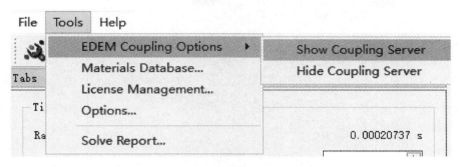

图 7-193　EDEM Coupling Options

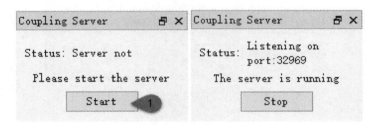

图 7-194　Coupling Server 模块开启

7.3.3.5　设置 EDEM 耦合路径

① 选择"User-Defined"→"Functions"→"Manage",如图 7-195 所示。在"Library Name"中输入"C:\Program Files\DEM Solutions\edem_udf",单击"Load"按钮,如图 7-196 所示。

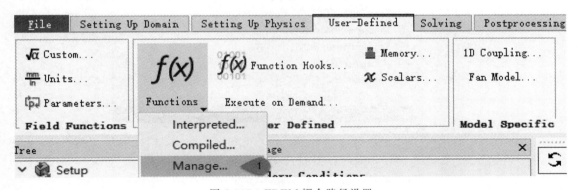

图 7-195　EDEM 耦合路径设置

加载完毕后,在"Models"树节点下出现 EDEM 子节点,如图 7-197 所示。
② 在 FLUENT 中打开耦合界面,如图 7-198 所示。

7.3.3.6　FLUENT 计算

① Solution Iniaialization 设置。
在模型树中找到"Solution Iniaialization",依次选择"Computer From"→"All Zore"→

图 7-196　EDEM 耦合路径加载

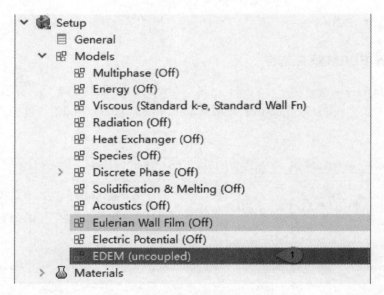

图 7-197　FLUENT 中加载有 EDEM 节点

"Initialize"。

② Run Calculation 设置。

设置时间步长（Time Step Size）：0.002s。

设置计算时间步（Number of Time Step）：1000 步，计算 2s 内的颗粒运动情况。

单击 "conclusion" 按钮，开始计算。

为了准确地得到接触行为，EDEM 的时间步长通常要比 FLUENT 中的时间步长小很多。颗粒在一个 EDEM 时间步长内不会运动太远的距离，所以不需要将 EDEM 的时间步长和 FLUENT 中的时间步长设置成 1：1。一般情况下将 EDEM 的时间步长和 FLUENT 中的

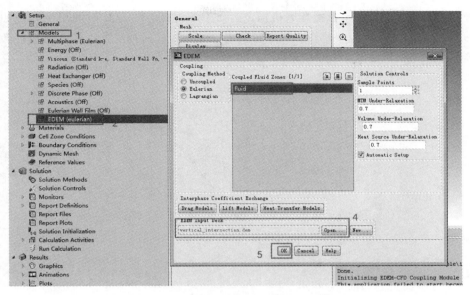

图 7-198 FLUENT 中打开耦合界面

时间步长设置在 1：10 到 1：100 之间。EDEM-Fluent 耦合模块会自动调整 EDEM 计算的迭代次数，从而合理匹配 FLUENT 的时间步长。

7.3.4 结果后处理与分析

在 EDEM 中模拟的是搅拌介质的运动而非实际物料的运动。我们追求的工艺参数是研磨介质在粉磨过程中具有较高的碰撞能量、较高的碰撞频率以及较低的能量。因此，仿真的结果需要在后处理器中提取碰撞最大法向力均值 $F_{n(max)}$、研磨介质碰撞频率 C_f 和研磨介质平均碰撞能量 E。

研磨介质碰撞最大法向力均值 $F_{n(max)}$ 是指搅拌磨机稳定运转一定时间内的最大法向力的平均值。本次仿真碰撞最大法向力均值是指 1～2s 内的颗粒碰撞最大法向力的平均值。最大法向力均值 $F_{n(max)}$ 如图 7-199 所示。

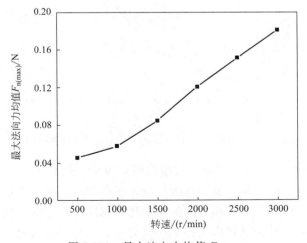

图 7-199 最大法向力均值 $F_{n(max)}$

研磨介质碰撞频率 C_f 是指搅拌磨机稳定运转一定时间内，单位时间单个颗粒的碰撞次数。本次模拟的颗粒碰撞频率是指 $1\sim2s$ 时间内一个颗粒的碰撞次数。在不同搅拌转速下的研磨介质碰撞频率 C_f 如图 7-200 所示。

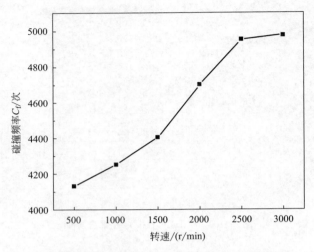

图 7-200　在不同搅拌转速下的研磨介质碰撞频率 C_f

研磨介质平均碰撞能量 E 是指 $1s$ 内单个介质颗粒的所有碰撞总能量，也就是碰撞频率与颗粒在单次碰撞中动能大小的乘积。单次碰撞动能大小由 $\frac{1}{2}mv_{ij}^n$ 计算，v_{ij}^n 是碰撞相对法向速度。在不同搅拌转速下的研磨介质平均碰撞能量 E 如图 7-201 所示。

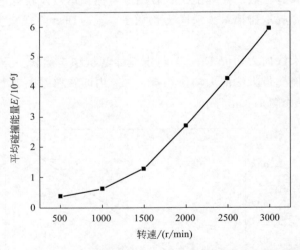

图 7-201　在不同搅拌转速下的研磨介质平均碰撞能量 E

根据图 7-199～图 7-201 以及其他文献报道可以发现，搅拌器的转速对搅拌磨机的研磨介质碰撞情况影响较大。随着搅拌器转速的提高，较高速度的研磨介质数量增多，研磨介质碰撞时速度梯度增大，研磨介质互相之间的碰撞越来越剧烈，运动与能量的传递效率得到提高。因此，提高搅拌器的转速是提高搅拌磨机研磨效率的有效方法之一。

7.4　EDEM 与 ANSYS 的耦合

7.4.1　CFD-DEM 耦合法理论基础

采用离散元方法（DEM）和有限元方法（FEM）均不能单独分析模拟颗粒-结构相互作用的情况，因此采用 DEM-FEM 耦合方法可以用来分析颗粒-结构之间的作用与受力分析。根据耦合过程的不同，可以分为单向耦合与双向耦合。单向耦合就是将 DEM 模拟得到的载荷信息加载到设备上，然后对设备进行静力学或动力学分析，这其中只考虑到颗粒对结构的作用，忽略了结构对颗粒的作用；双向耦合可以综合考虑两者之间的作用。

DEM-FEM 耦合方法相关研究早已展开。在矿山开采领域，巴西淡水河谷公司利用 DEM-FEM 耦合方法对矿山筛选设备进行受力及磨损分析，并且对设备进行了模态分析，提供了设备优化升级的基础。毕秋实利用 DEM-FEM 耦合方法对双齿辊破碎机辊齿强度进行分析，发现最大受力时刻辊齿载荷主要分布在齿背，齿根前部有应力集中。李昆塬运用有限元与离散元的耦合方法对大型球磨机衬板的结构尺寸进行研究，发现衬板的倾角对衬板的磨损具有显著的影响，而衬板的顶边长度和衬板高度对结果影响不显著。张学东利用 EDEM 软件和 ANSYS 软件进行了半自磨机梯形衬板磨损分析，得到了衬板的应力分布和不同区域的磨损量，在此基础上改进衬板结构，改进后的分体式梯形衬板有效地减少了衬板的应力集中现象；提高了耐磨性，新型衬板的最大平均磨损量较原有衬板降低了 30%。

7.4.2　ANSYS 与 EDEM 耦合模拟仿真

7.4.2.1　案例简介

本例采用 EDEM 2.7 软件和 ANSYS 17.0 软件耦合模拟，分析砂磨机的棒销式搅拌器在不同工况下的磨损情况以及搅拌器的受力分布。主要方法是将 ANSYS Workbench 中的 EDEM 模块与 Static Structural 模块进行耦合。经 EDEM 计算导出的耦合文件，从 EDEM 模块的 Results 中导入，连接到 Static Structural 模块。棒销式搅拌器几何模型和几何尺寸如图 7-202、图 7-203 所示，单位 mm。为了简便运算和节省时间，省略了圆角、倒角等细节。研磨腔直径为 100mm，长为 100mm。

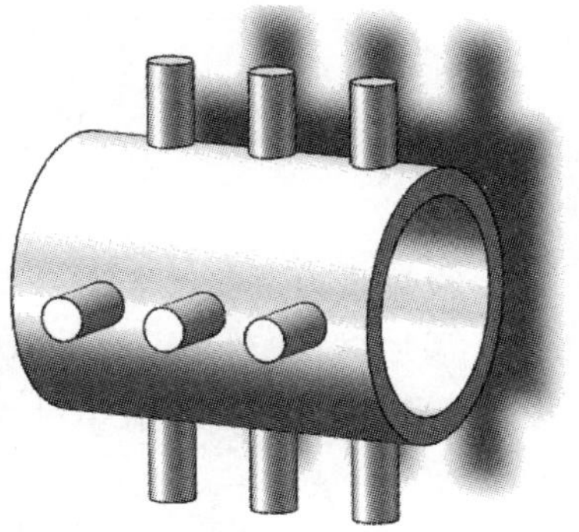

图 7-202　棒销式搅拌器几何模型

7.4.2.2　EDEM 相关工程设置

EDEM 设置包括全局模型参数设置、原型颗粒模型定义、几何模型定义以及颗粒工厂设置等。

（1）文件导入

打开 EDEM 软件，选择 "File" → "Save As" → 保存到相关文件夹。

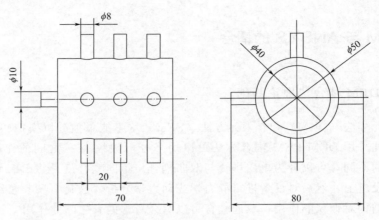

图 7-203　棒销式搅拌器几何尺寸

（2）全局模型设置（"Tabs"→"Globals"）

设置接触模型包括以下几个。

① 设置颗粒与颗粒之间的碰撞模型。"Physics"→"Interaction"→下拉选中"Particle to Particle"→"Model"中确定"Hertz-Mindlin（no slip built-in）"，如图 7-204（a）所示。

② 设置颗粒与几何体之间的碰撞模型。"Physics"→"Interaction"→下拉选中"Particle to Geometry"→"Model"中确定"Hertz-Mindlin（no slip built-in）"，如图 7-204（b）所示。

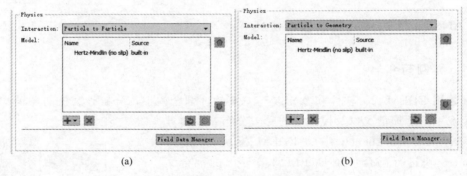

图 7-204　EDEM 碰撞模型设置

③ 设置重力。勾选"Gravity"，设置 y 方向重力加速度为$-9.81\mathrm{m/s^2}$。

④ 添加材料。"Materials"，单击"＋"按钮添加新材料 new materials 1。单击修改名称按钮，将材料名称改为 steel（研磨腔壁面）；以同样的方式将颗粒材料定义为 ZrO_2（研磨介质球）。

需要定义的参数包括泊松比、剪切模量和密度等，如表 7-4 所示。

表 7-4　颗粒模型的物理属性

物理参数	密度/(kg/m³)	泊松比	剪切模量/GPa	恢复系数	静摩擦系数	滚动摩擦系数
钢	7800	0.3	70	0.4	0.6	0.01
氧化锆球	7850	0.25	70	0.4	0.6	0.01

（3）颗粒特性设置（"Tabs"→"Particle"）

在此定义的颗粒被称为原型颗粒，这里主要建立一个新的颗粒类型和定义颗粒表面属性。

单击"Particle"选项，在"Select Particle"单击"＋"按钮，在"Surface Radius"选为 2mm。找到"Properties"，在"Materials"中选择 ZrO_2，单击"Lculate Properties"按钮，如图 7-205 所示。

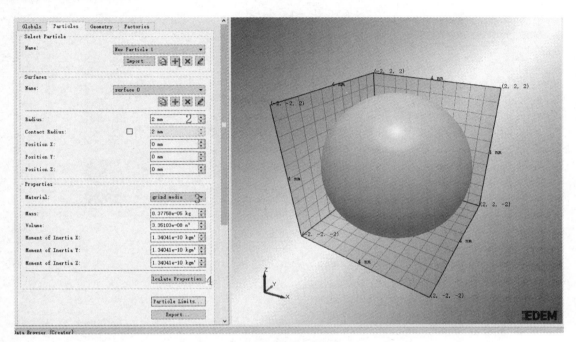

图 7-205　添加颗粒

（4）几何体设置（"Tabs"→"Geometry"）

① 在"Section"中单击"Import"，选择划分好的网格模型，主要包括搅拌器 rotor 和研磨腔壁面（wall）等，导入后会提示选择单位，选择"Millimeters"，如图 7-206 所示。

② 导入后每一部分都需要制定材料，在"Sections"→"Name"中选择每一个零件，在"Details"中找到"Material"下拉"steel"，指定壁面为钢，所有零件依次指定。

③ 定义运动特征：在"Sections"→"Name"中选择 rotor，选择"Dynamics"，单击"＋"按钮，选择"Linear Rotation"，转速设为 2000r/min，旋转轴设为 z 轴（单击"Display Vector"可以显示旋转轴以及旋转方向）。

（5）颗粒工厂设置（"Tabs"→"Geometry"）

在"Section"中单击"Import"，选择一个在"Solid Works"建一个虚拟的几何体。当然，除了从外界导入几何体以外，EDEM 软件还可以提供软件内建立面或几何体等方式来生成一个颗粒工厂。

导入几何体"factory.x_t"后，将"Details"中的"Type"设置为"Virtual"，如图 7-207 所示。这个区域并不是几何体的一部分，只是提供颗粒生成的场所，颗粒在运动过程中也不会与这一部分发生碰撞。

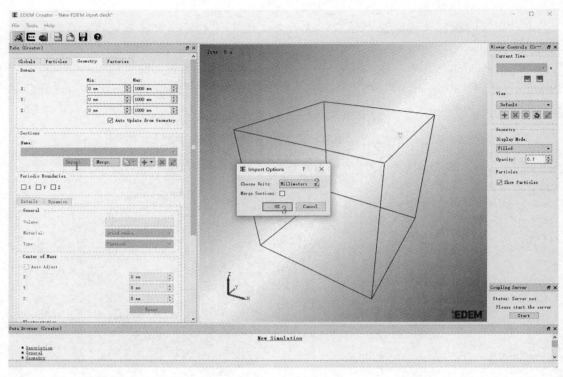

图 7-206　导入模型

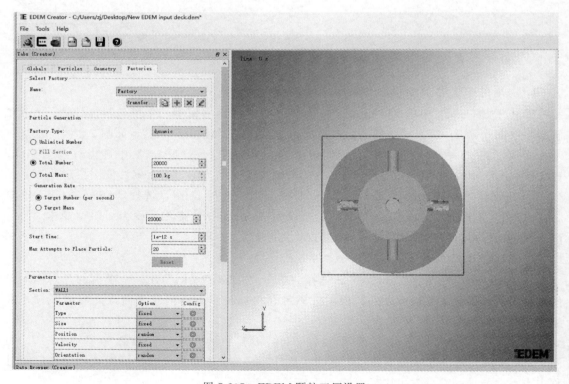

图 7-207　EDEM 颗粒工厂设置

（6）颗粒生成设置（"Tabs"→"Factories"）

在"Select Factories"中单击"+"按钮，新建一个颗粒工程 New factory 1，生成方式设置为"dynamics"，设置生成数目为 5000，设置生成速率为 5000，其余选项默认。

（7）保存

选择"File"→"Save"，保存相关文件。

（8）运行仿真设置

① 时间步长设置。首先在"Time Step"下的"Fixed Time Step"中输入 40%（图 7-208）。之后将下面的时间步长调整为一个整数，"Fixed Time Step"会自动调整到 30%～40%。

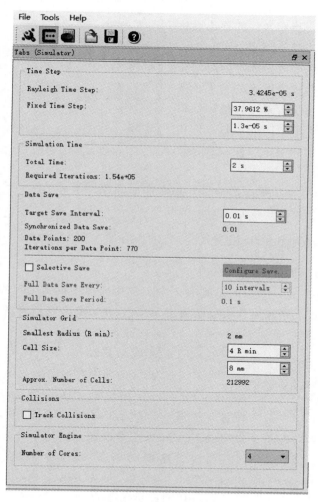

图 7-208　运行仿真设置

② 设置模拟总时间和数据保存时间。在"Simulation Time"下找到"Total Time"，设置总的模拟时间为 2s，在"Date Save"中找到"Target Save Interval"，设置每 0.1 s 保存一个数据（此处可根据需要保存想要的数据）。

③ 设置网格和碰撞选项。在"Simulator Grid"中找到"Cell Size"选项，将值改为"4Rmin"，勾选"Track Collisions"选项（球磨机模拟中碰撞情况是主要的目标信息）。

7.4.2.3 EDEM 导出数据

在 EDEM Analyst 中，单击 "File" →
"Export" → "ANSYS Workbench Date...",
打开 "Export Data for ANSYS Workbench"
窗口，如图 7-209 所示。选择适当的几何
体，这里可以选择搅拌器 rotor 查看搅拌器
受力，也可以选择 wall 查看壁面的受力情
况。如图 7-209 所示，单击 "Pressure" 和
"Force" 框旁边的 ⬛，指定文件的导出名称
和位置。

在该设置中，用户可以导出不同时间步
长上平均的数据以求得较为准确的结果，或
者可以使用单个时间步长。本教程使用数据
的时间平均。如果需要单个时间步长，则用
户只需将开始时间步长和结束时间步长设置
为相同的值。

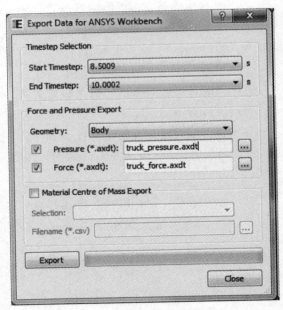

图 7-209　导出 EDEM 压力数据

最后将已经从 EDEM 传输出来的搅拌器表面压强数据带到 ANSYS Workbench 中，以
对搅拌器进行静态结构分析。

7.4.2.4 ANSYS Workbench 设置

（1）打开 ANSYS Workbench 软件

在 ANSYS Workbench 界面的左侧有一个工具箱面板，找到 EDEM 插件，如图 7-210
所示。然后单击 EDEM 并将加载项拖动到主 Workbench 窗口以创建新的 EDEM 系统。最
后保存项目。

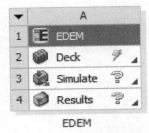

图 7-210　在 ANSYS Workbench
中加载 "EDEM" 选项

（2）EDEM 数据导入

在 EDEM 软件选项中右击 "Result"，然后选择 "Select
Results File..."; 浏览到 "rotor _ pressure. axdt" 文件的
位置并加载它。然后，右击 "Results" 并选择 "Update"
以完成 EDEM 系统的设置。

（3）创建新的静态结构分析块（"Static Structural
System"）

通过从工具箱中选择 "Static Structural System" 并将
其拖动到项目示意图区域，创建 ANSYS 机械静态结构
系统。

（4）EDEM 加载项链接到静态结构

为了可以传输结果数据，必须将 EDEM 加载项链接到静态结构块。单击并按住 EDEM
系统中的 "Result" 并将其拖动到静态结构系统中的 "Setup" 菜单，如图 7-211 所示。

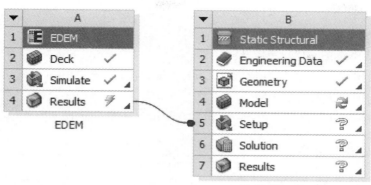

图 7-211 EDEM 与 Static Structural 链接

（5）导入几何结构

右击"Static Structural"系统的"Geometry"部分，然后导入要在 ANSYS 中使用的 CAD 文件。双击"Model"打开 ANSYS Mechanical 并设置模型。

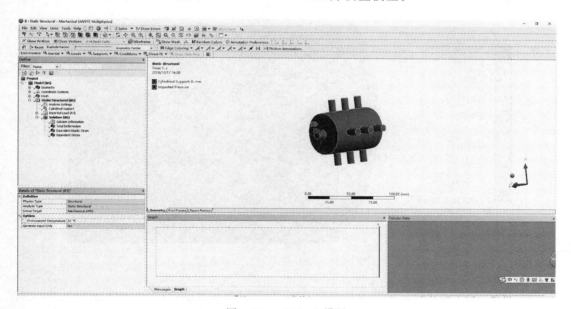

图 7-212 ANSYS 设置

一旦 ANSYS Mechanical 启动，用户应注意到导入的负载分支将出现在静态结构分支下的项目树"Imported Load（A4）"中，如图 7-212 所示。此分支旁边会出现一个问号，表示需要定义。右击"Imported Load"并选择"Insert"→"Pressure"。在"Details"菜单中的"Scope"下，定义要将载荷导出到的几何面（在本例中，是搅拌器的壁面）。单击"Apply"按钮，导入压力的面将变为红色。

（6）压强加载

如图 7-213 所示，右击"Imported Pressure"分支并选择"Import Load"。输入的压力数据可以在 ANSYS

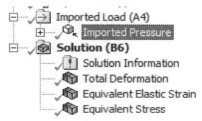

图 7-213 Imported Pressure 设置

中获得，用于分析。

（7）ANSYS Mechanical 求解

右击 "Static Structural"，然后转到 "Insert" → "Compression Only Support" 并将搅拌器的圆周设置固定。求解受力情况：右击 "Solution" → "Insert" 选择 "Stress" → "Equivalent Stress"。重复之前步骤。

选择 "Deformation" → "Total"。右击 "Solution"，然后选择 "Evaluate All Results"。

7.4.3 结果后处理与分析

选择 "Deformation" → "Total"。右击 "Solution"，然后选择 "Evaluate All Results"。

图 7-214 是搅拌转速为 3000r/min 时，搅拌器等效应力集中的区域。从图中可以看到，在主轴与搅拌器连接的部位和搅拌器上棒销连接部位是应力最为集中的部位，是在搅拌运行中受力最大的位置。搅拌器磨损与失效一般发生在这两个位置。图 7-215 是总变形量云图，搅拌器越到边缘则变形量越大。

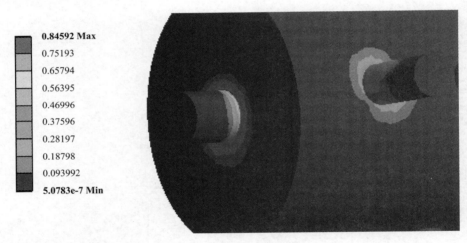

图 7-214　搅拌器等效应力分布

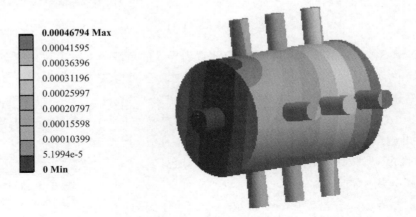

图 7-215　搅拌器总变形量云图

7.5　静电场分级 COMSOL 模拟

7.5.1　静电场分级仿真概述

静电场分级仿真涉及流场、电场等基本物理场，其中静电场湿式分级仿真还涉及温度场和流体传热，是一个典型的多物理场耦合仿真问题。

7.5.1.1　多物理场仿真问题

多物理场问题是指涉及多个物理场相互作用的问题。在数学上，多物理场问题对应于多个偏微分方程联立形成方程组。如果整个系统中各物理场相互联系较为松散，物理场之间多数是单行影响，则偏微分方程的线性度较高；如果物理场之间联系越为紧密，方程之间双向的影响就越多，整个方程组的非线性度就会增强。

在多物理场问题中，如果单向作用的物理场占多数，说明各物理场之间的联系较为松散，整个问题的线性度较高，这样的多物理场问题称为多物理场弱耦合问题，如稀溶液假设下的对流扩散问题、强制对流传热问题、微弱热敏性的电热耦合问题、一般材料的热应力问题、微小形变下的流固耦合问题以及压电材料的锂电耦合问题等；反之，如果各物理场之间的相互影响非常紧密，就是多物理场强耦合问题。多物理场强耦合问题可分为三类：通过材料属性体现的多物理场强耦合问题、通过求解域的大变形体现的多物理场强耦合问题以及通过边界条件体现的多物理场强耦合问题。

COMSOL Multiphysic 是一款大型的高级数值仿真软件，由瑞典的 COMSOL 公司开发，广泛应用于各个领域的科学研究以及工程计算，被当今世界科学家誉为"第一款真正的任意多物理场直接耦合分析软件"，适用于模拟科学和工程领域的各种物理过程。作为一款大型的高级数值仿真软件，COMSOL Multiphysics 以有限元法为基础，通过求解偏微分方程（单场）或偏微分方程组（多场）来实现真实物理现象的仿真。COMSOL Multiphysics 以高效的计算性能和杰出的多场直接耦合分析能力实现了任意多物理场的高度精确的数值仿真，在全球领先的数值仿真领域里广泛应用于声学、生物科学、化学反应、电磁学、流体动力学、燃料电池、地球科学、热传导、微系统、微波工程、光学、光子学、多孔介质、量子力学、射频、半导体、结构力学、传动现象、波的传播等领域。

COMSOL Multiphysics 软件的优点在于以下几个。

① 完全开放的软件结构，任何的方程（包括偏微分方程）可由用户轻松地更改或者定义，甚至用户可以输入任何自定义的方程。

② 丰富的各专业领域的模型库，同时用户也可以在相关的模型上进行修改。

③ 与第三方 CAD 绘图软件完美结合，甚至可以动态地与 Solid Works 软件链接，进行三维模型的调整。

④ 网格划分功能强大，可进行多种网格划分形。

⑤ 超强的大规模数值计算能力，可以实现并行计算功能。

⑥ 计算结果的后处理功能非常丰富。

7.5.1.2　静电场湿式分级仿真分析

　　静电场分级的过程，实质就是荷电颗粒在流场、重力场和电场的共同作用下的运动过程。所不同的是，静电场干式分级的流体介质是空气，静电场湿式分级的流体介质是液体（一般为水）。其中，由于静电场采用直流稳压电源供电，这就涉及焦耳热问题，即分级过程也存在流体传热问题。通常，当颗粒相体积分数小于 1% 时，可以忽略离散相颗粒对连续相流体的影响，即仅考虑连续相对离散相的作用，这就属于多物理场弱耦合问题。求解时，采用分步求解方式，先进行多物理场耦合问题的稳态求解，得到稳定的耦合物理场后，再释放离散相颗粒，进行荷电颗粒运动的瞬态求解，计算运动轨迹和分级效率。

　　为了清晰完整地描述静电场分级仿真过程，本节以水平流动静电场湿式分级实验装置为基础，详细介绍使用 COMSOL Multiphysics 5.3a 软件进行静电场湿式分级仿真的操作过程和结果处理方法。分级装置模型如图 7-216 所示，其内缘尺寸为长×宽×高=480mm×80mm×110mm；进料口、进水口、上出料口及下出料口尺寸相同，均为长×宽=80mm×10mm；两电极板间距为 100mm，长度为 400mm；层流板均匀分布，厚度为 2mm，数量为10，间距为 7mm。由于流体在 z 方向不存在力场作用，可忽略 z 方向的流动效应，将装置简化为二维模型进行模拟计算。

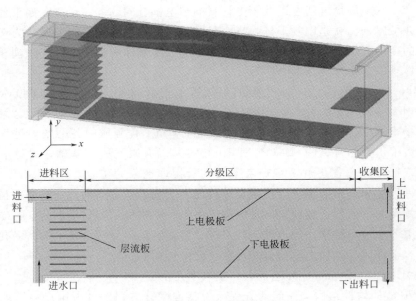

图 7-216　分级装置模型

　　图 7-217 所示为静电场湿式分级仿真的数值模拟流程图。对于给定的几何模型，首先计算出稳定的耦合物理场，研究流场和电场分布规律；然后添加离散相颗粒，进行静电分级数值模拟，计算分级效率。仿真通过分步求解方式进行求解，采用直接求解方法进行耦合物理场的稳态求解；采用迭代求解方法进行流体流动粒子追踪的瞬态求解。

7.5.1.3　静电场分级仿真相关物理场接口介绍

　　静电场湿式分级过程的数值模拟涉及 CFD 接口、AC/DC 接口、流体传热接口、粒子追

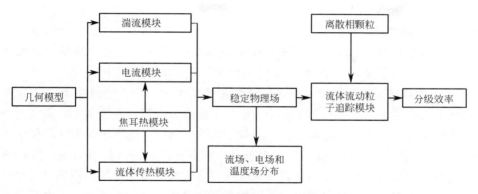

图 7-217　静电场湿式分级仿真的数值模拟流程

踪接口以及材料库接口等模块。为更好地讲述静电场分级仿真技术，本小节对主要相关物理场接口进行简要介绍。

（1）CFD 接口

COMSOL Multiphysics 软件中 CFD 接口的常用功能包括二维和三维空间中的稳态和瞬态流体流动问题建模。静电场湿式分级仿真中用到的 CFD 接口为单相流接口，适用于三维、二维和二维轴对称等空间维度。各种单相流模型比较结果如表 7-5 所示。

表 7-5　COMSOL Multiphysics 中不同单相流模型比较

单相流模型		适用条件
蠕动流		极低雷诺数，如微流体流动
层流		低到中等雷诺数
湍流	代数 y^+	增强黏度模型，计算强度低，鲁棒性最好，计算精度较低
	L-VEL	适合研究内流，如电子冷却应用
	$k\text{-}\varepsilon$	综合考量了计算精度与计算成本，应用最为广泛
	$k\text{-}\omega$	标准 $k\text{-}\varepsilon$ 模型的备选模型，计算结果更准确，鲁棒性比标准 $k\text{-}\varepsilon$ 模型弱，适用于回流区和固体壁附近区域
	SST	结合了模型的鲁棒性和 $k\text{-}\omega$ 模型的精度
	低雷诺数 $k\text{-}\varepsilon$	比标准 $k\text{-}\varepsilon$ 模型更精确，尤其是在近壁区域
	Spalart-Allmaras	专为空气动力学应用而设计，鲁棒性较高、精度极佳
	$v^2\text{-}f$	湍流黏度基于壁-法向速度脉动，可以捕获壁堵塞效应和低雷诺数效应，还包含湍流场上脉动压力的非局部效应

（2）AC/DC 接口

AC/DC 接口提供了多个子接口，用于各种类型的电场和磁场建模。在静电场湿式分级中，实际上静电场是由直流稳压电源提供的，在仿真中用于产生电场的模块应当选用电流接口模块。电流接口用于为传导和电容介质中的直流、交流和瞬态电流的流动进行建模。此物理场接口通过求解电流守恒方程来计算电势。

（3）流体传热接口

流体传热接口用于描述研究系统中的热传导，其中的热导率可以是常数，也可以是温度或任何其他模型变量的函数，如化学成分。在静电场湿式分级中，主要传热方式为流体传热。

（4）粒子追踪接口

粒子追踪接口扩展了 COMSOL Multiphysics 软件的功能，支持计算粒子在流体或电磁场中的轨迹，包括粒子-粒子、流体-粒子以及粒子-场之间的相互作用。

① 粒子追踪求解。对于每个粒子，位移矢量的每个分量均需通过一个常微分方程来求解。这意味着在三维下，需要对每个粒子求解三个常微分方程；在二维下，需要对每个粒子求解两个常微分方程。在每个时间步长，在粒子当前空间位置的物理场中计算作用于每个粒子的力。如果模型中考虑粒子-粒子相互作用力，则会将其加到总作用力中。然后更新粒子位置，此过程不断重复直到指定的仿真结束时间。由于粒子追踪模块使用最通用的公式来计算粒子轨迹，所以粒子追踪接口可以用于模拟电磁场中的带电粒子运动、大型行星和星系运动，以及层流、湍流和两相流体系统中的粒子运动。

② 流体粒子追踪的研究。微观和宏观尺寸粒子的主要运动作用力通常是流体曳力。系统中存在两个相态：由气泡、粒子或液滴组成的离散相，以及浸没粒子的连续相。可以使用粒子追踪模型的系统应为稀薄流或分散流。这意味着离散相的体积分数应远小于连续相的体积分数（通常小于 1%）。当粒子的体积分数不是很小时，流体系统可归类为浓溶液流体，应该采用其他模拟方法。使用粒子追踪方法时应该认识到：粒子追踪方法不会使粒子取代它们占据的流体。

在稀流体中，连续相会影响粒子的运动，但反之则不然。这通常称为"单向耦合"。模拟这种系统时，通常先求解连续相，然后再计算分散相的轨迹，这样的效率最高。在稀溶液中，连续相会影响粒子的运动，粒子运动反过来会扰乱连续相。这通常称为"双向耦合"。为了模拟这种效应，必须同时计算连续相和分散相。因此，模拟稀薄流的计算量显著高于模拟稀疏流。

③ 电场和磁场中的带电粒子。带电粒子（例如电子、单个离子或小离子簇）会受电场和磁场中的三种主要作用力影响：电力、磁力和碰撞力。如果带电颗粒的数密度小于约 $10^{13}/m^3$，则粒子对场的影响可以忽略不计。此时可以独立于粒子轨迹而计算背景场。然后这些场用来计算粒子上的电力、磁力和碰撞力。粒子轨迹可以在它们单独的求解中计算。

（5）材料库接口

COMSOL Multiphysics 软件的材料库模块内置了超过 2650 种材料，包括化学元素、矿物、金属合金、热绝缘材料、半导体和压电材料等。每种材料均包含通过表达式或函数定义的属性、引用信息、材料组成及其他信息。每种材料都通过引用属性函数表示，可包含多达 24 个随变量（通常为温度）而变化的关键属性。用户可以绘制和检查这些函数的定义，也可以进行添加或更改，还可以在其他依赖属性函数变量的物理场耦合中调用这些函数。

7.5.2 软件预设操作

① 启动 COMSOL Multiphysics 软件。

② 单击"模型向导"按钮。

③ 选择空间维度。在模型向导窗口中，单击"二维"按钮。

④ 选择物理场。在选择物理场模型树中，依次进行如下操作。

单击"流体流动"→"单相流"→"湍流"→"湍流 k-ε（spf）"，单击"添加"按钮。

单击"AC/DC"→"电流（ec）"，单击"添加"按钮。

单击"传热"→"流体传热（ht）"，单击"添加"按钮。

单击"传热"→"电磁热"→"焦耳热"，单击"添加"按钮。

单击"流体流动"→"粒子追踪"→"流体流动粒子追踪（fpt）"，单击"添加"按钮。

由于焦耳热接口为多物理场耦合接口，在添加该接口时，软件默认添加了电流（ec2）接口和固体传热（ht2）接口，需要将其删除，删除操作为：在添加的物理场接口模型树中选择"电流（ec2）"接口，单击"移除"按钮，即可将"电流（ec2）"接口删除；同样删除"固体传热（ht2）"接口。

⑤ 单击"研究"按钮。此时，进入选择研究界面。在此界面选择"预设研究"时，只能选择一个研究。而在本静电场湿式分级仿真案例中，包括稳态和瞬态两个研究，其中稳态研究是瞬态研究的基础。在该界面，无法选择所需的预设研究，可跳过此界面，待进入软件主界面后选择所需预设研究。

⑥ 单击"完成"按钮。此时，进入软件主界面，可进行添加预设研究操作。

⑦ 单击"主屏幕"→"添加研究"，弹出"添加研究"窗口，在研究中的"物理场接口"选项勾除"流体流动粒子追踪（fpt）"；在研究树中依次单击"定制研究"→"一些物理场接口的预设研究"→"稳态"，单击"添加研究"按钮；单击"预设研究"→"瞬态"，单击"添加研究"按钮。

⑧ 单击"保存"按钮，更改文件名为 WCEF（Wet Classification by applying Electrostatic Field）。

至此，软件预设操作完成，得到模型树结构如图 7-218 所示。

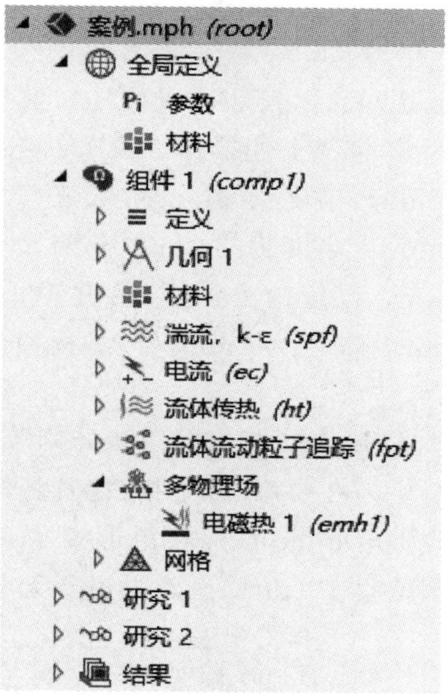

图 7-218　案例的模型树结构

7.5.3　几何建模

COMSOL Multiphysics 软件内置有建模工具，可进行三维、二维轴对称、二维、一维轴对称、一维等计算模型的建立，也可以采用软件的外部接口进行模型导入。COMSOL Multiphysics 软件的几乎所有操作都有两种方式，即通过菜单栏进行命令操作和通过模型树进行命令操作。为更好地叙述 COMSOL Multiphysics 软件的使用，在采用内置建模工具建模一节中使用菜单栏功能，在采用外部接口导入模型一节中使用模型树功能，供读者学习参考。

7.5.3.1　采用内置建模工具建模

① 在几何菜单的绘制标签下，单击"矩形"选项卡下的"矩形"按钮，如图 7-219 所示。

② 在图形窗口绘制第一个矩形区域，通过设置窗口更改矩形大小和位置，设置其基准为"角"选项，起点为（0，0），旋转角度为 0，宽度为 480mm，高度为 115mm，单击"构

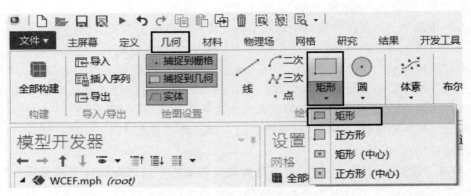

图 7-219　添加绘制矩形节点

建选定对象"按钮完成创建，模型树中生成矩形 1（r1）节点。

③ 重复上述操作，依次创建第二个矩形区域，起点为（10，0），旋转角度为 0，宽度为 460mm，高度为 3mm；第三个矩形区域，起点为（0，112），旋转角度为 0，宽度为 470mm，高度为 3mm；第四个矩形区域，起点为（0，100），旋转角度为 0，宽度为 40mm，高度为 2mm；第五个矩形区域，起点为（440，56.5），旋转角度为 0，宽度为 40mm，高度为 2mm。模型树中生成矩形 2（r2）、矩形 3（r3）、矩形 4（r4）、矩形 5（r5）节点。

④ 单击"布尔操作和分割"选项卡下的"差集"选项，在差集设置窗口，定位"到并集"栏，在要添加的对象栏选择矩形 1（r1），在要减去的对象栏选择矩形 2（r2）、矩形 3（r3）、矩形 4（r4）和矩形 5（r5），勾除"保留内部边界"选项，单击"构建选定对象"，得到差集 1（dif1）。此时得到无层流板的流体域，如图 7-220 所示。

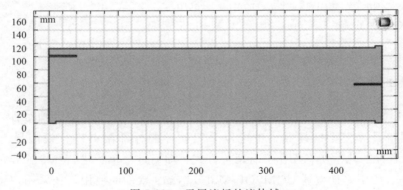

图 7-220　无层流板的流体域

⑤ 继续绘制层流板区域矩形，起点为（20，10），旋转角度为 0，宽度为 20mm，高度为 2mm，模型树中生成矩形 6（r6）节点。

⑥ 单击"变换"选项卡下的"阵列"选项，在阵列设置窗口，定位"到输入"栏。在"输入对象"栏选择矩形 6（r6），定位到"大小设置"栏，设置阵列类型为矩形选项，x 方向数量为 1，y 方向数量为 10，x 方向位移为 0，y 方向位移为 9，单击"构建选定对象"按钮，模型树中生成阵列 1（arr1）节点。

⑦ 再次使用"差集"命令，在要添加的对象栏选择差集 1（dif1），在要减去的对象栏

选择阵列所得十个矩形，模型树中生成差集 2（dif2）节点。

⑧ 绘制矩形 7（r7），起点为（40，3），旋转角度为 0，宽度为 400mm，高度为 109mm。

⑨ 单击"布尔操作和分割"选项卡下的"并集"选项，在输入对象栏选择差集 2（dif2）和矩形 7（r7），勾选"保留内部边界"选项，单击"构建选定对象"按钮，得到并集 1（uni1）节点。

⑩ 单击形成联合体（fin）节点，单击"构建选定对象"按钮，得到创建的流体域几何模型如图 7-221 所示。

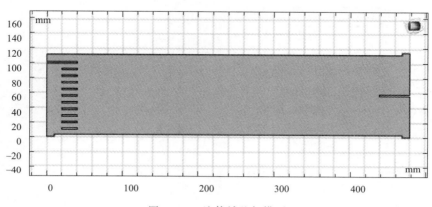

图 7-221　流体域几何模型

注意，本小节所述步骤仅为采用 COMSOL Multiphysics 软件建立模型的一种方式，读者可依据 COMSOL Multiphysics 软件学习指南学习其他建模方法。

7.5.3.2　采用外部接口导入模型

通过外部接口导入模型时，若采用 AutoCAD 软件直接绘制图 7-221 所示结构，则导入后流体域不能去除层流板区域，可以采用两次导入并布尔求差的方法得到最终的流体域。

① 在 AutoCAD 制图软件中绘制好二维流体域模型，并保存为 .dxf 格式文件，命名为"WCEF-1.dxf"。

② 绘制二维层流板区域模型，保存为 .dxf 格式文件，如命名为"WCEF-2.dxf"。在绘制层流板模型时，先在二维流体域模型中绘制，确定好层流板位置，再将流体边界删除，得到层流板模型。

③ 在模型开发器窗口的"组件 1（comp1）"节点下，单击"几何"按钮，在几何设置窗口定位到"单位"栏，更改长度单位与 CAD 模型单位一致（即 mm）。

④ 右击"几何 1"节点，单击"导入"按钮（图 7-222），生成"导入 1（imp1）"节点。

⑤ 在"导入"设置窗口，定位到"导入"栏，在浏览中找到本地"WCEF-1.dxf"文件，单击"导入"按钮。

⑥ 同理，导入"WCEF-2.dxf"文件。

⑦ 右击"几何 1"节点，单击"布尔操作和分割"选项卡下的"差集"按钮，操作界面如图 7-223 所示。

⑧ 在"差集"设置窗口，定位到差集栏，在要添加的对象栏选择二维流体域模型区域，

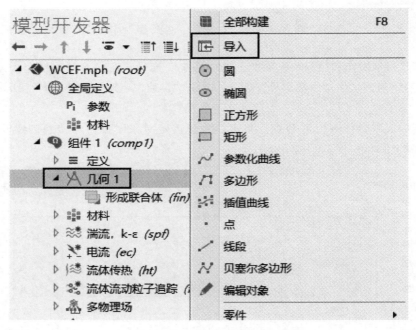

图 7-222　几何模型导入界面

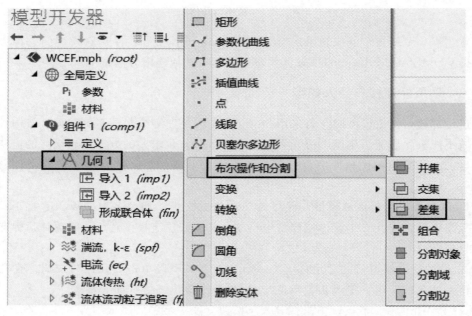

图 7-223　模型树界面使用布尔运算

在要减去的对象栏选择层流板模型区域。勾除"保留输入对象"选项，勾选"保留内部边界"选项。

　　⑨ 在"几何 1"节点下，单击"形成联合体（fin）"按钮，在设置窗口单击"构建选定对象"按钮，即得到与 7.6.3.1 小节中一致的流体域几何模型。

7.5.4　材料属性设置

对于材料属性设置，有些属性可以直接引用内置材料库的属性，有些属性则需要用户自定义，通常是将内置材料库和自定义材料属性综合应用。

7.5.4.1　使用内置材料库

① 在模型开发器窗口的"组件 1（comp1）"节点下，右击"材料"节点，单击"从库中添加材料"选项。

② 在弹出的添加材料窗口中，依次单击"流体和气体"→"Liquids"→"Water"，单击"添加到组件"按钮。

③ 执行上述操作后，发现模型树中材料节点前存在红色提示，表明有材料属性未定义，展开后如图 7-224 所示。

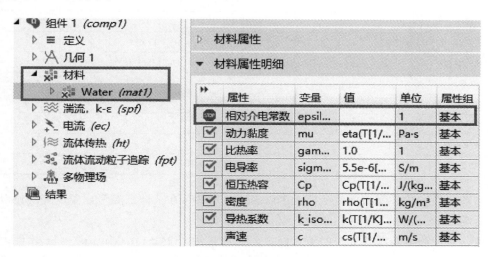

图 7-224　材料属性列表

④ 在材料属性明细一栏中，相对介电常数属性的值为空，输入水的介电常数和温度的关系式即可：$249.21-0.69069*(T[1/K])+0.00072997*(T[1/K])^2$。

7.5.4.2　自定义材料属性

① 在模型开发器窗口的"组件 1（comp1）"节点下，右击"材料"节点，单击"空材料"选项。

② 在材料的设置窗口中，定位到"材料属性明细"栏，COMSOL Multiphysics 5.3a 软件已经根据采用的物理场接口自动判别并生成所需属性列表，但属性值为空，如图 7-225 所示。在值列表中双击单元格输入相应数值或表达式即可。

③ 在材料属性明细表中输入相关值，如表 7-6 所示。

实际上，物质的属性参数并不是固定不变的，诸如水的密度、动力黏度、相对介电常数等都与温度存在一定函数关系。而在静电场湿式分级中，由于焦耳热效应会产生一定温升，且电压越高则温升越大，即对水的相关参数会产生一定影响。为了避免这些影响，建议使用

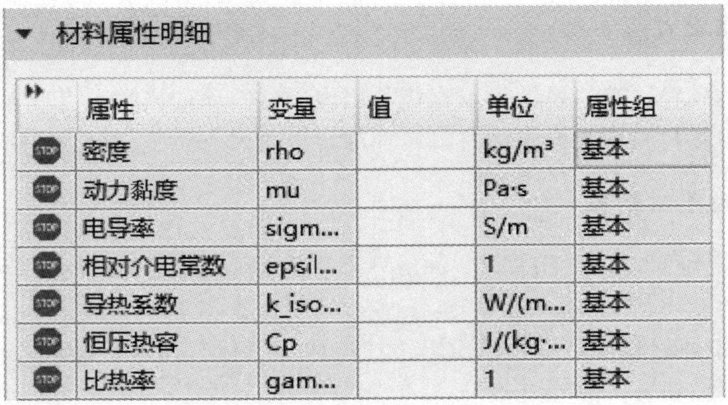

图 7-225　空材料属性列表

表 7-6　自定义材料属性列表

属性	变量	值	单位	属性组
密度	rho	1000	kg/m³	基本
动力黏度	mu	0.001	Pa·s	基本
电导率	sigma	5.5e-6	S/m	基本
相对介电常数	epsilon	80.1	1	基本
热导率	k	0.599	W/(m·K)	基本
恒压热容	c_p	4.2e3	J/(kg·K)	基本
比热率	gamma	1.0	1	基本

材料库内置属性参数，因为这些参数大多以表达式形式存在，即已经考虑温度等变化对相关参数的影响。

因此，对于静电场湿式分级的仿真模拟，建议采用 COMSOL Multiphysics 软件内置的材料库中材料属性；对于材料库中没有的属性值，用户需要根据实际情况输入表达式或近似值。

7.5.5　物理场条件设置

在"物理场"菜单下，进行物理场条件设置。根据所选模块，本步骤包括湍流、电流、流体传热、流体流动粒子追踪四个模块和电磁热耦合接口的设置。

7.5.5.1　湍流接口条件设置

湍流接口条件设置包括重力属性、入口边界和出口边界的设置。

（1）重力属性

① 在模型开发器窗口的"组件1（comp1）"节点下，单击"湍流"节点。

② 在"设置"窗口下的"域选择"栏中选择"所有流体域"选项。

③ 在"物理模型"栏中勾选包含"重力"选项，保持参考压力水平数值和参考温度数值不变，分别为 1[atm] 和 293.15[K]，设置参考位置坐标为 (0.48，0.115)m。

（2）入口边界

① 在"物理场"菜单栏的"边界"选项卡下选择"入口"选项，模型树中生成入口 1 节点。

② 在入口设置窗口，定位到"边界选择"栏，设置进料口作为入口 1，设置边界条件为速度，法向流入速度为 0.0004m/s。

③ 同样设置进水口为入口 2，法向流入速度为 0.0016m/s。

（3）出口边界

在"边界"选项卡下单击"出口"选项，选择上出料口和下出料口作为出口边界，设置边界条件为压力，其值设为 0。

注意，此处压力为相对参考压力。设为 0 表示与参考位置压力相同，即出口为自由出流状态。

7.5.5.2 电流接口条件设置

电流模块条件设置包括上、下电极板的电势设置。

① 在"物理场"菜单栏的"边界"选项卡下选择"电势"选项，模型树中生成电势 1 节点。

② 在"电势"设置窗口中，定位到"边界选择"栏，选择上电极作为电势 1 边界，电势设为 0V。

③ 同样设置下电极为电势 2 边界，电势设为 100 V。

在电流条件设置中，实质在于设置上下电极板的电势差，即电压。

7.5.5.3 流体传热接口条件设置

流体传热接口条件设置包括进口温度的设置和流出边界的设置，认为两个流体入口处温度均为 293.15 K。设置方法同湍流模块入口边界和出口边界的设置。

① 在"物理场"菜单栏的"边界"选项卡下选择"温度边界条件"，模型树中生成温度 1 节点。

② 在"温度"设置窗口，定位到"边界选择"栏，设置进料口和进水口为温度入口边界，定位到温度栏，设置温度条件为用户定义，值为 293.15K。

③ 在"物理场"菜单栏的"边界"选项卡下选择"流出边界条件"，模型树中生成流出 1 节点。

④ 在"流出"设置窗口，定位到"边界选择"栏，设置上出料口和下出料口为流体传热出口边界。

仿真时，忽略考虑流体与容器之间的热交换，假定电流产生的焦耳热全部被流体吸收。

7.5.5.4 流体流动粒子追踪接口条件设置

流体流动粒子追踪条件设置包括壁条件设置、粒子属性设置、受力条件设置、入口边界设置、出口边界设置以及粒子计数器设置。

（1）壁条件设置

① 在"模型开发器"窗口，依次单击"案例"-"使用"→"组件 1（comp1）"→"流体流动粒子追踪（fpt）"→"壁 1"节点。

② 在"壁"设置窗口定位到"壁条件"栏，设置壁条件为反弹。

（2）粒子属性设置

① 单击"粒子属性 1"节点。

② 在"粒子"属性设置窗口定位到"粒子属性"栏，设置粒子属性明细条件为指定粒子密度和直径，设置粒子密度为 2300 kg/m³，粒子直径为 1E-6 m，粒子类型为固体粒子，在"电荷数"栏设置粒子电荷数为 577。

③ 右击"流体流动粒子追踪（fpt）"节点，单击"粒子属性"选项，生成粒子属性 2 节点，进行粒子属性 2 设置，设置方法同上，密度为 2300kg/m³，粒子直径为 2E-6［m］，粒子类型为固体粒子，在"电荷数"栏设置粒子电荷数为 1114。

这样就设置了两种不同粒径的粒子。重复上述操作，设置十种不同粒径的粒子，粒子粒径和对应电荷数如表 7-7 所示，粒子密度均为 2300kg/m³，荷电量按式（5-3）计算，以 Zeta 电位为 −10mV 计算得到。

表 7-7　粒子粒径和对应电荷数

粒子直径/μm	1	2	3	4	5	6	7	8	9	10
粒子电荷数/个	577	1114	1671	2228	2785	3342	3899	4456	5013	5570

（3）粒子受力设置

粒子在静电场湿式分级过程中，主要受到重力、流体曳力和电场力的协同作用，在进行粒子受力设置时主要设置这三种力。

① 重力。右击"流体流动粒子追踪（fpt）"节点，在"力"选项卡下单击"重力"选项，如图 7-226 所示；在"重力"设置窗口定位到"域选择"栏，选择"所有域"选项；定

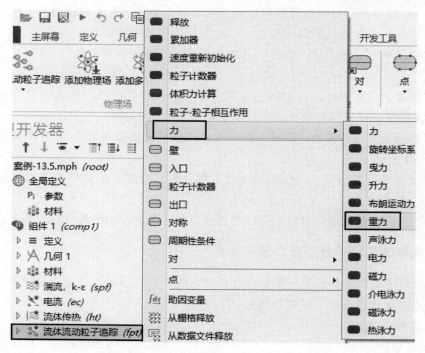

图 7-226　"模型开发器"下添加"力"节点

位到"重力"栏，设置 x 方向重力矢量为 0，y 方向重力矢量为-g_const，密度设为来自材料；定位到"受影响的粒子"栏，设置受影响的粒子为全部选项，其余条件保持默认。注意，此处设置的重力为粒子受力。

② 曳力。可以采用上述方法添加曳力，也可以在"物理场"菜单栏下"域"选项卡下的"力"属性中选择"曳力"，如图 7-227 所示。在"曳力"设置窗口的"域选择"栏选择"所有域"选项，在"曳力"栏设置曳力定律为斯托克斯，速度场为流体速度场（spf），动力黏度和密度来自材料，在"高级设置"栏选择受影响的粒子条件为全部选项，其余条件保持默认。

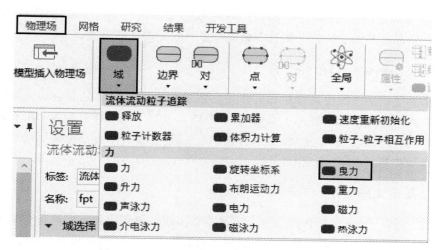

图 7-227　"物理场"菜单栏下添加"力"节点

③ 电力。采用"模型开发器"下添加"力"节点或者"物理场"菜单栏下添加"力"节点均可，在"电力"设置窗口的"域选择"栏选择"所有域"选项，在"电力"栏设置使用指定力条件为电场，电场条件为电流电场（ec/cucn1），在"高级设置"栏设置受影响的粒子条件为全部，其余条件保持默认。

（4）入口边界设置

① 在"模型开发器"或者"物理场"菜单栏添加"入口 1"节点。

② 在"入口"设置窗口的"边界"选择栏选择"进料口边界"。

③ 在"释放时间"栏，设置分布函数条件为"值列表"选项，释放时间条件为 range（1，1，10）分布函数。

④ 在"初始位置"栏，设置初始位置条件为"均匀分布"选项，每次释放粒子数为 500。

⑤ 在"初始速度"栏，设置初始速度条件为表达式选项，速度场条件设为"速度场（spf）"选项。

⑥ 在释放的粒子属性栏，设置释放的粒子属性为粒子属性 1 选项。

粒径为 $1\mu m$ 的粒子的入口条件设置完成，粒子共释放 10s，每秒释放一次，每次数量为 100，总计为 1000。重复上述操作，进行粒径为 $2\sim10\mu m$ 粒子的入口条件设置。

（5）出口边界设置

① 在"模型开发器"或者"物理场"菜单栏添加"出口 1"节点。

② 在"出口"设置窗口的"边界"选择栏选择上出口和下出口作为粒子出口 1 边界，选择"出口"栏的壁条件为"冻结"选项。

（6）粒子计数器设置

① 在"物理场"菜单栏下"边界"选项卡下选择粒子计数器，生成粒子计数器 1 节点。

② 在"粒子计数器"设置窗口的"边界"选择栏选择上出口边界，在"粒子计数器"栏设置释放特征为人口 1。

③ 重复上述操作，生成粒子计数器 2 节点，"边界"选择栏设为下出口边界，释放特征为粒子 1。

④ 上述步骤即完成了对粒径为 1μm 的粒子到达上出口和下出口的数量计数器设置。重复上述操作，完成对其他 9 种粒子到达出相应口边界数量的计数设置。

7.5.5.5　电磁热耦合接口条件设置

电磁热耦合接口用于将电流接口和流体传热耦合起来，一般情况下会默认将两者耦合。在多物理场节点下，单击"电磁热 1（emh1）"节点，设置"域选择"栏为"所有域"选项，"边界"选择栏为"所有边界"选项，"耦合接口"栏下电磁条件为"电流（ec）"选项，传热条件为"流体传热（ht）"选项。

7.5.5.6　全局定义的使用

COMSOL Multiphysics 软件设有全局定义参数节点，可利用此节点进行全局参数定义，后面进行物理场边界设置时输入相应参数名称即可。本节以粒子属性设置叙述全局定义参数的使用方法。

① 单击"全局定义"节点下的"Pi 参数"节点，在"参数"设置窗口进行相关参数设置，界面如图 7-228 所示。

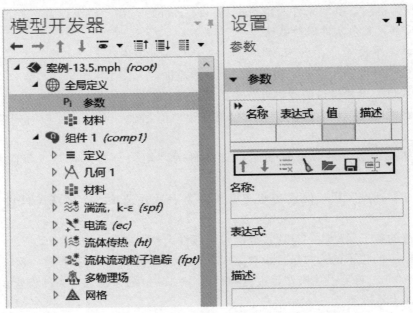

图 7-228　全局参数定义设置界面

② 在"参数"栏的表中，单击"名称"列的单元格，单元格变成活动窗口。在下方的设置区，设置名称为 md，表达式为 2300［kg/m^3］，描述为粒子密度，即成功设置了粒子密度这一参数。

③ 上一操作，也可通过直接双击单元格进行参数设置。

④ 单击第二行的名称单元格，进行下一参数设置。

在图 7-228 中，表格下方有 7 个按钮，分别有如下作用。

⬆ 选中的行上移；

⬇ 选中的行下移；

⯐ 删除选中行；

✎ 清空表格；

📂 打开包含参数的文本文件（.txt 格式文件）；

💾 保存当前的参数表到文本文件中（.txt 格式文件）；

⬚ 插入表达式。

添加粒子属性参数结果如图 7-229 所示。其中粒子荷电量采用式 $q = 4\pi\varepsilon\xi d$ 计算，取 Zeta 电位为 10mV，z 为通过荷电量计算的等效电荷数。

注意：全局定义参数时，每一行定义一个参数。要求参数名称在模型中唯一，且不能与预置的函数名称、变量名称重复，例如不能使用诸如 x、y、z、h（网格大小）、t（时间）等。表达式中的值，推荐带上单位，形式为［单位代号］，如图 7-229 中的粒子密度和粒子粒径表达式。

7.5.6　网格划分

COMSOL Multiphysics 软件内设置网格划分工具，网格序列类型包含物理场控制网格和用户控制网格两种，网格大小包含 9 种尺寸大小不同的网格类型，分别为极细化、超细化、较细化、细化、常规、粗化、较粗化、超粗化、极粗化，网格单元大小依次减小，用户可根据研究需要自行选取。

7.5.6.1　物理场控制网格

① 在"模型开发器"窗口的"组件 1（comp1）"节点下，单击"网格 1"

名称	表达式	值	描述
md	2300[kg/m^3]	2300 kg/m³	
d1	1[um]	1E-6 m	
d2	2[um]	2E-6 m	
d3	3[um]	3E-6 m	
d4	4[um]	4E-6 m	
d5	5[um]	5E-6 m	
d6	6[um]	6E-6 m	
d7	7[um]	7E-6 m	
d8	8[um]	8E-6 m	
d9	9[um]	9E-6 m	
d10	10[um]	1E-5 m	
z1	-557	-557	
z2	-1114	-1114	
z3	-1671	-1671	
z4	-2228	-2228	
z5	-2785	-2785	
z6	-3342	-3342	
z7	-3899	-3899	
z8	-4456	-4456	
z9	-5013	-5013	
z10	-5570	-5570	

图 7-229　粒子属性参数全局定义结果

节点。

② 在"网格"设置窗口中，定位到"网格设置"栏。

③ 从"序列类型"列表中选择"物理场控制网格"选项，从"单元大小"列表中选择"细化"选项，如图 7-230 所示。

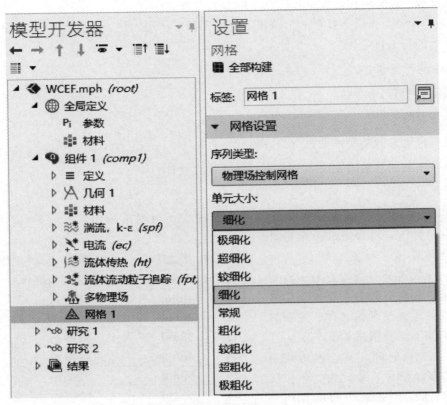

图 7-230　物理场控制网格设置

④ 单击"全部构建"按钮。得到物理场控制网格的局部放大图，如图 7-231(a) 所示。

7.5.6.2　用户部分控制网格

① 右击"网格 1"节点，单击"生成副本"选项，得到网格 2 节点。对网格 2 进行用户自定义网格操作。

② 在"网格"设置窗口定位到"网格设置"栏，从"单元大小"列表中选择"细化"选项，从"序列类型"列表中选择"用户控制网格"选项。

③ 在"网格 2"节点下的大小节点设置窗口，定位到"单元大小"栏，设置校准标签为"流体动力学"选项，条件为"定制"选项，定位到"单元大小参数"栏，设置最大单元大小为 2mm，最小单元大小为 0.2mm，其余保持不变。

④ 在"网格 2"节点下的"大小 1"设置窗口，定位到"几何实体"选择栏，选择除进料口、进水口、上出口和下出口以外的所有边界，定位到"单元大小"栏，设置校准为标签为流体动力学，更改条件为"定制"选项，定位到"单元大小参数"栏，设置最大单元大小为 2mm，最小单元大小为 0.2mm，其余保持不变。

⑤ 保持角细化 1 节点和自由三角形网格 1 节点的设置窗口参数不变。

⑥ 在边界层 1 节点的设置窗口，选择流体域，在边界层 1 节点下的边界层属性 1 节点的设置窗口，定位到"边界选择"栏，选择除进料口、进水口、上出口和下出口以外的所有边界，保持"边界层属性"栏的参数设置保持不变。

⑦ 单击"全部构建"按钮，得到用户部分控制网格的局部放大图，如图 7-231（b）所示。

7.5.6.3　用户完全定义网格

① 右击"网格 1"，单击"生成副本"选项，得到网格 3 节点。对网格 3 进行用户完全控制网格操作。

② 在"网格"的设置窗口定位到"网格设置"栏，从"单元大小"列表选择"细化"选项，从"序列类型"列表选择"用户控制网格"选项。

③ 右击"网格 3"节点，单击"自由四边形网格"，生成"大小"节点和"自由四边形网格 1"节点。

④ 单击"大小"节点，在"大小"设置窗口，定位到"单元大小"栏，设置校准为标签为流体动力学，选择"定制"选项，定位到"单元大小参数"栏，设置网格单元大小。为了与网格 2 进行比较，这里同样设置最大单元大小为 2cm，最小单元大小为 0.2cm。

⑤ 单击"自由四边形网格 1"节点，设置"域选择"栏的几何实体层为剩余。

⑥ 右击"网格 3"节点，单击"边界层"，生成边界层 1 节点，在边界层设置窗口，定位到"域选择"栏，设置几何实体层为整个几何，在边界层 1 节点下边界层属性 1 节点的设置窗口，定位到"边界选择"栏，选择除入口、出口以外的所有边界，保持边界层属性栏的参数设置保持不变。

⑦ 单击"全部构建"，按钮，得到用户完全控制网格的局部放大图，如图 7-231（c）所示。

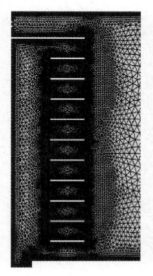
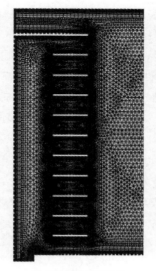
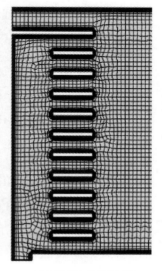

(a) 物理场控制网格　　　　　　(b) 用户部分控制网格　　　　　　(c) 用户完全自定义网格

图 7-231　利用三种方式绘制网格的局部放大图

7.5.6.4 网格质量检查

COMSOL Multiphysics 软件的网格工具中设有网格质量检查工具，即网格统计。其操作为：在"模型开发器"下，右击"网格 1"，单击"统计"，则弹出"网格统计"窗口，该窗口显示了网格单元类型、数量、单元质量等详细信息。表 7-8 所示为在三种方式下绘制网格的统计结果。

表 7-8　在三种方式下绘制网格的统计结果

绘制方式	主要类型	网格数量	平均网格单元质量
物理场控制网格	三角形	45222	0.8473
用户部分控制网格	三角形	48406	0.8814
用户完全控制网格	四边形	20943	0.9676

从表 7-8 可知，采用三种方式绘制的网格，网格单元数量逐渐减少，但网格单元质量依次增加，尤其用户完全控制网格，其平均单元质量高达 0.9676。一般而言，网格数量越少，计算速度越快；网格质量越高，计算精度越高。因此，采用网格 3 进行仿真计算。

7.5.7　求解器设置

本案例静电场湿式分级仿真采用的是分步求解方式，即首先通过稳态计算形成稳定的物理场；然后添加离散相颗粒，进行瞬态求解，计算颗粒的分级效率。

7.5.7.1　稳态求解设置

选择稳态计算条件下的物理场模块，包括湍流、电流、流体传热和电磁热。其操作步骤如果：

① 单击"研究 1"节点下的"步骤 1：稳态"节点，在"稳态"设置窗口，定位到"物理场和变量选择"栏，在求解列表中勾选以下物理场接口：湍流、电流、流体传热、电磁热 1。

② 定位到"网格选择"栏，从列表中选择网格 3，单击"计算"。

在一般情况下，COMSOL 软件会根据所计算的物理模型自动适最优求解器，上述过程即为此方法。但用户也可自定义修改求解器。其查看及修改方法如下。

a.右击"研究 1"节点，单击"显示默认求解器"选项，在"研究 1"节点下生成求解器设置节点。

b.单击"展开求解器设置"节点，进一步单击"展开解 1（sol1）"节点，单击"展开稳态求解器 1"节点，展开结果如图 7-232 所示。

系统自动适配采用分离步方式求解，包含两个直接求解器，其中"直接 1"的求解器为"MUMPS"，"直接 2"的求解器为"PARDISO"。

7.5.7.2　瞬态求解设置

瞬态求解是在稳态求解完成的基础上进行的。

① 单击"研究 2"节点下的"步骤 1：瞬态"节点，在"瞬态"设置窗口，定位到"研

图 7-232 稳态求解器

究设置"栏，更改时间单位为 s，时间步设为函数 range（0，0.1，2000），容差采用物理场控制即可，也可根据求解需要设为用户控制并输入相对容差大小。

② 定位到"物理场和变量选择"栏，勾选"流体流动粒子追踪物理场"接口，将其余接口全部勾除。

③ 定位到"因变量值"栏，设置求解变量的初始值标签为物理场控制，不求解的变量值标签为用户控制，方法标签为解，研究标签为研究 1 稳态，其余选项默认即可。

④ 定位到"网格选择"栏，选择网格 3，单击"计算"。

同样可以查看瞬态求解器，其步骤同稳态求解器的查看方法，结果如图 7-233 所示，软件自动适配的为 GMRES 迭代求解器。

7.5.8 后处理

7.5.8.1 稳态结果处理

（1）查看收敛图

在稳态计算过程进行中和计算结束后，均可以通过单击活动窗口的收敛图按钮，观察案例模型的收敛效果，本案例的稳态计算收敛图如图 7-234 所示。对于稳态求解收敛图，收敛曲线单调下降则表示求解收敛，且曲线斜率越大，收敛性越好。

稳态处理，就是对各物理场的处理，包括速度场、压力场、电场、温度场等。

稳态计算完成后，软件会自动生成一些结果显示，生成"结果"节点如图 7-235 所示。单击相应节点，即可查看对应计算结果。

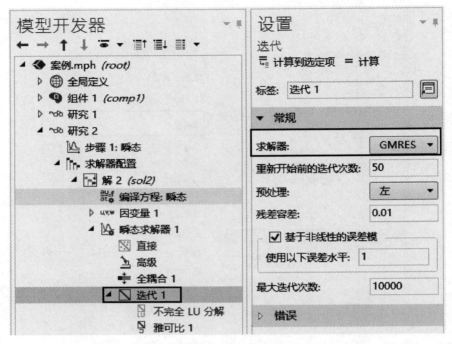

图 7-233　瞬态求解器

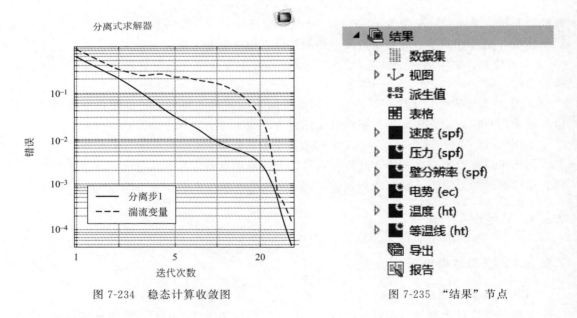

图 7-234　稳态计算收敛图　　　　　图 7-235　"结果"节点

（2）绘制流场矢量分布图

① 在"速度"菜单栏下"功能"选项卡中单击"流线"选项，在"速度"节点下生成"流线"节点。

② 在"流线"设置窗口，定位到"表达式"栏，单击"更换表达式"选项。在弹出的表达式窗口中，依次单击"湍流，k-ε"→"速度和压力"→"u，v-速度场"，如图 7-236 所

示。软件会自动返回"流线"设置窗口。

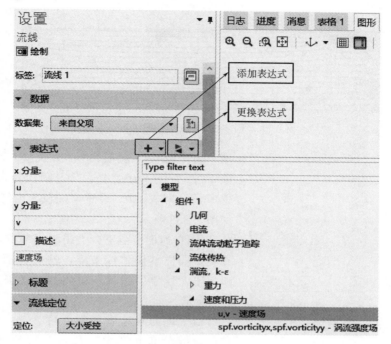

图 7-236　流线设置

③ 在"流线"设置窗口，定位到"标题"栏，标题类型选择无。

④ 定位到"流线定位"栏，在"定位"选项选择"大小受控"，"密度"选项输入 6，"高级参数"选项选择"自动"选项。

⑤ 定位到"着色和样式"栏，设置"线类型"选项选择"管"选项，"管半径表达式"选项为0.5cm，"半径比例因子"选项为 1，"颜色"选项为黑色，如图 7-237 所示。

⑥ 单击"绘制"按钮，得到流线分布如图 7-238所示。

（3）绘制流场矢量图

① 在"速度"菜单栏下"功能"选项卡中单击"面上箭头"选项，"速度"节点下将生成"面上箭头"节点。

② 在"面上箭头"设置窗口，定位到"表达式"栏，更换表达式为"速度场"选项。

③ 在"箭头位置"栏，设置箭头数量"定义方法"设为"点数"，"x 栅格点"数设为 15，"y 栅格点"数设为 15。在"着色和样式"栏，设置"箭头类

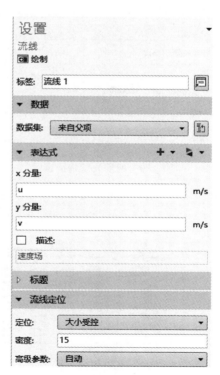

图 7-237　流线特征设置

流线：速度场

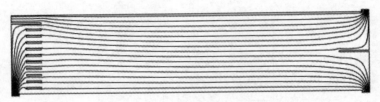

图 7-238　流线分布

设置
面上箭头
绘制

▷ 标题

▼ 箭头位置

─ x 栅格点
定义方法：　点数
点：　15

─ y 栅格点
定义方法：　点数
点：　15

▼ 着色和样式

箭头类型：　箭头
箭头长度：　正比
箭头基：　中心
比例因子：☑　100000

颜色：　黑色

图 7-239　速度矢量特征设置

型"为"箭头"选项，"箭头长度"为"正比"选项，"箭头基"为"中心"选项，勾选"比例因子"选项，设为 80000，设置"颜色"为红色。设置界面如图 7-239 所示。

④ 在速度节点下，右击表面节点，单击"禁用"选项，同样禁用流线节点，然后在面上箭头设置窗口单击"绘制"按钮，得到速度场矢量分布如图 7-240 所示。

以上即为对速度场的处理方法，得到稳态时流体的流线分布和速度矢量分布等速度场表征图像。参照上述方法，可以分别对压力场、电场以及温度场进行处理，这里不再赘述。图 7-241 所示为本案例的电场矢量分布。

7.5.8.2　瞬态结果处理

瞬态处理，即是对粒子在不同时刻的特征参数的处理。一般关注的是粒子在不同时刻的位置特征和到达上、下出口的数量。本小节讲述粒子的位置显示处理，关于粒子到达不同出口的数量计数在下节讲述。

面上箭头：速度场

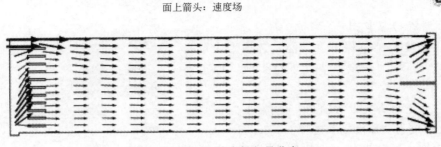

图 7-240　速度场矢量分布

瞬态求解完成后，在"结果"节点下会生成"粒子轨迹（fpt）"节点。

面上箭头：电场

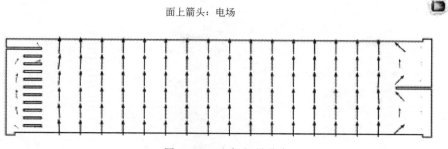

图 7-241 电场矢量分布

① 在"粒子轨迹（fpt）"节点的设置窗口，定位到"数据"栏，设置数据集为粒子 1、时间为插值，输入求解时间内的任意时间，单击"绘制"按钮，即可查看该时刻下的粒子所在位置。

② 单击"粒子轨迹（fpt）"节点的"粒子轨迹 1"节点，定位到"着色和样式"栏，设置线样式类型标签为无，点样式类型标签为"点"选项。根据视图比例设置点半径表达式和点半径比例因子的数据值，这里分别设为 0.001mm 和 480，单击"绘制"按钮。该步骤是进行粒子显示特征设置。

7.5.8.3 粒子计数器的使用

实际上，通常采用 COMSOL 软件内置的粒子计数器功能，对到达上、下出口边界的粒子进行计数，将概率看作分级效率，进而分析静电场湿式分级的分级效果。在第 7.5.4.2 小节边界条件设置中，已经使用粒子计数器特征对上出口和下出口边界进行了粒子计数设置，对到达两个出口边界的粒子进行计数，待瞬态求解完成后，通过后处理功能对粒子进行处理。

① 瞬态求解完成后，会自动生成一个名为粒子 1 的默认粒子数据集，单击"数据集"节点可以查看。

② 右击"派生值"节点，单击"全局计算"按钮，生成"全局计算 1"节点。

③ 在"全局计算"设置窗口，定位到"数据"栏，设置数据标签为"粒子 1"选项，时间标签为最后一个选项，如图 7-242 所示。

④ 定位到"表达式"栏，单击"表达式"列的单元格，单击表格下方的"插入表达式"按钮。

⑤ 在弹出的"Type Filter Text"窗口，单击"模型"→"组件 1"→"流体流动粒子追踪"→"粒子计数器 1"，在"粒子计数器 1"节点下可以选择"fpt. pcnt. nsel"——选择中的粒子总数或者"fpt. pcnt. alpha"——传递概率，两者的不同在于前者显示了到达该边界的粒子 1 的总数量，后者显示到达该边界的粒子 1 的总数量与粒子 1 释放总数的比值。

⑥ 重复步骤上一步骤，将 6.6.5.4 小节流体流动粒子追踪条件中设置的粒子计算器特征全部添加到表达式的表格中。

⑦ 设置完成后，单击"计算"按钮，在表格窗口中将显示不同粒子最终到达相应边界的情况，即为粒子数量或概率。

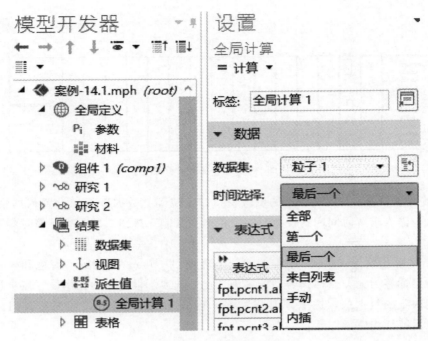

图 7-242　粒子计数器设置

7.5.8.4　导出绘图结果

（1）字体设置

单击"文件"菜单，单击"首选项"按钮，单击"图形和绘图窗口"按钮，定位到"默认字体"栏，更改字体类型和大小。

（2）导出单一图形结果

对某一特定图像结果的导出在图形活动窗口完成。活动窗口（图 7-243）可以将图像导出为图片格式，也可以打印到 PDF 文件。一般选择导出图片，其操作如下。

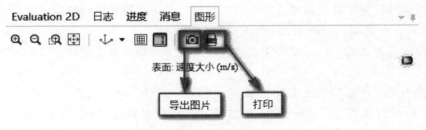

图 7-243　活动窗口

① 绘制好所要导出图像后，在活动窗口单击"导出图片"按钮，弹出"图像快照"窗口（图 7-244），在该窗口设置导出图片的特征。

② 在"图像快照"窗口，进行图像设置。定位到"图像栏"，"大小"选项设为"手动（网页）"，"单位"选项设为"毫米（mm）"，勾选"锁定宽高比"，设置"宽度"为120mm。

③ 定位到"布局"栏，勾选包含、标题、颜色图例和徽标类型等选项，设置"字号"

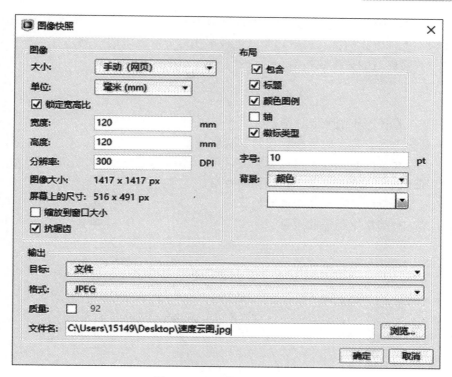

图 7-244　"图像快照"窗口

为 10 pt，"背景"设为颜色控制，选择白色。

④ 定位到"输出"栏，可选择输出到剪贴板或文件，这里选择输出到文件，设置文件格式，保存位置及文件名，单击"确定"按钮即可。

（3）导出报告

使用 COMSOL Multiphysics 5.3a 软件的导出报告功能可以将仿真中所有信息编译在一起，方便于仿真结果的共享。使用 COMSOL Multiphysics 5.3a 软件导出报告可分为简要报告、中级报告、完整报告以及定制报告四种类型，其特点如表 7-9 所示。

表 7-9　生成报告的四种类型

报告类型	特点
简要报告	给出模型概述，包括绘图和结果，但是不包括变量和物理场的细节
中级报告	包含模型中用到的物理场设定和变量，以及与研究、结果和绘图相关的信息
完整报告	包含所有与模型相关的信息，包括物理场接口和底层方程的细节
定制报告	用户可以选择报告中包含的内容

以导出完整报告为例，其操作为：右击"报告"节点，选择"完整报告"选项，生成"系列"节点。在"报告"设置窗口，定位到"格式"栏，设置输出格式为 HTML 或者 Microsoft Word 两种格式。单击"设置"窗口顶部的"全部预览"按钮，可以在图形窗口循环看到几何、网格、解以及创建的绘图。单击"写"按钮来创建完整报告。

7.5.8.5　结果讨论

为了验证静电场分级的优越性能，通过数值模拟，研究了不同电极电压对分级效率的影响，结果如图 7-245 所示。条件设置为：进料流速为 0.004m/s，进料速比为 1∶4，改变电极电压，并与不施加电压的情况比较，考察电极电压对分级效果的影响。

定义某一直径颗粒的分级效率为

$$\eta = \frac{m_\circ}{m_i} = \frac{Z_\circ m}{Z_i m} = \frac{Z_\circ}{Z_i} \tag{7-6}$$

式中 η——某一直径颗粒的分级效率；

$m_\circ$——到达下出口边界的某一粒径颗粒总质量；

m_i——入口释放的某一粒径颗粒总质量；

$Z_\circ$——到达上出口边界的某一粒径颗粒数量；

Z_i——入口释放的某一粒径颗粒数量；

m——某一直径单个粒子的质量。

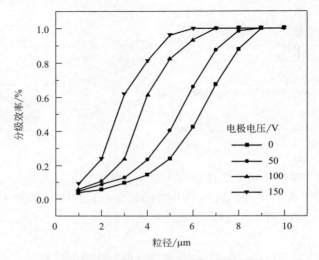

图 7-245 不同电极电压的分级效率曲线

如图 7-245 所示，随着电极电压增大，级效率曲线斜率增加，分割粒径减小；施加 200V 的电压，可将分割粒径减小至 $2\mu m$ 以下。可以预测，若施加更高的电压，可将分级粒径控制在亚微米级甚至纳米级。

静电场湿式分级的优势在于，在原有湿式分级设备分级力场的基础上，通过增设静电场来增大分级力场。在原有操作工艺的基础上，可以通过增大电极电压值和表面 Zeta 电位值两个方面入手，提高颗粒的分级效率和分级精度。

7.5.9 静电场分级仿真总结

静电场分级仿真是一个涉及流场、电场、温度场的多物理场求解问题。在进行静电场分级仿真时，由于需要对粒子荷电属性进行设置，而多相流模型中颗粒相无法设置荷电属性，因此需要采取离散相模型进行仿真。

为了详细介绍静电场仿真分级的操作过程，以图 7-216 所示静电场湿式分级结构为案例，将其简化为二维模型，进行了静电分级仿真研究。采用 COMSOL Multiphysics 软件内置建模工具和 CAD 导入接口两种方式建模。在具体使用时，读者应根据模型的复杂程度，适当选择建模方式。对于二维模型，采用内置建模工具或者导入接口两种方式均可；对于三维结构模型，建议采用 Solid Works 等三维软件绘制模型后，采用 CAD 导入接口进行建模。此外，读者应善于使用 COMSOL Multiphysics 软件内置建模工具的布尔运算、虚拟操作等工具对几何模型进行修复。

对于材料属性设置，软件会根据计算模型自动确定所需要使用到的材料属性。对于属性值，可以根据研究情况选择软件内置材料库中的值，也可以自定义材料的属性值。对于各物理场接口的设置，软件会自动生成一部分边界条件，另需要用户手动添加研究所需要的边界条件，后设置的边界条件会覆盖之前设置的同一属性的边界条件。COMSOL Multiphysics 软件内置了强大的软件剖分工具，网格划分采用物理场控制，也允许用户自定义绘制网格。物理场控制网格剖分采用的通常是非结构化网格，用户自定义可以选择非结构化网格或者结构化网格。网格剖分后，应使用网格统计功能检查网格质量，以进一步对网格进行优化。在求解方面，软件会根据所要求解的物理场模块，自动适配合适的求解器，一般无需修改，但用户可以根据实际需要修改求解收敛条件的误差值。求解完成后，可利用收敛图判断求解的收敛效果，绘制并导出求解结果。

◆ 参考文献 ◆

［ 1 ］丁源，王清. ANSYS ICEM CFD 从入门到精通［M］. 北京：清华大学出版社，2013.

［ 2 ］胡坤，李振北. ANSYS ICEM CFD 工程实例详解［M］. 北京：人民邮电出版社，2014.

［ 3 ］李鹏飞，徐敏义，王飞飞. 精通 CFD 工程仿真与案例实战：FLUENT GAMBIT ICEM CFD Tecplot［M］. 北京：人民邮电出版社，2017.

［ 4 ］唐家鹏. ANSYS FLUENT 16.0 超级学习手册［M］. 北京：人民邮电出版社，2016.

［ 5 ］黄强，于源，刘家祥. 涡流分级机转笼结构改进及内部流场数值模拟［J］. 化工学报，2011，62（5）：1264-1268.

［ 6 ］林亮. 涡流空气分级机的发展与应用［J］. 化学工程与装备，2014，10：164-166.

［ 7 ］刘家祥，何延树，夏靖波. 涡流分级机流场特性分析及分级过程［J］. 硅酸盐学报，2003，31（5）：485-489.

［ 8 ］冯永国. 涡流空气分级机结构与分级性能研究［D］. 北京：北京化工大学，2007.

［ 9 ］刘家祥，何延树，夏靖波. 涡流分级机流场特性分析及分级过程［J］. 硅酸盐学报，2003，31（5）：485-489.

［10］Jones P S. A field comparison of static and dynamic hydrocyclones［J］. Spe Production & Facilities，1993，8（2）：84-90.

［11］李莹，周晓君，叶熙. 旋流分离技术在机舱底水处理中的应用［J］. 船舶工程，2008，30（2）：31-33.

［12］李启成，邹文洁. 含油污水分离动态旋流器湍流流场特性研究［J］. 机械设计与研究，2011，27（1）：99-101.

［13］Huang L，Deng S，Guan J，et al. On the separation performance of a novel liquid-liquid dynamic hydrocyclone［J］. Industrial & Engineering Chemistry Research，2018，57：7613-7623.

［14］Chen J，Hou J，Li G，et al. The effect of Pressure parameters of a novel dynamic hydrocyclone on the separation efficiency and split ratio［J］. Separation Science and Technology，2015，50（6）：781-787.

［15］毕秋实，王国强，黄婷婷，等. 基于 DEM-FEM 耦合的双齿辊破碎机辊齿强度分析［J］. 吉林大学学报（工学版），2018，48（6）：1770-1776.

［16］Hong S H，Kim B K. Effects of lifter bars on the ball motion and aluminum foil milling in tumbler ball mill［J］. Materials Letters，2002，57（2）：275-279.

［17］胡国明. 颗粒系统的离散元素法分析仿真［M］. 武汉：武汉理工大学出版社，2010.

［18］王国强，郝万军，王继新. 离散单元法及其在 EDEM 上的实践［M］. 西安：西北工业大学出版社，2010.

［19］Kalala J T，Breetzke M，Moys M H. Study of the influence of liner wear on the load behaviour of an industrial dry tumbling mill using the Discrete Element Method（DEM）[J].International Journal of Mineral Processing, 2008, 86（1）: 33-39.

[20] Wang M H, Yang R Y, Yu A B. DEM investigation of energy distribution and particle breakage in tumbling ball mills [J].Powder Technology, 2012, 223: 83-91.

[21] 侯亚娟.基于离散元与有限元耦合的大型球磨机衬板性能研究[D].长春：吉林大学，2015.

[22] Mulenga F K, Moys M H. Effects of slurry filling and mill speed on the net power draw of a tumbling ball mill [J].Minerals Engineering, 2014, 56: 45-56.

[23] 邹伟东.转速和填充率对球磨机粉磨效果的影响[D].广州：华南理工大学，2016.

[24] 张辉，张永震.颗粒力学仿真软件 EDEM 简要介绍[J].CAD/CAM 与制造业信息化，2008（12）: 48-49.

[25] 张宏伟，王燕民，潘志东.叶轮式介质搅拌磨单相湍流场的数值模拟[J].中国粉体技术，2013, 19（6）: 9-16.

[26] Kapurp C, Agrawal P K. Approximate solution to the discretized batch grinding equation [J].Chemical Engineering Science, 1970, 25（6）: 1111-1113.

[27] Lu M, Xia Guang-hua, Cao Wen. Iron removal from kaolin using thiourea dioxide: Effect of ball grinding and mechanism analysis [J].Applied Clay Science, 2017, 143: 354-361.

[28] 宁晓斌，孙新明，余翊妮，等.搅拌磨 DEM-CFD 耦合仿真研究及搅拌器强度分析[J].有色金属工程，2016, 6（4）: 63-67+72.

[29] 梁瑛娜.直-斜叶组合桨搅拌槽内三维流场的数值模拟与实验研究[D].秦皇岛：燕山大学，2008.

[30] 于亚辉.双层交错桨搅拌槽层流流场的数值模拟与实验研究[D].秦皇岛：燕山大学，2010.

[31] Thakur R K, Vial C, Djelveh G, et al. Mixing of complex fluids with flat-bladed impellers: effect of impeller geometry and highly shear-thinning behavior [J].Chemical Engineering and Processing: Process Intensification, 2004, 43（10）: 1211-1222.

[32] 蒋恩臣，孙占峰，潘志洋.基于 CFD-DEM 的收获机分离室内谷物运动模拟与试验[J].农业机械学报，2014, 45（4）: 117-122.

[33] 孙越高.旋流分离器的结构与流场特性数值分析[D].苏州：苏州大学，2017.

[34] 何相逸.基于 CFD 的水产养殖水体固液旋流分离装置流场模拟与参数优化[D].杭州：浙江大学，2018.